"十三五"国家重点图书出版规划项目

国家电网公司
电力科技著作出版项目

主动配电网
规划与运行

刘广一　主编

ZHUDONG PEIDIANWANG
GUIHUA YU YUNXING

中国电力出版社
CHINA ELECTRIC POWER PRESS

内 容 提 要

如何处理大规模分散式能源的接入，在确保配电网安全、可靠运行的条件下促进清洁能源消纳，满足用户多元化需求，已成为智能电网领域关注的热点问题。近年来提出的主动配电网技术为解决这一问题提供了新的思路。相比传统配电网，主动配电网更突出各类能源的主动参与，更强调主动规划、主动控制、主动管理和主动服务，更倾向激励需求侧主动响应，即所谓的主动配电网六个主动的核心理念。主动配电网以一种新的能源系统形态出现，不可避免地带来了非传统的技术经济问题，需要一整套新技术、新理论、新方法予以支撑。本书旨在从规划和运行控制两个方面，总结主动配电网的关键技术。

本书共分为 14 章，第 1 章介绍配电网的发展与展望，第 2 章介绍主动配电网的定义与发展，第 3 章介绍主动配电网规划的思路与方法，第 4 章介绍主动配电网规划的数学模型，第 5 章为主动配电网规划系统，第 6 章为主动配电网运行调度管理系统，第 7 章为主动配电网状态估计技术，第 8 章为主动配电网的自愈控制与快速仿真，第 9 章为主动配电网的潮流计算，第 10 章为无功电压优化与负荷柔性控制，第 11 章为以主动配电网为核心的集群负荷需求响应，第 12 章为多能源系统优化运行，第 13 章为主动负荷及其特性辨识，第 14 章为分布式可再生能源发电技术。

本书可作为配电网规划运行和配电网研究人员的参考用书，也可作为高校教师和研究生的学习教材。

图书在版编目（CIP）数据

主动配电网规划与运行 / 刘广一主编. —北京：中国电力出版社，2017.12

ISBN 978-7-5198-1614-8

Ⅰ. ①主… Ⅱ. ①刘… Ⅲ. ①配电系统－电力系统规划 ②配电系统－电力系统运行 Ⅳ. ①TM727

中国版本图书馆 CIP 数据核字（2017）第 324823 号

出版发行：中国电力出版社
地　　址：北京市东城区北京站西街 19 号（邮政编码 100005）
网　　址：http://www.cepp.sgcc.com.cn
责任编辑：岳　璐　张　亮　马玲科
责任校对：郝军燕（010-63412339）
装帧设计：王英磊　赵姗姗
责任印制：邹树群

印　　刷：北京雅昌艺术印刷有限公司
版　　次：2017 年 12 月第一版
印　　次：2017 年 12 月北京第一次印刷
开　　本：889 毫米×1194 毫米　16 开本
印　　张：17.75
字　　数：438 千字
印　　数：0001—2000 册
定　　价：98.00 元

编　委　会

前　言

传统配电网系统中很少存在用户侧电源。电能从发电厂"心脏"流出，途经输电网"主动脉"和配电网"毛细血管"流向末端用户，用户被动地接受供电服务和用电管理，电力公司被动响应和处理故障，通过改扩建来满足用户不断增长的负荷需求。

随着用户端分布式电源、分布式储能（电动汽车）和需求侧响应负荷如雨后春笋般涌现，在电网末端"造血"能力不断增强，出现了大量可以主动调节的可控资源，传统的配电网网架结构与自动化水平无法适应分布式电源分散性、间歇性的特点，因而阻碍了新造"血液"的作用发挥，迫切需要研发新的配电网规划与运行技术。

如何处理大规模分散式能源的接入，在确保配电网安全、可靠运行的条件下促进清洁能源消纳，满足用户多元化需求，已成为智能电网领域关注的热点问题。近年来提出的主动配电网技术为解决这一问题提供了新的思路。相比传统配电网，在电源层面，主动配电网更突出各类能源的主动参与；在电网层面，更强调主动规划、主动控制、主动管理和主动服务；在用户层面，更倾向激励需求侧主动响应，即所谓的主动配电网六个主动的核心理念。主动配电网的六个主动，可以分别从对发电、负荷和电网三个方面所带来的影响来解释：对于分布式可再生能源发电而言，主动配电网从规划和运行两个方面进行主动规划与主动管理，变被动处理为主动消纳，把分布式可再生能源发电看作是配电网运行过程中的积极因素，与电网供电互为备用，减少停电时间，缩小停电面积，当然，这里也需要分布式可再生能源发电积极参与主动配电网的运行调度过程；对广大用户而言，随着社会的发展和家用电器的增多，出现了众多可转移负荷，如果能更主动地参与到需求侧响应和电网运行中来，对于电网和用户都受益无穷。对于配电网而言，通过主动规划、主动控制、主动管理和主动服务，可以充分发挥分布式发电、分布式储能和需求侧响应负荷等可控资源在电网规划和运行过程中的积极作用，提升配电网对于可再生能源的接纳能力，提高配电网资产的利用率，延缓配电网的升级投资，提高电能传输效率，保证电网稳定可靠运行，并通过精确控制负荷，进行有效的移峰填谷，减少系统故障。主动配电网以一种新的能源系统形态出现，不可避免地带来了非传统的技术经济问题，需要一整套新技术、新理论、新方法予以支撑。本书旨在从规划和运行控制两个方面，总结主动配电网的关键技术。

我国对主动配电网技术的研发非常重视，中华人民共和国科技部于 2014 年组织实施了"主动配电网规划与运行关键技术与示范"高科技研发项目（863），本书作者有幸受科技部委托担任本项目的首席专家，参与了这一项目的研发全过程。本书正是依据这一项目研发过程中产生的部分成熟技术编写的，本书的编者也都是这一研发项目的技术骨干。本书第 1、2、6 章由刘广一编写，第 3

章由罗凤章编写,第 4 章由程浩忠编写,第 5 章由刘友波编写,第 7 章由王少芳编写,第 8 章由刘克文、陈乃仕、穆云飞编写,第 9、10 章由于汀、王子安、王丹、高爽、唐佳编写,第 11 章由王丹、戚野白、刘开欣编写,第 12 章由张鹏、王丹、宋岩、陈乃仕编写,第 13 章由杨洋编写,第 14 章由范士雄参与编写,谭俊博士和陈涛博士帮助绘制了部分插图,最后由罗凤章、刘友波参与统稿,全书由刘广一任主编,罗凤章、刘友波担任副主编。在本书编写过程中,得到了北京电力公司科技部李蕴主任、黄仁乐副主任,北京市电力经济技术研究院张凯副院长,福建省电力公司吴文宣主任、陈金祥处长、张逸博士、刘文亮总工,天津大学王成山教授、贾宏杰教授,四川大学刘俊勇教授,清华大学程林教授、林今博士,中国电力科学研究院蒲天骄主任、杨占勇博士等的大力鼓励和支持,在此一并致谢。

　　主动配电网作为一项正在不断发展的新兴研究课题,所涉及的技术领域非常广泛,各种新的理论算法和技术观点层出不穷。本书只是对其中规划和运行控制领域技术的初步总结,难免挂一漏万。恳请广大专家学者批评指正。

刘广一

2017 年 8 月

目　录

第1章

配电网的发展与展望

1.1 配电网的发展历程

1.1.1 电网与电网技术的发展与展望

电力是当今社会的支柱能源，是国民经济发展的命脉。进入新世纪以来，为应对能源供应、环境保护以及气候变化带来的巨大挑战，能源结构将发生重大变化，而可再生能源、核能以及化石能源的清洁利用绝大部分要通过转化为电能而实现，因此电网的重要性日益突出。随着社会经济的发展，电力需求增加，电网规模不断扩大，电网形态逐渐变化。迎接能源革命的挑战，加快电网转型，发展新一代电网技术，成为当前电力系统发展的主要任务。自1882年爱迪生发明世界上第一个商业运营的电力系统以来，电气化技术的不断发展对人类社会的各个方面无不产生深刻的影响。2000年，美国国家工程院将以电网技术为代表的电气化评为20世纪人类所取得的最伟大的科学成就。电网诞生一百多年来，根据电网的模式和技术经济特征可以把电网分成不同的阶段，彼此之间存在明显的代际差异以及传承和发展特性。20世纪前半期的电网属于第一阶段，以小机组、低电压、小电网为特征，是电网发展的兴起阶段；20世纪后半期的电网属于第二阶段，其大机组、超高电压、互联电网的特征，标志着电网进入规模化发展阶段；从21世纪初开始建设并预计到2050年后，电网将进入第三阶段，以非化石能源发电占较大份额（如达到40%以上）和智能化为主要特征，是可持续发展和智能化的电网模式。

第一阶段电网的主要特点是交流输电占主导，输电电压较低，最高为220kV等级；电网规模小（属于城市电网、孤立电网和小型电网）；发电单机容量不超过10万～20万kW。

第二阶段电网从开始过渡到技术成熟的时间跨度大体上是从20世纪中期到20世纪末。在此期间，电网规模不断扩大，形成了大型互联电网；发电机组单机容量达到30万～100万kW；建立了330kV及以上电压等级的超高压交流、直流输电系统。

伴随电网的规模化发展，适应第二阶段电网发展的电网技术也发生了重大变化。除了装备和硬件技术的大型化和高参数化，在超高压远距离输电和互联电力系统关键问题解决的过程中，电力技术与同时代的数学理论、系统科学技术、计算机和信息科学技术、材料科学与技术广泛结合，极大地丰富和改变电力系统理论和技术的面貌，形成了电气装备、高压输电、系统运行与控制三个领域的关键技术。

（1）装备和硬件技术。高效大型发电机组技术包括超临界、超超临界燃煤机组（60万、100万kW），100万kW核电机组，70万～80万kW水电机组；超/特高压交直流输变电设备和线路技术（交流500、750、1000kV断路器、变压器、互感器，±500、±660、±800kV直流换流阀、换流变压器）；高速继电保护和安全稳定控制装置；光纤通信技术等。

（2）超/特高压输电技术。在建设750kV及以下电压等级的超高压输变电工程，±660kV及以下电压等级的高压直流输电工程，以及1000、±800kV特高压交直流输电工程的过程中，借助材料科学技术和高压试验技术的进步，提高了超/特高电压条件下空气及其他介质的绝缘强度特性，促进了输电线路及输电设备绝缘配合与绝缘水平的合理设计；借助科学试验和仿真计算，提高了输电系统过电压（包括内部过电压和外部过电压）预测及防护水平；广泛采用线路并联电抗器补偿以及电抗器中性点小电抗补偿潜供电流的措施；各种运行方式下的调压和无功功率补偿提高了输电系统电压控制水平；对超/特高压输电线路引起的电磁环境干扰，如电晕放电造成的无线电干扰、电视干扰、可听噪声干扰，以及地面电场强度对人体影响等问题进行了大量研究并采取有效解决措施。

（3）电力系统运行与控制技术。解决大型互联电网经济运行和系统安全问题的需求带动了电力系统运行优化和控制技术的研究，包含状态估计技术、安全约束经济调度理论和方法、低频振荡（动态稳定）和暂态稳定控制的理论方法得到充分研究和广泛应用；采用先进计算机和计算方法的电力系统分析和仿真技术，开发了大规模电力系统计算分析软件，包括详细动态建模的大规模电力系统机电/电磁暂态计算分析、可靠性计算分析等；采用先进理论和技术开发并广泛应用了快速继电保护和安全稳定控制系统；基于电力系统远程测量[常规远程终端（remote terminal unit，RTU）、同步相量测量装置（phase measurement unit，PMU）]和光纤通信、离线和在线分析的调度自动化能量管理系统成为电网安全经济运行的重要保障。

到21世纪初，结合超/特高压输电系统建设以及大区电网/全国联网实践，中国通过研究开发和工程实践，从一次设备和系统，到二次控制、保护，以及安全稳定运行技术、仿真分析技术都得到迅速地发展，全面掌握了第二代电网技术，总体达到国际先进水平，部分技术（如特高压输电）水平居国际前列。

自20世纪末以来，新能源革命在世界范围内悄然兴起，世界各国能源和电力的发展都面临空前的应对和转型挑战。以接纳大规模可再生能源发电和智能化为主要特征的电网，进入了第三阶段，成为未来电网发展的趋势和方向。

适应国际能源和电力发展趋势，中国以煤为主的能源结构和电源结构需要在今后几十年内逐步改变，可再生能源和核能、天然气等清洁能源电力将逐步成为主力电源，电网的发展将经历重大转型。

从20世纪80、90年代开始，发达国家开始研究分布式发电、可再生能源发电、微电网、高速光纤通信和电力市场，研究开发电力电子装置在电力系统中的应用[如灵活交流输电技术（FACTS）、定制电力技术（custom power）]等，新一代电网的前景初步显现。当前世界范围内大规模展开可再生能源开发和智能电网建设，拉开了电网第三阶段发展和建设的序幕。

第三阶段电网的主要特征是：①电源组成方面，以非化石能源为主的清洁能源发电应占较大份额（如中国应力求达到 50%以上），大型骨干电源与分布式电源相结合；②电网结构方面，国家级（或更大范围）主干输电网与地方电网、微电网协调发展；③采用大容量、低损耗、环境友好的输电方式（如特高压架空输电、超导电缆输电、气体绝缘管道输电等）；④智能化的电网调度、控制和保护；⑤双向互动的智能化配用电系统等。

为了实现第三阶段电网发展的两大特征，即大规模可再生能源发电的集中和分散接入以及电网运行控制和用电的全面智能化，对电源和电力网发展模式、电网装备的创新、电网运行控制、仿真计算分析、智能用电以及用户与电网双向互动等多个方面，提出了前所未有的技术挑战，可概括为装备硬件技术和系统集成技术两个方面。

（1）装备硬件技术。高效、节能、环保的硬件装备是新一代电网发展的基础。主要包括经济高效的可再生能源发电装备（风力、太阳能、生物质能等）；新型高效的输配电技术和装备（特高压输电、超导输电、地下输电，智能化绿色电器）；新型电力电子元器件、装备和技术；大容量和分布式储能技术和装备；各类传感器和信息网络。

（2）系统集成技术。融合先进信息通信技术、电力电子技术、优化和控制理论和技术、新型电力市场理论和技术等的系统集成是未来新一代电网构建和安全经济运行的基础。具体包括：大容量集中式和分布式可再生能源发电接入技术；基于先进传感、通信、控制、计算、仿真技术，涵盖各类电源和负荷的智能化能量管理和控制；新一代电网的建模和分析技术；电网运行的能量流和信息流可靠性评估和安全防护；支持各类电源与用户广泛互动的电力市场理论、模式和运作方式；资产管理和综合服务系统；智能化的配用电系统，实现电力需求侧响应和分布式电源、电动汽车、储能装置灵活接入；覆盖城乡的能源、电力、信息综合服务体系。

1.1.2　现代配电网的特点及发展趋势

分布式电源、分布式储能、电动汽车及可控负荷，是现代配电网的新型可控单元，其快速发展和大量接入促使电力系统尤其是中低压配电系统发生着重大改变。传统配电网通常闭环设计、开环运行，主要用于电力配送，配电自动化设备主要用于故障情况下的紧急处理。大量分布式能源的接入将改变传统配电网单向潮流的基本格局，并可能严重影响正常电压水平、短路电流和供电可靠性。同时，不同规模微电网的接入使配电网中存在许多规模和特性各异的自治运行区域，传统的配电网管理模式难以进行有效、优化的管理。

相比传统配电系统，现代配电系统具有如下特点：

（1）灵活互动且类型多样的用户侧。现代配电系统中将会有大量分布式电源、分布式储能系统、电动汽车充电设施及各类可控智能电器设备接入。这些设施具有灵活可控的运行特性，并能够与配电系统进行双向互动，通过调整自身的运行计划和状态满足用户和电网双方面的需求。相比传统配电网中被动用电的用户侧，现代配电系统的用户侧同时具备发电、储电、用电的特性，能够作为一种可控资源主动参与智能配电系统的运行。

（2）多层次的自治运行区域。不同于传统的辐射状配电网，现代配电系统可能包含多层次的自治运行区域，在局部可环网运行。具体地说，现代配电系统可以划分为多个独立运行的控制区域，可接有大量规模不同的虚拟发电厂和微电网等。这些自治运行区域规模各异，或相互独立，或相互嵌套；既具备一定的独立运行能力，又可以互相交换功率、在紧急情况下相互支援，既可以满足用户多样化的电能质量要求，又可以提高供电可靠性。

（3）交直流混合特性。由于分布式电源、储能设备和负荷中有大量直流设备，现代配电系统将从传统单纯的交流配电网进化成交直流混合的配电系统。在微电网层面，根据实际需要，微电网可以是交流微电网，也可以是直流微电网，还可以是交直流混合微电网；在配电系统网架层面，中低压配电系统可以既有交流馈线，也有直流馈线，交直流线路间通过电力电子装置连接与控制。交直流混合配电系统能够根据实际需求决定采用交流或直流供电，有助提升系统效率和适应性。

（4）灵活多样的控制方式和运行模式。智能配电系统采用分层协调控制方式，具备集中式控制与分散式控制的优点，在局部区域自治和相互协调的基础上，实现监测管理。局部区域自治中心以众多能量管理系统为依托，如用户侧的智能家居能量管理系统、商业楼宇能量管理系统、社区能量管理系统、微电网能量管理系统、单元控制系统、虚拟电厂控制系统等。这些区域自治控制中心除负责自身日常的控制之外，还可以在相互之间进行双向通信和协调互动；配电网管理系统与这些区域自治控制中心双向互动，实现对整个配电系统的主动、有效管理。通过对各自治运行区域的灵活控制和网络重构，现代配电系统具有灵活多变的运行模式，既能提升配电系统正常运行期间的电能质量和运行经济性，又能在故障发生时迅速反应、降低故障造成的负面影响。

（5）高级量测体系和智能配电信息系统。配电系统海量信息的量测采集、双向流动和管理处理是现代配电系统区别于传统配电系统最基本的特征之一，也是其发展的基础，需通过高级量测体系和智能配电信息系统实现。现代配电系统高级量测体系建立在先进的传感量测技术和信息通信技术的基础上，主要包含智能电表、双向通信网络、计量数据管理系统和用户室内网等，实现现代配电系统信息的采集、传输、存储与分析。现代配电信息系统实现对配电信息的整合与综合管理、设备管理、营销策略制定、业务管理及调度管理，为现代配电系统的规划设计、运行调度和综合管理提供数据支撑。

现代配电系统可以归结为一个高度融合的物理信息系统，其结构将具有多样化特征，可以是交直流混合的复杂配电网，可能接有各种分布式电源、分布式储能、可控负荷、微电网和虚拟电厂等，通过各层次的能量管理系统实现集中和分布式自治相结合的控制管理模式。图1-1给出了现代配电网的综合结构。值得指出的是，图 1-1 仅用于形象说明智能配电系统的网架/通信结构、组成和控制方式，实际智能配电系统形式多样，并不囿于图1-1所示的形式。此外，图 1-1 仅是一个远景概念图，实际智能配电系统须从传统的配电网逐步发展而来，考虑到实际情况、具体需求、建设和运维经济性等因素，智能配电系统在不同地点、不同发展阶段也会有不同的形式和特点。

1.2 发电方式变化对配电网的影响

在电网发展的第三个阶段中，发电方式发生了巨大改变，正在从第二阶段中，以化石能源为主的集中发电方式向以清洁能源发电应占较大份额（如中国应力求达到50%以上），大型骨干电源与分布式电源相结合的方式转变。在现代配电网中，直接接入中低压配电网的分布式电源的比例正在不断加大。

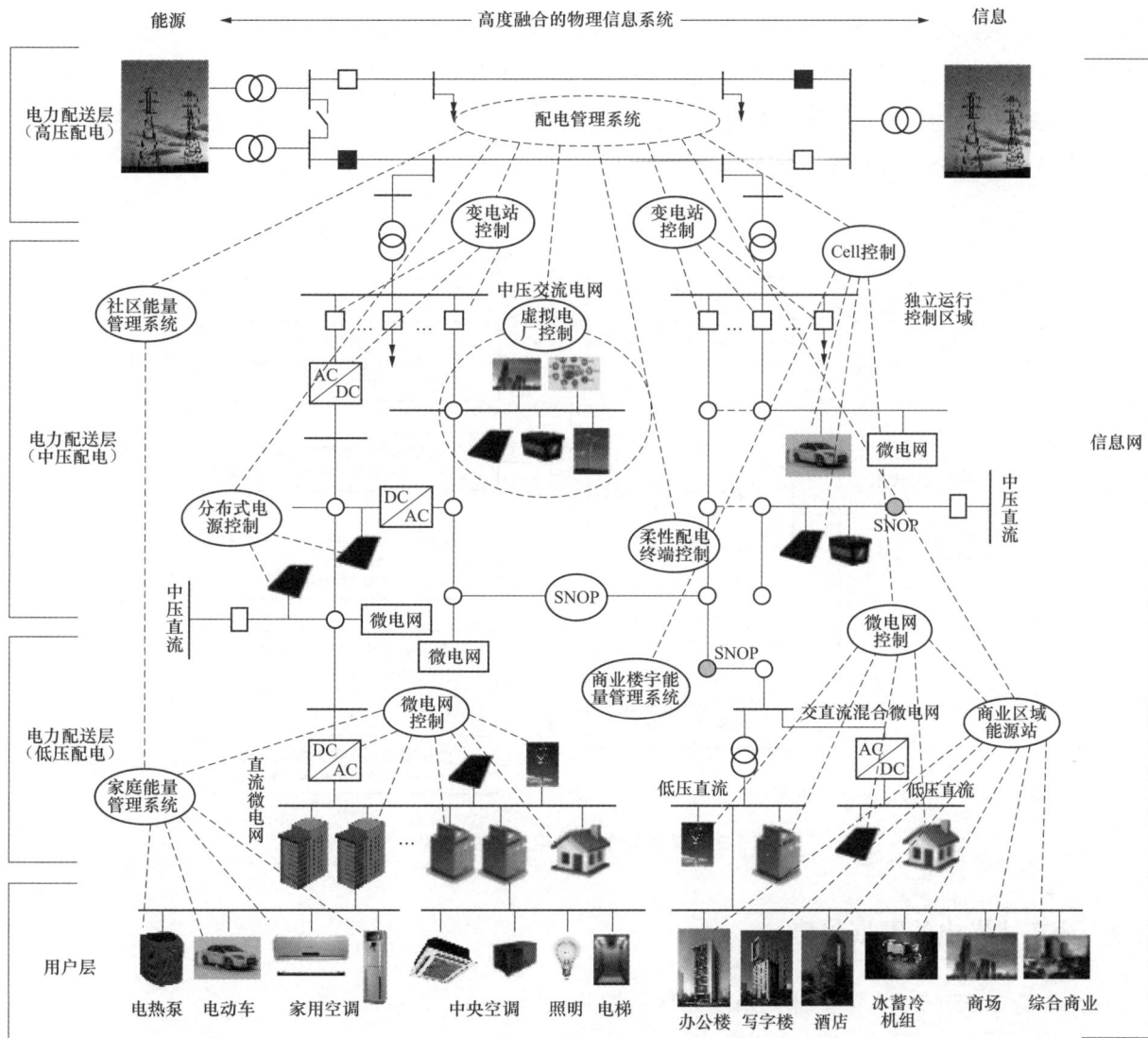

图 1-1 现代配电网的综合架构

1.2.1 分布式发电的类型

根据所采用的输入能源的不同，分布式发电可以分为可再生能源和不可再生能源两种类型。可再生能源发电有：①小型风电；②屋顶光伏发电；③小型水电；④生物质发电等。不可再生能源发电包括：①微型天然气发电；②燃料电池发电；③冷热电三联供发电等。

按照功率是否可以控制调节，分布式发电分为不可控和可控两种。小风电、屋顶光伏发电和径流式小水电可以说是靠天吃饭的发电形式，其输出功率是随机的、波动的、间歇性的，是不可控的；生物质发电、天然气发电和燃料电池发电是可控的。

按照原动机的不同，分布式发电技术类型分为旋转型和非旋转性两种。按照并网接口和功率变换的不同，分布式发电技术类型分为同步发电机、异步发电机和基于电力电子变换装置并网的分布式电源三种。

分布式电源一般直接接在低压配电网中或者用户处。与传统集中发电方式相比，分布式电源装机容量不大，大约在几千瓦至几兆瓦之间。电能是分布式电源的主要输出形式，采用热电联产的方式可以实现其他能量形式（如热能和冷能）的供应，实现有限能源资源的高效综合利用。在运行模式上，分布式发电系统可以是自治系统（孤岛或孤网模式），也可以与现有电网联网运行（并网模式）。图 1-2 给出了现有分布式发电系统的类型。

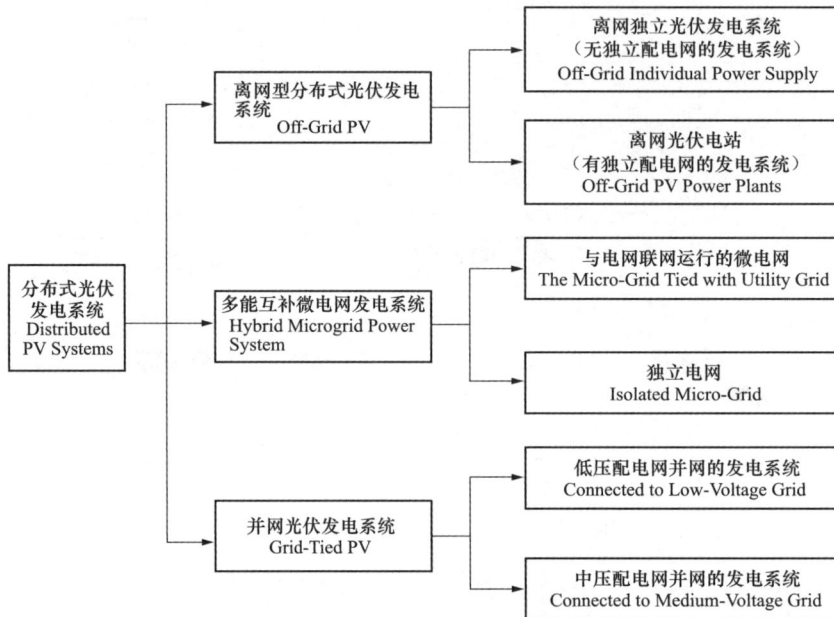

图 1-2　现有分布式发电系统的类型

1.2.2　分布式发电的发展趋势

图 1-3 是 2005～2015 年全球太阳能光伏新增装机容量和总容量。

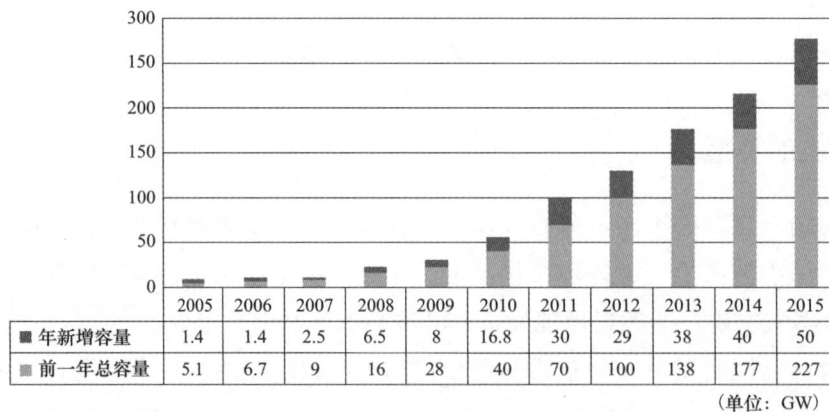

	2005	2006	2007	2008	2009	2010	2011	2012	2013	2014	2015
■ 年新增容量	1.4	1.4	2.5	6.5	8	16.8	30	29	38	40	50
▨ 前一年总容量	5.1	6.7	9	16	28	40	70	100	138	177	227

（单位：GW）

图 1-3　2005～2015 年全球太阳能光伏新增装机容量和总容量

截至 2014 年年底，全球光伏电站装机容量为 1.77 亿 kW，同比增长 28.2%，全年光伏新增装机容量为 3900 万 kW，同比增长 26.7%，其中一半以上是分布式光伏电站。截至 2014 年年底，美国的光伏发电装机容量为 1202 万 kW，其中分布式光伏并网装机容量为 625 万 kW，占比约 52%；中国光伏发电装机容量为 2805 万 kW，其中分布式光伏并网装机容量为 467 万 kW，占比约 16.0%；德国光伏电站装机容量为 3590 万 kW，其中分布式电站装机容量为 2800 万 kW，占比约 80%。图 1-4 给出了美国、中国、德国的分布式光伏电站占比。

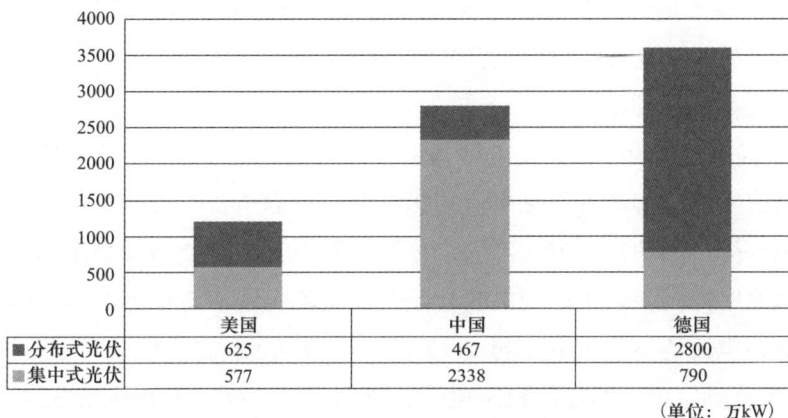

	美国	中国	德国
分布式光伏	625	467	2800
集中式光伏	577	2338	790

（单位：万 kW）

图 1-4　美国、中国、德国的分布式光伏电站占比

1.2.3　分布式发电的优点

分布式发电有以下优点：①经济。由于分布式发电接近负荷中心，不但可以降低输配电网损耗，而且可以大大降低投资费用。②环保。分布式发电可以广泛利用清洁能源，有利于保护环境。③可靠。分布式电源并网后，合理的运行方式将提高配电网的供电可靠性。④投资低，风险小。分布式发电具有技术和设备小型化、模块化、建设周期短、投资费用低、风险小等优点。⑤安全。大规模的分布式发电应用是实施能源供应来源多样化战略、确保能源安全和缓解能源危机的良好途径。⑥灵活。分布式发电系统开停机快捷迅速，维修管理方便，操作控制简单，负荷调节灵活，且各电源相互独立，可满足各种不同的定制需求。

1.2.4　分布式发电对配电网的影响

首先，与传统配电网负荷的单向潮流不同，分布式发电装置的接入将在配电网中形成双向潮流，另外，由于小风电、径流式小水电和屋顶光伏发电的不可控性和随机波动性，直接决定了这些分布式发电装置输出功率的可预测性和可调度性差。因此，这些分布式发电将对配电网的电压特性、继电保护、短路特性等产生影响，对配电网是一个潜在的不稳定因素。

其次，分布式光伏和小风电产生的电能，一般都需要利用电力电子装置进行电能变换后才能并入电网，而电力电子装置工作产生的谐波，可能对电网的电能质量产生不利影响。另外，电力电子装置在动态调节和控制惯性、过载能力、故障穿越能力等方面，与传统发电机有很大的差异，也被看作是电网稳定运行的潜在风险。当分布式光伏发电接入容量的比例较小时，这些特性差异对电网的影响可以忽略，而随着接入容量比例的不断增加，其对电网稳定性的威胁也越来越显著，并终将达到电网难以耐受的程度。

最后，分布式光伏发电在投资和产权主体，以及建设位置分布上更倾向于分散，应用环境以及客户的需求也更加多样化，调度和控制的要求更加简便灵活和多变。如果沿用传统电力系统相对集中的规划、设计、建设以及管控模式，将在很大程度上限制分布式光伏发电技术优势的发挥。因此，分布式光伏发电的推广应用，给配电网运营管理以及相关行业技术标准和规范的制定与执行都提出了新的要求。为了充分发挥分布式光伏发电在新型可再生能源开发利用战略中的重要作用，就必须解决分布式光伏发电大规模接入可能对配电网规划建设、安全稳定运行以及运营管理等产生的各种不利影响，这不仅需要政策的支持，更离不开新技术的支撑。

（1）分布式发电对短路电流的影响。分布式发电的接入不可避免地会改变配电网的短路电流水平和短路电流分布，但是，由于分布式发电种类很多，其对配电网短路电流的影响程度也不尽相同，因此在具体分析分布式发电对配电网短路电流的影响时，还需结合各类分布式发电的短路电流特性。

按照分布式发电与配电网的接口方式不同，分布式发电分为变流器类型电源和电机类型电源。

在并网点发生短路时，同步发电机输出的起始短路电流可达额定电流的 7 倍左右，鼠笼式异步发电机提供的起始短路电流约为额定电流的 5～7 倍，此后经过约 3～10 个周波逐渐衰减到 0。双馈发电机会产生 8～10 倍额定电流的起始短路电流，然后逐渐衰减，若在短路期间，双馈发电机的转子功率控制器仍维持有效，则双馈发电机会提供持续的短路电流，但其值会限制在略高于负荷电流，但若在发生短路时，撬棍（crowbar）电路起作用，将转子绕组短接，则双馈发电机的短路电流特性与鼠笼发电机类似，稳态短路电流趋于 0。

接入到配电网运行的变流器类型电源基本上均采用三相电压源变流器，一般采用直接电流控制方式，在并网点发生短路时，分布式发电向短路点提供的短路电流始终可以控制在设定的允许过电流范围（一般为 1.2～1.5 倍额定电流）之内。

通常认为在配电网络侧发生短路时，接入到配电网络中的光伏电源对短路电流贡献不大，稳态短路电流一般只比光伏电源额定输出电流大 10%～20%，短路瞬间的电流峰值跟光伏电源逆变器自身的储能元件和输出控制性能有关。在配电网络中，短路保护一般采用过流保护加熔断保护。对于高渗透率的光伏电源，馈电线路上发生短路故障时，可能由于光伏电源提供绝大部分的短路电流而导致馈电线路无法检测出短路故障。

传统的同步电机具有提供短路电流的能力，在与电网提供的短路电流叠加后可以确保线路保护在 1～2 个周波时间断开。然而，光伏逆变器由于能量密度有限，其中电力电子元件过流能力受到限制，并不能提供较高的短路电流。通过实验和动态仿真，一般认为光伏逆变器的短路电流只比额定电流大 25%以内。即使在国际相关标准中，也只要求逆变器提供 1 倍额定的短路电流。这导致在大规模接入分布式光伏的情况下，传输线发生短路故障时，由于光伏逆变器短路电流能力不足，线路上的故障无法被检测并且使保护做出响应。尤其是在传统的三段式保护中，瞬时电流速断保护可能会不能被识别。根据光伏电站并网分析经验，并网点的短路电流主要由接入的主网提供，并网点连接的网络是否"坚强"整体决定了分布式的短路能力。光伏发电站贡献短路电流造成中低压设备的改造问题，如对电流保护、中压开关和电流互感器等元器件的重新选型。因此，光伏发电系统的短路电流贡献应当在配电系统规划、分布式系统设计中被充分考虑。

（2）分布式发电对配电网电压偏差的影响。集中供电的配电网一般呈辐射状。稳态运行状态下，电压沿馈线潮流方向逐渐降低。接入光伏电源后，由于馈线上的传输功率减少，使沿馈线各负荷节点处的电压被抬高，可能导致一些负荷节点的电压偏移超标，其电压被抬高多少与接入光伏电源的位置及总容量大小密切相关。通常情况下，可通过在中低压配电网络中设置有载调压变压器和电压调节器等调压设备，将负荷节点的电压偏移控制在符合规定的范围内。对于配电网的电压调整，合理设置光伏电源的运行方式很重要。在午间阳光充足时，光伏电源出力通常较大，若线路轻载，光伏电源将明显抬高接入点的电压。如果接入点是在馈电线路的末端，接入点的电压很可能会越过上限，这时必须合理设置光伏电源的运行方式，如规定光伏电源必须参与调压，吸收线路中多余的无功。在夜间重负荷时间段，光伏电源通常无出力，但仍可提供无功出力，改善线路的电压质量。光伏电源对电压的影响还体现在可能造成电压的波动和闪变。由于光伏电源的出力随入射的太阳辐照度而变，可能会造成局部配电线路的电压波动和闪变，若跟负荷改变叠加在一起，将会引起更大的电压波动和闪变。虽然目前实际运行的光伏电源并没引起显著的电压波动和闪变，但当大量并网光伏电源接入时，对接入位置和容量进行合理的规划依然很重要。

（3）分布式发电对供电质量的影响。电流谐波对配电网络和用户的影响范围很大，通常包含改变电压平均值、造成电压闪变、导致旋转电机及发电机发热、变压器发热和磁通饱和、造成保护系统误动作、对通信系统产生电磁干扰和系统噪声等。光伏电源逆变器产生的谐波来源主要有 2 个：50Hz 参考基波波形不好产生的谐波和高频开关产生的谐波。谐波之间的相位差、配电网的线路阻抗以及负荷都能消除部分谐波。当光伏电源逆变器生成正弦基波时，可以部分补偿配电网的电压波形畸变，但会使逆变器输出更多的电流谐波，把光伏电源逆变器接入到弱电网时就会明显出现上述现象。当光伏电源逆变器检测配电网电压来生成参考基波时，光伏电源逆变器可以输出很好的正弦波电流，但是无法补偿配电网的电压波形畸变。在实际运行中，光伏电源注入的谐波电流一般都能符合相关标准的要求。

（4）分布式发电对电网频率稳定性的影响。德国大规模发展分布式光伏的经验教训告诉我们，小出力照样会引起电力系统频率稳定性问题。当德国分布式，尤其是屋顶光伏安装容量达到 3GW 的水平后，德国具备的备用电源即所谓的一次调频将不能满足分布式光伏电源同时切出的出力损失。原因在于德国中压并网导则生效之前，旧的小型光伏逆变器设计参数中，当电网频率超过 50.2Hz 即会直接脱网而不参与电网系统服务，即不对电力系统故障情况做出贡献。在其他光伏安装量较多的国家，强调并网电源的频率安全运行范围和发生频率过限后的脱网时间也逐渐在并网导则中体现。

（5）分布式发电对配电网络设计、规划和营运的影响。随着越来越多的分布式电源接入到配电网络中，集中式发电站占比例将有所下降，电力网络的结构和控制方式可能会发生很大的改变，这种改变带来的挑战和机遇将要求电力网络从设计、规划、营运和控制等各方面进行升级换代。在可以预见的将来，大量被消费的电能将来自于低压配电网络，提前对配电网络的结构进行升级换代和优化显得尤为重要，例如如何使配电网络的结构适应网络电流的逆向和正向的流动。另外，大量分布式光伏电源接入到配电网中后，用户侧可以主动参与能量管理和运营，使传统配电网运营费用模型不再适用。因此，一方面面临电力市场自由化和解除管制的压力，另一方面可再生能源诸如光伏电源却得到保护和补贴，使得配电网在保证供电质量和可靠性方面面临越来越大的压力。近些年，一些专家学者提出了虚拟发电厂和微网概念，可运用到分布式光伏电源管理中，把有功出力具有随机性的光伏电源和具有保证出力的电源以及储能装置集成在一起，作为整体的虚拟发电厂或者微网，整合到当今的电力生产和传输框架内。

分布式发电技术作为新一代发电技术，其发展上升的势头不可阻挡，配电网的设计、规划、营运和控制都要升级换代来适应分布式发电的发展。光伏电源是分布式发电技术中发展最迅速的部分，将有越来越多的分布式光伏电源接入到配电网中。因此，有必要深入开展其对配电网影响的研究。

根据研究结果，应用新的技术，制定相应的管理措施，才能使大量分布式电源接入配电网后能够安全稳定运行。

1.3 用电负荷特性变化对配电网的影响

随着经济现代化程度的不断提高，以空调负荷为代表的舒适型用电需求不断增加，已经成为现代电网的重要负荷。这类负荷的急剧增长已成为季节性电力紧张的最主要原因，尤其在经济发达的地区和大型城市,夏冬两季的空调负荷已占尖峰负荷的30%～40%,在极端高温天气下甚至高达50%,导致电网峰谷差不断加大，且呈现逐年增长的趋势。

1.3.1 我国都市地区的用电特性

通过对我国2012年夏季国家电网公司经营区的5大电网区域的空调用电情况进行分析,2012年夏季区域电网降温负荷如表1-1所示。华北、华东、华中、东北、西北电网空调负荷占电网负荷的比重最高值分别为13.9%、29.0%、28.3%、8.7%和9.2%。分电网来看，华东电网区域由于经济比较发达，居民生活水平较高，对生活舒适度的要求也比较高，空调负荷占电网负荷的比重较高；华中电网区域的大部分地区在夏季都是大家公认的"火炉"，空调用电规模也较大；西北电网区域的夏季气温相对较低，经济发展相对落后，所以空调用电规模不大，空调负荷占电网负荷的比重较低；东北地区夏季气温比较低，空调降温负荷一直很低，占统调负荷的比重最低。

表 1-1　　　　　　　　　　2012 年夏季区域电网降温负荷

区域	降温负荷（万 kW）				降温负荷比重（%）			
	6 月	7 月	8 月	最高	6 月	7 月	8 月	最高
华北	2227	1731	1399	2227	13.9	10.8	8.7	13.9
华东	2507	5345	5019	5345	13.6	29.0	27.2	29.0
华中	1381	3513	1766	3513	11.1	28.3	22.3	28.3
东北	122	362	247	362	2.9	8.7	5.9	8.7
西北	478	310	375	478	9.2	6.0	7.2	9.2
汇总	6517	11215	9440	11215	11.4	19.6	16.5	19.6

1.3.2 我国典型用户负荷特性分析及用电特点

不同类型典型用户负荷特性相关指标如表1-2所示，不同类型用户季不平衡系数与典型日负荷率如表1-3所示。

表 1-2　　　　　　　　　　不同类型典型用户负荷特性相关指标

用户类型	建设用地负荷密度（W/m²）		建筑面积负荷密度（W/m²）		最大负荷利用小时数（h）	
	均值	分布范围	均值	分布范围	均值	分布范围
轻工业类	20	7～135	37	13～167	3798	1303～4428
重工业类	52	14～161	164	44～394	6271	3407～6503
行政办公类	24	19～49	49	31～60	1908	971～2382

续表

用户类型	建设用地负荷密度（W/m²）		建筑面积负荷密度（W/m²）		最大负荷利用小时数（h）	
	均值	分布范围	均值	分布范围	均值	分布范围
文化娱乐类	27	9～59	60	17～131	1627	338～3324
体育类	12	10～21	21	23～38	1458	635～3192
教育科研类	6	3～60	8	5～64	3080	418～4771
医疗卫生类	18	9～45	43	19～57	2850	1441～3873
商业、金融、服务类	89	44～307	67	35～102	2588	308～3397
居民用户类	22	10～30	—	—	—	—

注　除非特殊说明，均采用 2008 年相关数据；居民用户类由于相关数据缺失，故未统计建筑面积负荷密度和最大负荷利用小时数。

表 1-3　　　　　　　　　　不同类型用户季不平衡系数与典型日负荷率

用户类型	季不平衡系数	典型日负荷率	
		夏季	冬季
轻工业类	0.81	0.70	0.75
重工业类	0.94	0.95	0.97
行政办公类	0.63	0.57	0.33
文化娱乐类	0.61	0.59	0.58
体育类	0.48	0.64	0.71
教育科研类	0.86	0.76	0.73
医疗卫生类	0.78	0.83	0.80
居民用户类	—	0.74	—

注　除非特殊说明，均采用 2008 年相关数据；居民用户类由于相关数据缺失，故未统计建筑面积负荷密度和最大负荷利用小时数。

1.3.3　我国的用电负荷分类统计

为了分析负荷变化对配电网的影响，需要对用户类型和负荷量进行详细分析。电力用户一般分为三类：工业用户、商业用户和居民用户。近几年内，我国电力用户的用电负荷总量整体呈现增长态势，用电结构比较稳定，2010～2012 年全社会用电负荷情况如表 1-4 所示，工业用户用电比例最大，占 75%；其次是商业用户，约占 13%；最后是居民用户，约占 12%。

表 1-4　　　　　　　　　　2010～2012 年全社会用电负荷情况

年份	用电负荷（亿 kWh）				用电结构（%）		
	全社会	居民	工业	商业	居民	工业	商业
2010	41.923	5.125	31.318	5.481	12.22	74.70	13.07
2011	46.928	5.646	35.185	6.097	12.03	74.98	12.99
2012	49.591	6.219	36.669	6.703	12.54	73.94	13.52

注　表中数据源自《2010～2012 中国能源统计年鉴》。

（1）工业用户。工业用户主要包括钢铁、有色金属、煤炭、电力、石油石化、化工、建材、纺织、造纸等耗能较高的行业。工业用户一般使用三相电压，在高峰期用电量较高。我国幅员辽阔，各地资源储量不同，工业结构存在较大差异。工业用户是电力负荷集中度高，使用比例较大的消费者，能够对需求侧响应的实施信号做出较快响应。

（2）商业用户。商业用户包括一般商业部门：商场、写字楼、宾馆酒店等，以及学校、医院、车站、市政机关等公共事业单位。商业用户的用电设备主要包括照明、空调、通风换气系统、电梯、给排水动力设备，以照明和空调为主的用电设备用电量较大。商业用户的用电占全社会的 13%，虽然不是很大，但是其用电负荷多是在用电高峰时段，是电力系统高峰负荷的重要构成。

（3）居民用户。居民主要包括城市和乡村居民用户，其特点是电力负荷消费覆盖面积最广、涉及人数多、较分散。居民用户负荷主要包括照明、空调、洗衣机、电暖气、电视机等家用电器设备，居民生活用电的高峰和电力系统高峰段重叠度最高，对电力系统的高峰负荷也有重要影响。

主动配电网需要通过需求侧管理手段的高效配合，最终实现分布式发电、可再生能源与大规模集中发电的有效整合。需求侧响应是对需求侧管理的拓展，主要指通过技术、经济、行政、法律等手段鼓励和引导用户主动改变用电方式，进行科学合理用电，以促进电力资源优化配置，保证安全、可靠、经济运行的电力系统参与主体的协作行为。

需求侧响应机制的基本目标是将反映潜在生产成本的批发市场价格信号传递给终端消费者，让一部分消费者掌握这种价格信号，实现资源更为有效的配置。

1.4 电动汽车对配电网的影响

1.4.1 电动汽车的分类与电动汽车产业的发展前景

电动汽车是全部或部分由电能驱动电机作为动力系统的汽车，按照目前技术的发展方向或者车辆驱动原理，可划分为纯电动汽车、混合动力汽车和燃料电池电动汽车三种类型。

目前，电动汽车在北美、欧洲、日本等发达国家已初步形成规模市场。我国《节能与新能源汽车产业发展规划（2011~2020 年）》中也提出到 2020 年电动汽车保有量应达到 500 万辆，而据工业和信息化部电动汽车发展战略研究报告预测，2030 年全国电动汽车保有量将达到 6000 万辆。

1.4.2 电动汽车充电对电网的影响

电动汽车充电对电网的影响因素主要是电动汽车的普及程度、电动汽车的类型、电动汽车的充电时间、电动汽车的充电方式以及电动汽车的充电特性。需要指出的是，当电动汽车接入电网的方式仅限于通过充电站（桩）时，电动汽车对电网的影响就笼统地反映在充电站（桩）对电网的影响。

电动汽车作为负荷具有特殊性，在充电方式、地点及充电时间等方面都有很大随机性。其充电状况与车主用户行为、电力价格及政府调控策略有很大联系，负荷特性较为复杂。尤其规模日渐庞大后，接入电网产生的影响更不可忽略。在主动配电网中，对这种不确定性较大的负荷需进行主动控制，引导电动汽车进行有序充电控制，使得电网可以较好地消纳充电负荷。

1.5 储能对配电网的影响

1.5.1 储能技术的发展

现代储能技术在电力系统控制运行中发挥着重要作用。"储"作为电力系统运行的补充环节，可从时间上有效隔离电能的生产和使用，彻底颠覆电力系统供需瞬时平衡的执行原则，将电网的规划、设计、布局、运行管理以及使用等从以功率传输为主转化为以能量传输为主，给电力系统运行带来革命性的变化。

根据能量存储方式的不同，储能方式分为机械、电磁、电化学和相变储能四大类型。机械储能包括抽水蓄能、压缩空气储能和飞轮储能；电磁储能包括超导、超级电容和高能密度电容储能；电化学储能包括铅酸、镍氢、镍镉、锂离子、钠硫和液流等电池储能；相变储能包括熔融盐和冰蓄冷储能等。各种储能技术在能量和功率密度等方面有着明显区别，能量型储能装置因其能量密度高、充放电时间较长，主要用于平滑低频输出分量；功率型储能装置因功率密度大、响应快，主要用于平滑高频输出分量。表 1-5 给出了电力系统不同应用场景对储能装置的技术要求。

表 1-5　　　　　　　　　　　电力系统不同应用场景对储能装置的技术要求

储能类型		典型额定功率	持续时间	效率（%）	优势	劣势	应用场景
机械储能	抽水蓄能	100～5000MW	4～10h	70～80	大功率、大容量、低成本	受地理条件限制、建设周期长	辅助削峰填谷、调频、黑启动和备用电源
	压缩空气储能	100～300MW	6～20h	40～50	大功率、大容量、低成本	受地理条件限制	备用电源、黑启动等
	微型压缩空气储能	10～50MW	1～40h	—	低成本	受地理条件限制	调峰
	飞轮储能	5kW～10MW	15s～30min	80～90	高功率密度、快速响应、长寿命	低能量密度、自放电率高	提高电力系统稳定性、不间断/应急电源系统、电能质量等
电磁储能	超导储能	10kW～20MW	1ms～15min	80～95	响应速度快、功率密度大	低能量密度、高制造成本	电能质量管理、提高系统稳定性和可靠性
	超级电容器	10kW～1MW	1s～1min	70～80	高能量转换效率、长寿命、高功率密度	低能量密度、价格高	短时电能质量调节、平滑可再生能源功率输出等
电化学储能	铅酸电池	1kW～50MW	1min～3	60～70	价格低、可靠性好、安全稳定	功率密度低、能量密度低、循环寿命短	电能质量控制、备用电源、黑启动和不间断/应急电源系统
	锂离子电池	100kW～100MW	数小时	70～80	大容量、高能量密度、高功率密度、高能量转换效率	成本高、安全性、循环寿命及规模化	平滑可再生能源功率输出、辅助削峰填谷、电能质量调节等
	全钒液流电池	5kW～100MW	1～20h	65～80	容量和功率相互独立、长寿命、可100%深度放电	低能量密度、效率不高	辅助削峰填谷、平滑可再生能源功率输出等
	钠硫电池	100kW～100MW	1～20h	70～80	大容量、高能量密度、高能量转换效率	安全因素、运行维护费用高	平滑分布式、可再生能源功率输出、辅助削峰填谷等

1.5.2　储能的作用

大量分布式能源的接入给主动配电网的协调优化运行带来了极大挑战，尤其是间歇性可再生能源输出功率的波动性和随机性，更加大了主动配电网运行人员的工作难度。除了传统的运行方式即联络开关的调整之外，主动配电网运行人员更应该借助于储能系统的功率灵活可调，实现与分布式能源的功率输出相协调，优化网络运行状况并改善电能质量等。

总体而言，储能系统对于主动配电网的支撑作用有以下三点：

（1）削峰填谷，改善负荷特性。储能系统通过在负荷低谷时充电，负荷高峰时放电达到降低峰谷差，改善馈线总体负荷特性的目的。储能系统接入的总能量越大，其削峰填谷的作用越明显，馈线的峰谷差改善程度也越大，当储能系统接入的总能量超过馈线的理想削峰能量时，可以使得馈线峰谷差为零。

（2）改善电压质量。储能系统的引入可以有效抑制分布式能源的功率波动和不规则启停对于配电网供电电压质量的影响，提升网络的电压水平。当储能系统引入馈线时，可以在电压越下限值时，发出功率，提升每个节点的电压幅值，使其更加接近期望电压值。同理，当电压越上限值时，可以吸收功率，降低越限点的电压，同样可以接近期望电压值。

（3）提供功率主动调节能力。储能系统兼具充电和放电能力，并且包含一定的存储能量，其旋转备用的范围很广，包括正向发电调节能力和负向充电调节能力，因而可以赋予主动配电网灵活的功率主动调节能力，是系统运行主动性的体现。但储能系统赋予主动配电网的这种功率主动调节能力，一方面受到储能系统自身的能量限制，另一方面也受网络潮流（包括节点电压和支路电流）的约束，因而与储能系统的接入位置息息相关。

储能系统给主动配电网提供的功率主动调节能力需要从放电和充电两个方面进行描述，即储能系统的最大供电能力和最大蓄电能力。储能系统能够提供给主动配电网的最大供电能力是指在满足网络潮流约束和自身容量约束条件下，所能够发出的最大功率，从含义上可以认为是主动配电网的最大正向调节能力。同理，储能系统所能提供的最大蓄电能力是指在满足网络潮流约束和自身容量约束条件下，所能够吸收的最大功率，从含义上可认为是主动配电网的最大反向调节能力。

1.6　本章小结

本章首先介绍了电网发展的三个阶段以及三个阶段的特点，分析了现代配电网的特点与发展趋势；然后分别从发电方式变化、用电负荷特性变化、电动汽车和储能四个方面，分析了对配电网规划和运行的影响。分布式发电的大规模接入、空调负荷等可控负荷的大量出现、电动汽车的大规模发展以及储能技术的快速发展，使得现代配电网的发电模式、用电模式和电网运营模式都发生了巨大变化，迫切需要对现代配电网的规划和运行理论与方法进行系统化的研究，发展和探索适应配电网发展特点的现代配电网规划与运行技术。

第 2 章

主动配电网的定义与发展

2.1 主动配电网概念的发展

2.1.1 主动配电网的定义

传统的中低压配电网向用户单方向分配电力，不包含分布式电源（分布式发电与储能装置）；除无功补偿电容器外，不使用其他的有功、无功调节以及电压控制设备；没有远程运行监视与控制手段。因此，传统的配电网是一个"被动"地从主网接收功率的电力网络，其潮流根据负荷的需求自然分布，不能够根据主网以及负荷的变化自动地调整运行方式与潮流，无法对异常运行状态与故障进行有效的控制，难以保证供电质量、实现最优经济运行。

在调节、控制措施上的"被动"，限制了传统配电网接纳分布式电源的能力。为了不影响配电网的安全运行与供电质量，早期的分布式电源接入技术条件对分布式电源的渗透率及其运行方式做出了严格的规定，如美国供电企业曾规定配电线路接入的分布式电源容量不得大于线路最大负荷的10%。这种做法不利于分布式电源的大量接入，也无法充分发挥其优化配电网运行方面的作用。

分布式电源并网的实践使人们认识到，要提高配电网接纳分布式电源的能力、充分发挥其作用，必须转变传统的配电网规划设计、保护、控制与管理方式，要让它"主动"起来。进入新世纪，针对分布式电源大量接入、高比例渗透带来的问题，英国、意大利等国的学者开始探讨配电网的主动控制与调节技术。2006年，国际大电网会议（CIGRE）成立 C6.11 工作组，专题研究主动配电网问题；2008年该工作组发布了"主动配电网运行与发展"的研究报告，正式提出了主动配电网（active distribution network，ADN）的概念。该工作组的成立，标志着国际电力业界已在主动配电网问题上取得了一定的共识，极大地推动了国际上对主动配电网的研究工作。

CIGRE C6.11 工作组报告对主动配电网的定义是：具有对包括发电机、负载和储能装置在内的分布式资源组合进行控制的系统；配电运行人员能够应用灵活的网络拓扑，调整潮流的分布；分布式资源可以根据适当的监管政策以及用户接入协议，向系统提供一定程度的辅助服务支撑。CIGRE C6.11 的这个定义，应该是目前对主动配电网内涵比较权威的描述。在 2012 的 CIGRE 会议上，C6.11 工作组将"主动配电网"改称为"主动配电系统（active distribution system）"，以便于更好地反映其对负荷进行控制的特征。

2.1.2　主动配电网概念的发展

在 2004 年的 IEEE 年会上，英国曼切斯特大学的学者发表了名为"Active Management and Protection of Distribution Networks with Distributed Generation"的论文，是世界上最早公开发表的研究主动配电网技术的论文。其中"Active"意为"主动、积极"，论文题目的中文翻译为"含分布式电源配电网的主动管理与保护"。在 2005 年的 18 届国际供电会议（CIRED）上，该校学者又发表了"Control of Active Networks"的论文，根据论文的内容，其中"active networks"意为"有源网络"，用来表示含分布式电源的配电网。2008 年 CIGRE C6.11 工作组发布的研究报告使用了"active distribution network （ADN)"的术语，国内有学者根据报告的内容，将其翻译为"主动配电网"。

"有源网络"和"主动配电网"两个术语，分别反映了现代或未来配电网的两个基本特征：一是"有源"，功率与故障电流双向流动；再就是"主动"，即采用积极、主动的控制、管理方法。主动配电网强调配电网具有主动的调节与控制能力的属性，而有源配电网则是反映了配电网接有分布式电源的物理特征。有源配电网只有采取"主动"的控制与管理手段，才能有效地集成分布式电源，提高供电质量，实现优化运行；而主动配电网只有"有源"，才能充分发挥出自身的优势。

区别于传统的被动配电网，主动配电网具备下列特征：首先要具备一定比例的分布式可控资源；其次要有一个网络拓扑可灵活调节的、坚强的配电网络；再次要具备完善的调节、控制手段，即建有基于现代计算机技术与通信技术的量测、控制与保护系统，具有较高的可观可控水平；最后，也是最重要的一点，要建设一个可以实现协调优化管理的管控中心。

2.2　主动配电网的核心理念

与传统配电网相比，对于电网公司而言，主动配电网规划与运行控制的核心理念是主动规划、主动控制、主动管理与主动服务，目的是充分利用分布式能源靠近客户的优势，变劣势为优势；对配电网的运行状态进行全面感知，实时掌握配电网的运行态势，对发电、负荷及网络结构进行主动控制、主动管理，做到消除隐患于未然；为上级电网和客户提供主动服务，建立上级电网与配电网、配电网与客户之间的良好互动关系；规划是实施的基础，一个考虑完善的规划可以起到事半功倍的作用，在主动配电网的建设过程中，迫切需要进行主动规划，以实现对分布式可再生能源发电的全额消纳。

对于广大用户而言，应主动响应国家和电网公司为节能减排所制定的一系列需求侧激励措施，将其中相当一部分负荷变成"可调负荷"，在电网功率平衡控制及平滑电力系统负荷曲线方面发挥积极作用。

对于分布式可再生能源发电而言，应积极、主动地参与系统调频与电压无功控制，实现配电网乃至整个电力系统的优化运行。

主动配电网的第一个核心理念，即主动规划。与传统规划相比，主动规划强调规划、建设和运行的完整性、统一性，强调在规划设计阶段，就充分考虑配电网自动化、通信和配电管理系统对改善配电网运行性能所发挥的重大作用，强调协调统一地规划建设坚强可靠的一次电网架构、深度协同的二次自动化系统与功能强大的智能决策支持系统，实现三位一体的协同规划。

主动规划还体现在对分布式能源的态度上，对于电网公司而言，分布式可再生能源发电由于其随机性、波动性、不可控性常常被认为是"垃圾"电。更重要的是，由于其大多建在用户侧，采用"自发自用，余电上网"的分布式电源鼓励政策，分布式发电享受零售端的上网电价，外加可再生能源附加鼓励，严重影响了电网公司的售电收益。对于分布式可再生能源发电，在传统配电网中，通常采取"接入即忘"的态度，认为分布式可再生能源发电渗透率较低，对电网运行影响不大，体现在规划阶段，只对其进行简单的接入评价，在系统运行阶段，把这些分布式可再生能源发电看作是正常的扰动，作为负荷处理，不采取任何特别措施。国内外研究表明，这种被动型的配电网对分布式可再生能源发电的接纳能力不会大于 10%。当分布式可再生能源发电大于这一比例时，为了克服分布式发电间歇性、随机性所带来的功率双向流动、电压波动加大、电能质量问题突出等负面影响，需要在规划设计阶段就对配电网中的电源和负荷进行主动规划。主动规划强调由配电网规划设计单位主动对区域内的分布式可再生能源发电能力进行主动评估，掌握区域内分布式可再生能源发电资源，主动规划设计分布式可再生电源的接入点，主动评估配电网在消纳不同渗透率下的接纳能力，在消纳能力不足时，对配电网进行必要的、前瞻性的改造，确保所有的分布式可再生能源发电都可以安全、经济地并网。

主动配电网的第二个核心理念是对电网运行状态进行主动控制。在配电网实时运行控制过程中，调控中心必须实时掌握电网的实际运行信息，了解电网中每条线路的负载情况，当电网中出现阻塞时，可以通过主动控制网络结构和网络中的可控设备、各种可控的发电与需求侧响应负荷，疏解电网中线路的负载情况，达到既保证电网经济运行，又确保电网安全稳定运行的目的。

主动配电网的第三个核心理念是作为区域能源管理中心实现对区域内所有发电资源有功功率和无功电压的主动管理。在配电网运行过程中，充分利用主动配电网中的"冷、热、电"三联供、分布式储能、电压调节负荷、需求侧响应负荷、生物质发电平抑光伏发电的随机性、波动性，通过与电网运行态势的密切互动，达到全额消纳可再生能源发电的目标。在主动配电网中，由于分布式电源的大量接入，传统的从主变压器到负荷，电压依次降低的格局将被打破，电压波动加剧，因而无功电压控制在主动配电网中尤为重要。需要充分利用各种电网无功控制设备和分布式发电的无功控制能力，进行协调控制。配电网中存在大量的恒阻抗、恒电流负荷，这些负荷对电压的幅值变化分别呈平方和正比变化，如果能够实现对配电网中母线电压平滑快速调节，可以充分利用这些负荷对电压变化的敏感性，平滑分布式可再生能源的随机波动，参与需求侧响应，实现对用户无感的有功功率控制，也称为柔性负荷控制。

主动配电网的第四个核心理念是主动服务。主动服务包括：①可以为客户提供定制电力服务，根据客户需要提供满足其需求的、可以选择的高品质电能服务；②为客户积极参与需求侧响应，改善能效提供技术支撑平台，例如通过提供协调控制手段和公平公正的利润分配机制，将数以百万计的广大用户组织起来，对其空调、热水器等负荷进行集群需求侧响应控制；③充分利用主动配电网中的可控资源，为上级电网提供电能、在线备用等服务，从而实现配电网与客户、配电网与上级电网之间的全面互动互惠。

主动配电网的第五个核心理念是用户的主动响应。根据美国纽约市电力部门对其 2011 年负荷的分析，发现其峰值负荷为 13 189MW，从 12 000 到 13 189MW 的负荷范围，其持续时间只有 36h。近年来，我国的空调负荷、洗衣机、电热水器快速增长，大多数城市的峰值负荷是由这些家用电器产生的。从用电性质上看，这些负荷属于功率可调或者用电时间可平移的负荷，称为可调负荷。这些可调负荷对于移峰填谷，改善电网的负荷特性，提高电网的资产利用率意义重大，是主动配电网中的重要资源。节能减排是全社会的共同责任，在电网公司提供主动服务的同时，迫切需要广大电力用户的主动响应，需要广大用户积极主动地选择适合于自身特点的需求侧响应项目。

主动配电网的第六个核心理念是分布式可再生电源的主动参与。以光伏发电和风能发电为主的分布式可再生能源发电受天气影响很大，呈现出随机性、波动性的特点。当这类分布式电源的比例较大时（例如，德国已经高达 37%），这些特点不仅对配电网的控制运行造成影响，甚至会影响输电网的运行。消纳可再生能源发电不仅是电网公司的责任，可再生能源发电的厂商也应尽到自己的责任。随着电力电子技术和储能技术的发展，对目前的可再生能源发电机组进行一定改造，就可以实现对其有功功率在一定范围内的调节，这样，当天气变化时，其输出功率可以缓慢地变化，避免剧烈波动。这一技术称为功率平滑技术，对于提高电网对分布式可再生能源的容纳能力效果十分显著；利用电力电子技术，也可以使其具备一定程度的无功电压控制能力，有效地改善电压质量。电网公司和监管机构需要制定相应的鼓励政策，激励分布式可再生能源发电厂商通过安装先进的电力电子控制设备和储能装置，主动地改善其机组的控制能力，使分布式电源与电网实现主动友好互动，与电网公司共同努力，提高电网对可再生能源发电的容纳能力。

为了实现对配电网的主动控制、主动管理与主动服务，便于广大用户的主动响应，分布式可再生能源发电厂商的主动参与，必须实现对配电网更大范围的全面感知。采用更加经济、可靠、先进的传感、通信和控制终端技术，实现对配电网运行状态、分布式发电设备状态、资产设备状态和供电可靠状况实时、全面地监视，实现配电网的可观测性。在传统的配电网中，量测监视范围是从 110kV 的变电站到 10kV 的网络，对于 10kV 以下基本不需考虑。 对于主动配电网，由于大量的分布式能源联结到 10kV 及其以下的母线上，而且需求侧响应资源也大多联结在这些低电压母线上，因而必须对这些低电压供电网络进行全面地监视；为了实现对配电网可控资源的全面控制，必须了解上级电网的运行状态，从而要求将量测范围向下扩大到 400V 母线，向上扩大到 220kV。智能电网的建设和智能电表的大规模安装应用为扩大量测范围奠定了坚实的基础。

2.3 主动配电网的技术指标

主动配电网是通过主动控制技术解决间歇式能源大规模并网带来的一系列不确定性问题，实现间歇式能源的有序并网和高效消纳。 研究及建立主动配电网技术指标体系的目的是为了量化主动配电网的一次系统特性，真实反映主动配电网二次控制系统的装备技术水平以及评估主动配电网的运行效果，为进一步的相关性分析提供必要的数据支撑。主动配电网的技术指标体系包含三个方面的内容：间歇式能源并网特性指标、主动配电网控制特性指标和主动配电网运行特性指标。表 2-1 给出了主动配电网技术指标体系及其特性。

表 2-1　　　　　　　　　　　主动配电网技术指标体系及其特性

类　型	指　标	表　征　属　性
并网特性	间歇性能源渗透率	间歇性能源并网规模
	间歇性能源分布率	

续表

类　型	指　标	表　征　属　性
并网特性	间歇性能源分散度	间歇性能源并网规模
	间歇性能源出力波动性	间歇性并网品质
控制特性	供蓄比例	可控分布式资源规模
	预测准确率	系统状态感知能力
	控制偏差率	系统二次设备的控制水平
运行特性	消纳率	系统对于间歇性能源的兼容性
	消纳效率	系统运行的经济性
	电压合格率	系统运行的安全性
	馈线注入功率波动性	系统运行的可靠性

（1）间歇式能源并网特性指标。间歇式能源并网特性指标主要反映的是分散间歇式能源大规模并网后对于配电网的影响程度，其具体内容包括间歇式能源渗透率指标、间歇式能源分布率指标、间歇式能源分散度指标和间歇式能源出力波动性指标。其中间歇式能源渗透率指标、间歇式能源分布率指标和间歇式能源分散度指标反映了间歇式能源并网的规模，而间歇式能源出力波动性指标则反映了间歇式能源并网的品质。

（2）主动配电网控制特性指标。主动配电网控制特性指标反映的是主动配电网二次控制系统的主动控制能力，其具体内容包括供蓄比率指标、预测准确率指标和控制偏差率指标。其中，供蓄比率指标反映的是主动配电网可调度分布式资源的配置规模，预测准确率指标和控制偏差率指标则分别反映的是系统的状态感知能力和控制精度。

（3）主动配电网运行特性指标。主动配电网运行特性指标表征的是主动配电网经过主动管理及协调控制后的整体运行效果，其具体内容包括：间歇式能源消纳率、间歇式能源消纳收益率、电压合格率、馈线出口功率波动率。其中，间歇式能源消纳率指标反映了主动配电网对于间歇式能源的兼容性，而电压合格率和馈线出口功率波动率指标反映的是主动配电网系统运行的安全性和可靠性，间歇式能源消纳效率则是反映了主动配电网运行的经济性。

2.4　主动配电网与微电网之间的关系

传统电网，由发电、输电、配电、用电 4 个环节组成，是一个从电源到用户的单向系统，任何中间环节的故障，都会导致供电的中断。从这个角度来说，提高供电安全可靠性，不仅应从大电网角度考虑加强电源及输电网建设，还必须在用户侧就地考虑多电源、多通道供电。因此，在发展大规模特高压输电网的同时应注意在重要负荷中心建设足够的分布式电源，将分布式电源、储能装置和负荷组合在一起构成微电网，进而将其与输、配电网集合成为输电网—主动配电网—微电网的三级电网（以下简称三级电网）成为电网建设和发展的方向之一，其示意图如图 2-1 所示。

在三级电网这一体系中，微电网与三级电网体系的联系和作用如下：

（1）微电网表现为一个可以孤岛独立运行的有源配电单元，而不是传统意义的无源配电、用电环节，可以提高终端用户多样化的供电可靠性和电能质量，并通过在系统遭受重大自然灾害及扰动时与上级电网分离孤岛运行，改善对重点用户的供电能力。

（2）微电网中引入可再生能源，可以提高系统的节能减排指标，同时微电网的接入可以降低配电网的电力损耗，节约电能，缓解用电高峰时段的电力紧张。

（3）微电网将分布式电源、分布式储能以及用户负荷有效融合，有助于帮助分布式可再生能源发电与电网实现良性互动，是主动配电网的主要组成单元。

（4）建设基于分布式电源的微电网也是解决现代新农村电气化的最经济供电方式，避免了远距离输电带来的电能损耗和建设费用。微电网也可以应用于边远军事哨所、岛屿供电、高海拔独立电网等特殊场合，是对传统供电形式的有利补充。

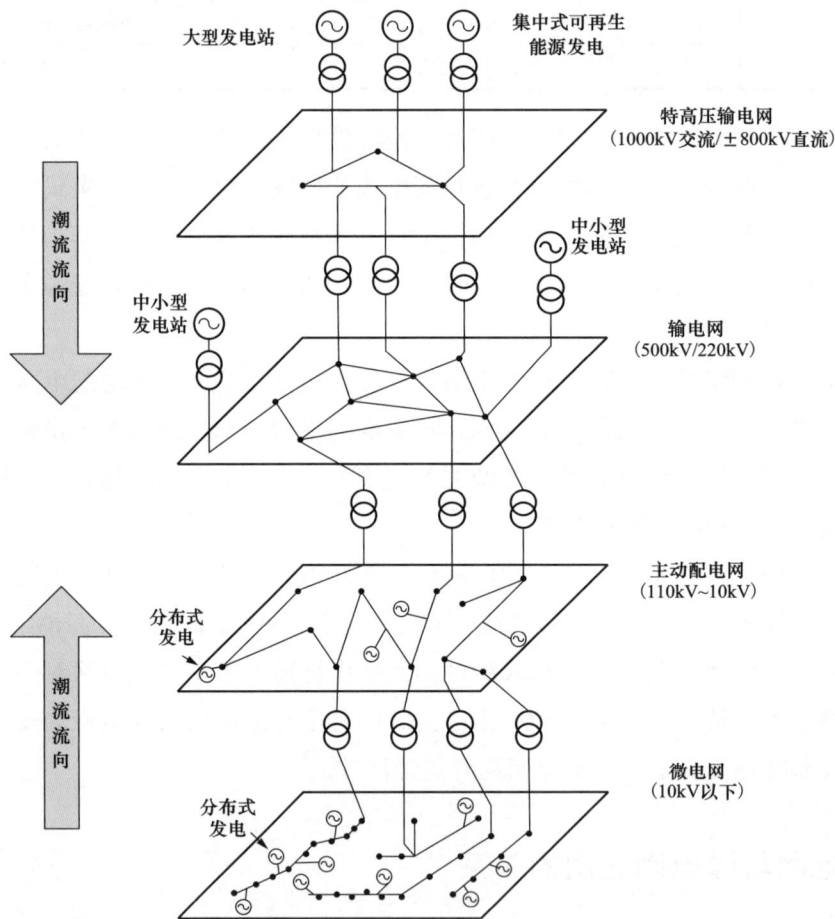

图 2-1　输电网—主动配电网—微电网三级电网示意图

2.5 主动配电网与能源互联网之间的关系

"能源互联网"将互联网技术和可再生能源结合起来，为第三次工业革命创造强大的基础。未来，数以亿计的人们将在自己家里、办公室里、工厂里生产出自己的绿色能源，并在"能源互联网"上与大家分享。

这种基于互联网思维提出的"能源互联网"概念包含了基于信息共享的多种能源的"互联互动"及"替代与转化"的含义。能源互联网是未来的智能电网，具有网架坚强、广泛互联、高度智能、开放互动的特征，将电网、互联网、物联网等相互融合，构成功能强大的社会公共服务平台，可以在更宽广的范围内对能源进行更有效的配置，更有效地提高能源的利用率。

2.5.1　能源互联网需求分析

"能源互联网"的需求推动力源于能源供需矛盾和新型可再生能源的出现。可以归结为以下两个方面。

（1）供需互动的需求。在电力系统中，分布式电源、三联供机组、电动汽车、储能装置、可控负荷、智能建筑大量出现，电网内将出现越来越多的"发用电联合体"。它们的出现使能量的流动方向由单向向"双向互动、互联"转换，相对传统负荷它们具有更多的智能特性，不但可以受控，而且可以主动提供能量，在能源整体控制过程中可以作为局部的"虚拟发电厂"参与能源调度控制。

信息化的进步和"智能负荷"以及"发用电联合体"的出现也给负荷主动参与提高能源整体使用效率提供了新手段，新型负荷的互动控制和主动供电能力，可以减小和补充系统备用，提高能源系统整体效率。

（2）能源间的替代转化需求。社会对能源的需求是多样的，除用电需求外还有供热、制冷等需求，这些不同能源需求的变化会影响能源的供应平衡。各种新能源技术的发展，能源供应种类向多样性发展（电、天然气、风能、生物质能等绿色可再生能源）。"多种能源"在满足"不同能源需求"过程中，将会出现不同种类能源间的替代与转化需求。

信息技术的进步，互联网改变了当代社会人们的生活方式。电力及能源领域信息化程度的提高，也为能源跨领域的集约化供给提供了契机。不同能源领域以及用户信息的互联互通，能够更加便捷地了解当前能源的供给与消费情况。发挥能源间互补优势、充分利用可控负荷资源，对能源供应与消费体系进行整体优化，可以改善能源供用结构、推进能源使用效率整体提高。

2.5.2　能源互联网技术框架分析

（1）能源互联网构成。构建"能源互联网"的主要目的是优化能源结构（更多应用新能源）、提高能源效率（发挥不同能源优势和新型负荷的技术优势），从而改善用户体验。优化能源互联网资源，首先需要确认能源互联网构成要素，界定优化范围。

图 2-2 描述了能源互联网总体构成：电、供热及供冷等形式的能源输入通过与信息等支撑系统有机融合，构成协同工作的现代"综合能源供给系统"。

该系统内多种能源（化石能源、可再生能源）通过电、冷、热和储能等形式之间的协调调度供给，达到能源高效利用、满足用户多种能源应用需求、提高社会供能可靠性和安全性等目的；同时，通过多种能源系统的整体协调，还有助于消除能源供应瓶颈，提高能源设备利用效率。

要实现多种能源的优化利用，需要具备几个条件：①要具备不同种类能源间的（供求关系等）信息互通；②要具备能源输出互相替代的必要技术手段，即通过电能能够满足被替代能源消费主体的需求；③要能够给能源消费者清晰、及时的引导信号，吸引能源消费主体参与能源消费优化配置。

（2）能源互联网技术框架。为了达到上述整体优化目标，在明确能源"互联"范围基础上，需要进一步研究合理的能源互联网技术框架，应用先进技术发挥多种能源与用户互联、互动的整体优势。

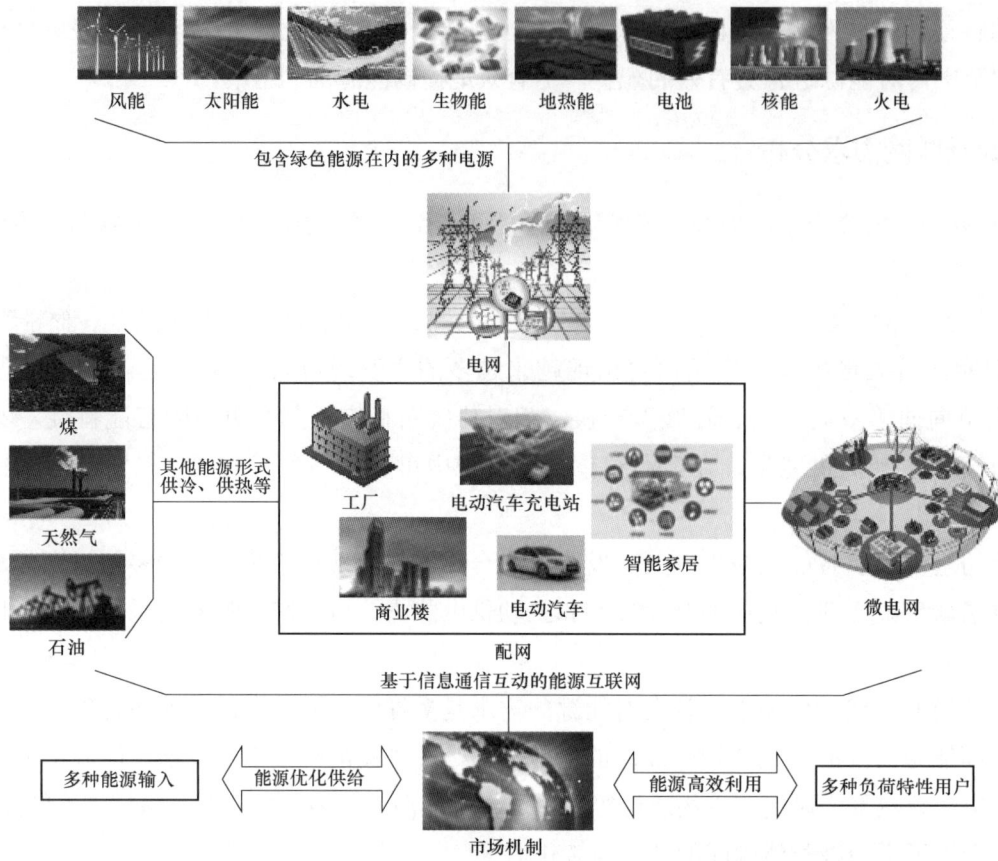

图 2-2 能源互联网总体构成

这种能源互联网技术框架设计的唯一目的是发挥技术优势，从技术角度提高能源的使用效率。在不存在政策、市场和技术条件限制的前提下，设计满足上述条件的能源互联网技术框架模型，如图 2-3 所示，包括"市场环境""能源供给、转化和消费""信息支持"以及"调度控制"4 个部分。

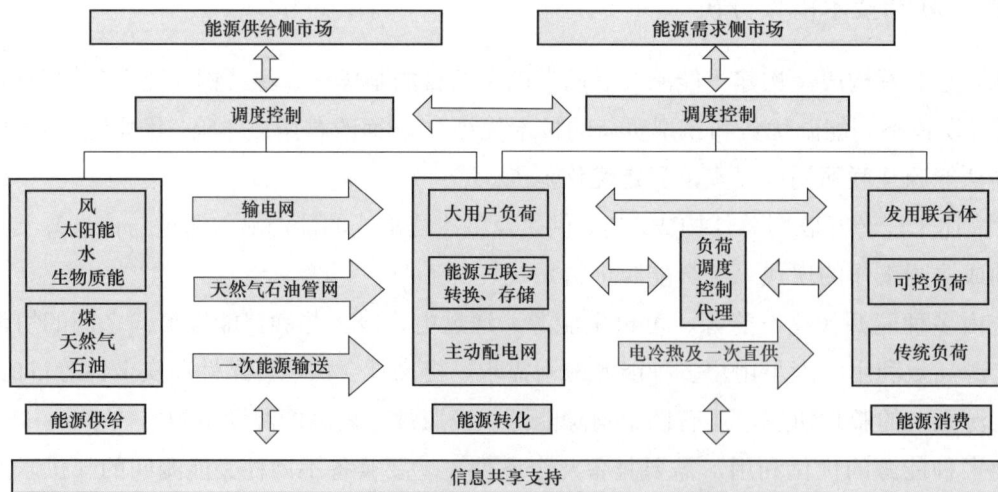

图 2-3 能源互联网技术框架

市场环境包括能源供给侧市场和能源需求侧市场。其中，能源供给侧市场负责发布不同种类能源的市场价格信号，调节市场能源供应结构（可以在这个环节使用价格信号或补贴鼓励使用清洁能源，减小环境污染）；能源需求侧市场负责发布吸引可控负荷和具有反向送电（或其他能源形式）的"发用电联合体"参与需求侧调度控制的价格或其他激励信号，以鼓励负荷参与需求侧响应。

能源供给、转化及消费是能源互联网中的能源流，也是整个技术框架的最终优化协调对象。多种能源发出的电、热、冷等能量形式通过输电电网、管网或者运输通道最终抵达用户侧，满足用户的用能需求。

信息共享支持是整个技术框架中的信息流。"高速、可靠和安全"的现代信息网络技术是实现能源互联网技术框架下大量数据采集、传输、分析再到优化计算的基础条件。

在信息技术支持下，为保障整个能源框架的安全优化运行，需要设置必要的运营管理机构，对能源进行集中调度管理，这种调度管理可以采用与外部市场环境相适应的商业运营模式并根据能源管理范围进行分级设计。

同时针对用户侧可控负荷和具有发电及其他供能（供热、制冷等）能力的"发用电联合体"在自愿的前提下可以直接参与或通过"负荷集成商""虚拟发电厂"等运营模式参与能源互联网的调度控制。这种基于信息共享的通过能源整体调度控制实现能源的整体优化利用是能源互联网技术框架的核心内容。

2.5.3　能源互联网与主动配电网之间的关系

从图 2-2 可以看出，主动配电网侧重于在配电网范围内对由分布式发电、分布式储能、可控负荷等主动资源进行优化控制，实现对分布式可再生能源发电的充分消纳，能源互联网侧重于更大范围内多种能源形式之间的优化配置和梯级利用，主动配电网是能源互联网中的重要环节和组成单元，能源互联网为多个主动配电网在更大范围内的协同优化提供了技术手段和商业模式，可以有力促进主动配电网的进一步发展。

2.6　本章小结

本章首先讨论了主动配电网的定义以及发展历程，提出了配电公司主动规划、主动控制、主动管理、主动服务，广大用户主动响应，分布式发电主动参与的主动配电网六个主动的核心理念，在此基础上，讨论了主动配电网的技术指标，探讨了主动配电网与微网、能源互联网之间的相互关系。微网、主动配电网和能源互联网在规模上从小到大、顺次包容，在控制管理上层次递进、互相协同，在运营模式上，既互相竞争、又必须协调一致，三者之间密切配合，才能在确保电网安全经济运行的前提下，促进可再生能源发电的充分消纳，有效提高整个能源系统的综合利用效率。

第3章

主动配电网规划的思路与方法

3.1 引言

传统的配电网规划一般采取了首先基于最大负荷（饱和负荷）断面完成远期战略规划，然后考虑饱和规划与现状电网完成由近期到远期过渡规划的思路。随着各类分布式新能源发电和电动汽车等新型负荷的广泛接入以及市场化的深入，现代配电网规划相比传统规划呈现出许多新的特点，主要表现在：

（1）规划元素多元化。新技术和新设备的引入使得现代配电网规划中参与规划的利益主体、规划可利用的资源和可调节的手段都更加丰富。除区域能源规划层面的分布式电源、储能、电动汽车充换电设施、需求响应等的接入位置和容量的多层面优化配置外，规划中还需要综合考虑传统交流骨干网架、新型闭式环网、直流配网等多种复杂网络环节及智能开关设备布局的"源—网—荷"综合规划。同时，为充分发挥配电自动化、通信和配电管理系统对改善配电网运行性能的重要支撑作用，城市电网的一次系统规划还需与二次系统的规划进行深度协同。此外，随着多能源系统的互联日益密切，如何统筹和协调开展电、热、气、油等多能源系统的综合规划也是未来城市电网规划所需要面临的主要问题。

（2）规划与运行深度融合。传统规划的核心思想是以最大的投资承载电网最恶劣的运行状况，由于数据与模型颗粒度和关注点的差异，长期以来，配电网规划层面的优化配置问题和运行层面的优化控制问题往往是割裂开来的，其不足也是显而易见的。现代配电网规划需要在规划阶段就充分计及分布式发电出力的随机性与间歇性、需求响应以及各种控制设备的动作顺序，基于全寿命周期理念和双层/多层规划理念，考虑电网运行的各个场景，并结合配电网运行过程中的主动管理策略，开展较为全面的时序多场景模拟仿真校核，最终得到综合的最优规划方案。

规划元素多样化和与运行深度耦合的特性给主动配电网的综合规划提出了新的挑战和需求，未来配电网规划需要采取"主动规划"的理念，以更开放的态度主动去应对未来多样化分布式电源和多元化负荷的快速发展需求。需要对区域内的分布式可再生能源资源的可利用能力进行主动评估，主动规划设计分布式可再生能源发电的接入点，结合规划区域的实际负荷特点主动评估参与需求响应的主动负荷的可调节可转移的能力大小，主动评估配电网对分布式电源的接纳能力和最大负荷供应能力，前瞻性的给出网络解和非网络解相结合的综合规划解决方案。同时，为增强方案的可操作性和可实施性，规划中还需要考虑规划、建设和运行的完整性、统一性，在规划设计阶段就充分考虑配电自动化、通信和配电管理系统对改善配电网运行性能所发挥的重大作用，协调统一地规划建设坚强可靠的一次电网架构、深度协同的二次自动化系统与功能强大的智能决策支持系统，实现三位一体式的协同规划。

主动配电网规划是一个复杂的组合优化问题，涉及多目标及众多不确定因素，目前国际上主动配电网规划工具的开发仍处于探索阶段。这里沿用传统配电网规划分解的思路，将主动配电网的规划问题分解为可再生能源发电资源的主动评估、曲线化主动负荷预测、考虑全要素接入的综合规划、一次网架与二次信息系统的协调规划等几个关键步骤。以下分别阐述各关键步骤的思路与方法。

3.2　可再生能源发电资源的主动评估

以分布式太阳能、风能为代表的可再生能源是主动配电网的一类最重要的可利用资源，实现区域分布式太阳能资源与风能资源可利用水平的有效分析评估是主动配电网规划设计的一项基础性工作。

对于任何一个规划区域来说，该区域内可利用的太阳能资源和风能资源总是有限的，分布式装机容量如果超过该区域可利用的太阳能和风能总量，则会造成投资的浪费。相反，如果装机容量过小，则相应的太阳能资源和风资源将无法被充分利用，又会造成能源的浪费，因此，在区域太阳能资源和风能资源总量已知的情况下，如何确定最佳的光伏和风电装机容量是必须考虑的问题。

以下研究区域可再生能源发电资源的分析评估方法，实现对规划区域内不同空间点不同时间段内的太阳能、风能的最大利用量的预测分析评估，掌握规划区域可再生能源的发电潜力，为主动配电网的能源预测、分布式电源与变电站的选址定容以及含分布式可再生能源发电的配电网规划提供基础。

3.2.1　区域太阳能资源分析

以往研究中气象领域有关区域太阳能资源总量的评估问题和电力系统规划领域有关最佳光伏装机容量的确定一直没有很好的结合在一起。气象领域的地区太阳能资源评估研究往往注重太阳能资源影响因素的建模，其结果对于光伏发电站的建设具有重要的指导意义，但并不能直接应用于消纳分布式能源的主动配电网规划；电力系统规划领域对规划光伏容量的确定，往往仅从电网运行的技术条件约束和光伏发电量所带来的效益方面考虑，忽视了太阳能资源对于光伏可利用装机容量的制约。两者割裂开来，势必造成投资的浪费或者清洁能源无法被充分利用。

以下提出以可装机容量为结果的区域分布式太阳能资源的分析评估方法。首先，该系统基于经纬度、日照强度等区域地理气象信息计算区域可利用的太阳能资源总量，然后，以太阳能总量作为基础，考虑该区域可建设光伏的用地情况，以经济性为目标，确定最佳光伏装机容量。应用该计算评估方法和分析评估系统，可以确保地区所装光伏既能够最大限度的充分利用区域的太阳能能源进行发电，又避免光伏容量建设过度后因无法发电被闲置而造成的投资浪费。同时可为区域电网和电源的建设提供规划建议。区域太阳能资源评估方法如图 3-1 所示。

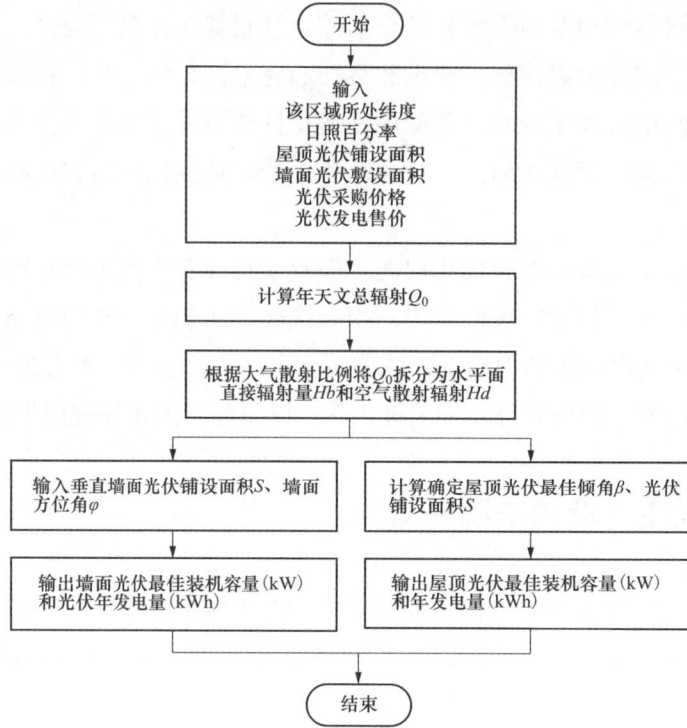

图 3-1 区域太阳能资源评估方法

（1）计算该地区的太阳总辐射度为

$$Q_0 = 365 \times \frac{TI_0}{\pi\rho^2}(\omega_0 \sin\varphi \sin\delta + \cos\varphi \cos\delta \sin\omega_0) \tag{3-1}$$

式中　　Q_0——该地区年接受的太阳能辐射总量，MJ/m^2；

T——一个太阳日的秒数，为 86400s；

I_0——太阳常数，为 $13.67 \times 10^{-4} MJm^{-2}s^{-2}$；

φ——该地区的纬度。

式（3-1）中，ρ 为日地相对距离，随日期变化而变化，计算公式为

$$\rho^2 = 1 / \left(\begin{array}{l} 1.000423 + 0.032359\sin x + 0.000086\sin 2x \\ -0.008349\cos x + 0.000115\cos 2x \end{array} \right) \tag{3-2}$$

δ 为赤纬，计算公式为

$$\delta = 0.3723 + 23.2567\sin x + 0.1149\sin 2x \\ - 0.1712\sin 3x - 0.7580\cos x + 0.3656\cos 2x + 0.0201\cos 3x \tag{3-3}$$

ω_0 为日落角，计算公式为

$$\omega_0 = \arccos(-\tan\delta \tan\varphi) \tag{3-4}$$

式（3-2）与式（3-3）中，x 的计算公式为

$$x = 2\pi \times 57.3(N + \Delta N - N_0)/365.2422 \tag{3-5}$$

其中，N 为按天数顺序排列的累积日。1 月 1 日为 0，1 月 2 日为 1，依次类推，12 月 31 日为 364（闰年 12 月 31 日为 365）。ΔN 为积日订正值，由观测地点及格林尼治经度差产生的时间差订正值 L 和观测时刻与格林尼治 0 时时间差订正值 W 两项组成。$L=（D+M/60）/15$。D 为该地区的经度，M 为分

值。$W=(S+F/60)$，其中 S 为观测时刻的时值，F 为分值。一般情况下可取 $S=12$，$F=0$。最后两项时值再合并化为日的小数。我国处于东经，L 取负值，所以，$\Delta N=(W-L)/24$。最后，$N_0=79.6731+0.2422$ $(Y-1985)$，Y 为年份。

（2）计算该区域接受辐射的光伏板所能吸收的太阳能辐射量。由于接受辐射的太阳能光伏板敷设时往往具有一定的倾斜角度，且太阳辐射在经过空气和云层时会产生散射，因此需要计算太阳辐射经过地球大气后该区域光伏板所吸收的太阳能的总量。太阳辐射经过地球大气后，该区域光伏板所吸收的太阳能总量计算公式如下

$$H_t = H_b R_b + H_d \left[\frac{H_b R_b}{Q_0} + \frac{1}{2} \left(1 - \frac{H_b}{Q_0} \right) (1 + \cos \beta) \right] \tag{3-6}$$

式中　H_t——经过大气衰减作用后，太阳能光伏板吸收的太阳能总量；

　　　H_b——水平面上接受的太阳直接辐射量；

　　　H_d——水平面上接受的大气散射的辐射量；

　　　β——光伏板与地面的夹角。

H_b 与 H_d 的计算公式为

$$\begin{aligned} H_d &= a \times Q_0 \\ H_b &= (1-a) \times Q_0 \end{aligned} \tag{3-7}$$

其中　a——太阳能散射百分比，代表太阳辐射经过大气后被散射的严重程度，其数值可以根据每个地区的气象数据得到。

式（3-6）中，R_b 的计算公式为

$$R_b = \frac{C(\omega_{cs} - \omega_{cr}) + B(\sin \omega_{cs} - \sin \omega_{cr}) - A(\cos \omega_{cs} - \cos \omega_{cr})}{2D} \tag{3-8}$$

其中 ω_{cs} 和 ω_{cr}——分别为日出角和日落角。相关的系数 A，B，C，D 按照式（3-9）进行计算

$$\begin{cases} A = \sin \gamma \cos \delta \\ B = \sin \varphi \cos \gamma \cos \delta \\ C = -\cos \varphi \sin \beta \cos \gamma \sin \delta \\ D = \omega_0 \sin \varphi \sin \delta - \cos \varphi \cos \delta \sin \omega_0 \end{cases} \tag{3-9}$$

式中　γ——光伏板的方位角。

经过步骤（1）（2）计算即可得到规划区域一年内光伏板吸收的太阳能总量。

（3）区域太阳能资源最佳配置量化计算。用式（3-10）来衡量光伏在其运行年限内所能带来的收益

$$A = W \times a \times n - b \times P \tag{3-10}$$

式中　A——在运行寿命期内的全部光伏发电量收益，元；

　　　P——光伏装机容量，kW；

　　　W——光伏年发电量，kWh；

　　　a——上网电价，元/kWh；

　　　n——光伏系统的运行年限；

　　　b——光伏系统的采购成本，元/W。

其中，年发电量 W 的计算公式为

$$W = \sum_{i=1}^{365} (h \times S_i) \tag{3-11}$$

其中

$$S_i = \begin{cases} P, & P < H_i \\ H_i, & P \leqslant H_i \end{cases} \tag{3-12}$$

式中 S_i——光伏装机容量为 P 的光伏发电机每天的实际发电功率，kW；

h——发电时间，通常取 12h。

通过计算出建筑物上每天接受的太阳辐射量，再除以 12，就可以大致得到太阳在这一天的辐射功率。用 H_i 表示，其中 $i=1，2，3，\cdots，365$。然后，找出 H_i 中的最大值和最小值，分别用 P_1、P_2 表示，即

$$\begin{cases} P_1 = \max(H_i) \\ P_2 = \max(H_i) \end{cases} \tag{3-13}$$

以 P_1、P_2 为光伏装机容量的上下限，在 P_1 和 P_2 之间寻找最佳的光伏装机容量 P，使光伏发电机在其运行年限内取得最大的收益。从而获得屋顶光伏的最佳装机容量和墙面光伏的最佳装机容量。

3.2.2 区域风能资源分析

与区域太阳能资源评估类似，以往研究中气象领域有关区域风能资源总量的评估问题和电力系统规划领域有关最佳风电装机容量的确定一直没有很好地结合在一起。气象领域的地区风能资源评估研究往往注重风资源影响因素的建模，特别是风速和风速分布的模拟分析，其结果对于集中式大型风电场的开发建设具有重要的指导意义，但并不能直接应用于消纳分布式能源的主动配电网规划；电力系统规划领域对规划风机容量的确定，往往仅从电网运行的技术条件约束和风机发电量所带来的效益方面考虑，忽视了风能资源对于风电可利用装机容量的制约。两者割裂开来，势必造成投资的浪费或者清洁能源无法被充分利用。

以下提出以可装机容量为结果的区域分布式风能资源的分析评估方法。首先，基于区域风速数据，计算区域可利用的风能资源量化指标包括平均风速、平局风能密度和风能可利用时间，然后，以风能资源量化评估指标为基础，考虑该区域可建设风机的用地情况，以经济性为目标，确定最佳的风机装机容量。应用该计算方法和分析评估系统，可以确保地区所装风机的容量既能够最大限度的充分利用区域的风能资源，又避免风机容量建设过度后因无法发电被闲置而造成的投资浪费，同时可为区域电网和电源的建设提供规划建议。区域风能资源评估方法如图 3-2 所示。

（1）风能特征模型构建。风能特征指标包括平均风速、平均风能密度、风能可利用时间、有效风能密度等，是评估一个地区风能资源状况的重要参数。

大量的实测数据表明，一个地区的风速往往近似服从双参数威布尔（Weibull）分布。为此，采用双参数威布尔分布模型模拟区域的风速变化情况，为计算风能指标、评估区域风能资源总量提供基础。其概率密度函数公式为

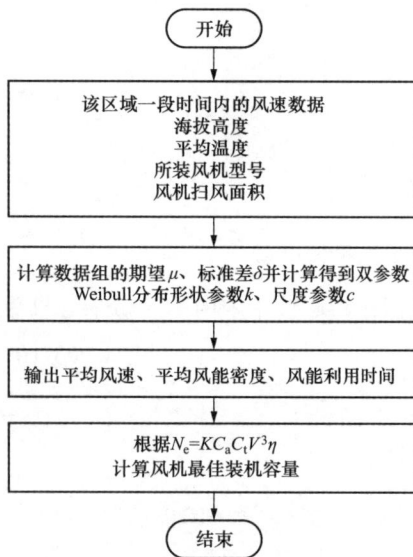

图 3-2 区域风能资源评估方法

开始

该区域一段时间内的风速数据
海拔高度
平均温度
所装风机型号
风机扫风面积

计算数据组的期望 μ、标准差 δ 并计算得到双参数 Weibull 分布形状参数 k、尺度参数 c

输出平均风速、平均风能密度、风能利用时间

根据 $N_e = KC_a C_t V^3 \eta$ 计算风机最佳装机容量

结束

$$f(v) = \frac{k}{c}\left(\frac{v}{c}\right)^{k-1}\exp\left[-\left(\frac{v}{c}\right)^{k}\right] \tag{3-14}$$

式中　v——风速，m/s；

　　　　k——分布形状参数（无量纲）；

　　　　c——威布尔分布尺度参数，m/s。

k、c 采用均值和方差估算法得到，计算公式为

$$k = \left(\frac{\sigma}{\mu}\right)^{-1.086} \tag{3-15}$$

$$c = \frac{\mu}{\Gamma\left(1 + \dfrac{1}{k}\right)} \tag{3-16}$$

式中　μ 和 σ ——分别是该地区风速统计值中的平均值和均方差，计算公式为

$$\begin{cases} \mu = \dfrac{1}{n}\sum_{i=1}^{n} v_i \\ \sigma = \sqrt{\dfrac{1}{n}\sum_{i=1}^{n}(v_i - \mu)^2} \end{cases} \tag{3-17}$$

（2）风能特性指标计算。在得到该区域的双参数威布尔分布风速拟合模型之后，即可以计算该区域的风能指标，进而计算该区域的风能资源量化指标，计算公式如下：

平均风速

$$\bar{v} = c\Gamma\left(\frac{1}{k} + 1\right) \tag{3-18}$$

平均风能密度

$$\bar{w} = \frac{1}{2}\theta c^3\Gamma\left(\frac{3}{k} + 1\right) \tag{3-19}$$

式中　θ——空气密度。

有效风能密度

$$\bar{w}_{e} = \frac{\dfrac{1}{2}\theta\int_{v_2}^{v_1} f(v)v^3 \mathrm{d}v}{\exp\left[-\left(\dfrac{v_2}{c}\right)^{k}\right] - \exp\left[-\left(\dfrac{v_1}{c}\right)^{k}\right]} \tag{3-20}$$

式中　v_1 和 v_2——分别为风机的切入风速和切出风速。

有效风能利用时间

$$t = 8760\left\{\exp\left[-\left(\frac{v_2}{c}\right)^{k}\right] - \exp\left[-\left(\frac{v_1}{c}\right)^{k}\right]\right\} \tag{3-21}$$

（3）风机最佳装机容量计算。为评估该区域可安装的风机最佳装机容量，需要综合考虑风机所在区域的海拔、空气密度、风轮机的扫峰面积以及风机的型号和效率等因素，计算风机的最佳装机容量如式（3-22）所示

$$N_e = K \times C_a \times C_t \times S \times v^3 \times \eta \tag{3-22}$$

式中　K——风轮机功率换算系数（见表 3-1）；

$\quad\quad C_a$——空气高度密度换算系数，它是指不同海拔高度空气密度的修正系数（见表 3-2）；

$\quad\quad C_t$——空气温度密度修正系数，温度不同时空气密度也不同（见表 3-2）；

$\quad\quad S$——风轮叶片扫过的面积；

$\quad\quad v$——风速；

$\quad\quad \eta$——风轮机全效率，一般取 25%～50%（见表 3-3）。

表 3-1　　　　　　　　　　　　风轮机功率换算系数 k 取值表

风轮机功率 N_e	风轮叶片扫掠面积 S	风速 v	功率换算系数 K
瓦特（W）	平方英尺（ft²）	英里/小时（mile/h）	5.08×10^{-3}
瓦特（W）	平方英尺（ft²）	英尺/秒（ft/s）	1.61×10^{-3}
瓦特（W）	平方米（m²）	米/秒（m/s）	0.6127
马力（ph）	平方英尺（ft²）	英里/小时（mile/h）	6.81×10^{-6}
马力（ph）	平方米（m²）	米/秒（m/s）	8.21×10^{-4}

表 3-2　　　　　　　　　　　　空气密度修正系数 C_a、C_t 取值表

海拔（m）	换算系数 C_a	摄氏温度（℃）	修正系数 C_t
0	1	−17.78	1.13
762	0.912	−6.67	1.083
1524	0.832	3.44	1.041
2286	0.756	15.5	1.000
3048	0.687	26.67	0.963

表 3-3　　　　　　　　　　　　风轮机初估全效率设计取值表

风轮机形式	初估全效率（η）	说　明
多叶片风轮机	10%～30%	多用于农业、牧业抽水
风帆叶片风轮机	10%～20%	多用于抽水、碾米磨面
垂直轴"索旺尼斯"风轮机	10%～20%	多用于抽水、压缩空气
垂直轴"达里厄"风轮机	15%～30%	多用于风轮机
扭曲叶片风轮机（螺旋形叶片）	15%～35%	1.0～10.0kW 小型风轮机
	30%～45%	10.0～100kW 中型风轮机
	35%～50%	100kW 以上大型风轮机

在确定了单个风机的装机容量后，根据风机的半径确定该区域的风机装机密度（个/m²），进而可根据装机密度确定该区域风机的总个数及总容量。

3.2.3　区域可再生能源评估实例

以北京某地区为实例，评估 2015 年该地区的太阳能和风能资源的丰富程度，该地区位置是北纬 39°，东经 117°，日照百分率为 65%。

（1）区域太阳能资源评估。为计算该地区的一栋建筑物安装该光伏后一年能发出的电量。设在南面屋顶加装固定倾角单晶硅光伏系统。在该建筑南面墙的总面积为 208.27m^2，考虑到边角损失，屋顶光伏铺设面积为 117m^2。光伏的商用效率设为 15%。

为了保证屋顶光伏可以最大限度的接受太阳辐射，需要先确定最佳的光伏铺设倾角。最简单的方法是在当地的纬度基础上加 15°来确定光伏的铺设倾角，但这种方法往往与实际的最佳倾角有所偏差。在此，计算从 0～100°之内的所有角度下的太阳辐射量，并取最大值所在的角度，定位最佳倾角，太阳辐射量随光伏倾角变化曲线如图 3-3 所示。

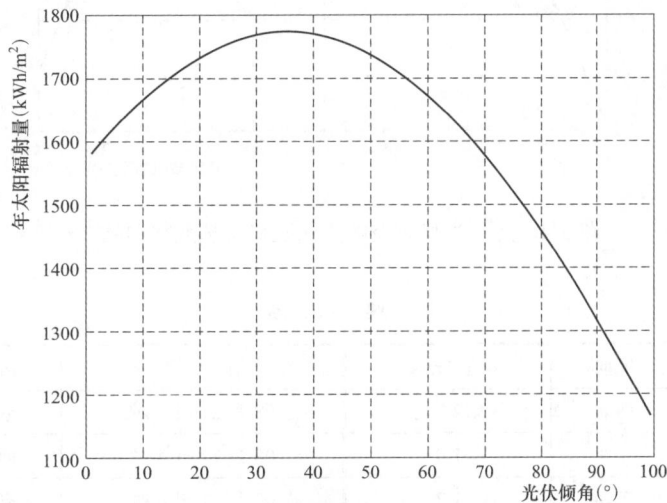

图 3-3　太阳辐射量随光伏倾角变化曲线

据此确定最佳倾角为 35.5°（如图 3-3 所示），太阳辐射量为 1771.8kWh，考虑屋顶铺设总面积、墙面利用率、光伏发电效率等因素，屋顶的光伏年发电量最大为 31095.1kWh。

下面确定屋顶光伏的最佳装机容量。设全国电网企业平均的售电价格是 0.57 元/kWh，以此作为该区域电价。2015 年的光伏组件的采购价格为 12.55 元/W，以此作为屋顶光伏的光伏采购成本。夏至日太阳辐射最强，冬至日太阳辐射最弱，计算出冬至日和夏至日在光伏最佳倾斜角 35.5°时两天屋顶光伏接受的太阳辐射量，分别为冬至日 3.645kW/h/m^2，夏至日 5.6015kW/h/m^2，再乘以屋顶铺设面积和光伏效率并得到一天内光伏的总发电量，按照一天光伏工作 12h 计算，那么再除以 12，就得到了光伏的装机容量。按此方法计算可得到光伏的装机容量下限为 5.33kW，上限为 8.19kW。在这两个值之间寻找最佳的光伏装机容量。方法是先确定一个光伏的装机容量，然后计算一年内每天的太阳辐射量可发的电量，当太阳辐射量大于光伏的装机容量时，这一天的发电量按照光伏装机容量计算，当太阳辐射量小于光伏的装机容量时，按照太阳辐射量确定光伏的发电量，最终将一年内的光伏发电量加和，得到该装机容量下一年内的发电量。以 0.01 为最小单位，遍历 5～9kW 之间的每个数值，并计算每个装机容量下的年光伏发电量乘以全国电价得到发电收益再减去该装光伏发电容量的成本，以光伏装机容量 P 为横坐标，以光伏的收益 A 为纵坐标，便可以得到图 3-4。

由此可知，当光伏的装机容量为 7.41kW 时最合算，在假设光伏的运行年限是 20 年时，光伏的最大收益是 77167 元。铺设光伏确定光伏的装机容量时可以此为参考。

（2）区域风能资源评估。表 3-4 为该地区每隔一小时的部分风速数据。

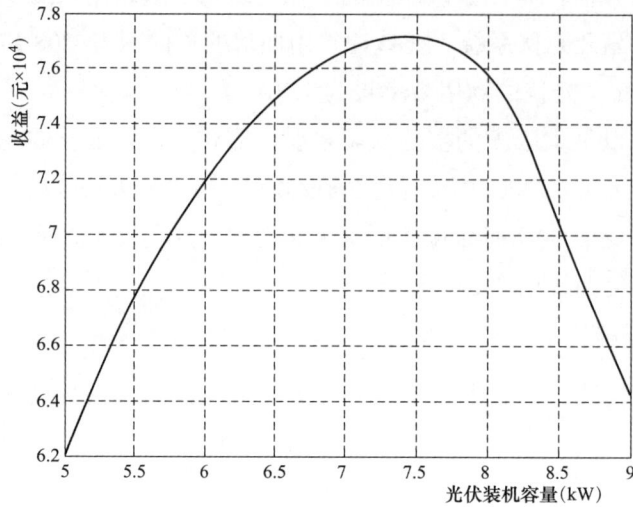

图 3-4　屋顶光伏收益随光伏装机容量变化曲线

表 3-4　　　　　　　　　　　　**风 速 数 据**

时　　间	风向	风速（m/s）	时　　间	风向	风速（m/s）
08 月 27 日 1 时	西北	2.7	08 月 27 日 2 时	东南	4.0
08 月 27 日 3 时	东北	1.9	08 月 27 日 4 时	西南	0.5
08 月 27 日 5 时	东南	1.7	08 月 27 日 6 时	东南	1.4
08 月 27 日 7 时	东本	1.7	08 月 27 日 8 时	东南	0.0
08 月 27 日 9 时	西北	1.2	08 月 27 日 10 时	东南	1.3
08 月 27 日 11 时	东南	1.3	08 月 27 日 12 时	东南	1.4

利用期望和标准差公式可得期望 μ=2.6476，标准差 δ=1.838222，再求得威布尔分布的形状参数 k=1.4862，尺度参数 c=1.97125，进而可得平均风速为 2.647m/s，平均风能密度为 10.07W/m²，风能有效利用时间为 2628h。

取 K 为 0.6127，C_a 取 1，C_t 取 0.963，风速由风速数据和 Weibull 模型计算为 2.67m/s。设该区域安装的风机风轮直径为 10m，则其扫掠面积为 314.16m²。由以上计算可知，该区域的平均风能密度为 10.07W/m²，则在风机的扫掠面积内的可利用的风能功率为 3163.6W。由表 3-1 可知适合安装小型风轮机，初估全效率取 25%，那么就可以得到风机的有效功率为 883W。

3.3 曲线化的主动负荷预测

3.3.1 主动负荷预测的思路

首先根据规划区域的用地类型、负荷类型将该地块的负荷划分为不可控负荷（刚性负荷）、可控负荷和调节负荷，然后综合考虑可调节负荷、可控负荷、清洁能源、储能等主动元素的运行策略，对原始负荷曲线进行修正。进而根据主动负荷预测结果指导该规划地区的电网规划。主动负荷预测思路如图 3-5 所示。

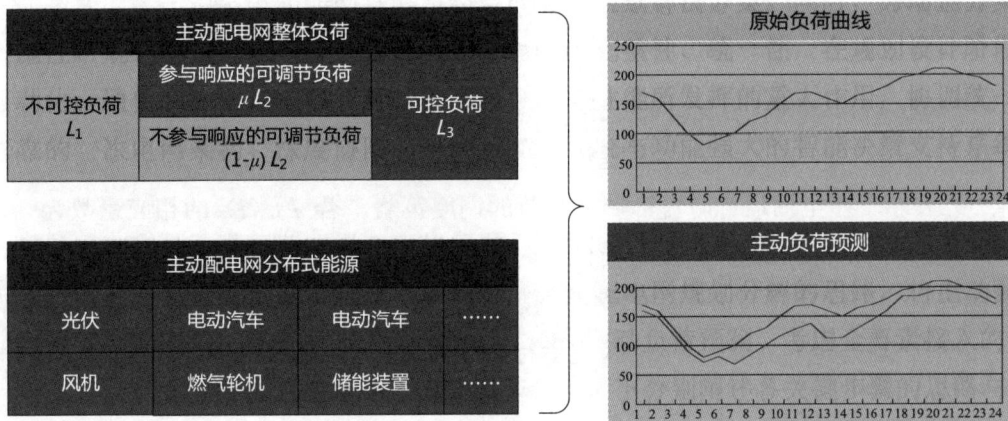

图 3-5　主动负荷预测思路

3.3.2　主动负荷的分类

依据负荷可参与电网调度程度不同将其分为不可控负荷、可控负荷和可调负荷 3 类。不可控负荷即传统负荷，这类负荷用电需求较为固定，是目前配电网负荷的主要组成部分，用 L_1 表示。可调节负荷指不能完全响应电网调度，但能在一定程度上跟随分时段阶梯电价等引导机制，从而调节其用电需求的负荷，用 L_2 表示。可控负荷主要为可中断负荷，通常通过经济合同（协议）实现。由电力公司与用户签订，在系统峰值时和紧急状态下，用户按照合同规定中断和削减负荷，是配电网需求侧管理的重要保证，用 L_3 表示。则主动配电网整体负荷

$$L = L_1 + L_2 + L_3 \tag{3-23}$$

电动汽车作为新兴负荷，其负荷特性与充电模式密切相关。对于采用慢速充电、常规充电和快速充电方式的电动汽车，可通过响应阶梯电价的方式参与电网调度，这类负荷属于可调负荷；对于采用在换电站更换电池方式充电的电动汽车，可通过对换电站参与电网调度，这类负荷属于可控负荷。为了表征主动配电网可调负荷对引导机制的响应程度，定义负荷响应系数 μ

$$\mu = \frac{L_{2A}}{L_2} = \frac{L_{2A}}{L_{2A} + L_{2B}} \tag{3-24}$$

式中　L_{2A}——全部可调负荷 L_2 中，能够完全响应某种引导机制（如在高峰电价时主动停运）的部分；

L_{2B}——不响应该引导机制的部分。因此，μ 可看作是对负荷引导机制调节作用的衡量。

以典型日负荷曲线为例，说明考虑主动负荷的负荷预测流程

$$L(t) = L_1(t) + L_2(t) + L_3(t) \qquad t = 1, 2, \cdots, 24 \tag{3-25}$$

式中　　　　　$L(t)$——一天中在 t 时段该负荷点的负荷大小；

$L_1(t)$，$L_2(t)$，$L_3(t)$——分别表示其中不可控负荷、可调负荷和可控负荷的负荷大小。其中 $L_1(t)$ 不可变。

下面分析 $L_2(t)$、$L_3(t)$ 在 t 变化时的取值。由于可调负荷投入运行时段可转移，设该类负荷运行时长为 T，负荷量为 $L_2(t)$，则

$$L_2(t) = \begin{cases} (1-\mu)L_2(t) & L_1(t) = MAX_T\{L_1(t) | t = 1, 2, \cdots, 24\} \\ (1+\mu)L_2(t) & L_1(t) = MIN_T\{L_1(t) | t = 1, 2, \cdots, 24\} \end{cases} \qquad (3\text{-}26)$$

式中　MIN_T——取 $L_1(t)$ 中最小的 T 时段数；

　　　MAX_T——取 $L_1(t)$ 中最大的 T 时段数。

式（3-25）表示了在电网运行时对可调节负荷的调度策略，若 $L_2(t)$ 的相应系数为 μ，则负荷高峰时段可将这部分负荷消减并转移到负荷低谷时段。

在负荷高峰时，电网线路负载增大，网损增加，运行时可能出现安全隐患，这时如果存在一部分可控负荷，则可以将其切除，确保电网稳定运行，因此，设可控负荷的切除时间为 T，则 $L_3(t)$ 计算如下

$$L_3(t) = \begin{cases} 0 & L_1(t) = MAX_T\{L_1(t) | t = 1, 2, \cdots, 24\} \\ L_3(t) & L_1(t) \neq MAX_T\{L_1(t) | t = 1, 2, \cdots, 24\} \end{cases} \qquad (3\text{-}27)$$

综合考虑三类负荷后，即可通过式（3-23）计算得到考虑柔性负荷的负荷预测情况 $L(t)$，为配电网规划提供数据支撑。

3.3.3　主动负荷的曲线化预测模型

这里提出一种自下而上的曲线化负荷预测模型，即未来年的负荷需求曲线是通过叠加每一地块内的负荷需求曲线而得到的，以下先建立地块负荷曲线的预测模型，然后叠加得到区域综合负荷的预测曲线。

（1）水平年刚性负荷需求曲线。设某地块历史年 i 的 8760h 刚性负荷曲线 P，可使用序列化向量表示为 $P_{ia,t}$（$P_{ia,1}$，$P_{ia,2}$，$P_{ia,3}$，$\cdots$，$P_{ia,8760}$），通过统计分析 n 年内该地块 8760h 刚性负荷曲线的变化趋势（P_{1a}，P_{2a}，P_{3a}，$\cdots$，P_{na}），利用传统时间序列模型的趋势外推即可得到预测的水平年 y 的刚性负荷需求序列 $P_{ya,t}$（$P_{ya,1}$，$P_{ya,2}$，$P_{ya,3}$，$\cdots$，$P_{ya,8760}$）。

（2）水平年柔性负荷需求曲线。设某地块历史年 i 的 8760h 柔性负荷序列 $P_{ib,t}$（$P_{ib,1}$，$P_{ib,2}$，$P_{ib,3}$，$\cdots$，$P_{ib,8760}$），运用与刚性负荷需求曲线预测相同方法的方法，可得到在未实施配电网主动管理调控的条件下，水平年 y 的柔性负荷需求序列：$P_{yb,t}$（$P_{yb,1}$，$P_{yb,2}$，$P_{yb,3}$，$\cdots$，$P_{yb,8760}$）。实际运行期间，管理人员可通过向电力用户提供实时电价或根据之前与用户签订的用电合同对用户的用电行为进行调控。本书考虑两种可调控负荷：可转移负荷和可调整负荷。

1）负荷转移。设通过主动管理策略，原本 t 时刻的负荷 $P_{yb,t}$ 有一部分负荷可转移至 $t+\Delta t$ 时刻，设可转移的比例为 λ，则经过转移负荷的调节作用，负荷需求变化为

$$\begin{cases} P'_{yb,t} = (1-\lambda)P_{yb,t} \\ P'_{yb,t+\Delta t} = P_{yb,t+\Delta t} + \lambda P_{yb,t} \end{cases} \qquad (3\text{-}28)$$

设转移负荷策略矩阵为 $A_{8760 \times 8760}$，则考虑主动转移策略后的 8760h 负荷需求曲线可表示为

$$P'_{yb,t} = A \times P_{yb,t} \qquad (3\text{-}29)$$

其中，矩阵 A 的主对角元素 A_{tt} 代表时刻 t 除去被转移到其他时刻的负荷后所剩余的负荷需求量，非对角元素 A_{tx} 代表了从时刻 x 被转移到时刻 t 的负荷需求大小，例如，若 $A_{12} = \lambda$，则代表第 2 小

时段有 $\lambda P_{\text{yb},2}$ 的负荷转移到了第 1 小时段。对转移负荷矩阵 $\boldsymbol{A}$ 的约束是矩阵每一列的和必须为 1，以保证用户的负荷只发生时间上的转移而数值上并不发生变化。

2）负荷调整。设时刻 t 的负荷需求 $P_{\text{yb},t}$ 中有一部分负荷 $\beta P_{\text{yb},t}$ 可进行削减，考虑用户的接受负荷削减的意愿程度 γ，则调整负荷变化后，负荷需求变为

$$P'_{\text{yb},t} = \left(1 - \beta \times \gamma\right) P_{\text{yb},t} \tag{3-30}$$

设调整负荷策略矩阵为 $\boldsymbol{B}_{8760 \times 8760}$，用户的接受调解的意愿矩阵为 $\boldsymbol{Y}_{8760 \times 8760}$，则考虑主动调整负荷策略后的 8760h 负荷需求曲线为

$$P'_{\text{yb},t} = \boldsymbol{B} \times \boldsymbol{Y} \times P_{\text{yb},t} \tag{3-31}$$

式中　$\boldsymbol{B}$ ——对角矩阵，对角元素 B_{tt} 代表时刻 t 经过调整后相对于原负荷大小的比例；

$\boldsymbol{Y}$ ——对角矩阵，对角线上的元素 Y_{tt} 代表时刻 t 用户接受调整的意愿程度。

综合考虑两种柔性负荷调节作用，水平年 y 的 8760h 的柔性负荷需求曲线可表示为

$$P'_{\text{yb},t} = \left(\boldsymbol{A} + \boldsymbol{B} \times \boldsymbol{Y}\right) \times P_{\text{yb},t} \tag{3-32}$$

（3）分布式电源出力曲线。如果某地块内存在可利用的分布式电源，如风机、光伏等，那么在电网运行期间，分布式电源通过发电可满足部分负荷需求，从而减少配电网供负荷。因此，主动配电网的负荷预测中也需要考虑分布式电源的出力对负荷的削减作用。设水平年 y 分布式电源的 8760h 可信出力序列为 $P_{\text{yc},t}$（$P_{\text{yc},1}$，$P_{\text{yc},2}$，$P_{\text{yc},3}$，$\cdots$，$P_{\text{yc},8760}$）。

综合刚性负荷需求、柔性负荷需求以及分布式电源出力，水平年 y 的负荷需求预测曲线 $\boldsymbol{P}_y$ 可表示为

$$P_{\text{y},t} = P_{\text{ya},t} + \left(\boldsymbol{A} + \boldsymbol{B} \times \boldsymbol{Y}\right) P_{\text{yb},t} + P_{\text{yc},t} \tag{3-33}$$

（4）区域负荷曲线叠加。在单个地块的负荷曲线预测的基础上，若想求得整个区域水平年 y 需由主动配电网供电的负荷需求曲线，仅需对区域内每个地块的负荷需求曲线进行叠加即可。设待预测区域共有 n 个地块，经过计算，地块 i 的负荷需求曲线为 $\boldsymbol{P}_{\text{yi}}'$，则区域总的网供负荷需求曲线可表示为 $\boldsymbol{P}_{\text{ytol}}$

$$P_{\text{ytol}} = \sum_{n}^{i=1} \boldsymbol{P}_{\text{yi}}' \tag{3-34}$$

3.3.4　预测流程

本节所提出的考虑主动管理方式的配电网负荷预测方法（如图 3-6 所示）流程如下：首先，以最小的地块为单位，将地块的负荷需求分为刚性负荷需求和柔性负荷需求，基于地块历史负荷曲线的时间序列数据，预测水平年刚性和柔性负荷需求曲线；其次，建立可转移负荷和可调整负荷两种柔性负荷的曲线调控模型，模拟柔性负荷在主动管理策略下的需求变化；然后，将待预测区域的地块负荷曲线进行叠加，从而得到主动配电网管理模式下的区域负荷需求曲线；最后应用负荷需求曲线评价指标（离散度、友好度等）对所预测的负荷需求曲线进行评估，若不满足预测要求，则需要迭代开展各地块的负荷曲线预测调整和汇总叠加工作，直至满足预测要求为止。同时，基于上述曲线评价指标，本节提出的自下而上的曲线化负荷预测结果能够与传统的最大负荷点值预测结果进行相

互校核和修正，从而对传统负荷预测方法形成有益的补充。

3.3.5 预测示例

以北京某工业示范区为例，阐释本节所提出的主动配电网负荷曲线化预测流程，并应用所提曲线化评估指标对比分析主动配电网负荷曲线化预测相比于传统负荷点值预测方法的优势。

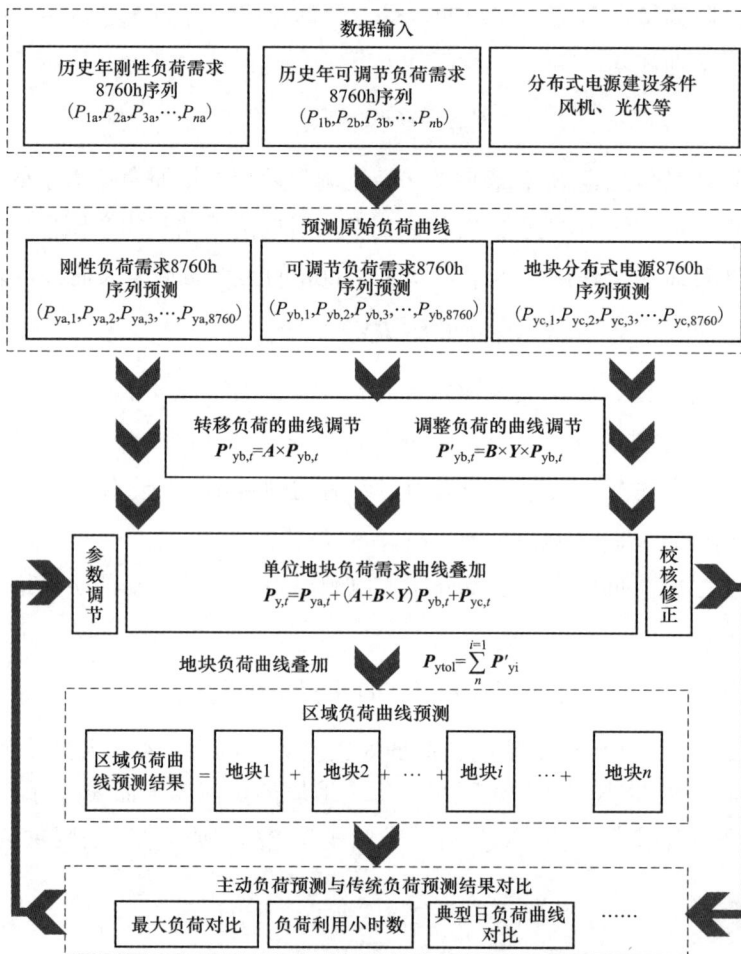

图 3-6 主动配电网负荷曲线化预测流程

该区域占地面积约 5.106km^2，以工业用地为主，用户负荷特性及光伏等分布式电源资源丰富。北京某工业示范区用地性质规划结果如图 3-7 所示。

实际规划中，一般的规划用地类型又包括很多细分的子类型，如居住用地又分为一、二、三类居住用地，公共设施用地也会细分为教育、文化娱乐、医疗卫生用地等多种类型。为阐述问题的方便，同时不失一般性，这里将算例水平年的用地类型精简为具有代表性负荷特性的 4 类，分别为工业用地、居民用地、经融商业用地和公共设施建设用地。这 4 类负荷类型中均含有刚性负荷和柔性负荷。依据该区域十二五期间即 2010～2015 年的 8760h 负荷数据，利用传统时间序列模型趋势外推预测十三五规划期 2020 年 4 类用地的 8760h 负荷需求。为清晰展示所预测出的负荷需求曲线在水平年的趋势变化，取每一天中午 12 时的负荷需求，形成负荷需求曲线展示图，如图 3-8 所示。由于历史年负荷数据的采集未做到精细化区分柔性负荷与刚性负荷，因此，在缺乏历史数据的情况下，基于前人学者对柔性负荷的研究文献和数据，为 4 类用地的历史年负荷数据设定了柔性负荷与刚性负荷的占比，进而预测 2020 年 4 类用地的 8760h 柔性负荷与刚性负荷需求，如图 3-8 所示。随着未来的信息技术如高级量测、大数据、云计算等技术的在电力领域的成熟应用，历史年负荷数据将更加丰富详细，应用本书所提出的预测方法所预测出的负荷需求曲线也将更加精确。

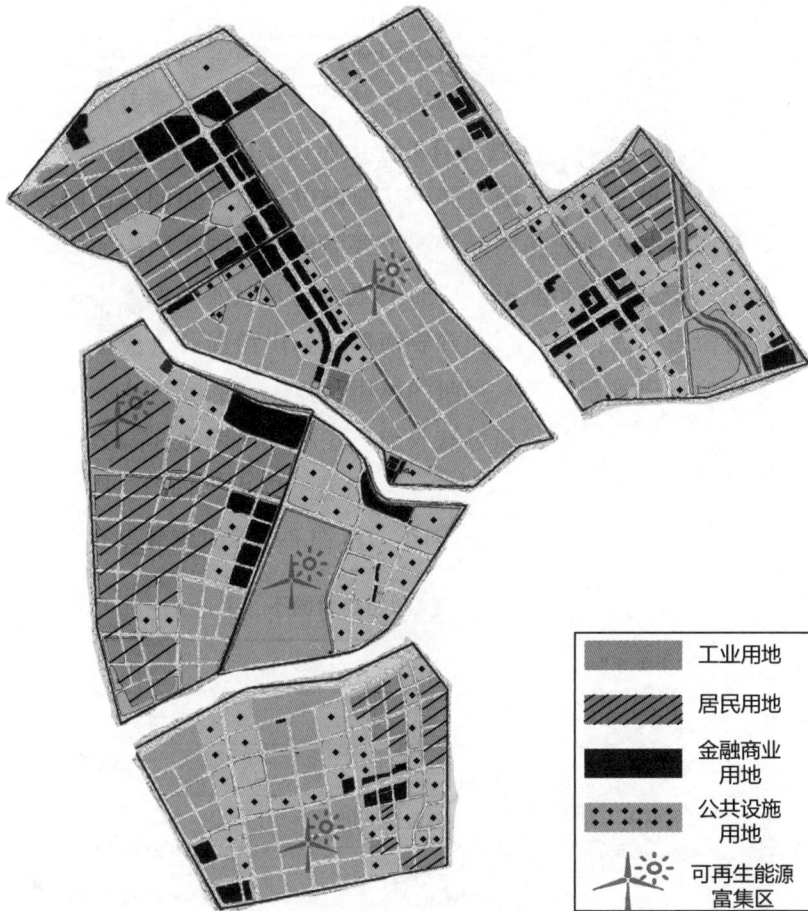

图 3-7　北京某工业示范区用地性质规划结果

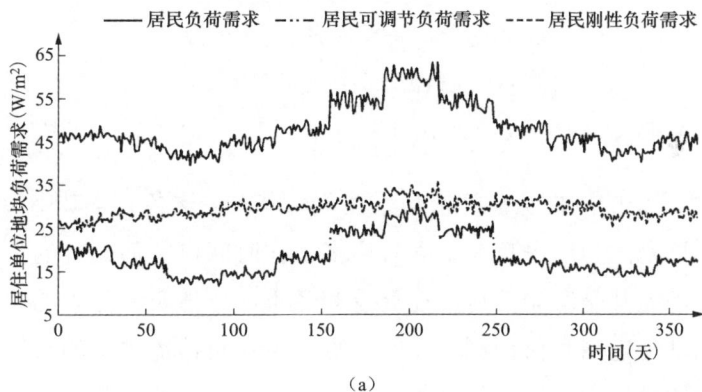

图 3-8　负荷需求曲线展示图（一）

（a）居住用地地块负荷预测结果

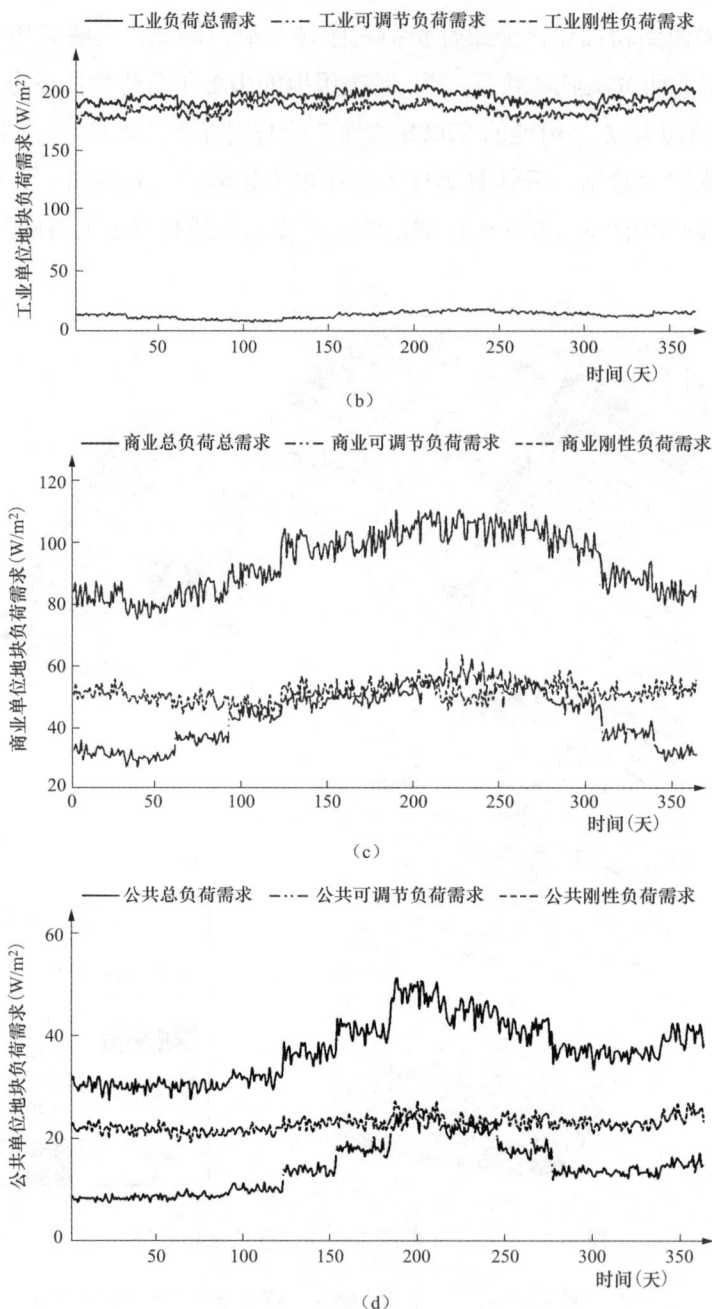

图 3-8 负荷需求曲线展示图（二）

（b）工业用地地块负荷预测结果；（c）商业用地地块负荷预测结果；（d）公共设施用地地块负荷预测结果

这 4 类负荷需求类型中的刚性负荷需求与柔性负荷需求占比各异。其中，居民负荷需求中的柔性负荷需求占比最高，这是因为居民负荷中含有诸多工作时间可灵活调整的负荷，如洗衣机、微波炉、电动汽车、空调等，尤其是空调负荷，在夏季和冬季占总体负荷需求的比例显著升高，这类负荷的可调控特性将是主动配电网负荷预测关注的重点。工业负荷需求中的柔性负荷需求所占比例相对较少，且总负荷需求比较恒定，原因是大部分工业负荷用于企业日常生产，负载率较高，可调节空间不大，柔性负荷主要局限于空调负荷以及计划性的启停机。从图 3-8 可看出，四类负荷的全年刚性负荷基本保持恒定，是本书所定义的无法参与负荷需求响应而必须被满足的稳定负荷。从负荷的季节特性来看，由于夏季空调负荷显著增大，而空调负荷又是一类重要的可参与需求响应的负荷类型，因此，从图 3-8 也可以看出，夏季的柔性负荷需求比例显著增大。

3.4　考虑全要素接入的主动配电网综合规划

3.4.1　综合规划建模

如前所述，主动配电网规划可利用的资源和可调控的手段（本书称之为主动配电网的全要素）相比传统被动配电网都要丰富得多，需要在规划阶段予以综合的考虑。全要素接入下的多目标优化规划的流程如图 3-9 所示，主要包括非网络解和网络解优化规划两大部分，其中非网络解是指考虑分布式电源、储能等新能源接入的基础上，在现有网络基础上对现有网络进行扩容或改造的规划方案；网络解是指考虑分布式电源、储能的基础上现有网络仍无法满足新增负荷的需求，需要对现有网络进行扩建的规划方案。

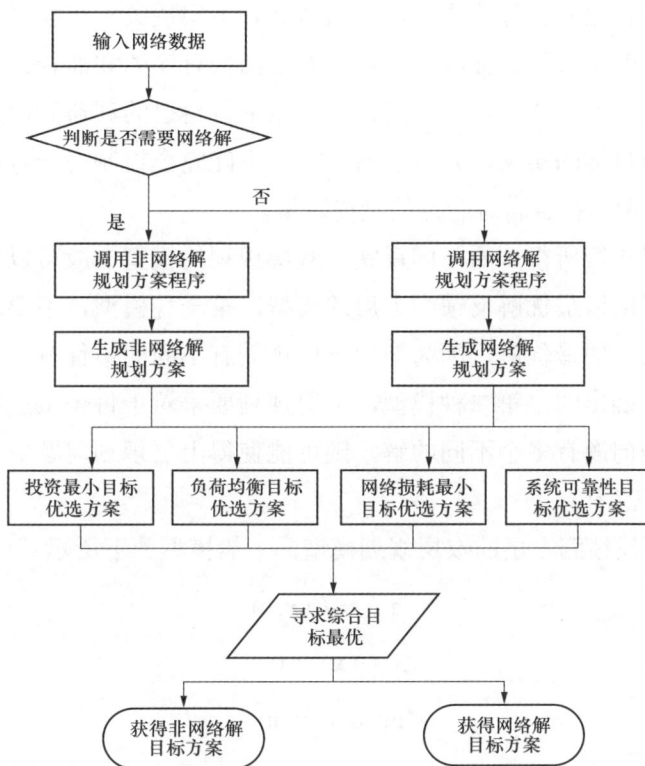

图 3-9　全要素接入下的多目标优化规划流程图

总体流程如下：

（1）对网络数据收集，包括负荷、网络、DG 和储能以及经济数据等。

（2）初步判断该地区电网是否需要网络解或非网络解。

（3）网络解规划流程和非网络解规划流程分别需要生成多个规划方案，包括变电站规划和线路规划。

（4）针对各个不同的目标：投资费用最小、负荷均衡、网络损耗最小以及系统可靠性最高对各个方案进行优选比较，生成目标最优方案。

（5）对各目标最优方案进行综合比较，生成最终的综合目标最优方案解。

规划方案中主要考虑有载调压变压器调节、切机、切负荷及无功补偿等主动管理策略、新建线路、新建变电站、扩建变电站、新建分布式电源等规划措施。

3.4.2 基于双层规划理念的综合规划求解思路

考虑全要素接入的主动配电网综合规划属于典型的多层次多目标规划问题，解决多层次规划问题的最基本方法就是将多层规划简化为上下层之间的双层规划，建立"主动配电网规划—主动配电网运行"双层规划模型。

双层规划是一种具有二层递阶结构的系统优化问题，上层问题和下层问题都有各自的决策变量、约束条件和目标函数。上层问题的目标函数和约束条件不仅与上层决策变量有关，而且还依赖于下层问题的最优解，同时下层问题的最优解又受到上层决策变量的影响。这种决策机制使得上层决策者在选择策略以优化自己的目标达成时，必须考虑到下层决策者可能采取的策略对自己的不利影响。双层规划研究的是两个各具目标函数的决策者之间按有序的和非合作方式进行的相互作用，上层决策者优先做出决策，下层决策者在上层决策信息下按自己的利益做出反应，由于一方的行为影响另一方的策略选择和目标的实现，并且任何一方又不能完全控制另一方的选择行为，因此上层决策者要根据下层的反应做出符合自身利益的最终决策。

根据下层决策对上层决策所得到的不同反映，双层规划的模型一般可以分为两类：下层以最优值反馈到上层的模型和下层以最优解反馈到上层的模型。第一种模型，不要求下层规划对每一个给定的上层决策变量都有唯一的最优解，因为即使下层规划有不同的最优解，但其对应的最优值是相同的，上层规划问题总是确定的；第二种模型，下层规划要求对于每个上层决策变量都有唯一的最优解，如果对某个子规划问题有多个不同的解，则可能使得上层规划问题成为不确定性问题，从而限制了该模型的应用适用范围。

其中，下层以最优值反馈到上层的双层规划模型，一般模型如下所示

$$\text{Min } F = F(\boldsymbol{x}, v) \tag{3-35}$$

$$\text{s.t } G(\boldsymbol{x}) \leqslant 0 \tag{3-36}$$

$$\text{Min} v = f(\boldsymbol{x}, \boldsymbol{y}) \tag{3-37}$$

$$\text{s.t } g(\boldsymbol{x}, \boldsymbol{y}) \leqslant 0 \tag{3-38}$$

其中，$F, f : R^{n_1 + n_2} \to R$；$G : R^{n_1 + n_2} \to R^{m_1}$；$g : R^{n_1 + n_2} \to R^{m_2}$；$\boldsymbol{x} \in R^{n_1}$；$\boldsymbol{y} \in R^{n_2}$。

式（3-35）为上层（领导层）规划目标，其决策变量为 x，目标为最小化函数 $F(\cdot)$；式（3-36）中 $G(\boldsymbol{x})$ 为上层约束函数；式（3-37）为下层（下属层）规划目标，其决策变量为 y，其最小化目标函数为 $f(\cdot)$；式（3-38）的 $g(\boldsymbol{x}, \boldsymbol{y})$ 为下层约束函数。上层决策作用于下层目标和约束函数，且下层以最优值反映到上层，实现上下层的相互作用。

双层规划模型应用于考虑全要素接入的主动配电网综合规划中，其上层就是主动配电网规划层面的综合规划，表现为规划新建/改造变电站、线路、配电变压器方案的建设经济性最优；下层规划则是主动配电网运行（模拟）层面的综合规划，表现为清洁能源发电利用率最大化、运行网

损最小化等。

针对考虑全要素接入的主动配电网综合规划问题的求解，可以采用较为成熟的鲁棒规划求解方法，根据决策变量交互情况，基于时序"全景"分析模拟将下层规划转化为一系列确定性规划，再结合上层规划寻求最优解。基于双层规划理念的主动配电网分布式电源规划和网架规划模型与算法详细可参见本书第 4 章。

3.5　主动配电网与配电通信网、配电自动化协同规划

3.5.1　协同规划的必要性

在智能电网和主动配电网发展背景下，与一次网架配套的配电通信系统和配电自动化系统（为表述方便，本书称之为广义的主动配电网信息系统，简称信息系统）成为主动配电网不可分割的重要组成部分，将为主动配电网实现潮流主动管理和主动控制提供重要的支撑条件。主动配电网的发展对当前的配电网规划工作提出了新的要求，要求充分考虑配电网自动化、通信和配电管理系统对改善配电网运行性能所发挥的重大作用，协调统一地规划建设坚强可靠的一次电网架构、深度协同的二次自动化系统与功能强大的智能决策支持系统，实现一次网架系统和信息系统的协同规划。

传统的配电网规划工作侧重于一次网架结构的优化和变压器位置容量的优化，一般很少考虑配电自动化系统、通信系统和配电管理系统对电网运行可靠性的影响，缺乏配电一次网架系统和信息系统协同规划相关的理论方法的指导。国家电网公司在最近几年的配电网规划工作中尝试开展了配电自动化规划和通信规划的专项规划。同时，近年来热议的有关电力物理信息系统的研究较好的揭示了电力系统与通信系统间的耦合规律，这些为配电一次网架系统和信息系统的协同规划研究提供了基础。

有鉴于此，为满足新型主动配电网规划深度的需要，本节在梳理上述配电网架系统与信息系统间相互影响的基础上，提出网架与信息系统的协同规划框架，探讨其各规划子问题的规划模型、指标与方法。

3.5.2　协同规划的思路框架

图 3-10 为配电网架与信息系统协同规划总体流程框架。首先，开展配电一次网架规划，明确配电自动化规划和通信网规划的需求。然后，开展配电自动化系统与配电网络系统的协同规划，考虑配电网架结构、负荷位置、重要程度以及可靠性指标等对配电自动化终端如量测、监测、开关控制等装置进行最优布局，并确定终端信息交互的协调关系，然后考虑配网变电站的相关信息进行配电自动化主站布局。在确定了配电自动化运行模式和布点规划后，结合配电网架结构和运行方式确定通信骨干网、10kV、0.4kV 通信网的业务需求和带宽、流量、通信速率等一系列规划指标，开展通信网系统规划，设计通信网拓扑结构，选择适宜的组网方式和通信方式。配电自动化规划和通信规划完成后，基于配电网的可靠性、网络裕度等指标对配电网架与信息系统的协调水平进行进一步校验，若相关指标不满足要求，需要进一步对一次网架系统、配电自动化系统以及通信网络系统规划进行

调整，直至满足为止。

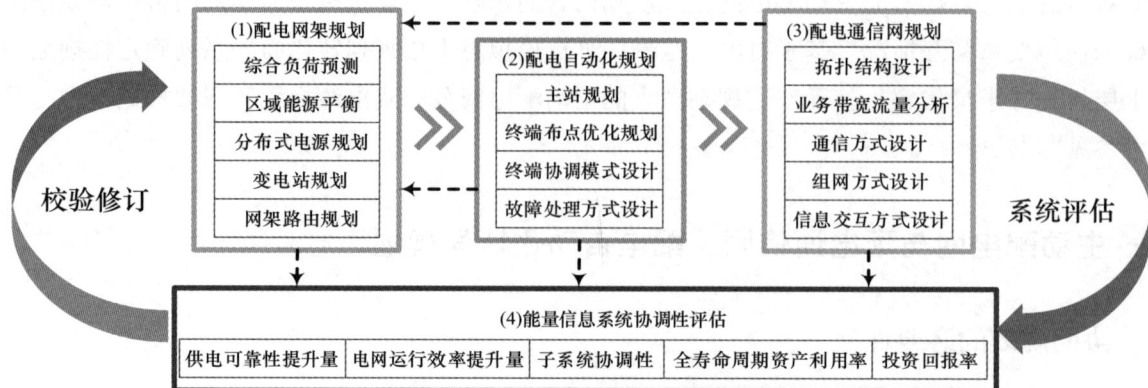

图 3-10　配电网架与信息系统协同规划总体流程框架

3.5.3　配电网与通信网协同规划思路

1.　通信业务分类和通信流量分析模型

随着智能配电网、分布式新能源和新型负荷的接入，配电通信网承载的业务需求发生了很大变化，为开展配电网与通信网协同规划，首先梳理主动配电网条件下的配电通信网的业务需求、流量和带宽需求，明确通信规划目标和规划指标，建立通信规划的业务模型以及各业务带宽、流量的需求断面模型。

（1）通信业务分类模型。为实现配电网数据的区域分层集结、集中管理，配电通信网通常采用层次化结构设计，根据配电网规模采用骨干层、接入层的层次化设计。各层次的业务分类如下：

（a）骨干通信网业务。骨干通信网主要承载了调度实时信息、保护业务、调度电话、行政电话、会议电视、办公 MIS、用电 MIS、视频监控、综合监控、电能信息、负荷信息、故障信息远传、远程抄表、集控信息等主要业务。

（b）10kV 通信网业务。10kV 通信接入网以 220、110、35kV 变电站为通信接入点，向下覆盖到配电网开关站、配电室、环网柜、柱上开关、公用配电变压器、分布式电源、电动汽车充换电站等设备，是支撑配用电环节通信多种业务共用的通信接入平台。10kV 通信接入网按照功能与投资属性可分为两个部分：支撑配电自动化部分、支撑用电业务部分。

（c）0.4kV 通信网业务。0.4kV 通信网是指覆盖 10kV 变压器的 0.4kV 出线至低压用户表计、电动汽车充电桩和分布式电源等的通信网络，主要承载用电信息采集、用电营业服务、用户双向互动等业务。

根据上述的业务分析，配电网通信系统业务断面示意如图 3-11 所示。

在图 3-11 中，$a_{21} \sim a_{24}$ 表示配电业务终端到变电站的业务断面流量，a_{25} 为用电业务和其他将扩展的配电业务到变电站的断面流量；a_1 代表变电站到地市主站的断面流量。配电终端的各类信息通过接入层通信网汇集到配电自动化主站，由子站汇集的信息再通过骨干层通信网传输到配电主站，并由主站的管理系统进行储存和处理。

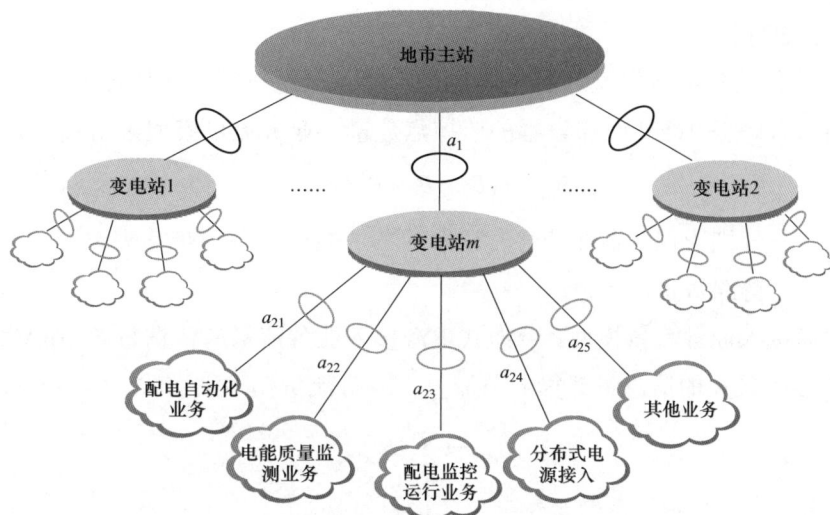

图 3-11 配电网通信系统业务断面示意图

（2）通信信息量模型。

（a）预测基本方法。带宽需求预测方法采用直观预测和弹性系数结合的方法，在预测中一般可采用式（3-39）估算

$$\sum B' \times N \times \Phi_1 \times \Phi_2 \tag{3-39}$$

式中　B'——业务净流量；

　　　N——链路数量；

　　　Φ_1——冗余系数，指为业务预留备份通道和发展空间所需弹性系数；

　　　Φ_2——并发比例系数，对于专线业务、实时性要求高的业务，并发比例均取 100%。

（b）配电自动化业务的流量模型。配电自动化业务流量模型中应考虑 10kV 电压等级站点的数据流量、站点数量及 110kV、35kV 变电站的出线线路数量，以 10kV 站点数据流量为基本数据流量，配电自动化业务流量模型采用式（3-40）进行计算

$$B_{a21} = \sum_i^N B \times n_i \tag{3-40}$$

式中　B——带宽需求；

　　　i——站点类型；

　　　N——站点总数量；

　　　n_i——每个站点的出线数量。

（c）电能质量监测业务流量模型。电能质量监测需采集每条线路的三相电压、三相电流 6 个信息，每个数据 2 个字节，共计 12 个字节，计及数据采集周期、数据记录周期及数据上送时长，业务流量模型采用式（3-41）进行计算

$$B_{a22} = n \times 12 \times f_{\text{samp}} \times T_r / T_p \tag{3-41}$$

式中　n——10kV 线路数量；

　　　f_{samp}——采样频率；

　　　T_r——数据记录周期；

T_p——数据上送时长。

（3）配电监控运行业务流量模型。配电监控运行业务流量包括视频监控业务、语音业务、数据业务通道流量，并计及每条 10kV 线路设置的监控点数量，业务流量模型采用式（3-42）进行计算

$$B_{a23} = (B_v \times B_t \times B_d) \times N \tag{3-42}$$

式中　B_v、B_t、B_d——分别为视频监测业务、语音业务、数码业务的带宽需求；

　　　　N——链路数量。

（4）分布式电源接入业务流量模型。分布式电源接入业务流量应依据每条 10kV 线路的接入点数及每个分布式电源接入采集的信息量计算业务流量，业务流量模型采用式（3-43）进行计算

$$B_{a24} = \sum_i B_{DG} \tag{3-43}$$

式中　B_{DG}——应根据每个分布式电源系统采集的信息量计算。

（5）其他业务流量模型。0.4kV 通信接入网在带宽业务流量分析预测过程中，可考虑用电信息采集、分布式电源（接入 380V）、电动汽车充电桩等业务需求，在四级骨干通信网为营销业务系统预留 30M 带宽。

$$B_{a25} = 30\text{Mbit/s} \tag{3-44}$$

综合式（3-40）～式（3-44），则变电站至主站的断面流量模型公式

$$B_{a1} = \sum_i (B_{a21} + B_{a22} + B_{a23} + B_{a24} + B_{a25}) \times \varPhi_1 \times \varPhi_2 \tag{3-45}$$

2. 与配电网架相协调的配电通信网规划原则

通信网的作用是支撑配电网可靠、高效、经济运行，因此，通信网的组网方式、通信方式的选择应该与配电网的网架结构、所处地理位置以及配电网供电可靠性等要求相协调，以下列出与配电网相协调的通信网组网规划原则。

（1）基于供电可靠性要求的配网通信网通信方式规划原则。目前，应用于电力系统的主流通信方式主要有光纤通信、电力载波通信和无线通信等几种方式。

（a）光纤通信。电力光纤通信是将光纤当作传输通道，以光能为信息载体的一种通信方式。由于光纤是由玻璃材料组成，是绝缘体，因此不会出现接地形成回路的情况。电力光纤互相间具有较小的串绕，在光波传输过程中，不会出现因为光信号的泄露而导致的信息窃听情况。在传输系统工作中，光波频率远大于电波频率，传输介质为光纤的损耗相比导波管或同轴电缆非常小，因此光纤传输具有较大的容量。电力光纤入户是将光纤低压复合电缆应用在低压通信接入网中，根据低压电力线来进行光纤的铺设，从而完成到网到户、与无源网络技术配合、智能电网的交互、用电信息的采集和多网融合等。

（b）电力线载波通信。电力线载波通信是借助配电网的电力线进行信息传输的一种通信方式。发信方对电力线注入高频调制信息，通过电力线传输到收信方，收信方利用滤波器截获信息并解调，获得信息。电力线低压电力线网络因其覆盖面广、线路零成本以及电源与通信介质统一的特点，使得低压电力线通信技术获得了广泛的应用。利用电力线载波通信进行低压集中抄表，实现配电变压器台区信息集中是最理想的途径。低压电力载波信道还具有实施简单、普及方便、投资节约、维护容易、不存在运行成本问题、实现了固定资产低投入增值、充分提高了电力线路与频

率的资源利用率等优点。其缺点是低压配电线网信号衰减大、线路阻抗变化大（时变性）、噪声源多且干扰强等。

（c）无线通信。应用于配电网的无线通信方式主要是数字微波通信，是一种以空气作为介质，微波作为传输信息载体的通信方式。各国的经验表明，在发生自然灾害的情况下，总是首先靠无线通信方式恢复电信业务。通信传输一直都是多手段的，不可能由某种传输方式包揽天下。数字微波通信以其独特的优势，对于构建一个完善的电力通信网仍将发挥重要的作用。它在电力通信网中可定位于：①干线光纤传输的备份；②由于各种原因不适合使用光纤的地段和场合，将作为光纤传输的有效补充；用于干线光纤传输系统在遇到自然灾害时的紧急修复。微波通信和光纤通信各自发挥优势，将实现优势互补，使共同构建的电力通信网具有更强的生存性和可靠性。

不同通信方式传输信息的可靠性、传输速率不同。而配电网的供电可靠性又与通信系统的可靠性紧密相连，因此根据配电网不同的可靠性要求，通信网的通信方式也应该与供电区域可靠性要求相协调。在供电可靠性要求较高的地区，为了保证信息迅速准确的传输，应该选择光纤作为主要的通信方式，同时，为了避免光纤通信出现故障而导致的通信中断，应该增设冗余的通信通道，如加装备用的无线通信通道。在可靠性要求不是很高的地区，为了节省投资和方便电网灵活改造，应加大无线通信比例。电力线载波通信由于不需要额外建设通信线路，节省了大量投资，因此可以在可靠性要求不高的地区应用，同时，也应注意保持一定的通信冗余。

不同供电区域通信方式要求如表 3-5 所示，不同通信业务的通信方式要求如表 3-6 所示。

表 3-5　　　　　　　　　　　　不同供电区域通信方式要求

供电区域分类	通信方式要求
A+	以光纤通信方式为主
A	以光纤通信方式为主
B	以光纤通信方式为主，载波、无线相结合的通信方式
C	以无线通信方式为主
D	以无线通信方式为主

表 3-6　　　　　　　　　　　　不同通信业务的通信方式要求

站点类型	供电区域	通信方式	备　注
10kV 配电自动化站点、用电信息采集公用变压器专用变压器	A+	光纤为主	光缆无法敷设的"三遥"站点载波作为补充；无线主要采用无线公网
	A、B	光纤或无线	
	C	无线或光纤	
	D、E	无线为主	
用电信息采集站点	—	光纤、无线、中压载波	
电动汽车充换电站	—	光纤为主	光缆已覆盖区域优先采用光纤通信，其余采用无线公网，继续保留已有 230MHz 无线专网
接入 10kV 的分布式电源	—	无线公网为主	

（2）基于一次网架的配网通信网组网规划原则。通信系统的建设应该以配电网一次网架结构和配电网的地理信息为依据，最大限度的节省投资并提高通信系统的运行效率。例如，在人口密集的城市，配电网可靠性要求高，应尽可能选择光纤通信保证通信系统的可靠性，同时光缆敷设应与地下电缆的敷设相协调；在负荷密度相对较低的偏远地区，由于可靠性要求不高，敷设光缆难度大、费用高，应优先选择电力线载波和无线通信方式，做到灵活组网，经济运行；建设电力线载波通信时，应充分考虑通信所覆盖的电网的运行方式和保护配合方式，达到当电网故障时，因电线中断而导致的通信终端尽量少。

3. 电力网规划与通信网规划协调指标

（1）带宽冗余度指标。带宽冗余度表示通信通道传输信息的充裕程度，表达式为

$$\alpha=(B_1-B_2)/B_1 \tag{3-46}$$

式中　B_1——该断面所有线路侧光接口速率之和；

　　　B_2——该断面所有开通通道的带宽之和。

裕度越大，表示通信的可靠性越高，在满足经济性的条件下，通信网在每一节点的带宽都应留有一定裕度。冗余度过低将不能满足电力通信业务快速发展和通道可靠性保障的需求，过高则会造成资源浪费，总体宜控制在 0.3 左右。

（2）覆盖率指标。覆盖率表示在所有配电网设施中，被通信系统覆盖的配电网设施所占的比例。覆盖率作为评估通信网建设情况的指标简单明了，由于配电自动化装置必须有通信系统的支撑，因此，通信网覆盖率代表着一个地区配电自动化水平的高低，是一种评估配电网自动化水平的指标。该指标实际上是一个指标族。根据通信系统覆盖的配电网设施的种类的不同，本节将通信系统覆盖率分为配电线路通信覆盖率和汇聚点覆盖率两类。

（a）配电线路通信覆盖率，表示被通信系统覆盖的线路占总线路条数的比例。如 10kV 电网的中压电力线载波方式覆盖率、0.4kV 通信网的光纤专网方式覆盖率、230MHz 无线专网方式覆盖率、无线公网 GPRS 覆盖率等。以 10kV 电网的中压电力线载波方式覆盖率为例说明该指标计算方法，设 10kV 配电网有馈线 n 条，其中覆盖电力线载波通信的馈线有 a 条，则覆盖率 β_1 表达式为

$$\beta_1 = a / n \tag{3-47}$$

（b）汇聚点覆盖率，表示被通信系统覆盖的子站或主站占总的变电站的比例。如四级骨干通信网 110kV（或 35kV）变电站、地市公司、地市公司第二汇聚点光纤的覆盖率等。以 110kV 变电站光纤覆盖率为例说明该指标计算方法，设 110kV 变电站共有 n 座，其中覆盖光纤通信的有 a 座，则覆盖率 β_2 表达式为

$$\beta_2 = a / n \tag{3-48}$$

（3）可靠性提升率指标。为配电网加装配电自动化以及通信设备的终极目标是提高配电网运行效率和供电可靠性。通常通过对通信网与配电网的协调规划，优化通信网网架结构，提高通信效率和改善通信流量带宽裕度，配电网可靠性将有一定改善，故将协调优化前后各个区域电网可靠性指标的提升作为通信协调规划的评估指标。

设装设通信设备前的配电网用户平均停电时间为 ah/（户·年），装设通信设备后的配电网用户平均停电时间为 bh/（户·年），则可靠性提升指标 γ 表达式为

$$\gamma=(a-b)/a \tag{3-49}$$

3.5.4　配电网与配电自动化协同规划思路

1. 基于一次网架的配电终端布点和配置原则

配电自动化终端是用于配电网的各种远方监测、控制单元的总称，简称配电终端。配电终端工作于开闭所、配电所、环网柜、分支箱、柱上开关和配电变压器处，是配电网自动化系统的基本单元，采集、监测配电网的各种实时、准实时信息，对配电设备进行调节控制。不同的配电设备对终端的功能要求、运行环境与安装结构不同，配电自动化的终端配置内容和布点位置应该与配电网节点的重要程度和可靠性要求相协调，合理选择配电自动化终端类型，提高信息采集覆盖范围。

（1）根据网架结构、设备状况和应用需求，合理选用自动化终端或故障指示器。对关键性节点，如主干线开关、联络开关，进出线较多的开关站、配电室和环网单元，应配置"三遥"（遥测、遥信、遥控）配电自动化终端；政府办公区、军事区、运动场馆区、金融中心区、商业集中区、新技术开发区以及故障易发地段等重点区域配电自动化实现"三遥"建设，即重要线路"三遥"覆盖率 100%。对一般性节点，如分支开关、无联络的末端站室，应配置"两遥"（遥测、遥信）配电自动化终端或故障指示器。

其中，"三遥"选点原则具体如下：

（a）分段带有 5～7 台及以上变压器的开关设备；

（b）重要联络节点开关设备（如为分接箱则换为开闭所）；

（c）即将有较多变压器（超过 7 个）接入的开关设备；

（d）用户数不多，但报装负荷较大的节点；

（e）负荷较重的环，并且即将有新线路接入而成为联络点的节点；

（f）多个电源点交汇的节点。

"两遥"安装点原则上选择能全面观察配电网络基本信息的节点，具体如下：

（a）非三遥点的配电房、开闭所；

（b）位于故障易发区域。

（2）配电终端的容量宜根据配电站所的发展需要确定，发展时间宜考虑 10 年。

（3）不同的应用场合应选择相应类型的配电终端，其中：

（a）配电室、环网柜、箱式变电站、以负荷开关为主的开关站应选用站所终端（DTU）；

（b）柱上开关应选用馈线终端（FTU）；

（c）配电变压器应选用配电变压器终端（TTU）；

（d）架空线路或不能安装电流互感器的电缆线路，可选用具备通信功能的故障指示器；

（e）以断路器为主的开关站可选用保护与测控合一的综合自动化装置或远动装置（RTU）。

2. 基于供电可靠性要求的故障处理方式选择

故障处理模式分为集中型馈线自动化和就地型馈线自动化。集中型馈线自动化包括全自动和半自动两种。全自动式集中型馈线自动化是主站通过收集区域内配电终端的信息，判断配电网运行状态，集中进行故障定位，自动完成故障隔离和非故障区域恢复供电。半自动式集中型馈线自动化是主站通过收集区域内配电终端的信息，判断配电网运行状态，集中进行故障识别，通过遥控完成故障隔离和非故障区域恢复供电。就地型馈线自动化分为智能分布式和重合闸式。智能分布式是通过配电终端之间的故障处理逻辑，实现故障隔离和非故障区域恢复供电，并将故障处理结果上报给配电主站。重合闸式是在故障发生时，通过线路开关间的逻辑配合，利用重合器实现线路故障的定位、隔离和非故障区域恢复供电。

应根据配电网负荷节点的重要程度以及供电可靠性要求，合理选择故障处理模式，并合理配置主站与终端。A+、A 类供电区域宜在无须或仅需少量人为干预的情况下，实现对线路故障段快速隔离和非故障段恢复供电。故障处理应能适应各种电网结构，能够对永久故障、瞬时故障等各种故障类型进行处理。故障处理策略应能适应配电网运行方式和负荷分布的变化。配电自动化应与继电保护、备自投、自动重合闸等协调配合。当自动化设备异常或故障时，应尽量减少事故扩大的影响。

3. 面向供电可靠性的配电终端数量配置模型

具有遥测、遥信和遥控功能的"三遥"配电终端、只具有遥测和遥信功能的"二遥"配电终端（比如故障指示器）、具有本地保护功能的分界开关等是配电自动化系统的基本组成元件，在实际中广泛应用。从要求达到的供电可靠性的角度，讨论"三遥""二遥"配电终端和分界开关的数量配置问题，为科学地进行配电自动化系统规划设计提供参考。

（1）全部安装"三遥"终端模块的模式。

"三遥"终端部署示意图如图 3-12 所示，假设各个区域的用户分布均匀，在馈线上安装 k 个配电终端模块将该馈线分为 $k+1$ 个区域，每个区域含有 $n/(k+1)$ 个用户。

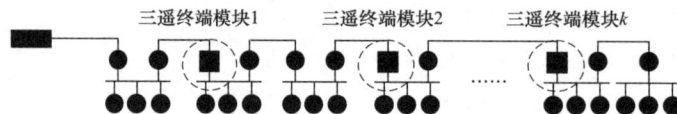

图 3-12 "三遥"终端部署示意图

假设馈线沿线单位长度故障率相同。故障处理时间 T 主要由 3 个部分构成，即

$$T = t_1 + t_2 + t_3 \tag{3-50}$$

式中　t_1——故障区域查找时间；

　　　t_2——人工故障区域隔离时间；

　　　t_3——故障修复时间。

对于全部安装"三遥"终端模块的情形，可近似地认为 $t_1=t_2=0$。

根据供电可用率定义，可以推导得到在分段开关处安装 k 个"三遥"终端模块的馈线的供电可用率 α_3 为

$$\alpha_3 = \frac{8760n - \sum_{i=1}^{k+1}\dfrac{nt_3f_i}{k+1}}{8760n} = 1 - \frac{\sum_{i=1}^{k+1}t_3f_i}{8760(k+1)} \tag{3-51}$$

式中　f_i——第 i 个区域的故障率。

在要求供电可用率不低于 A 的情况下，即有 $\alpha_3 > A$，所需要在分段开关处安装"三遥"终端模块的数量 k 须满足

$$k \geq \frac{t_3 F}{8760(1-A)} \tag{3-52}$$

（2）全部安装"二遥"终端模块的模式。同理，在全部安装"二遥"终端模块的模式下，只能

定位故障区域而不能自动隔离故障和恢复健全区域供电，可近似地认为 $t_1=0$。

在分段开关处安装 k 个"二遥"终端模块的馈线的供电可用率 α_2 可表示为

$$\alpha_2 = \frac{8760n - nFt_2 - \sum_{i=1}^{k+1} \dfrac{nt_3 f_i}{k+1}}{8760n} \tag{3-53}$$

在要求供电可用率不低于 A 的情况下，可以解出满足供电可靠性要求所需要安装"二遥"终端模块的数量 k，即

$$k \geqslant \frac{t_3 F}{8760(1-A) - t_2 F} \tag{3-54}$$

4. 配电网规划与配电自动化规划协调指标

（1）可靠性提升率指标。与配电网与通信网协同规划类似，此处同样将规划前后的区域电网可靠性指标的提升作为网架与配电自动化协调规划的评估指标。

以用户平均停电时间为例，设安装配电自动化前的用户平均停电时间为 ah/（户·年），装设配电自动化后的用户平均停电时间为 bh/（户·年），则可靠性提升指标 γ 为

$$\gamma = (a-b)/a \tag{3-55}$$

（2）覆盖率指标。配电自动化覆盖率表示在配电网的设备中，被配电自动化终端所覆盖的设备所占比例。与通信网覆盖率指标类似，该指标也是一个指标族，根据配电自动化系统所覆盖的配电网设施的种类的不同，将覆盖率指标分为配电线路覆盖率和配电网节点覆盖率两类。

（a）配电线路覆盖率。表示装有配电自动化装置的线路占总线路条数的比例。如 10kV 线路配电自动化覆盖率、0.4kV 线路配电自动化覆盖率等。以 10kV 线路配电自动化覆盖率为例说明配电线路覆盖率的计算方法。设 10kV 配电网有馈线 n 条，其中覆盖配电自动化的馈线有 a 条，则覆盖率 β_1 为

$$\beta_1 = a/n \tag{3-56}$$

（b）配电网节点覆盖率。配电自动化终端模块的安装位置通常位于配电网架空线柱上开关、电缆线路的环网柜等重要的节点上。配电网节点覆盖率表示装有配电自动化装置的节点占总节点数的比例。以环网柜配电自动化覆盖率为例说明配电网节点覆盖率计算方法：设配电网电缆网有环网柜 n 个，其中覆盖配电自动化的环网柜有 a 个，则覆盖率 β_2 为

$$\beta_2 = a/n \tag{3-57}$$

3.5.5 通信网与配电自动化协同规划思路

1. 通信方式配置总体原则

（1）配电通信网规划设计应对业务需求、技术体制、运行维护及投资合理性进行充分论证。配电通信网应遵循数据采集可靠性、安全性、实时性的原则，在满足配电自动化业务需求的前提下，充分考虑综合业务应用需求和通信技术发展趋势，做到统筹兼顾、分步实施、适度超前。

（2）配电通信网所采用的光缆应与配电网一次网架同步规划、同步建设，或预留相应位置和管道，满足配电自动化中长期建设和业务发展需求。

（3）配电通信网建设可选用光纤专网、无线公网、无线专网、电力线载波等多种通信方式，规

划设计过程中应结合配电自动化业务分类，综合考虑配电通信网实际业务需求、建设周期、投资成本、运行维护等因素，选择技术成熟、多厂商支持的通信技术和设备，保证通信网的安全性、可靠性、可扩展性。

（4）配电通信网通信设备应采用统一管理的方式，在设备网管的基础上充分利用通信管理系统（TMS）实现对配电通信网中各类设备的统一管理。

（5）配电通信网应满足二次安全防护要求，采用可靠的安全隔离和认证措施。

（6）配电通信设备电源应与配电终端电源一体化配置。

2．安全需求配置原则

（1）在生产控制大区与管理信息大区之间应部署正、反向电力系统专用网络安全隔离装置进行电力系统专用网络安全隔离。

（2）在管理信息大区Ⅲ、Ⅳ区之间应安装硬件防火墙实施安全隔离。硬件防火墙应符合安全防护规定，并通过相关测试认证。

（3）配电自动化系统应支持基于非对称密钥技术的单向认证功能，主站下发的遥控命令应带有基于调度证书的数字签名，现场终端侧应能够鉴别主站的数字签名。

（4）对于采用公网作为通信信道的前置机，与主站之间应采用正、反向网络安全隔离装置实现物理隔离。

（5）具有控制要求的终端设备应配置软件安全模块，对来源于主站系统的控制命令和参数设置指令应采取安全鉴别和数据完整性验证措施，以防范冒充主站对现场终端进行攻击，恶意操作电气设备。

3．信息交互设计原则

以配电自动化建设为契机，建成面向智能电网的信息交互总线，实现各系统之间实时信息、准实时信息和非实时信息的交互，为多系统间业务流转和功能集成提供数据支撑。

信息交换总线实现与配电自动化系统、生产抢修指挥系统、调度自动化系统、地理信息系统、生产管理系统、营销系统的信息交互与整合。依托信息交互总线/企业服务总线建设了配网生产抢修平台、生产管理系统、营销管理系统、电网 GIS 平台、用电采集系统、配电自动化系统、电压监测系统等配电相关业务系统的信息融合体系，实现调度、生产、营销配电相关联业务系统间信息互动。

3.5.6 协同规划示例

1．配电网架规划

以某规划地区配电网为例进行说明。图 3-13 给出了该区域 10kV 配电网规划网架示意图。该区域为 A+供电区，由一座 35kV 变电站供电，线路均为架空线。在干线节点 8 和支线节点 17、18 分别接有分布式电源，5-6 设有联络开关。设每条 10kV 支线的用户数均为 60，馈线的故障率为 2 次/年。t_1=1.5h，t_2=0.5h，t_3=4h。现根据一次网架布局为该电网设计配电自动化系统和通信系统，要求供电可靠性达到 99.99%。

2．配电自动化系统规划

算例中 10kV 支线所需安装配电自动化终端数量，分析过程如下：

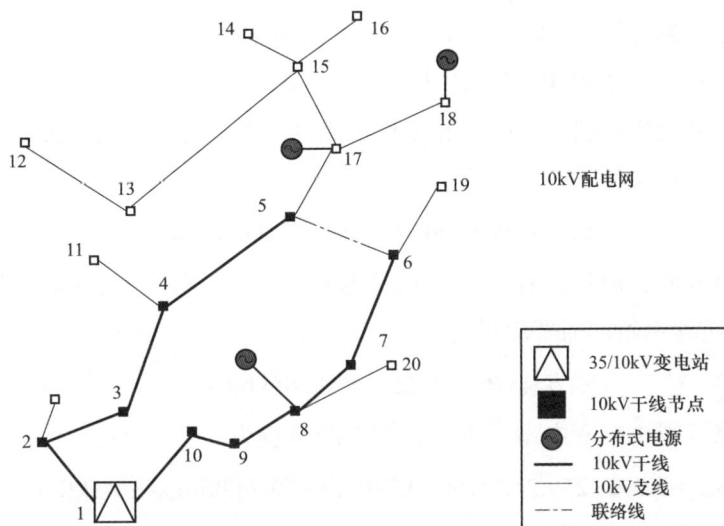

图 3-13　算例 10kV 配电网规划网架示意图

如果全部安装"三遥"装置，需要每条支线安装 9 个，如果安装"二遥"，则由于故障检测时间 t_2 的影响，可靠性无法达到 99.99%，因此最终方案为每条支线安装 9 个"三遥"装置。

根据该配电网结构，最终的配电自动化终端布点如下：在所有干线节点加装"三遥"终端以及电能质量监测单元，在 8、17、18 节点装设分布式电源监测单元。主站位于 35kV 变电站内。

3．通信网系统规划

根据前述得到的配电自动化规划方案确定通信网的通信流量带宽以及组网方式。

（1）通信流量带宽计算。

（a）配电自动化业务流量。10kV 典型"三遥"站点信息点数统计如表 3-7 所示。

表 3-7　　　　　　　　　　　　　　10kV 三遥站点典型信息点数统计

设备类型	遥信数量	遥测数量	遥控数量	电量
开关站	76	40	15	28
环网柜	23	16	9	4
箱式变电站	15	14	6	2
柱上开关	13	11	2	0
柱上变压器	4	13	0	3

设该网络的"三遥"终端均为柱上开关，按每个遥测信息需要用 2byte 信息量，8 个遥信信息需要 1byte，遥控信息需要 5byte，每个电量需要 4byte，按照所有点量测量均需 3s 上传计算得到柱上开关流量 12byte/s。该网络 10kV 干线装有 9 个"三遥"终端，11 条支线工装有 99 个"三遥"终端，则所需流量为

$$B_{a21}=(9+99)\times12=1296\text{bit/s}=1.296\text{kbit/s} \tag{3-58}$$

（b）电能质量监测业务流量。按 1kHz 采样点数，记录 2s 的扰动数据，每次扰动数据在 10s 内上送到电能质量分析主站，结果如下

$$B_{a22}=(9+99)\times12\times1000\times2/10=259200\text{bit/s}=259.2\text{kbit/s} \tag{3-59}$$

（c）配电监控运行业务流量。考虑每个重要节点配置视频监控业务、语音业务、数据业务通道流量。设视频业务图像格式质量达到 4CIF 要求考虑，业务流量为 2Mbit/s。语音业务按 64kbit/s 考虑。数据业务通道主要满足就地操作票、工作票的接收和流转需求，流量 128kbit/s。则 9 个重要节点的配电监控运行业务流量计算结果如下

$$B_{a23}=(2048+64+128)\times 9=20160\text{kbit/s} \tag{3-60}$$

（d）分布式电源接入业务流量。有 3 个分布式电源接入点，每点上送 32 点遥测，16 点遥信，4 点电度量计，按 1s 上送到主站，需要流量为

$$B_{a24}=(64+2+16)\times 3=0.246\text{kbit/s} \tag{3-61}$$

统计上述四项数据可得 1 个变电站配电业务的上联带宽为

$$B_{a2sum}=1.296+259.2+20160+0.246=20420.742\text{kbit/s}=20.5\text{Mbit/s} \tag{3-62}$$

并发比例取 1，网络冗余系数取 2，可靠性系统取 1，可得

$$B_{a1}=20.5\text{Mbit/s}\times 1\times 2\times 1=41\text{Mbit/s} \tag{3-63}$$

（2）通信网组网方式。将 35kV 变电站作为配电自动化主站位置，骨干网选择光纤网络，组网方式为工业以太网（EPON），覆盖 10kV 干线，干线节点 2～10 作为光纤环网的信息传输、交换的节点。接入层网覆盖 10kV 支线上的配电自动化终端以及分布式电源的检测模块，选择电力线载波通信方式，同时无线专网作为备用网络。通信网络结构如图 3-14 所示。

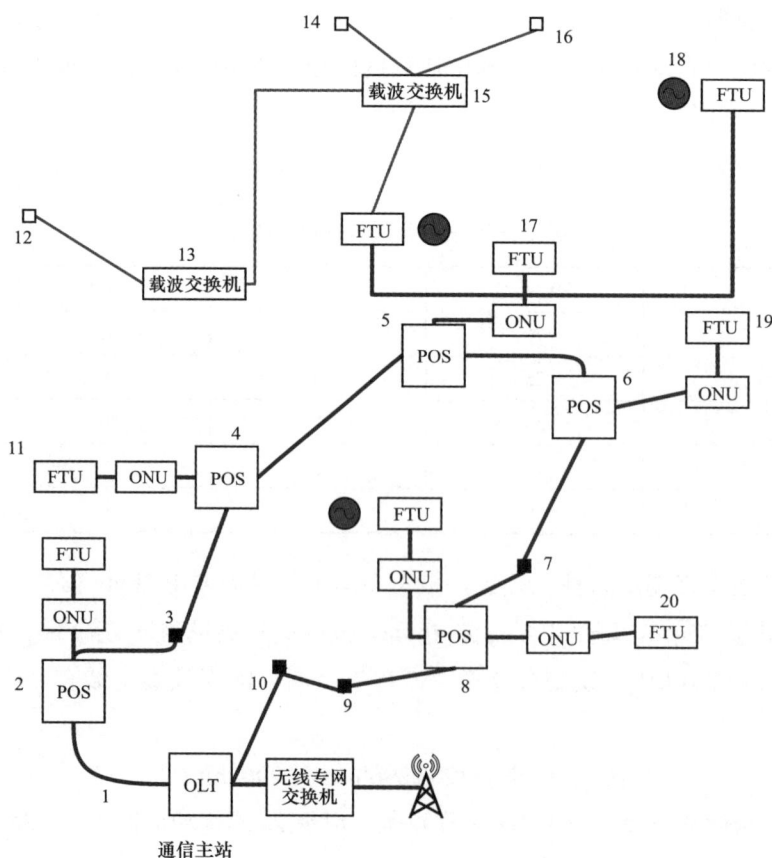

图 3-14　通信网络结构图

3.6 本章小结

针对配电网规划元素多样化和与运行深度耦合的特性，本章首先提出了"主动规划"的应对思路与方法。具体包括可再生能源资源的主动评估、曲线化主动负荷预测、考虑全要素接入的综合规划、一次网架与二次信息系统的协调规划等几个关键步骤。然后，阐述了实现"主动规划"各关键步骤的思路、模型和方法。

第 4 章

主动配电网规划的数学模型

4.1 引言

为了保证网络的安全性和可靠性，传统的配电网络应对负载的不确定性通常依赖于它的大容量和灵活的网络结构，采用相对简单的运行模式和控制方法。随着通常与配电网络连接的 DG 渗透率的快速增长，配电网的规划方法和运行模式变得越来越复杂，投资效益也大受影响。传统配电网规划针对某个负荷预测值采用最大容量裕度（给定网络结构）来应对最严重工况的运行条件（即使最严重工况为小概率事件），从而在规划阶段就可以找到处理所有运行问题的最优解。因此其规划方法相对简单，资产无法充分利用，不具有灵活控制的特性，特别是对于具有随机性、波动性的 DG 等新型电源及负荷。

主动配电网比被动配电网有更柔性的技术标准、更分散的管理模式、更灵活的网络结构、更精确的模拟计算和更主动的控制与保护模式。基于主动配电网与被动配电网的区别，两者的规划方法也不相同。

对于主动配电网，负荷预测结果会受分布式发电和需求侧响应的双重影响，从而存在很大的不确定性，同时在进行系统设计时会受 DG 主动管理模式的影响。因此主动配电网的规划方法相对传统配电网的规划方法要复杂得多。主动配电网的规划方法需在规划阶段就考虑其运行时可能遇到的各种不确定性工况，在传统配电网规划内容的基础上综合考虑分布式能源的优化配置，以达到减小能源损耗、提高供电可靠性、优化资产利用率等目标，同时应将自动化规划和通信规划一起考虑在内。例如，在面对双向潮流时甚至有可能考虑将配电网从开环辐射状向闭环网状拓扑结构过渡，并以合理的费用集成信息通信与电力电子换流技术，而不只是简单地考虑接入新的能源形式和储能设备。随着 DG 渗透率的提高，主动配电网规划还需考虑所有电源的协调优化问题，如与主网电源的协调问题。传统配电网规划的目的是在规划阶段解决运行问题，如容量匹配，而不考虑控制问题；而主动配电网的规划应该综合考虑运行和控制问题，以实现最优的技术经济性。

主动配电网规划涉及许多相关问题，如多种资源（上级网络和分布式能源）的综合利用、多种负荷类型（电、热和冷）的相互协调、多种网络（电力网络、通信网络）的协调运行，以及不同利益相关者（配电企业，发电商，消费者、生产性消费者）的协同共赢问题。

主动配电网规划从数学概念上而言，涉及多个目标，具有不确定性、非线性、动态以及许多事实的复杂性特征，本质上是一个复杂的组合优化问题。以下主要从主动配电网中的分布式电源规划、网架规划两方面进行介绍。

4.2　分布式电源规划模型及算法

随着人们环保意识的增强以及社会可持续发展进程的深入，传统以化石能源为主要燃料且需要大规模长距离传输的电力系统已经不能满足人们对清洁高效使用电能的要求。在这种背景下 DG 得到了快速的发展，DG 如何优化配置才能发挥其对电网积极作用已经成了时下研究的热点内容。

在主动配电网中进行 DG 选址定容规划，其意义在于对主动配电网中的 DG 容量和位置进行优化，使 DG 能够更有效发挥其对系统运行的积极作用。本节从电源规划的角度出发，考虑风电、光伏等 DG 出力和负荷的不确定性，建立主动管理下的双层 DG 规划模型，以 DG 的投资运行成本、网损费用以及环境成本为目标的年综合成本为上层目标，下层目标为 DG 出力切除量最小，利用自适应遗传算法求解上层规划模型，利用基于拉丁超立方抽样的蒙特卡洛模拟结合原对偶内点法对下层规划模型进行求解。

4.2.1　分布式电源优化配置模型

为了提高分布式电源的注入容量，充分利用分布式电源带来的积极影响同时克服高渗透率的分布式电源所带来的电压越限等问题，本节考虑如下三种主动管理方法：

（1）DG 有功出力调节：通过控制 DG 的有功出力来优化系统运行状况。

（2）有载调压变压器抽头调节：通过调节有载调压变压器可变分接头使配电网运行状态保持在安全范围内。

（3）无功补偿电容器投切：在 DG 接入点增加无功补偿设备来控制电压水平，使其在规定范围内。

上述的主动管理问题可以归结为最优潮流问题，就是确定在满足电压和潮流约束下使 DG 有功出力切除量最小，其控制量为 DG 出力切除量、有载调压变压器抽头的调节量和无功补偿设备的投切量。

由于本节所论述的 DG 规划问题既考虑 DG 有功出力的主动管理，又涉及 DG 的布点定容问题，为了将两部分内容更好的结合，根据协调分解思想将其转化为双层规划模型。

上层规划是 DG 的选址定容规划问题，以年综合成本最小为目标函数，决策变量为 DG 的待选位置和容量，下层规划模型是 DG 有功出力的主动管理问题，以 DG 的有功切除量最小为目标函数，其决策变量分别为 DG 的有功出力切除量、有载调压变压器抽头的位置以及无功补偿设备的投切容量。上层规划将 DG 的布点定容方案传递给下层，下层规划在该方案的基础上对 DG 的出力进行主动管理，并将 DG 有功出力方式和网损反馈到上层规划中，从而影响上层规划的决策。

（1）上层规划数学模型。上层规划模型以年综合成本最小为目标函数，年综合成本包括 DG 的投资年费用、DG 的运行维护费用、网络年损耗费用、DG 的环境成本以及向上级电网的购电成本。其数学表达式如式（4-1）所示

$$C_{\min} = C_{DG} + C_f + C_{loss} + C_e + C_{en} \tag{4-1}$$

式中　C_{DG}——系统 DG 的投资年费用，是指在主动配电网中某待选节点处建设 DG 的年费用总和，

万元；

C_f——DG 的运行维护费用，万元；

C_{loss}——网络损耗年费用，万元；

C_e——环境成本年费用，万元，在本节中主要是治理 DG 产生的温室气体所产生的费用；

C_{en}——向上级电网的购电成本，万元，其中 C_{DG}、C_f、C_{loss}、C_e 和 C_{en} 的计算公式如式（4-2）～式（4-6）所示

$$C_{DG} = \frac{r(1+r)^n}{(1+r)^n - 1} \sum_{i \in N_{DG}} c_i s_i \tag{4-2}$$

$$C_f = \sum_{i \in N_{DG}} C_{unit,i} E_{DG,i} \tag{4-3}$$

$$C_{loss} = \alpha_b E_{loss} \tag{4-4}$$

$$C_e = \sum_{i \in N_{DG}} K_{DG,i} E_{DG,i} (V_{CO_2} + R_{CO_2}) 10^{-4} \tag{4-5}$$

$$C_{en} = \alpha_b E_b \tag{4-6}$$

式中　r——贴现率，取 10%；

c_i——第 i 个 DG 待选安装节点的单位 DG 投资费用，万元，根据待选节点安装 DG 类型的不同，c_i 取值也不同；

s_i——第 i 个待选节点处安装 DG 的数目；

$C_{unit,i}$——第 i 个 DG 待选安装节点 DG 产生单位电量所产生的费用，万元；

$E_{DG,i}$——第 i 个待选节点处 DG 的发电量，MWh；

$K_{DG,i}$——第 i 个待选节点处单位 DG 产生温室气体强度，kg/MWh，取 724.6kg/MWh；

V_{CO_2}——温室气体环境价值折价标准，为 0.023 元/kg；

R_{CO_2}——温室气体排放征收价格，为 0.01 元/kg；

N_{DG}——待选 DG 安装节点集合；

E_b——向上级电网购电量，MWh；

α_b——电价，万元/MWh；

E_{loss}——年损耗电量，MWh。

约束条件为

1）系统容量约束。

$$\sum_{i \in N_{DG}} G_{DG,i} \geqslant \sum_{j \in N_L} L_j \tag{4-7}$$

式中　$G_{DG,i}$——第 i 个待选 DG 安装节点的 DG 安装容量；

N_{DG}——待选 DG 安装节点集合；

L_j——第 j 个重要负荷节点的负荷值；

N_L——系统重要节点集合。

2）DG 安装容量约束。

$$G_{DG,i} \leqslant G_{DG,imax}, \quad i \in N_{DG} \tag{4-8}$$

式中　$G_{DG,i}$——第 i 个待选 DG 安装节点的 DG 安装容量；

$G_{\mathrm{DG},i\mathrm{max}}$——第 i 个待选 DG 安装节点的 DG 最大接入容量。

3）DG 的渗透率约束。

$$\sum_{i\in N_{\mathrm{DG}}} G_{\mathrm{DG},i} \leqslant 0.1 \times \sum_{j\in N_{\mathrm{node}}} L_j \tag{4-9}$$

式中　$G_{\mathrm{DG},i}$——第 i 个待选 DG 安装节点的 DG 安装容量；

　　　N_{node}——系统的负荷节点集合。

（2）下层规划数学模型。下层规划模型以 DG 的有功出力切除量最小为目标函数，其表达式为

$$F_2 = \min \sum_i P_{\mathrm{cur},i} \tag{4-10}$$

式中　$P_{\mathrm{cur},i}$——第 i 个待选 DG 安装节点的 DG 出力切除量。

约束条件为

1）节点功率平衡约束。

$$\begin{cases} P_{is} = U_i \sum_{j\in i} U_j (G_{ij}\cos\theta_{ij} + B_{ij}\sin\theta_{ij}) \\ Q_{is} = U_i \sum_{j\in i} U_j (G_{ij}\sin\theta_{ij} - B_{ij}\cos\theta_{ij}) \end{cases} \tag{4-11}$$

式中　P_{is} 和 Q_{is}——分别为节点 i 的有功注入和无功注入；

　　　U_i——节点 i 电压向量的幅值，$j\in i$ 表示 $\sum$ 号后的节点 j 必须直接与节点 i 直接相连，并包括 $j=i$ 的情况；

　　　G_{ij} 和 B_{ij}——分别是导纳矩阵的实部和虚部，分别表示电导和电纳；

　　　θ_{ij}——i 和 j 两节点电压间的相角差。

2）节点电压约束。

$$U_{i,\min} \leqslant U_i \leqslant U_{i,\max},\ i\in N_{\mathrm{node}} \tag{4-12}$$

式中　　U_i——节点 i 的电压幅值；

$U_{i,\max}$ 和 $U_{i,\min}$——分别表示节点 i 电压幅值所允许的上限和下限；

　　　N_{node}——系统节点集合。

3）支路功率约束。

$$S_k \leqslant S_{k,\max},\ k\in N_{\mathrm{line}} \tag{4-13}$$

式中　S_k——支路 k 的传输功率；

　　　$S_{k,\max}$——支路 k 所允许的传输功率上限；

　　　N_{line}——系统支路集合。

4）DG 出力切除量约束。

$$P_{\mathrm{cur},i}^{\min} \leqslant P_{\mathrm{cur},i} \leqslant P_{\mathrm{cur},i}^{\max},\ i\in N_{\mathrm{DG}} \tag{4-14}$$

式中　$P_{\mathrm{cur},i}$——第 i 待选 DG 安装节点的 DG 出力切除量；

$P_{\mathrm{cur},i}^{\max}$ 和 $P_{\mathrm{cur},i}^{\min}$——DG 出力切除量上限和下限。

5）无功补偿装置投切量约束。

$$Q_{\mathrm{C}i}^{\min} \leqslant Q_{\mathrm{C}i} \leqslant Q_{\mathrm{C}i}^{\max},\ i\in N_{\mathrm{DG}} \tag{4-15}$$

式中　$Q_{\mathrm{C}i}$——第 i 待选 DG 安装节点无功补偿设备的投切量；

$Q_{Ci}^{\max}$ 和 $Q_{Ci}^{\min}$ ——无功补偿设备投切量的上限和下限。

6）有载调压变压器分接头调节范围约束

$$T_k^{\min} \leqslant T_k \leqslant T_k^{\max} \tag{4-16}$$

式中　　T_k ——有载调压变压器抽头位置；

$T_k^{\max}$ 和 $T_k^{\min}$ ——有载调压变压器抽头调节范围的上限和下限。

4.2.2　求解算法

1.　上层规划模型求解

遗传算法（genetic algorithm，GA）为一种进化算法，它是利用自然界中生命的进化原理来进行算法的设计。由于其独特的优点，如它并不是对函数直接进行操作以及不受约束条件限制，全局收敛性比较好，因此在求解复杂的非线性系统优化问题中具有广泛的应用价值。本节为了对模型进行更高效地求解而采用改进的自适应遗传算法（improved adaptive genetic algorithm，IAGA）。

上层规划模型是 DG 布点规划问题，考虑到其决策变量可以总结为 DG 的接入位置和 DG 的接入个数，二者均为离散变量，可以将其转化为一个整数规划问题，作为整数规划问题，应用遗传算法求解将会方便和高效。因此本节采用自适应遗传算法来对上层规划模型进行求解。

应用改进自适应遗传算法求解 DG 规划问题的具体方法如下：

（1）染色体编码方式。采用整数编码方式，每个染色体含有 N_{DG} 个元素，其格式为 $[X_1, X_2, \cdots, X_i, \cdots, X_{N_{DG}}]$，其中 X_i 表示节点 i 处安装的 DG 个数。

（2）初始种群的形成。利用遗传算法对模型进行优化计算，首先要对种群进行初始化。虽然初始种群的每个染色体都是通过随机算法生成的，但是每一个个体都应该满足模型的约束条件。因此本节的初始种群生成步骤如下：

1）随机生成一个编码向量；

2）对向量进行解码，然后代入优化模型中，判断是否满足模型的约束条件；

3）如果生成的向量满足各种约束条件，则将其作为一个初始种群的个体，如果不满足其中任何一项约束，则再重新随机生成一个向量；

4）返回步骤1）重新进行操作，直至个体的规模达到初始种群的要求。

（3）遗传操作。

1）选择操作。本节中利用选择操作算子采用的是轮盘赌算子进行，其原理为轮盘赌赌盘上的刻度是按照每个染色体的适应度值进行划定的，染色体的适应度值越大，相对应的染色体在盘面上所占据位置的面积也就越大，其被选中的概率相应也越高。这样符合进化算法的进化原则即适应度越大的个体被选择生存下来的概率越大，保证了算法整体的收敛性。

2）交叉操作。在进行交叉操作时，本节采取的方法是随机选择两个父代个体，并在其所对应染色体编码序列上随机选择一点断开，将断点左端进行交换从而形成两个新的子代个体。

在对染色体进行交叉操作前，采用式（4-17）来自适应地调整交叉率

$$P_c = \begin{cases} \dfrac{k_1(f_{\max} - f)}{f_{\max} - f_{avg}} & f \geqslant f_{avg} \\ k_2 & f < f_{avg} \end{cases} \tag{4-17}$$

式中　f_{max}——群体中适应度最大个体的适应度函数值；

　　　f_{avg}——群体中所有个体的平均适应度函数值；

　　　f——两个待交叉个体中适应度函数值较大个体的适应度函数值；

　　　k_1、k_2——常数，且满足 $k_1 < k_2$。

3）变异操作。在进行变异操作时，对编码序列采用单变异位算子，即随机选择一个编码位，从待选值区间随机选择一个数字替代该值。

在对染色体进行变异操作之前，本节采用式（4-18）计算交叉率

$$P_m = \begin{cases} \dfrac{k_3(f_{max} - f')}{f_{max} - f_{avg}} & f' \geqslant f_{avg} \\ k_4 & f' < f_{avg} \end{cases} \tag{4-18}$$

式中　f_{max}——群体中的适应度最大值；

　　　f_{avg}——群体中平均适应度值；

　　　f'——指待进行变异操作个体的适应度函数值；

　　　k_3、k_4——常数，且满足 $k_3 < k_4$。

（4）算法的终止条件。本节设置了两个搜索终止条件：①遗传操作的迭代次数是否达到最大迭代代数；②当前最优解连续不变的遗传代数是否达到预先设定的遗传代数，如果达到算法也停止搜索。满足以上任何一个条件，遗传操作均停止搜索。

（5）约束条件处理。由于在下层规划的求解中，节点功率平衡约束在进行计算过程中已经满足，待选节点的 DG 安装容量约束在编码时也已经满足，而 DG 出力切除量约束、无功补偿投切量约束和变压器抽头调节约束也在进行下层优化中满足。在系统容量约束和渗透率约束方面，对违反约束的个体采用增加惩罚数的方法：

$$F = \begin{cases} F & \text{无约束被违反} \\ aF & \text{违反系统容量约束} \\ bF & \text{违反渗透率约束} \\ cF & \text{同时违反两个约束} \end{cases} \tag{4-19}$$

式中　F——目标函数；

a、b 和 c——大于 1 的正值，且 $a = b < c$。

2. 下层规划模型求解

下层规划模型实际是一个非线性规划模型，为了节省计算时间同时提高模型整体的求解效率采用原对偶内点法（primal-dual interior point method, PDIPM）进行求解。

（1）原对偶内点法。原对偶内点法的计算流程。

1）设置迭代次数 $K^0 = 0$，选择初值点。

2）形成牛顿法的修正方程式，求解出各个变量的搜索方向（变化量）。

3）分别对原、对偶变量的迭代步长进行求解，从而修正原变量和对偶变量。

4）判断是否满足式终止迭代条件，如果是，结束运算并输出结果；如果否，$k = k+1$；确定障碍参数 μ^k，然后返回到第一步。

本节所提出的下层规划模型实际上一个非线性的最优潮流模型，其是以 DG 的切除量最小为目标，约束条件中节点功率平衡约束为等式约束，节点电压约束、支路功率约束、DG 切除量约束、无功补偿投切量约束以及有载调压变压器调节范围约束均为不等式约束，可以利用以上原对偶内点法的步骤进行求解，得出 DG 的最优出力值，将此值返回给上层规划进行决策。

（2）基于拉丁超立方抽样的蒙特卡洛模拟。本节在研究 DG 布点定容规划问题时考虑了间歇式 DG 如风电光伏等出力以及负荷的不确定性，如果用确定性规划方法，规划结果则有可能忽略了系统运行风险，同时增加系统的投资，造成资源的浪费。

为了降低这种不确定性给系统带来的投资风险和运行风险，规划研究人员常常需要将间歇式 DG 的出力和负荷当作随机变量。最常用的研究这种随机规划的方法是对随机变量抽样，并进行蒙特卡洛模拟。基于蒙特卡洛模拟的随机潮流算法是最常见的处理随机潮流的方法，它是以概率数学理论、统计数学理论和随机过程理论为基础的分析方法，其基本思想是根据随机变量 x 的概率分布函数 $f(x)$ 对 x 进行 N 次随机抽样，产生随机变量 x 的相互独立的样本 x_1，…，x_N 形成样本空间，然后利用其数字特性来对结果进行近似估计。蒙特卡洛模拟法的核心在于对随机变量的抽样。但是基于简单随机采样的蒙特卡洛模拟方法是有很多缺陷的。如果随机采样规模太小，虽然计算量会大幅度减小，计算效率也会相应地提高，但是将会导致计算精度不足，然而随机采样规模增加虽然会增加计算精度，但是会使计算量大幅度增加。此外简单的随机采样具有很大偶然性和随机性无法保证采样的范围能够覆盖整个样本空间，因此为了能更好地发挥蒙特卡洛模拟的优势，克服其缺陷，本节采用基于拉丁超立方抽样的蒙特卡洛模拟法（latin hypercube sampling based monte carlo simulation，LHS-MCS）对随机变量进行处理。

拉丁超立方抽样（latin hypercube sampling，LHS）要优于随机采样，它能够覆盖整个样本空间。所以基于拉丁超立方抽样的蒙特卡洛模拟法要优于随机采样的蒙特卡洛模拟法，如图 4-1 所示。

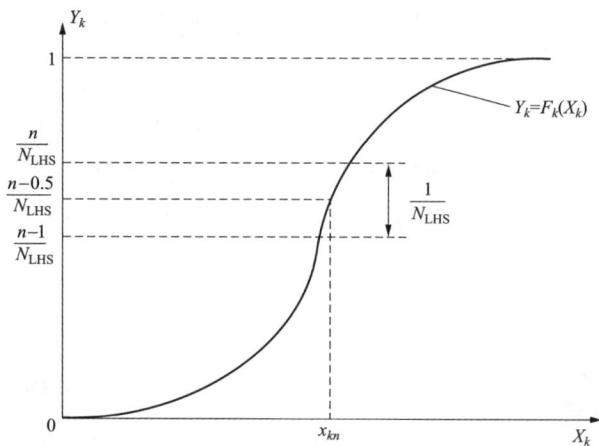

图 4-1　拉丁超立方采样图

拉丁超立方采样过程主要分两步：

1）采样。设 X_k 为 k 个随机变量中的一个，其累积概率分布函数为

$$Y_k = F_k(X_k) \tag{4-20}$$

设 N 为采样规模，采样方法为：将曲线 $Y_k = F_k(X_k)$ 的纵轴分成 N 个等间距不重叠的区间，选择每个区间的中点作为 Y_k 的采样值，然后利用 $Y_k = F_k(X_k)$ 的反函数来计算 X_k 采样值，即 X_k 的第 n 个采样值 $x_{kn} = F_k^{-1}\left(\dfrac{n-0.5}{N_{\text{LHS}}}\right)$。

2）排列。首先形成一个 $k \times N_{\text{LHS}}$ 阶的顺序矩阵 H，其每一行元素的数值表示采样矩阵 X 相应行元素数值的排列位置，然后采用乔姆斯基法（Cholesky）对 H 进行排序，使相互独立的随机变量相关性变小。

利用 LHS-MCS 结合 PDIPM 法求解下层模型的具体过程如下：

（a）根据上层规划的 DG 布点定容方案来输入计算所需的数据，包括支路参数、DG 的参数等。

（b）利用 LHS 进行抽样，形成一个 $N_{LHS} \times M$ 抽样矩阵，其中 N_{LHS} 为抽样的随机变量数，M 为抽样次数。

（c）将抽样矩阵的第 i 列（$i=1,2,\cdots,M$）代入计算方程利用原对偶内点法进行计算，得到每个抽样场景下的最优值；

（d）对计算结果进行统计，得到计算结果的数字特性和概率分布。

3．求解流程

采用 IAGA 结合 PDIPM 求解主动管理双层 DG 优化配置模型的流程如图 4-2 所示。

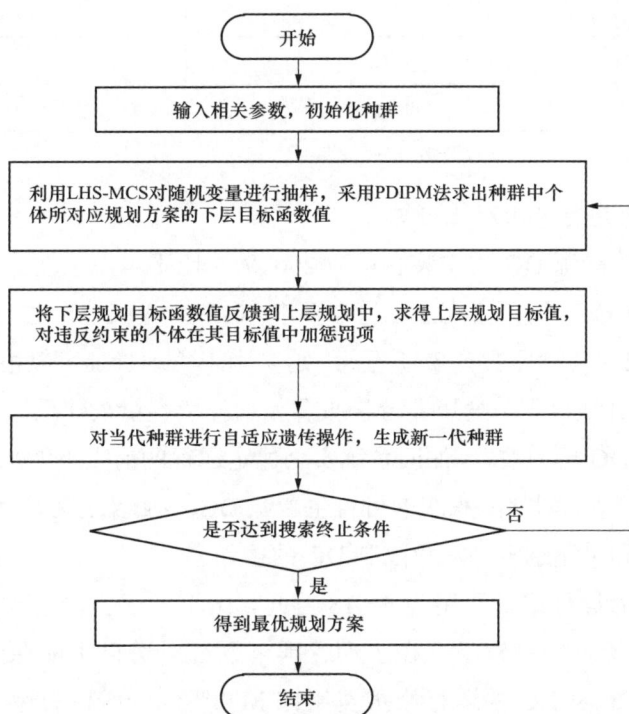

图 4-2　IAGA 结合 PDIPM 求解主动管理双层 DG 优化配置模型的流程图

4.2.3　算例分析

本节采用改进的 IEEE 33 节点配电网作为算例，如图 4-3 所示。

系统电压等级为 12.66kV，节点 0～5 之间支路功率上限为 4.5MW，其他支路为 3MW，此外节点电压允许范围为 0.93～1.07（标幺值）。采用本节提出的算法进行算例求解可以得出如表 4-1 所示的规划结果。为了对照主动管理对于规划结果的影响，表 4-1 同时给出了传统不考虑主动管理的规划方案。

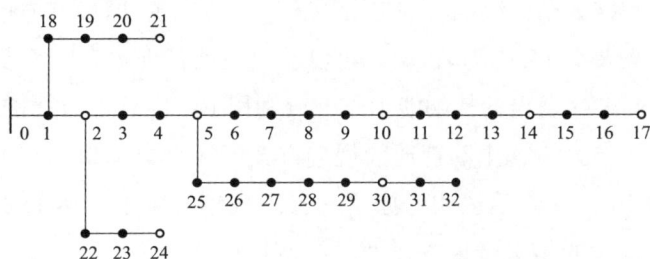

图 4-3　IEEE 33 节点配电网算例

表 4-1　　　考虑主动管理和不考虑主动管理的 DG 规划方案

比较项	方案 1——考虑主动管理的规划方案	方案 2——不考虑主动管理的规划方案
风力发电机	5（5）、10（5）、14（7）	5（2）、10（3）、14（3）
光伏发电机	17（3）、21（5）、24（4）	17（2）、21（3）、24（4）
微型燃气轮机	2（6）、30（2）	2（7）、30（6）
DG 投资年费用（万元）	34.57	26.46
DG 运行维护费用（万元）	16.18	24.48
网络损耗年费用（万元）	24.34	26.16
环境成本（万元）	6.70	9.30
上级电网购电费用（万元）	546.40	571.25
年综合成本（万元）	628.19	657.65

注　规划方案中"5（5）"表示 5 节点安装 5 台 DG，以此类推。

通过对表 4-1 中的数据进行分析对比可知：

（1）主动管理下可再生能源 DG 的安装容量为 290kW，比不考虑主动管理多 120kW，主动管理下 DG 的总安装容量为 370kW，比不考虑主动管理要多 70kW，相应地，主动管理下 DG 的投资年费用为 34.57 万元，比不考虑主动管理要多 8.11 万元，这是由于主动管理可以根据系统的实际运行情况对 DG 出力进行主动控制，并通过调节变压器分接头和无功补偿容量来使系统主动地配合 DG 的运行，从而能够平抑可再生能源 DG 出力波动，保证系统安全稳定运行的前提下增加系统对可再生能源的接纳能力，如果不考虑主动管理，对接入系统的可再生能源 DG 不加以主动管理，该类型 DG 出力的随机性很容易造成系统电压和电流越限，从而限制 DG 的接入容量。

（2）主动管理下 DG 的运行维护费用为 16.18 万元，比不考虑主动管理要少 33.9%，这是由于方案 1 中可再生能源 DG 所在比例较高，在主动管理下系统对可再生能源发电的接纳能力较强，其发电量较大，而可再生能源 DG 的运行维护费用比 MT 要低，所以方案 1 的 DG 运行维护费用较低。

（3）考虑主动管理的规划方案中网络损耗费用仅为 24.34 万元，比不考虑主动管理的规划方案减少了 7.47%，这表明主动管理能够更好地发挥 DG 在减小系统网损方面的积极作用；在环境成本方面，考虑主动管理的规划方案为 6.7 万元，比不考虑主动管理规划方案要减少了 27.9%，这表明主动管理可以增加系统对可再生能源的接纳能力和环保性能。

（4）在上级电网购电费用方面，考虑主动管理的规划方案为 546.4 万元，比不考虑主动管理规划方案要少 14.85 万元；由此可以看出主动管理更有助于发挥 DG 在改善系统运行方式方面的积极作用，提高 DG 发电的接纳能力，充分利用 DG 在环保方面的积极影响。

（5）考虑主动管理的规划方案年综合成本为 628.19 万元，比不考虑主动管理的规划方案要少 29.46 万元，这表明考虑主动管理规划方案中虽然 DG 的投资费用较高，但综合考虑其他因素该规划方案的年综合成本较低，经济性更好。

此外为了突出 DG 为系统带来的环境效益，本节还分别对主动管理下考虑环境成本和不考虑环境成本的规划方案进行了对比，结果如表 4-2 所示。

表 4-2　　　　　　　主动管理下考虑环境成本和不考虑环境成本的 DG 规划方案

比较项	方案 1：考虑环境成本的规划方案	方案 3：不考虑环境成本的规划方案
风力发电机	5（5）、10（5）、14（7）	5（3）、10（4）、14（4）
光伏发电机	17（3）、21（5）、24（4）	17（2）、21（4）、24（4）
微型燃气轮机	2（6）、30（2）	2（8）、30（7）
DG 投资年费用（万元）	34.57	30.43
DG 运行维护费用（万元）	16.18	30.78
网络损耗年费用（万元）	24.34	20.02
环境成本（万元）	6.70	10.89
上级电网购电费用（万元）	546.40	538.30
年综合成本（万元）	628.19	630.42

注　规划方案中"5（5）"表示 5 节点安装 5 台 DG，以此类推。

由表 4-2 中数据可以看出在方案 1 中分布式风力发电机、分布式光伏发电机等环境友好的可再生能源 DG 接入容量为 290MW，比不考虑环境成本的方案 2 多了 80MW；方案 2 由于不考虑环境成本，只对 DG 的投资年费用、运行维护费用、网络损耗费用和上级电网购电费用，所以其除了环境成本外的其他费用之和要比方案 1 少，经济性更好，而考虑环境成本之后方案 1 的年综合成本要比方案 2 更优。由此可以看出考虑环境成本的 DG 布点定容模型对于我国节能减排政策的实施以及绿色电力的发展都是非常有意义的。

4.3　主动配电网架规划模型及算法

配电网中的负荷波动是随机性，除此之外，随着分布式电源的接入，诸如光伏、风机等的 DG 出力具有极强的波动性和随机性，因而含 DG 的新型配电网不再是传统意义上的无源网络，它已经变成了有源的主动网络，其规划方法也应该有相应的变化。本节在 DG 规划基础上，从电网规划的角度提出了含有 DG 的主动配电网规划方法，建立考虑主动管理的含分布式电源配电网网架双层规划模型，并利用改进单亲遗传算法和原对偶内点法进行求解；为了使主动配电网规划更加全面，从网源联合规划的角度出发，建立以社会综合成本最小为目标函数的主动配电网联合规划模型，并采用交替迭代优化技术对其进行求解计算。

4.3.1　考虑主动管理的配电网架规划

当配电网中含有的 DG 容量比较大时，配电网出现节点电压会升高、潮流可能越限等问题，这成为限制 DG 发挥其积极作用的主要问题之一。因此本节研究的主动管理是在不违反电压和潮流约束的情况下充分发挥 DG 的积极作用，使 DG 的出力切除量最小。

主动管理下含 DG 的配电网网架规划既涉及网架规划又涉及 DG 出力的确定，根据分解协调思想，该问题可以转化为双层规划模型。上层规划为电网优化规划问题，其模型以网络年综合费用最小为目标，网络年综合费用包括线路的投资费用等年值、年网络损耗费用、向上级电网购电成本、可再生能源类型 DG 在环保、节能中的社会效益以及考虑主动管理加入的主动管理费用，下层规划问题是在上层规划所得到网架下确定 DG 的有功出力。

在该双层规划模型中，上层问题的决策结果将网架的布置方案传递给下层问题，下层规划问题实际是一个概率最优潮流问题，通过对随机因素如风电机组和光伏机组的出力及节点负荷的波动进行随机抽样，求取上层网架规划方案下的 DG 出力的最小切除量期望值，并将 DG 出力期望值向上层反馈。通过迭代计算，得到网架最优规划方案，上下层规划模型联系示意图如图 4-4 所示。

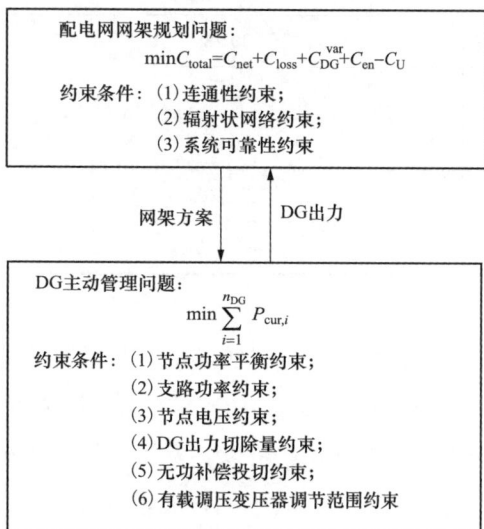

配电网网架规划问题：
$$\min C_{total}=C_{net}+C_{loss}+C_{DG}^{var}+C_{en}-C_{U}$$

约束条件：(1) 连通性约束；
(2) 辐射状网络约束；
(3) 系统可靠性约束

网架方案 ↓ ↑ DG出力

DG主动管理问题：
$$\min \sum_{i=1}^{n_{DG}} P_{cur,i}$$

约束条件：(1) 节点功率平衡约束；
(2) 支路功率约束；
(3) 节点电压约束；
(4) DG出力切除量约束；
(5) 无功补偿投切约束；
(6) 有载调压变压器调节范围约束

图 4-4　上下层规划模型联系示意图

1. 上层规划模型

上层规划模型的目标函数如式（4-21）所示

$$\min C_{total} = C_{net} + C_{loss} + C_{DG}^{var} + C_{en} - C_{U} \tag{4-21}$$

式中　C_{net}——网架的投资费用等年值，万元；

C_{loss}——年网络损耗费用，万元；

C_{DG}^{var}——DG 的运行维护费用，万元；

C_{en}——向上级电网购电成本，万元；

C_{U}——可再生能源类型 DG 在环保、节能中的社会效益，采用政府对可再生能源发电的政策性补贴来表示，万元。

C_{net}、C_{loss}、C_{DG}^{var} 和 C_{U} 的计算公式如式（4-22）～式（4-26）所示

$$C_{net} = F_{net} \frac{r(1+r)^n}{(1+r)^n - 1} \tag{4-22}$$

$$C_{loss} = \alpha E_{loss} \tag{4-23}$$

$$C_{DG}^{var} = F_{DG} \cdot E_{DG} \tag{4-24}$$

$$C_{en} = \alpha E_b \tag{4-25}$$

$$C_{U} = \beta \cdot E_{DG} \tag{4-26}$$

式中　F_{net}——网架初始投资费用，万元；

r——年费用系数，取 10%；

n——线路的经济使用年限，一般架空线路取 30 年，电缆线路取 40 年；

E_{loss}——年网络损耗电量，kWh；

α——电价，万元/kWh；

F_{DG}——DG 发出单位电量运行维护费用，万元/kWh；

β——可再生能源类型 DG 单位发电量的补贴费用，万元/kWh；

E_{DG}——DG 的年发电量，kWh；

E_b——向上级电网的年购电量，kWh。

综合考虑国内配电网规划和运行的实际情况，上层规划模型考虑以下约束条件

（1）辐射网络运行约束

$$n = m + 1 \qquad (4\text{-}27)$$

式中 m ——系统的支路数；

n ——系统的节点数。

（2）系统可靠性约束。由于系统中加入了 DG，这样传统的仅与线路长度有关的系统可靠性约束已不再适用，本节将系统可靠性约束用系统的供电不足期望值 E_T 来表示，可行方案应满足 $E_T < E_{T\max}$。E_T 如式（4-28）所示

$$E_T = \sum_{j=1}^{m} P_j \sum_{j=1}^{W} E_{ij}^l \qquad (4\text{-}28)$$

式中 E_{ij}^l ——第 j 条线路发生断线故障时，节点 i 处的供电不足量，kWh；

P_j ——第 j 条线路故障率（次/年）。

其中，E_{ij}^l 计算公式如式（4-29）所示

$$E_{ij}^l = 8760 \times P_{Ti} \qquad (4\text{-}29)$$

式中 P_{Ti} ——节点 i 的供电不足功率。其计算方法分为以下 3 种情形：

情形 1：第 i 个节点仍与变电站节点相连，则节点 i 的供电不足功率 P_{Ti} 为 0。

情形 2：第 i 个节点不与变电站节点相连，但其所在孤岛中含有 DG，则将孤岛中的负荷按照重要程度从大到小排序，依次由 DG 供电，由此求得节点 i 的供电不足功率 P_{Ti}。

情形 3：第 i 个节点不与变电站节点相连，且不在含有 DG 的孤岛中，则其供电不足功率 P_{Ti} 为节点 i 的功率。

在本节所研究的主动配电网规划中，考虑 DG 接入的影响形成孤岛。在配电网中根据负荷重要程度不同，给负荷赋予不同的权值系数，将负荷大小与权值系数的乘积定义为等值有效负荷。含 DG 的主动配电网孤岛划分的目标就是使孤岛所包含负荷点等值负荷最大，其数学模型可用式（4-30）～式（4-31）表示

$$\max L_E = \sum_{i \in D} w_i L_a(i) \qquad (4\text{-}30)$$

$$\text{s.t.} \begin{cases} \sum_{i \in D} L_a(i) \leqslant P_{DG} \\ \text{区域 D 连通} \end{cases} \qquad (4\text{-}31)$$

式中 D ——孤岛负荷所组成的区域；

P_{DG} ——区域内 DG 额定容量；

$L_a(i)$ ——负荷点 i 处负荷大小；

w_i ——负荷的权值系数；

L_E ——等值有效负荷。

除了上述约束条件外，模型中还考虑网络的连通性约束。

2. 下层规划模型

下层规划问题以 DG 的有功出力切除量期望值最小为目标，规划模型如式（4-32）～式（4-39）所示

$$\min \sum_{i=1}^{n_{\mathrm{DG}}} P_{\mathrm{cur},i} \tag{4-32}$$

s.t.

$$P_{is} = U_i \sum_{j \in i} U_j (G_{ij} \cos \theta_{ij} + B_{ij} \sin \theta_{ij}) \tag{4-33}$$

$$Q_{is} = U_i \sum_{j \in i} U_j (G_{ij} \sin \theta_{ij} - B_{ij} \cos \theta_{ij}) \tag{4-34}$$

$$S_{ij} \leqslant S_{ij}^{\max} \tag{4-35}$$

$$U_i^{\min} \leqslant U_i \leqslant U_i^{\max} \tag{4-36}$$

$$P_{cur,i}^{\min} \leqslant P_{cur,i} \leqslant P_{cur,i}^{\max} \tag{4-37}$$

$$Q_{Ci}^{\min} \leqslant Q_{Ci} \leqslant Q_{Ci}^{\max} \tag{4-38}$$

$$T_k^{\min} \leqslant T_k \leqslant T_k^{\max} \tag{4-39}$$

式中　　P_{is} 和 Q_{is}——分别为节点 i 的有功注入和无功注入，$j \in i$ 表示 $\sum$ 号后的节点 j 必须直接与节点 i 直接相连，并包括 $j=i$ 的情况；

　　　　G_{ij} 和 B_{ij}——分别为导纳矩阵的实部和虚部，分别表示电导和电纳；

　　　　θ_{ij}——i 和 j 两节点电压间的相角差；

　　　　Q_{Ci}——节点 i 的无功补偿装置的无功输出量（吸收无功为负）；

　　　　T_k——变压器抽头位置；

　　　　S_{ij}——支路 ij 的潮流；

　　　　U_i——节点 i 的电压幅值。

式（4-32）为规划目标函数，即满足电压和潮流约束下使 DG 出力切除量最小。式（4-33）和式（4-34）为节点功率平衡方程。式（4-35）和式（4-36）分别为线路潮流约束和节点电压约束。DG 有功出力切除量约束如式（4-37）所示，无功补偿量约束由式（4-38）表示，有载调压变压器的抽头调节范围由式（4-39）表示。

4.3.2　求解算法

1. 上层规划模型求解

上层规划模型是一个含分布式电源的配电网网架规划模型，由于配电网是辐射状运行的，所以为了使网架能够保持辐射型并具有连通性，使用树形结构编码的单亲遗传算法对规划模型进行求解。与普通遗传算法相比，单亲遗传算法没有交叉算子，具有求解效率高、全局收敛性好等优点，且采用树形编码的方式更符合配电网的特点。

（1）染色体编码。配电网在运行时是辐射状，与网络中每个节点相连且为之供电的上级节点数目不超过 1 个，这种特点与图论中树的结构较为接近。本节将对配电网采用树形结构编码，把系统中电源点和负荷点的连接关系用树的结构进行描述，各节点间是否存在树形结构中父子关系将直接决定节点间的线路是否修建。

（2）初始方案的生成。根据配电网的特点，负荷点一般都是从主网进行供电的，这样就比较符合最小生成树的特点。本节在最小生成树算法的基础上加入随机因素，生成可行的初始种群。

（3）单亲遗传操作。选择算子：本节选择算子采用的是轮盘赌算子，轮盘赌赌盘上的刻度是按照每个染色体的适应度值来进行划定的，染色体的适应度值越大，相对应的染色体在盘面上所占据位置的面积也就越大，其被选中的概率相应的也就越高。这样符合进化算法的进化原则即适应度越大的个体被选择生存下来的概率越大，在一定程度上保证了求解算法的收敛性。

移位算子：在本代种群中随机选择一个树形结构染色体，然后在该树形结构染色体中随机选择一个点 A 进行移位操作，选择完成后，断开其与上级节点 B 相连接的线路，再随机选择一个节点 C 作为节点 A 的上级节点并连接两节点，其中节点 A 与 C 可以处于不同的树中，但 C 不可以是 A 的原来的上级节点或下级节点，若在该个体中找不到这样的节点 A，可重新选择移位点 C 或者重新选择其他个体，具体过程如图 4-5 所示，父代个体通过移位得到子代个体；

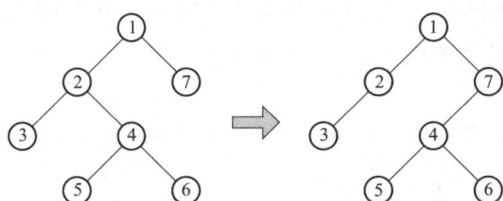

重分配算子：在本代个体的树形结构中随机选择重分配点 M，将以点 M 为根节点的子树中所有的节点的上级节点进行重新分配，从而得到一个新的个体，如图 4-6 所示，父代个体通过重分配得到子代个体。

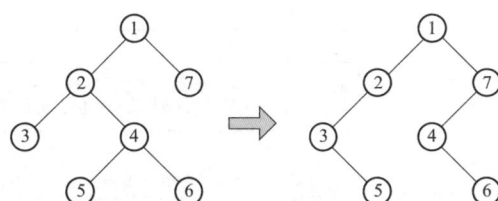

图 4-5　移位操作　　　　　　　　　　图 4-6　重分配操作

2. 下层规划模型求解

本节所提出的下层模型与 4.2.2 节中提出的模型类似都属于非线性规划模型，可以归结为最优潮流模型，在本节中对其也是利用原对偶内点法进行求解，在这里不再叙述。

传统的配电网网架规划方法是选定一个实现概率比较大的可能环境，采用该类环境下一些确定的参数来对网架进行规划，但是实际情况中，配电网网架规划存在很多不确定的因素，它们都具有很强的随机性，特别是 DG 的接入更增加了这种不确定性，因此如果在按照确定性模型与规划方法来求解网架规划问题，所得到的最优方案只是数学层面上的最优，可能并不适合未来实际运行情况。由于风电光伏等间歇性 DG 的出力具有不确定性，同时负荷波动也具有很大不确定性，如果忽略不确定性因素而进行网架规划的话，可能增加系统运行风险，同时造成资源浪费，增加投资成本，因此利用不确定性方法来对含 DG 的主动配电网网架规划是十分必要的。本节利用基于拉丁超立方抽样的蒙特卡洛模拟法来对 DG 出力及负荷等不确定性进行模拟，通过拉丁超立方采样方法对随机变量进行抽样，然后通过嵌入蒙特卡洛模拟的原对偶内点法来对下层规划的最优潮流问题进行求解。其具体过程如下：

（1）数据的输入，输入配电网网架结构数据和网架参数，同时将 DG 的位置和容量加入到数据中；

（2）分别对分布式风力发电机、光伏发电机、负荷有功功率及无功功率等随机变量采用拉丁超立方采样方法进行采样，形成一个 $N_{\text{LHS}} \times M$ 抽样矩阵，其中 N_{LHS} 为抽样的随机变量数，M 为抽样次数；

（3）将抽样矩阵的第 i 列代入计算方程（$i=1,2,\cdots,M$）利用原对偶内点法进行计算，得到每个抽样场景下的最优值；

（4）对计算结果进行统计，得到计算结果的数字特性和概率分布。

3．求解流程

本节利用改进单亲遗传算法和原对偶内点法对配电网网架双层规划模型进行求解，并考虑了风电、光伏等可再生能源发电的出力随机性，配电网网架双层规划流程如图 4-7 所示。

4.3.3 算例分析

本节采用 29 节点的规划系统作为算例，该规划系统的电压等级为 10kV，规划年限为 20 年。

采用本节提出的算法进行算例求解可以得出如图 4-8 所示的规划结果。为了进行对比分析，探究主动管理对网架规划的影响，本节对不考虑 DG 主动管理的网架规划，按照同样的参数进行了模拟，规划方案如图 4-9 所示。图 4-10 是传统可靠性约束的最优网架方案。

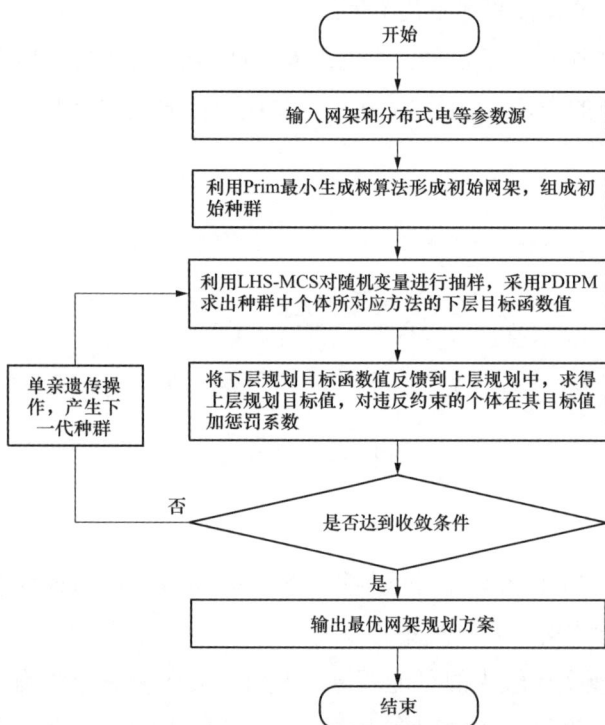

图 4-7　配电网网架双层规划流程图

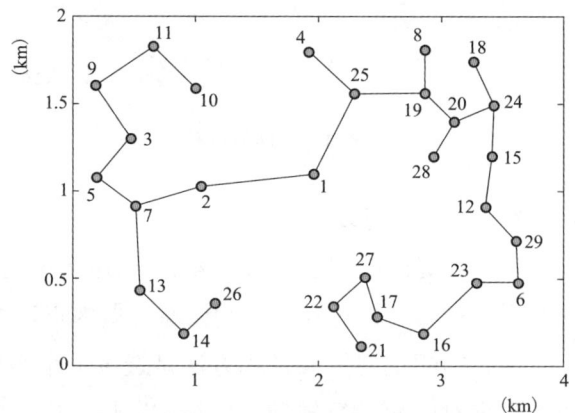

图 4-8　考虑主动管理的最优网架方案

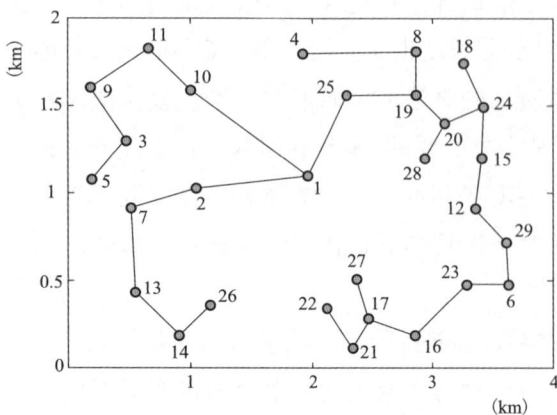

图 4-9　不考虑主动管理的最优网架方案

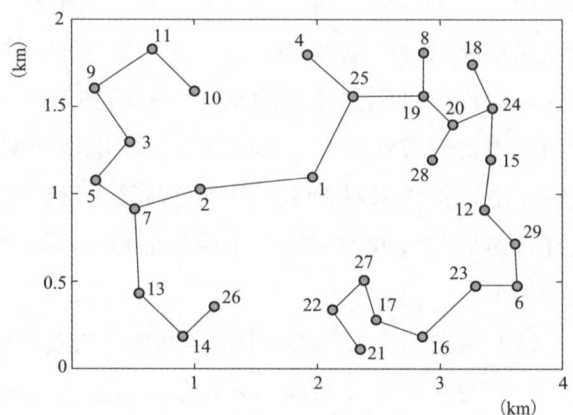

图 4-10　传统可靠性约束的最优网架方案

两种规划方案的结果如表 4-3 所示，方案 1 为考虑主动管理的规划方案，方案 2 为不考虑主动管理的规划方案，方案 3 为采用传统可靠性约束的网架规划方案，通过对比数据可得出如下结论：

（1）方案 1 的网架投资比方案 2 减少了 6.29%，网损费用比方案 2 要少 29.1%，这表明主动管理可以更好地发挥 DG 在延缓电网投资方面积极作用，同时主动管理可以使 DG 更好地改善系统的运行状况，降低系统的网络损耗。

表 4-3 两种规划方案的结果

费用（万元）	方案 1：考虑主动管理	方案 2：不考虑主动管理	方案 3：采用传统可靠约束
网络投资年费	35.30	37.67	32.41
网络损耗费用	10.96	15.46	13.43
DG 运行维护费用	45.11	30.43	39.21
上级电网购电成本	447.23	466.48	453.18
环保补贴	52.59	40.91	45.70
网络年综合费用	486.01	509.13	492.53

（2）上级电网购电成本比较中，方案 1 要比方案 2 少 19.25 万元，这表明主动管理下配电网对 DG 出力的接纳能力更强，在方案 1 的网架方案中 DG 的出力更多，所以该方案下向上级电网的购电量较小，其购电成本相应地较小。

（3）方案 1 的环保补贴比方案 2 要少 16.68 万元，说明主动管理下的配电网对可再生能源的接纳能力更强，环保性能更好，同时适应了国家大力发展绿色电力和节能减排的背景。

（4）方案 1 的网络年综合费用比方案 2 少（方案 1 为 486.01 万元，方案 2 为 509.13 万元）。由此可以看出主动管理更有利于发挥 DG 对于配电网所产生的积极作用，提高系统对 DG 的接纳能力，促进 DG 的发展；同时考虑 DG 主动管理的网架规划方案更有利于环境保护和节能减排各项措施的实施。

（5）采用新的可靠性约束之后，系统的网架结构发生了改变，系统的网络投资费用虽然有所增加（方案 1 的网络投资年费用为 35.3 万元，方案 3 为 32.41 万元），但是系统的网络损耗费用以及向上级电网的购电成本都有所减少，其中网络损耗费用减少了 2.47 万元，上级电网购电费用减少了 5.95 万元，同时在采用新可靠性约束的规划方案中年网络综合费用减少了 6.52 万元，这表明新的可靠性约束更能反映 DG 接入后的配电系统的特点，能够更好地体现 DG 给配电系统产生的影响。

4.4 本章小结

本章在考虑主动管理首先建立了双层 DG 规划模型，采用改进自适应遗传算法与原对偶内点法结合的方法对模型进行求解，并利用基于拉丁超立方抽样的蒙特卡洛模拟法对随机变量进行模拟。主要结论如下：

（1）考虑主动管理的双层 DG 优化配置模型将主动管理纳入规划层面进行模拟和量化，并综合考虑 DG 投资运行费用、环境成本以及系统网损，可以更好地反映未来大规模 DG 接入的配电网特点，比较符合未来电网的发展趋势，可为主动配电网的研究提供一定的借鉴意义。

（2）在 DG 规划中，考虑主动管理的规划方案要明显优于不考虑主动管理的规划方案，主动管理可以增加 DG 的接入容量，提高电力系统对 DG 的接纳能力，减小 DG 接入后的消极影响，在 DG 规划和发展中具有一定的价值。

（3）可再生能源类型的 DG 具有环境友好但出力波动性较大的特点，而采用主动管理后可以更好对该类型的 DG 进行控制，提高系统对可再生能源的接纳能力，促进可再生能源发电的发展；此外主动管理下考虑环境成本的分布式电源优化配置模型可以有效地促进节能减排措施的开展，同时对于我国发展绿色电力有着重要的意义。

（4）分布式光伏发电机目前投资成本较高，大规模安装后会造成整个系统的经济性变差；而微型燃气轮机虽然发电效率高、出力稳定，但是会对环境造成一定的污染，因此在 DG 规划过程中要综合考虑各种类型的 DG 的发展水平及其特点，合理安排其位置和容量。

（5）主动配电网引入有功可控资源，减小了平衡节点有功波动，增强了区域自治能力。同时在主动管理基础上，从电网规划的角度，提出了考虑分布式电源接入的主动配电网规划方法，建立了主动管理下含分布式发电的配电网网架规划模型，该模型是一个双层规划模型，上层规划模型利用改进的单亲遗传算法求解，下层规划模型利用原对偶内点法进行求解。然后，在前文所提出 DG 规划模型和配电网网架规划模型的基础上，从网源联合规划的角度出发，建立以社会综合成本最小为目标函数的主动配电网联合规划模型，并采用交替迭代技术进行求解。

第 5 章

主动配电网规划系统

5.1 引言

传统的配电网规划一般基于最大负荷（饱和负荷）断面完成远期战略规划，然后考虑饱和规划与现状电网完成由近期到远期的过渡规划。其规划方法相对简单，资产无法充分利用，不具有灵活控制的特性。随着各类分布式新能源发电和电动汽车等新型负荷的广泛接入以及市场化的深入，现代配电网规划相比传统规划呈现出许多新的特点，主要表现在：

（1）规划元素多元化。新技术和新设备的引入使得现代配电网规划中参与规划的利益主体、规划可利用的资源和可调节的手段都更加丰富。此外，随着多能源系统的互联日益密切，如何统筹和协调开展电、热、气、油等多能源系统的综合规划也是未来城市电网规划所需要面临的主要问题。

（2）规划与运行深度融合。传统规划的核心思想是以最大的投资承载电网最恶劣的运行状况，由于数据与模型颗粒度和关注点的差异，长期以来，配电网规划层面的优化配置问题和运行层面的优化控制问题往往是割裂开来的，造成规划方案难以适应变化的运行场景，资产利用率低下。

因此通过构建更加精确、随时间变化的电源与负荷模型将运行问题结合在规划中，不仅能够有效缓解电网投资压力，而且能够提高电网调整的灵活性；因此，考虑运行的主动配电网规划是发展智能电网的基本途径。

5.2 基于代理（智能体）技术的时序场景模拟仿真

5.2.1 主动元件的代理建模

代理技术已于计算机和人工智能领域得到了广泛的应用。代理作为一个智能体，具有以下特性：

（1）自治性。代理可根据局部的本地信息，不与外部信息交互的情况下，进行自我决策。

（2）社会性。代理可与周围环境相互作用，包括与其他代理相互作用。

（3）响应性。代理实时响应周围环境的信息，根据获取的信息做出相应的决策。

（4）积极主动性。代理在特定的环境里采取主动，这种行为通过内部的目标指引实现。

（5）通信协作能力。代理通过通信机制实现与其他代理实现交互协作，共同实现目标任务。

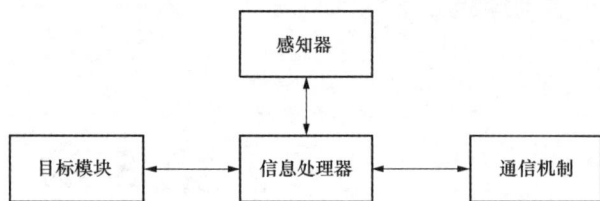

图 5-1　代理的基本结构图

代理的基本结构如图 5-1 所示，代理通过感知器感知周围环境的信息，更新内部知识库，通信机制定义了代理间的通信模式，交互的信息，目标模块包含需要完成对用户任务及操作步骤，信息处理器收集三方面信息，并进行处理，做出相应反应，并将信息反馈回去。

为实现基于代理交互的主动配电网时序场景模拟仿真，首先对各主动元件建模，包括光伏发电代理，微型燃气轮机代理，蓄电池代理和负荷代理。下面依次说明描述四种主动元件行为的数学模型：

（1）光伏发电（photovoltaic，PV）代理。监视和控制光伏发电设备的功率水平及启停状态，保证设备的可靠安全运行。有最大功率点跟踪（MPPT）和电压控制（VL）两种行为模式，为保证清洁能源的最大利用，PV 尽量工作在 MPPT 模式，满足功率约束

$$P_{PV}^{min} \leqslant P_{PV} \leqslant P_{PV}^{max} \tag{5-1}$$

$$P_{PV} \leqslant P_{PV}^{MPPT} \tag{5-2}$$

式（5-1）和式（5-2）中　P_{PV}^{min} ——光伏发电的最小出力；

P_{PV}^{max} ——光伏发电的最大出力。

P_{PV}^{MPPT} ——光伏发电的最大功率点跟踪出力；

P_{PV} ——某时刻光伏发电的实际出力。

（2）微型燃气轮机（micro-turbine，MT）代理。监视和控制微型燃气轮机的出力及启停状态，保证设备的可靠安全运行，在间歇式分布式电源出力或储能系统功率不足时提供备用，其主要用在负荷高峰时期补偿清洁能源发电及储能系统的差额

$$P_{MT}^{min} \leqslant P_{MT} \leqslant P_{MT}^{max} \tag{5-3}$$

式中　P_{MT}^{min} ——微型燃气轮机的最小出力；

P_{MT}^{max} ——微型燃气轮机的最大出力；

P_{MT} ——某时刻微型燃气轮机的实际出力。

（3）蓄电池（battery storage，BS）代理。监视和控制蓄电池的出力、荷电状态（state of charge，SOC）状况，保证设备的可靠安全运行，实现对分布式电源的移峰填谷调节，进而为整个配电网提供功率支撑，需满足额定功率和 SOC 状况约束

$$P_{BSch} \leqslant P_{BSch}^{max} \tag{5-4}$$

$$P_{BSdis} \leqslant P_{BSdis}^{max} \tag{5-5}$$

$$S_{min} \leqslant S_{soc}(t) \leqslant S_{max} \tag{5-6}$$

$$S_{soc}(t) = S_{soc}(t-1) - \eta P_t \times \Delta t / S_{wh} \tag{5-7}$$

式（5-4）～式（5-7）中　P_{BSdis}^{max} ——蓄电池的最大放电功率；

P_{BSch}^{max} ——蓄电池的最大充电功率；

S_{min}、S_{max} ——蓄电池的最小和最大荷电量；

$S_{\text{soc}}(t)$、$S_{\text{soc}}(t-1)$ ——分别为 t、$t-1$ 时刻的蓄电池的荷电状态；

P_t ——t 时段蓄电池的输出功率；

Δt ——时间间隔；

S_{wh} ——额定瓦时容量；

η ——充放电效率。

（4）负荷代理。以满足用电需求、减少用电成本为目标，监视和控制负荷的开断情况、功率变化、管理负荷优先级等。其中的负荷优先级按重要负荷、普通负荷到可中断负荷依次分为一级负荷、二级负荷、三级负荷

$$pri_{\text{load}}^{x} = \begin{cases} 1, & x\text{为重要负荷} \\ 2, & x\text{为普通负荷} \\ 3, & x\text{为可中断负荷} \end{cases} \tag{5-8}$$

式中 pri_{load}^{x} ——负荷 x 的优先级。

依据以上代理行为模型，区域内各代理的具体协作策略如表 5-1 所示。区域内自治层策略以分布式管理方式为基础，各代理根据区域管控代理传送的区域信息，结合当前自身行为模式集合、运行状态和区域间其他 DG 状态设定自身行为，以此协调各类型 DG 出力以达到功率的基本供需平衡。

表 5-1　　　　　　　　　　　区域内各代理的具体协作策略

运 行 场 景	控 制 策 略		
	光伏发电代理	蓄电池代理	微型燃气轮机代理
$S_{\text{soc}} \leqslant S_{\min}$ $P_{\text{load}} - P_{\text{PV}}^{\text{MPPT}} \leqslant P_{\text{MT}}^{\max}$	MPPT 模式	无操作	增大供电或维持原状
$S_{\min} \leqslant S_{\text{soc}} \leqslant S_{\max}$ $P_{\text{load}} - P_{\text{PV}}^{\text{MPPT}} \leqslant P_{\text{BS放}}^{\max}$	MPPT 模式	放电模式	维持原状
$S_{\min} \leqslant S_{\text{soc}} \leqslant S_{\max}$ $P_{\text{load}} - P_{\text{PV}}^{\text{MPPT}} > P_{\text{BS放}}^{\max}$	MPPT 模式	极限放电模式	增大供电或维持原状
$S_{\min} \leqslant S_{\text{soc}} < S_{\max}$ $P_{\text{PV}}^{\text{MPPT}} - P_{\text{load}} \leqslant P_{\text{BS充}}^{\max}$	MPPT 模式	充电模式	维持原状
$S_{\min} \leqslant S_{\text{soc}} \leqslant S_{\max}$ $P_{\text{PV}}^{\text{MPPT}} - P_{\text{load}} > P_{\text{BS充}}^{\max}$	MPPT 模式或 VL 模式	极限充电模式	减少供电
$S_{\text{soc}} = S_{\max}$ $P_{\text{PV}}^{\text{MPPT}} > P_{\text{load}}$	MPPT 模式或 VL 模式	停止充电	减少供电
$S_{\min} \leqslant S_{\text{soc}} \leqslant S_{\max}$ $P_{\text{PV}} = 0$ $P_{\text{BS放}}^{\max} < P_{\text{load}}$	停止供电	极限放电模式	增大供电或维持原状
$S_{\text{soc}} \leqslant S_{\min}$ $P_{\text{PV}} = 0$	停止供电	停止供电	增大供电或维持原状

注　P_{load} 为某时刻区域负荷的功率需求。

5.2.2　基于 JADE 的主动配电网多代理模拟框架

JADE 是 Java Agent Development Framework 的缩写，是基于 Java 编写的一个多代理系统，用

于开发基于代理的应用程序。JADE 遵循 FIPA（The Foundation for Intelligent Physical Agents）规范，实现多智能体间的互操作。

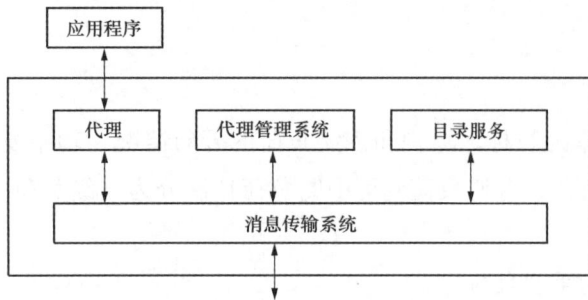

图 5-2　服从 FIPA 规范的代理平台体系

JADE 开发平台提供了智能体最基本的服务和基础设施：①智能体生命周期管理和移动性；②白页服务和黄页服务；③点对点信息传输服务；④智能体安全性管理；⑤多智能体多任务调度。

根据 FIPA 定义，一个服从 FIPA 规范的代理平台体系如图 5-2 所示。

每个 JADE 运行环境示例叫作一个容器，可以包含若干个代理，一个容器内可以容纳多个代理。每个容器都要向一个主容器（main container）注册。主容器也称为代理平台，平台包括：①代理管理系统（agent management system，AMS）负责控制其他代理的活动及外部程序对平台的利用。②目录服务（directory facilitator，DF）提供黄页服务。③消息传送系统（message transport system，MTS）控制平台内或不同平台之间的消息和传输。

在 JADE 中，代理是一种自治的，具有合作能力、通信能力的实体。创建代理的具体行为只能由容器完成，且 JADE 为代理任务定义一种 Behaviour 类，可规定代理执行时遵循的协议（例如合同网等），来实现合作的过程。

本章提出的基于 JADE 的主动配电网多代理模拟框架分为三个层次，如图 5-3 所示，包括区域内自治层，区域间协调层和配网中心控制层。区域内自治层是指每个区域内部的 DG 与负荷通过地方自治达成内部功率的基本平衡；区域间协调层是指当区域内的功率无法达成自平衡时，通过区域管控代理与其他区域进行交互，协调达成平衡；配网中心管控层对整个配网的运行情况进行监视，当依靠区域内自治层和区域间协调层，不能很好地达成全局供求平衡、移峰填谷、清洁能源最大化利用和降低网损的目标时，配网中心管控代理可向各个区域管控代理下发控制指令进行宏观调控。

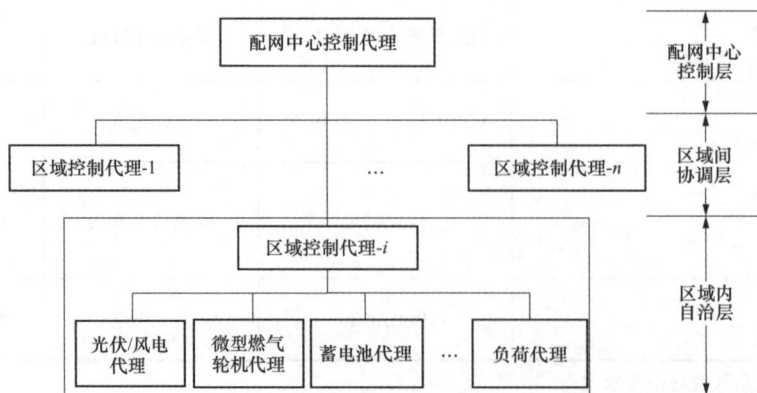

图 5-3　基于 JADE 的主动配电网多代理模拟框架

三个层次按如下描述的功率平衡机制协同运作：首先，区域管控代理执行配网中心管控代理下达的控制命令,设置相关 DG 或负荷代理的运行模式;其他 DG 按照区域内自治策略,根据区域当前的供需信息设定自身运行模式,以快速达成区域内部分布式电源的就地消纳与基本功率平衡。

当区域内的功率通过自治策略不能实现供需平衡,分为供不应求和供过于求两种情形,则由区域管控代理通过合同协议机制与其他区域管控代理或配网中心管控代理进行交互,达成能量协调协议以满足区域内的功率需求。

区域管控代理负责记录和监视自治区域内元件及区域外相连元件的信息,对自治区域内的电源及负荷以平稳最优运行为目标进行管控,并服从上层配网中心管控代理的命令。

配网中心管控代理监视整个配电网的潮流与约束。接收区域管控代理增加功率供给的请求并予以回复,回复内容为可提供的功率值和电价。同时可以从全局供求平衡、移峰填谷、清洁能源最大化利用和网损最小出发进行调控,协调各区域,对区域管控代理发出命令,设定或限制元件出力、负荷大小,设定网架运行结构,保障主动配电网全局的稳定高效运行。

5.2.3　时序场景模拟仿真

图 5-4 展示了基于多代理平台的时序模式演进模拟框图。系统中设计了分布式能源(DG)、配网运营商、用户(包括柔性负荷、可中断负荷、电动汽车等)等各主动配电网物理主体技术经济行为的描述方法,分析其在系统正常运行—非正常运行—故障运行等多类典型场景下的关键响应参数(属性)与反应行为,建立了考虑不同决策目标下各主体代理的多代理行为决策模型,研究在电网结构下的运行模拟技术。

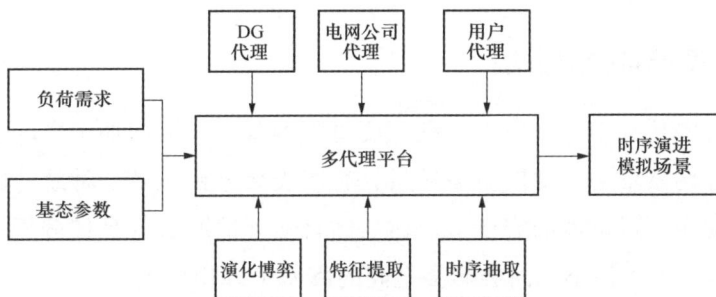

图 5-4　基于多代理平台的时序模式演进模拟框图

(1)针对不同种类分布式能源(光伏发电、风力发电等)的运行特性、物理技术约束,结合气象环境预测技术,构建了 DG 代理的行为模型。

(2)研究不同类型负荷的价格弹性及其需求响应特性,构建其负荷代理的行为模型。

(3)在电动汽车无序充电、智能充电及考虑 V2G 技术等多种场景下,构建 EV 代理的行为模型。

(4)针对配网运营商在考虑不同运行目标(如收益最大、清洁能源最大消纳等)的情形下,构建配网代理优化调度行为模型。

在考虑了负荷中长期增长模拟函数,新能源(风机和光伏)不确定性出力模拟函数,放射状网络潮流计算函数,故障、失效发生模拟函数,规划方案获取函数等,用 Java 语言搭建了配电网时序模拟推演分析平台。其部分运行结果展示如图 5-5 和图 5-6 所示。

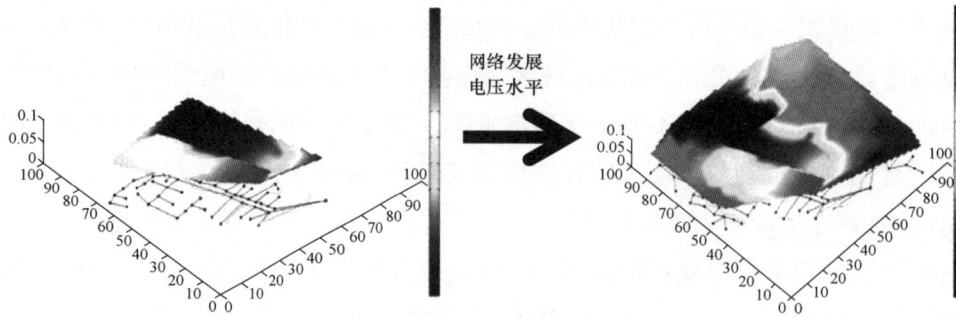

图 5-5　网架结构演化示意

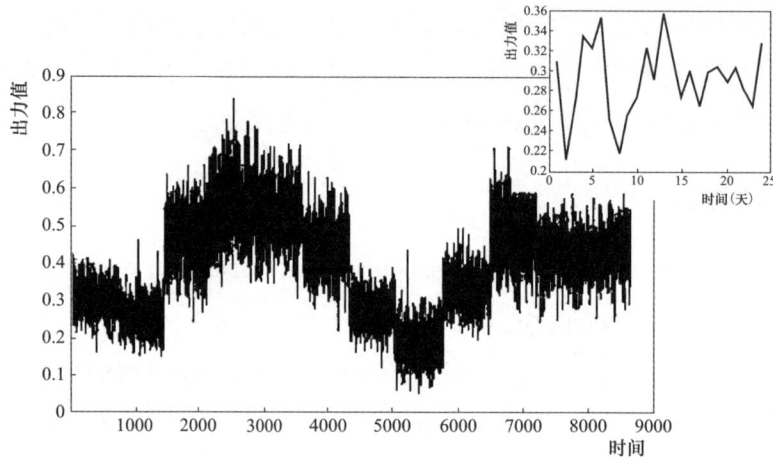

图 5-6　风机出力时序模拟

5.2.4　用于规划的典型场景抽取方法

基于代理技术的时序仿真平台产生大量细粒度时序场景，大大增加了主动规划的计算负担，因此采用有序聚类法进行场景聚类，抽取典型场景。有序类聚分析法是一种统计的估计方法，通过统计分析推估出水文时间序列最可能的突变点，然后结合实际情况进行具体分析。其主要的分割思想是使得同类之间的离差平方和最小，而类与类之间的离差平方和最大。

首先根据主动配电网规划方案，在任意指定时间尺度内提取电网运行典型参数数据，并经过数据过滤、除错、估计等操作，生成带时标的模拟场景序列。利用历史、当前、未来的典型参数数据，利用多代理技术实现从历史、当前数据中衍生出主动配电网的场景演化轨迹与性能发展参数，从不同时间尺度（时间粒度）下科学的筛选出均一化时间尺度的场景序列。将配电网运行历史数据经过状态估计等方法筛选出带统一时标的各行为主体以及各拓扑结构参数，并通过既定的多代理平台时间粒度进行场景演化。根据演化的场景序列，利用时序抽取方法提取电网模拟运行特征，并细化时间粒度生成更精细化时段的电网演进场景。

5.3　主动配电网发展适应性分析

5.3.1　适应性指标定义与分类

在不同的发展阶段，配电网规划目标存在差异，市政环境、用电需求、技术进步、自动化水平等因素也处于不断变化的过程。并且，随着智能电网建设的稳步推进，用户互动水平、可再生能源及电动汽车等主动负荷的大规模接入给电网的规划运行带来极大的不确定性。此外，不同供电地区配电网（A+～E）对自身主要瓶颈、发展模式、问题主次、适应性目标的把握存在较大差异。因此，建立一套适应不同地区、不同发展水平的配电网规划方案适应性评估指标体系和分析评估方法如图5-7 所示。

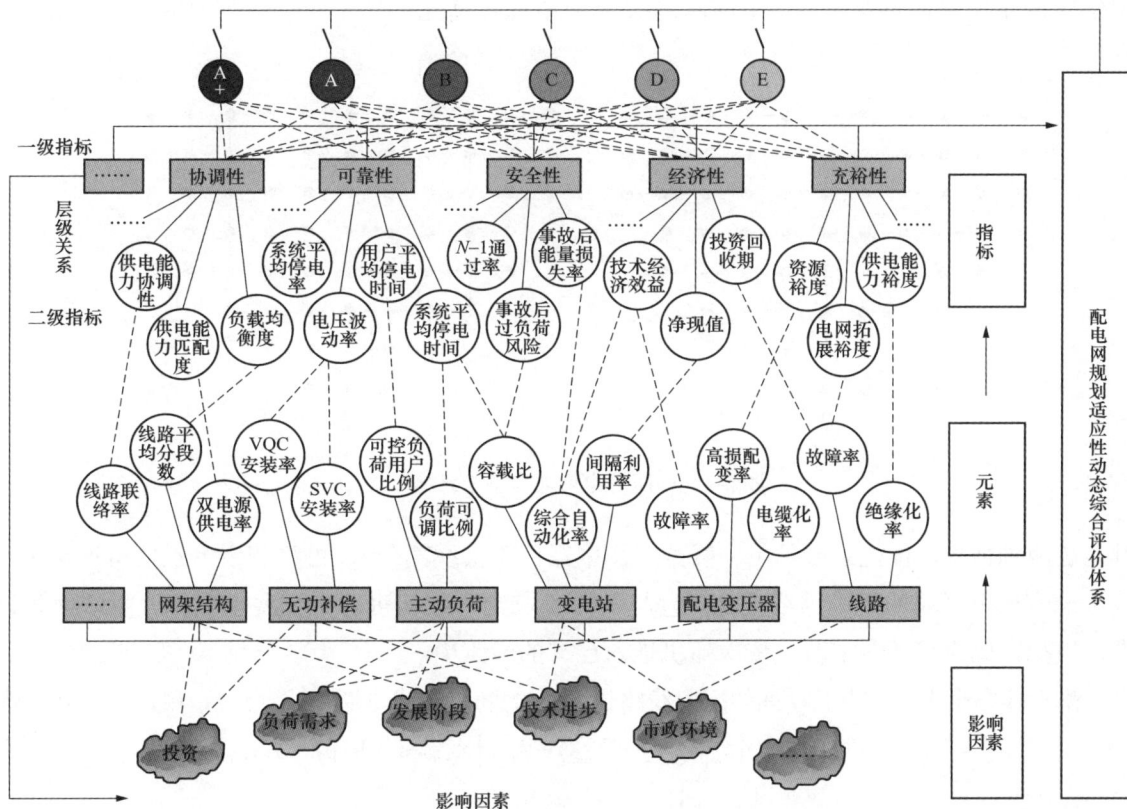

图 5-7　配电网规划方案适应性评估指标体系和分析评估方法

图 5-7 中，整个评价体系由影响因素层、元素层和指标层三个层次组成。其中，影响因素层包括发展阶段、负荷需求、市政环境、技术进步、投资等外部决策环境；元素层涵盖了网架结构、变电站、线路、无功补偿、主动负荷等配网基础条件，分别由线路联络率、线路分段数、双电源供电率、SVC 安装率、综合自动化率、电缆化率等元素集予以具体表征；指标层综合了全方位评估配网规划方案的广泛评估指标，包括可靠性、安全性、经济性、充裕性以及协调性等一级指标以及系统平均停电时间、系统平均停电频率、N–1 通过率、投资回收期、电网扩展裕度等二级指标集。通过挖掘"影响因素—元素—指标"之间的关联关系，即可实现对配电网规划方案的动态适应度评估，为规划方案的滚动修正提供决策支持。

5.3.2　主动配电网性能数据随机模拟与采样

配电网节点众多，结构复杂，改动频繁。不同供电区域类型下的配电网差异较大，挖掘双层指标间的通用关联关系无疑需要大量不同类型配电网中的各项指标数据进行分析。为克服数据获取的困难，也减少数据格式转换、数据有效性筛选等方面的繁琐工作，通过虚拟配电网生成系统以自生成海量指标数据。系统基于导则中的配电网基本设计原则，以随机函数模拟生成配电网各类设施，并通过参数设置体现不同类型配电网的差异性特征。

这里设计的虚拟配电网整体规模包括 1～2 座 35kV 或 110kV 变电站，5～8 条 10kV 馈线。各条馈线的生成过程具体如下。

（1）网架结构生成。提供三种备选网架生成模式：大主干网架、多分支网架、随机网架。前两者为配电网中最常见的网架设计，电缆网与架空网中均可适用，中压配电网典型网架结构如图 5-8 所示。

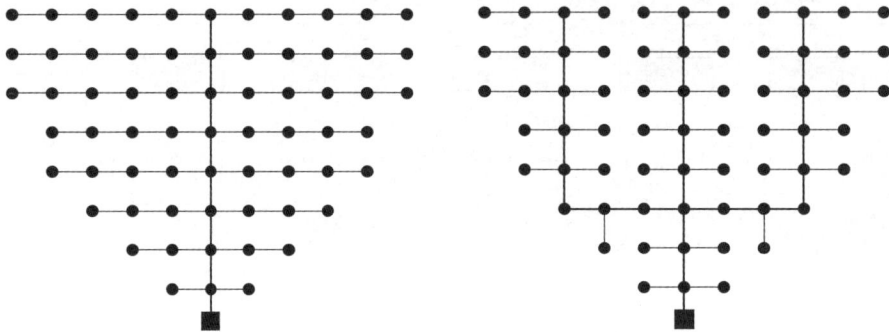

图 5-8　中压配电网典型网架结构

对上述两种情形，优先生成其主干网架（图中黑色粗实线部分），再将剩余节点随机连至主干网架中。考虑到部分区域的配电馈线受地理环境等因素制约，结构可能更加复杂多变，采用随机网架结构进行模拟，此模式下各个节点依次随机连入已有的节点中。

（2）配电线路生成。节点 i、j 间的配电线路长度 L_{ij} 的随机生成方法如式（5-9）和式（5-10）所示

$$L_{ij} = \alpha_{Ln} \left[x_{uni} (L_{max} - L_{min}) + L_{min} \right] \quad x_{uni} \sim U[0,1] \tag{5-9}$$

$$\alpha_{Ln} = \begin{cases} x_{Ln} + 1 & x_{Ln} \geqslant 0 \\ 1/(-x_{Ln} + 1) & x_{Ln} < 0 \end{cases} \quad x_{Ln} \sim N(0, \sigma_L^2) \tag{5-10}$$

式（5-9）、式（5-10）中　L_{max}、L_{min}——线路长度常规区间上、下限；

α_{Ln}——修正系数，用于模拟配电网中可能出现的少量超长或超短线路；

x_{uni}、x_{Ln}——分别为服从均匀分布、正太分布的随机变量。配电线路类型考虑电缆线路与架空线路两种，由式（5-11）和式（5-12）决定。

$$p_{ca} \sim U[0,1] \tag{5-11}$$

$$Lc_{ij} = \begin{cases} 1 & x_{uni} \geqslant p_{ca} \\ 0 & x_{uni} < p_{ca} \end{cases} \quad x_{uni} \sim U[0,1] \tag{5-12}$$

式（5-11）、式（5-12）中　p_{ca}——期望电缆化率，一个配电网随机生成一次，适用于该配电网中的全部馈线；

Lc_{ij}——节点 i、j 间的线路类型，1 代表架空线，0 代表电缆。

（3）负荷生成。在已生成网架的基础上，将末端节点及下游仅有一条出线的节点作为负荷节点处理，将下游有多条出线的节点认为是电缆线路中的分支箱或环网柜，架空线路中的分支杆塔。节点负荷量的生成方式与线路长度类似，如式（5-13）、式（5-14）所示。由于此配电系统用于可靠性分析，所以仅考虑有功负荷，且认为用户数量与负荷量之间存在固定比例关系

$$P_{ij} = \alpha_{Pn} \left[x_{uni}(P_{max} - P_{min}) + P_{min} \right] \quad x_{uni} \sim U[0,1] \tag{5-13}$$

$$\alpha_{Pn} = \begin{cases} x_{Pn} + 1 & x_{Pn} \geqslant 0 \\ 1/(-x_{Pn} + 1) & x_{Pn} < 0 \end{cases} \quad x_{Pn} \sim N(0, \sigma_P^2) \tag{5-14}$$

式（5-13）、式（5-14）中　P_{max}、P_{min}——分别为负荷量常规区间上、下限；

α_{Pn}——修正系数；

x_{Pn}——服从正太分布的随机变量。

（4）分段开关生成。按照实际配电网中均分馈线负荷的方式设置线路分段，分段开关的安装数量由下式确定

$$N_{sw} = \{ x_{uni}(S_{max} - S_{min}) + S_{min} \} \quad x_{uni} \sim U[0,1] \tag{5-15}$$

$$Ls_{ij} = \begin{cases} 1 & \dfrac{P_{sum}}{N_{sw} - \alpha_{sw}} \geqslant P_{di} \geqslant \dfrac{P_{sum}}{N_{sw} + \alpha_{sw}} \\ & P_{ui} \geqslant \dfrac{P_{sum}}{N_{sw} + \alpha_{sw}} \\ 0 & \text{其他} \end{cases} \tag{5-16}$$

式中　$\{\ \}$——向下取整数运算；

N_{sw}——期望开关安装数量，每条馈线随机生成一次；

S_{max}、S_{min}——开关安装数量的上、下限；

Ls_{ij}——0-1 变量，1 表示线路 ij 安装分段开关，0 为不安装；

P_{di}、P_{ui}——分别为 i 节点上、下游（以根节点和已存在开关节点为边界）的负荷量；

P_{sum}——全馈线负荷总量；

α_{sw}——分段松弛系数，可针对馈线负荷分布的均衡程度进行调整。

（5）联络关系。配电网内馈线间联络线总数由下式决定。对大主干和多分支网架，馈线联络点设置在主干线路的末端，对随机网架，联络点则在全部负荷节点中随机选取。

$$N_{cn} = \{ x_{uni}(C_{max} - C_{min}) + C_{min} \} \quad x_{uni} \sim U[0,1] \tag{5-17}$$

式中　C_{max}、C_{min}——联络线安装数量的上、下限。

联络线优先设置在没有联络关系的两条馈线中，这样即可通过调整联络线的数量构成站内、站间联络，单联络、多联络等多种情形。

（6）配电自动化。将已有的分段、联络开关升级改造为配电自动化二遥或三遥终端。安装模式分为三遥终端布点，二遥终端布点，二遥、三遥终端混合布点三种。前两种模式与分段开关的安装过程相同，第三种模式则将二遥终端均匀穿插在三遥终端分割出的各区域内。

（7）分布式电源。此处的分布式电源为能够在故障发生后提供一定稳定备供能力的备用电源，对大主干与多分支网架，分布式电源优先生成在没有联络开关的大分支线路末端，对随机网架结构，则随机生成在末端负荷节点处，分布式电源的接入容量在馈线总负荷量的10%~20%范围内随机选取。

按上述过程生成各条馈线后，一个包含较全面配电网设施的虚拟配电系统已生成完成。考虑到不同地区配电网的差异性，根据导则中的区域划分标准对 A~E 类配电网赋予不同的初始参数分别生成。通过上述过程，既能生成形如大型城市中心区域的 A~B 类电缆环网馈线，也可生成形如偏远乡

村地区的 D～E 类长距离架空配电馈线,通过海量虚拟配电网生成可模拟出我国绝大多数地区的配电系统。每随机生成一个虚拟配电网,通过相关数学模型进行一次元素、因素、性能层指标计算,即可自生成海量数据用于后续的关联性分析。

5.3.3　发展适应性的关联分析

针对各元素之间、元素与因素之间,元素与影响因素之形成的一因多果、一果多因,甚至多因多果相互交叉的复杂因果关系链,筛选出对各类指标产生重要影响的因素。考虑"因素—元素—指标"之间的关联关系,从系统发展的角度,采用系统动力学的方法进行建模分析。系统动力学的方法适用于高阶、非线性、时变的复杂系统,通过分析系统中各因素及其相关关系,形成各类因素之间的反馈回路,能够定量和定性对系统进行分析,其行为模式与特性主要取决于其内部的动态结构与反馈机制。而配电网多维动态适应性评估体系可以看成是一个复杂的系统,运用系统动力学的理论,建立包含配电网发展演进过程中各环节因素及其对应元素和指标的系统动力学关联模型,实时跟踪其适应性水平。

图 5-9 为配电网方案评估指标演进过程,雷达图动态展示了配电网可靠性、经济性、安全性、充裕性和协调性等各项性能指标的时序演进过程,用于客观衡量配网规划方案的运行水平。上部的曲线表征配网规划方案在不同发展阶段的综合适应度。适应度曲线逐渐下降可理解为随着时间推移、负荷需求不断增大、设备逐年老化、目标需求增加、可再生能源的接入等因素导致各性能指标逐渐恶化,从而致使其与目标需求偏差不断增大,即配网规划方案适应度不断降低。适应度曲线突然上升可理解为在适应度降到某一阈值时,由于某变电站投入运行、对馈线进行了扩容或新建、增加了联络线条数等情况,改善了各个性能指标,从而缩小了其与目标需求之间的偏差,即表现为适应度的快速提升。

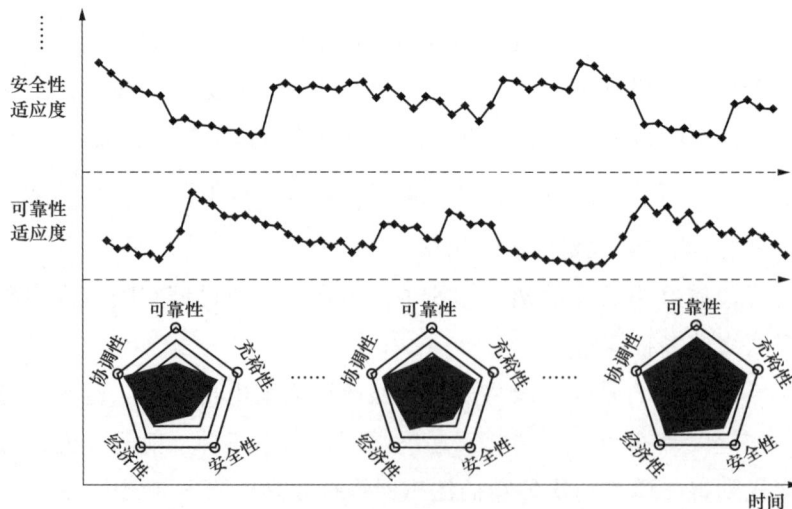

图 5-9　配电网方案评估指标演进过程

整个评估过程分为"实际运行后评估"和"时序推演预评估"两个阶段,"实际运行后评估"是指根据电网实际运行一段时间过后,通过对电网运行情况进行统计、分析、计算,从而实现对配网规划方案可靠性、经济性、安全性、充裕性和协调性等不同方面进行全面、综合、动态评估,结合供电区域在该发展阶段的目标需求,衡量规划方案在不同时段的适应性程度。"时序推演预评估"是指在没有实际运行数据的情况下，综合考虑需求发展、技术进步、自动化水平提升、市政环境变动、用户互动、清洁能源以及灵活可控负荷广泛接入等多种不确定性影响因素，通过基于多代理时序推演模拟的方式，进行各种不同运行场景下的配网规划方案适应度评估，基于多主体交互技术的配电网规划方案推演式评估如图 5-10 所示。

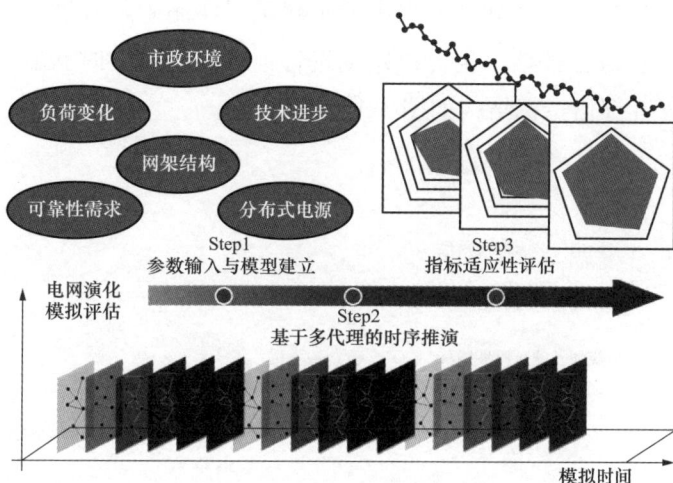

图 5-10　基于多主体交互技术的配电网规划方案推演式评估

通过所提发展适应性的关联分析方法，能够实现在不同供电地区、不同发展阶段、不同影响因素情况下，进行时序地、动态地配网规划评估，实时观察配网规划方案适应度的动态变化过程以及各分项指标的时序演变过程，有助于及时准确探测规划方案适应性水平超过承受阈值时刻，为规划方案的滚动修正提供科学判据。

5.4　规划运行滚动校验与调整策略

5.4.1　规划—运行性能的差异性分析

基于现有配电网规划标准与电网安全稳定运行规范，研究建立相对完整的电力系统规划运行互评估校验指标体系如图 5-11 所示，主要包括中长期运行效率评估指标、规划效用达成评估指标、规划性能阶段性指标等，用于全面评估主动配电网规划和运行两个方面的性能，并深入研究运行和规划性能指标在时间尺度上的内在关联关系，如累积效应、趋势判据、统计规则、判定阈值等。

规划运行互评估指标体系主要考察运行性能情况是否达到规划年的远景或阶段性预期情况。中长期运行效率评估指标主要基于

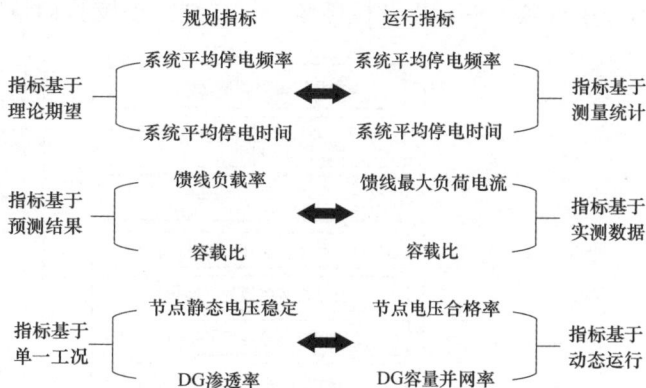

图 5-11　规划运行互评估校验指标体系

当前电网现状和正在建设及待建的电网设备进行中长期预期评估，评估当前正在建设或拟建设的规

划方案是否合理，是对规划方案中的所有计划实现完成后的最终预想远景进行对应评估，或者假设某个项目建成投运后的状态性能评估。评估内容包括用户评估（可靠性、供电质量等）和电网发展状态评估（设备负载率、容载比、供电能力、经济性等指标）。

　　规划效用达成评估指标考察规划年的规划方案在当前阶段的效用情况，以进一步衡量是否达到预期效果。规划性能阶段性指标关注规划方案中的拟建项目实施中阶段性的成果效用或性能情况，可以在完成一个项目投运后进行评估，也可以定期进行评估，支持实时获取电网信息及外部信息进行统一评价。其规划运行互评估指标结构如图 5-12 所示。

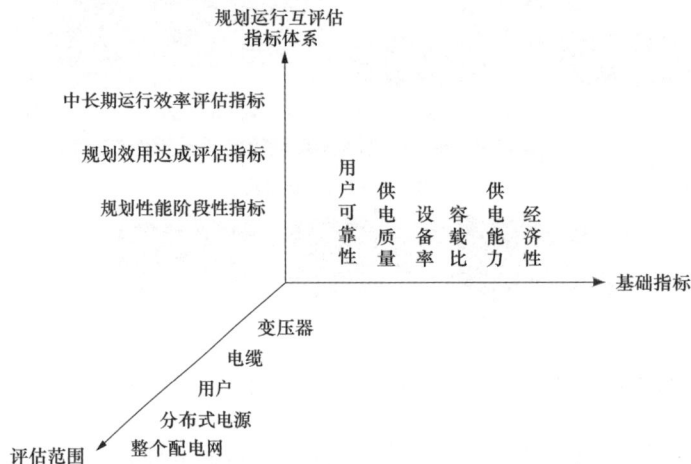

图 5-12　规划运行互评估指标结构图

5.4.2　基于规划期望与运行性能偏差的后续方案调整策略

　　主动配电网规划运行滚动调整算法及其优化决策技术，并研究基于运行指标与规划效用指标阶段性对比的规划方案效用达成能力预警技术，可根据指标阈值配置，进行运行—规划性能匹配的自动校核，最终形成规划运行互评估校验指标体系。基于底层计算模块提供的多项规划运行指标的算法以及规划运行滚动校验算法，对电网规划方案及其运行现状进行综合量化评估，并根据分析结果，通过软件内部的滚动对比校验评估模块对规划电网进行规划效用达成分析展示、规划性能阶段性展示、运行效率展示以及校验修正。规划滚动校验调整策略如图 5-13 所示。

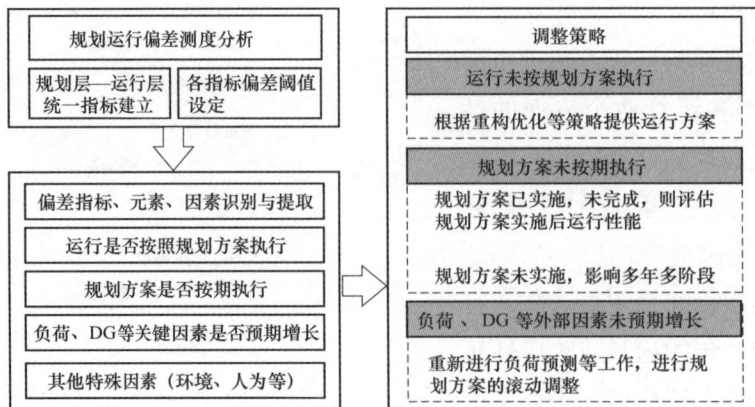

图 5-13　规划滚动校验调整策略

根据已建立的规划运行互评估指标体系，判断规划方案的性能效用达成情况，生成校验准则，从而得到差异表征状态，进而最终形成模拟修正调节方案，规划运行滚动校验评估调整如图 5-14 所示。

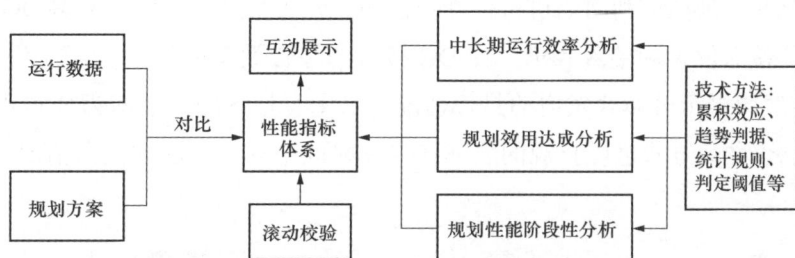

图 5-14　规划运行滚动校验评估调整

5.5　主动配电网发展推演与互动展示技术

在支持可触摸可移动的多类型终端展示平台框架下，构建配电网规划技术体系，并须保证高度可扩展性。对主动配电网历史态（过去）—运行态（实时）—发展态（未来）进行可视化表达，依据设定条件，在人机交互界面进行三种态之间的动态演变过程展示，对应的性能指标进行同步刷新。

对主动配电网参与元素（DG、电动汽车、需求侧可调负荷等）进行可视化表达，用不同颜色表征各设备单位的不同性能情况，设备表征有综合性能以及各单个子指标性能。点击各设备进行动态展开。并支持随着时间推移对未来模拟运行动态展示。

5.5.1　主动配电网一体化规划方案展示功能

该部分用于展示主网配网一体化协调规划、高中压配电网协调规划以及配网与分布式能源的协调规划；提供在变电站选址定容、网络构架搭建等方面将区域变电站负载率的平衡以及选址和供电范围的协调等问题考虑进去以解决不同电压等级间的容量和网架结构的不匹配所导致的供电能力不足、区域供电不平衡。

主要分为四个功能模块，分别是：

（1）负荷预测展示模块。此部分主要用于输出不同时期规划区的地块划分信息、行业分类负荷详细信息和各分区负荷详细信息。用以表征规划区内的负荷变化。界面设计如图 5-15 所示。

在菜单中选择显示负荷分区及分区参数，即可在 GIS 底图上显示上图效果。该模块是矩形区块，可以展示各区域负荷类型及该负荷属性所占地块的面积。图中显示的仅是一个时间节点的信

图 5-15　界面设计

息，在图的下方可以加设一条时间轴，拖动时间轴的指示针，即可在图上显示对应时间节点的负荷预测值及其分区情况，这样可以直观的反应规划区的负荷变化情况。

（2）分布式能源展示模块。针对配电网与分布式能源之间的协调规划：全面详尽地考虑 DG 接入

给电网带来影响。所带来的利益如减少电能损耗、降低输电成本、节约建设投资和增加电网可靠性等。所带来的弊端如不合理的接入造成的电压稳定性下降、电能质量恶化等。首先显示规划区内的各种新能源的评估结果，包括可利用的可再生能源总量、分布密度。在综合考虑 DG 接入配网的影响之后，输出 DG 最佳接入位置和接入容量，使 DG 接入的综合效益最佳。

图 5-16 电气接线图显示分布式发电的具体情况，其中有柱状图的点即为分布式电源的选址，柱状图表示其发电量。该显示方式可以直观的表述在当前时间节点下 DG 的出力情况，有助于运行人员的决策调度。

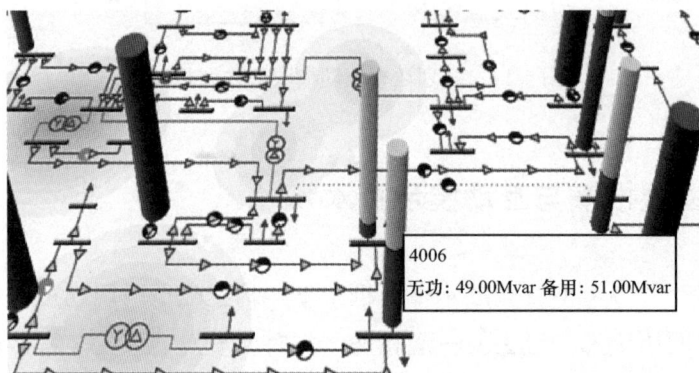

图 5-16　分布式电源预测电气接线图显示界面

（3）主动配电网结构演化展示模块。用于展示主动配电网在不同时间点的电网结构图（该结构图中包含变电站、母线、线路、DG），并且通过点击时间轴上的任意点来查看该时间点对应的配网结构图，从而体现出主动配电网随着时间推移的结构演化过程。展示可以分为基于 GIS 和基于主接线两种模式。

1）基于 GIS 展示。将配网结构中的元件都在实际的地理信息图上定位展示，如图 5-17 的位置即为它的实际地理位置，图中的长度也是按照一定比例尺缩小后的实际长度。

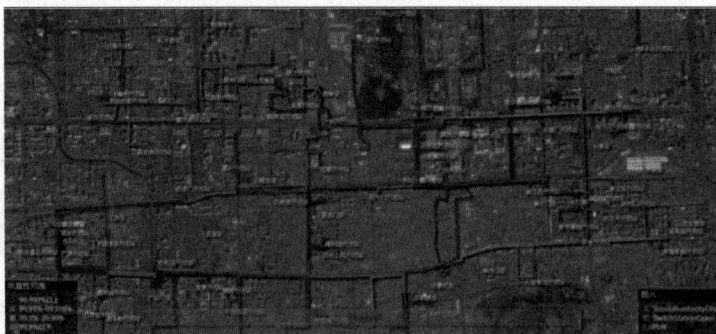

图 5-17　基于 GIS 展示的结构图

2）基于主接线展示。只展示配电网结构，基于坐标确定各元件的相关位置，不显示其地理信息图层，坐标展示（底图部分）如图 5-18 所示。

3）时间轴。主界面的下方，是一个长条矩形的时间轴，点击时间轴上的任意点都会在主界面上显示该时间点对应的主动配电网结构图。

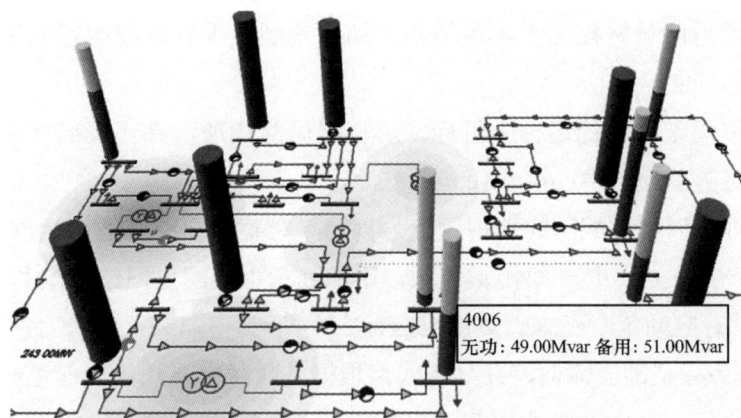

图 5-18　坐标展示（底图部分）

另外，时间轴上有一些标记突出的时间点，每一个标记点都代表配电网结构在该时间点发生了一次变化。时间轴最右边有一个可以点选的"时序演化展示"图标，点击此图标，时间轴上即出现一个光标，该光标以 1s 为时间尺度，顺着时间轴从一个标记点往另一个标记点移动，主界面上也随着光标的移动展示着光标位置对应的配网结构图，因此展示出该主动配电网结构的时序演化过程。

（4）典型场景生成模块。由负荷，风速，光照强度，电动汽车行为的历史和预测数据，形成负荷、各种分布式电源（风机、光伏电池）、电动汽车行为等预测概率分布，生成用于运行模拟的典型场景。可展示配网中各运行单元的不同的典型运行场景及系统各场景内各运行单元的参数变化。

5.5.2　主动配电网规划的发展态势推演

基于多代理系统的运行模拟模块，该模块基于上述主动配电网结构展示模块和典型场景生成模块，建立一个多代理系统，在配网结构和基本运行场景确定后，对该场景下该配电网的运行情况进行模拟并且展示相关运行参数，包括潮流、线路平均负载率、负载均衡度，DG 总出力，DG 出力占配网总出力的百分比，负荷失电率，电压合格率。

该多代理系统由变电站代理、母线代理、馈线代理、负荷代理、DG 代理、电池代理、控制代理组成。它根据配网结构和运行场景（包括各电源出力、负荷大小等）对配网电能进行优化调度，从而模拟其运行情况。

其中各个代理的功能如下：

变电站代理：监视变电站的电压大小和潮流，处理电力调度请求。

母线代理：记录相连元件信息（电压等级、额定容量，约束，潮流），处理电力请求，并指示开关动作。

馈线代理：记录线路约束，监视线路上的电流大小与方向，处理电力传输请求。

负荷代理：以尽可能满足用电需求为目标，可以监视和控制负荷功率的变化及开断情况，划分负荷优先级，切除负荷的功能。同时，根据电价和电网实时运行情况，积极参与需求侧管理。

DG 代理：以为系统提供有功功率支撑和维持系统稳定运行为目标。作为清洁能源，应尽可能地最大化输出。

电池代理：积极参与能量转化，平衡系统断时功率差额，维持系统运行的平稳性。另有部分电池代理参与负荷峰值的抑制。

局部控制代理：以局部的平稳运行为目标，可调配局部代理，并代表局部参与整体的协调，以局部最优为目标，但是听从配网中心控制代理的支配。

配网中心控制代理：以整体配网的平稳运行为目标，对整个配网进行协调调度。

（1）主界面。位于正中央，是一块矩形区域，用于展示主动配电网结构图和运行情况。变电站、母线、线路、DG 都有对应的统一标志。点击对应标志，即可弹出该标志对应元件的基本信息窗口。图 5-19 中线路上用箭头标记潮流流向，并且各线路根据其负载率，用不同颜色标记：若负载率低于 10%为轻载，用绿色表示；超过 70%为重载，用橙色表示；超过 100%为过载，用大红色表示，DG 出力柱状图如图 5-19 所示。

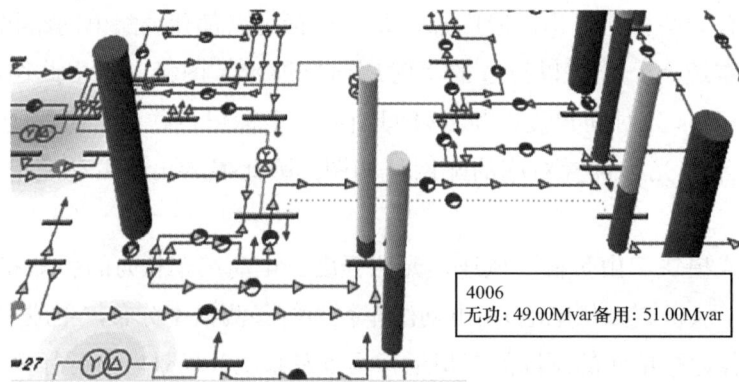

图 5-19　DG 出力柱状图

（2）时间轴。主界面的下方，是一个长条矩形的时间轴，点击时间轴上的任意点都会在主界面上显示该时间点对应的主动配电网结构图。另外，时间轴上有一些标记突出的时间点，每一个标记点都代表配电网结构在该时间点发生了一次变化。

（3）选项区。位于主界面左边，有"查看""设置"两个可以点选的图标。"查看"图标可浏览 DG 出力柱状图，运行指标等时序运行状态。"设置"图标可以设置运行场景参数，代理行为模式等。

5.5.3　面向规划运行互动调整分析的展示技术

该部分主要功能首先是基于底层计算模块提供的多项规划运行指标的算法以及规划运行滚动校验算法，对电网规划方案及其运行现状进行综合量化评估；其次根据以上分析结果，通过软件内部的滚动对比校验评估模块对规划电网进行规划效用达成分析展示、规划性能阶段性展示、运行效率展示以及校验修正。

该部分主要功能首先是基于底层计算模块提供的多项规划运行指标的算法以及规划运行滚动校验算法，对电网规划方案及其运行现状进行综合量化评估；其次根据以上分析结果，通过软件内部的滚动对比校验评估模块对规划电网进行规划效用达成分析展示、规划性能阶段性展示、运行效率展示以及校验修正。具体所含功能模块展示如表 5-2 所示。

表 5-2　　　　　　　　　　　　　　　　　功 能 模 块 展 示

序号	模块名称	功　　　能
1	规划指标展示	对配电网规划方案的指标量化评价展示
2	运行指标展示	根据配电网运行历史数据，对配电网运行状况进行评价与展示
3	规划运行指标对比分析	对比目标配电网规划方案与运行情况，分析配电网规划与运行性能达成效果
4	滚动对比校验评估 调整模块	在规划方案与运行之间进行滚动调整，指导电网规划方案制定与运行方式调整

模块架构如图 5-20 所示。

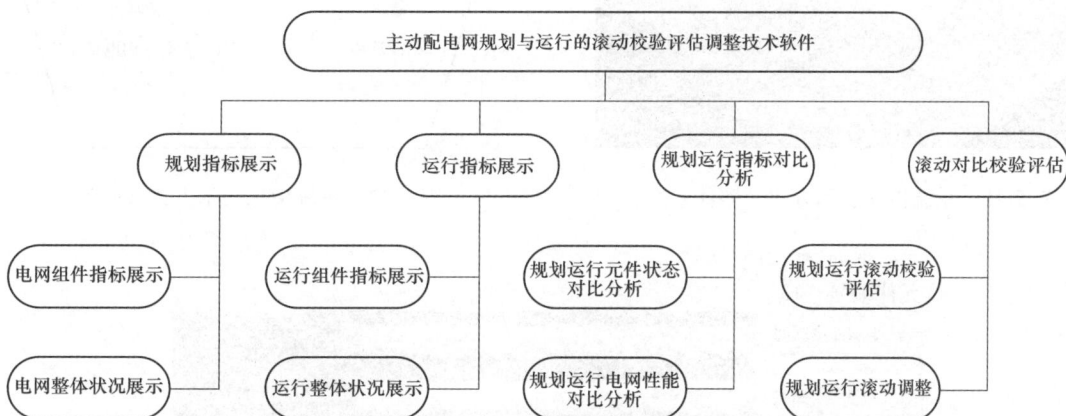

图 5-20　模块架构

其中，电网规划指标展示模块针对多个规划目标年电网规划结果，调用指标计算功能模块进行相应的规划指标计算展示。评估范围包括配电网各个组成部分（用户、变电站、线路、分布式电源）以及配电网整体性能评价（安全性、经济性等）。界面设计如下：

配电网规划数据输入系统后，点击其中规划指标展示功能模块。

系统弹出一个规划电网的系统拓扑结构，上面详细标注了规划目标年的电网结构，以及相应的不同电网组件的不同颜色的标注。

当需要获取电网某些元件的指标数据时，可以点击相应元件，弹出其对应关联的指标内容并且显示它的运行状况。

当需要了解整个系统的优良好坏状况，可以点击界面右下角的电网综合评估按键，于是可以弹出基于底层指标体系设计的电网综合指标评价，以及他的每项子层指标评估值。系统指标展示方式（整体）如图 5-21 所示。

（1）系统整体指标展示方式，通过鼠标抓手拖动查看。

该图的每一面展示不同类别的指标，每一个柱状条展示其子层指标值。点击每个面，可查看对应类型指标的详细数值以及好坏情况，系统指标展示方式（分类）如图 5-22 所示。

（2）各个元件相应指标查看显示方式。

每一类元件都有它对应的指标，具体的展示方式如图 5-23 所示。条形进度表来表示指标数值大小，以及好坏情况。分为高、中、低三档，不同状况用不同的颜色表示。

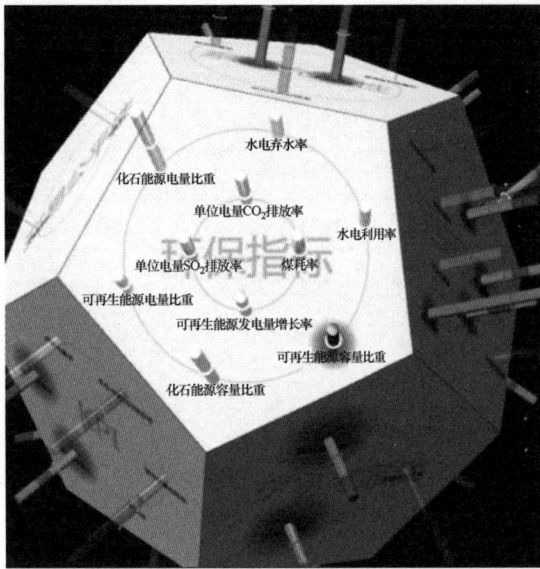

图 5-21　系统指标展示方式（整体）

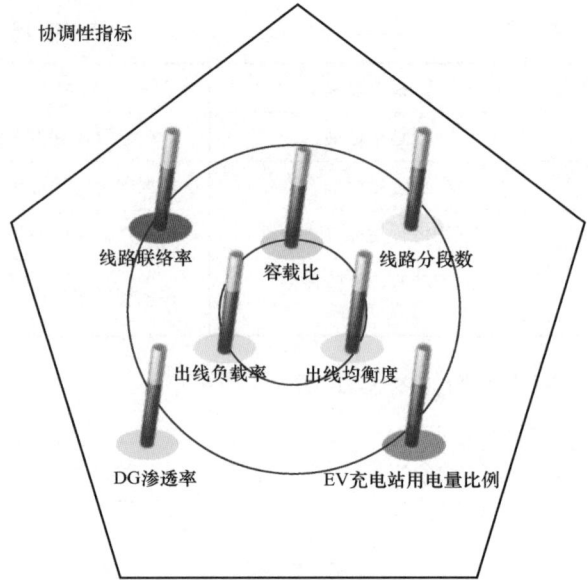

图 5-22　系统指标展示方式（分类）

图 5-23　元件指标展示方式

　　主动配电网运行指标展示模块针对规划方案实施后电网的实际运行情况，输入各项运行数据，调用指标计算功能模块进行相应的运行指标计算展示。展示内容涉及电网各个层面。

　　评估范围包括：配电网各个组成部分（用户、变电站、线路、分布式电源）以及配电网整体水平（安全性、经济性等）。

　　在配电网运行数据输入系统后，点击运行指标展示功能模块。系统弹出一个投运以来各个时段运行电网的系统拓扑结构（通过电网结构图下方的时间轴选取某一断面的电网运行详细状况），上面详细标注了相应的电网结构，以及相应的不同电网组件的不同颜色的标注和对应的状态。

　　当需要获取电网某些元件的指标数据时，可以点击相应元件，弹出其对应关联的指标内容并且显示它的运行状况。

　　当需要整个系统的优良好坏状况，可以点击界面右下角的电网综合评估按键，于是可以弹出基于底层指标体系设计的电网综合指标评价，以及他的每项子层指标评估值。

　　当希望得到一段时间的运行走势时，则可以点击元件或者电网综合评估按键内部嵌套的小模块（指标走势），选择某一项指标弹出该指标随时间的发展态势。各项指标的历史运行走势状况如图 5-24 所示。

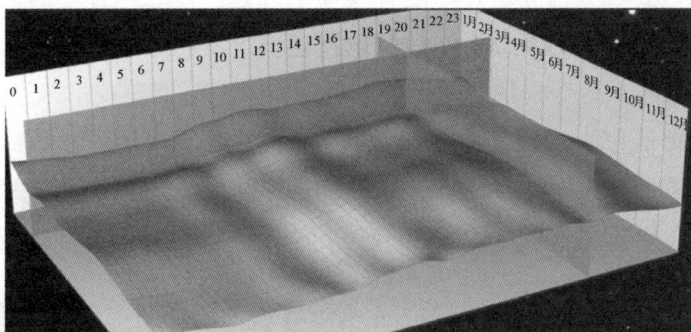

图 5-24　各项指标的历史运行走势状况

主动配电网规划运行指标对比分析通过以上规划指标以及运行指标的计算，通过规划运行一体化指标体系，分别得到规划电网的规划与运行指标状况。该功能的目的是对比电网规划与运行之间某部分指标的性能好坏，通过指标对应的性能好坏比较，规划人员可直观地查看当前运行系统与规划方案之间的契合程度。

在每类元件的信息里面设计一个选项：元件规划运行指标对比。当需要查看元件的规划运行指标间的指标对比时，点击相应元件，选择该模块就可以看到，如图 5-25 所示，给出了相应元件指标各自的评分，渲以颜色标明指标状况的达成效用。

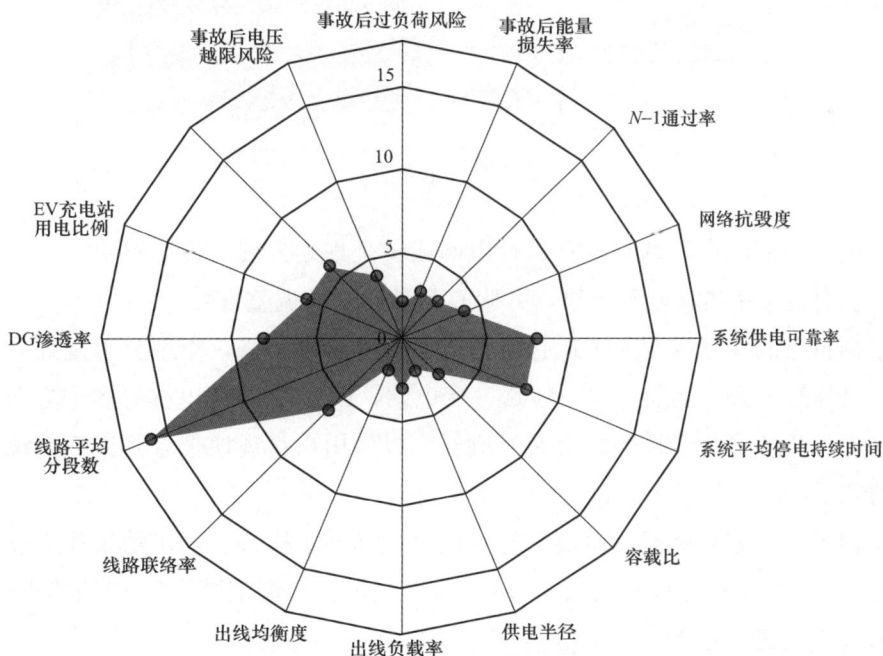

图 5-25　规划运行指标效用达成图

当需要查看配电网整体性能指标之间的对比时，则点击页面右上方的"配电网规划运行指标对比"模块，系统则弹出来一个如图 5-25 所示的蜘蛛网状对比图，上面显示出一个指标体系，可以看到网络各项指标的达成效用以及优劣。

滚动校验评估调整模块展示一长期规划方案形成后，配电网逐步按照计划进度进行施工，但由于往往实际电网建设运行过程中，会与规划方案存在一定偏差，通过该功能可以实现规划方案与运行之间的互评估调整，达到规划指导运行，运行反馈于规划，规划运行协调发展的效果，使电网朝着良好的方向建设。该模块的目的是分析当前配电网建设进度和运行状况与预期电网规划目标之间的差距，从而引导目标电网从运行和规划两个层面进行实时滚动调整校正。

点击滚动对比校验评估模块，则会弹出一个对话框，提示输入两种参数：一种是电网的历史运行数据文件；另一种是需要对比校验的时间点的规划电网的参数文件。点击添加文件，找到路径后，点击确定。这时，系统会弹出来一个对话框"开始评估校验"。主界面如图 5-26 所示。

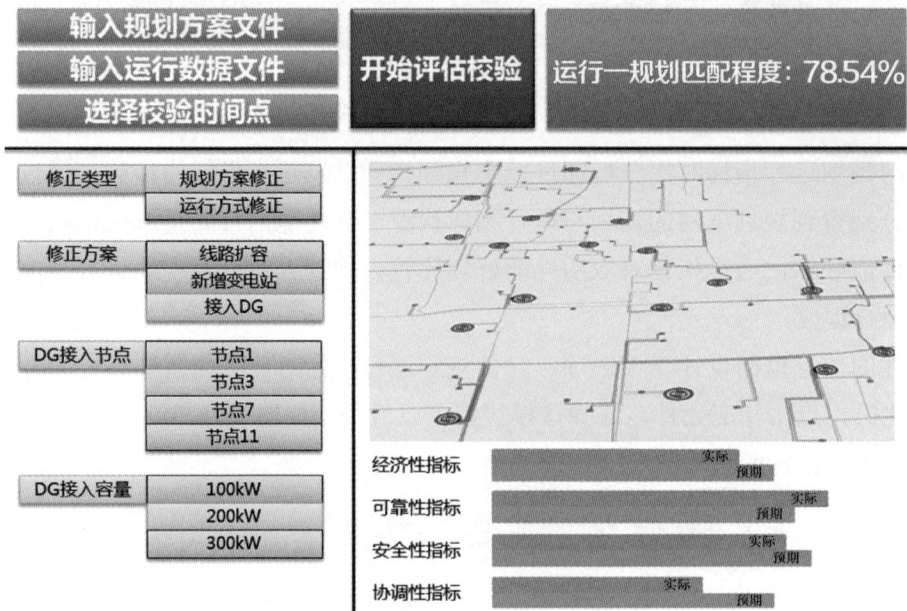

图 5-26　主界面

系统则会根据底层算法自动调整现有运行电网或者是规划方案。最后模块运行完成后则会弹出一个输出文件：里面包含了滚动校验结果，并附有多种详细的调整方案。

用户也可根据自己的实际需要人工选择修正方案查看效果，修正类型分为规划方案修正与运行方式修正两种，具体修正方案涵盖用户、线路、变电站、DG、EV 充电桩等多个方面，每选择一种修正方案，屏幕右下角的系统指标值将会实时刷新，以供用户直观地查看修正后系统的实际运行与规划期望之间的差距。

使用时需要调用"规划指标展示模块"与"运行指标展示模块"输出结果作为校验调整模块的输入，规划方案以及运行指标生成完成后，点击"滚动校验评估调整模块"，模块输出滚动校验结果，是一个含有详细调整方案的文件。

5.5.4　本章小结

本章主要介绍了考虑细粒度时序运行场景的主动配电网规划系统。首先基于代理技术依次对各主动元件建模，在 JADE 平台上搭建主动配电网多代理时序模拟系统，产生细粒度时序仿真序列。采用有序聚类法对仿真序列聚类，抽取典型规划场景，对规划方案进行适应性分析，形成规划运行滚动校验与调整策略，最后对主动规划系统进行全景可视化展示。

　　未来主动配电网规划的发展应侧重于以下几个方面：①构建合理的、具有足够精度的发电/用电模型，模型中必须考虑与规划相关的运行因素以及不确定因素；②确定实施主动电网规划方案的成本和收益；③在规划中结合电力市场，使得目标各异的参与方利益最大化。

第6章

主动配电网运行调度管理系统

6.1 引言

为了实现对主动配电网的主动控制、主动管理与主动服务，鼓励广大用户主动响应、吸引众多分布式电源主动参与，必须建立能够充分利用主动配电网中的主动资源，实现分布式可再生能源发电充分消纳、电能质量和电网运行可靠性获得提高的主动配电网运行调度管理系统。

区别于传统配电网，主动配电网的特点是主动可控资源数量大、规模小、接入电网的位置分布在整个电力系统的低电压等级母线上，更重要的是这些可控资源的所有者众多，利益关系复杂。为此，必须改变以集中式为主的传统控制模式，变集中控制为分层分布式协同控制；改变对单一可控资源所有者的传统管理模式，变计划管理机制为市场服务机制，以提高对可控制资源的控制能力，和对用户的服务水平。

6.2 主动配电网运行调度管理系统的构成

图 6-1 给出了主动配电网运行调度管理系统的总体架构。可以看出，这一系统由四个主要部分构成：①位于配电网调度控制中心的主动配电网运行控制系统；②位于配电网各级变电站的变电站区域能量管理系统；③遍布于配电网低压母线的分布式能源自动化系统，例如微网控制系统、家庭（建筑）能量管理系统以及各类需求响应负荷控制系统等；④基于集成商概念的分布式能源管理机制。

可以看出，主动配电网运行控制系统、变电站区域自动化系统与各类分布式能源的控制装置构成了一个分层分布式的控制系统。配电变电站负责采集来自所属馈线上智能电子装置、配网 PMU、电能质量检测装置、馈线终端单元以及参与需求响应的用户智能电表的实时测量数据，并据此进行无功电压控制和分布式能源优化控制，向上级变电站上传分析后的综合数据。上级变电站汇集来自下属配电变电站的综合数据，进行变电站所属区域内的电网分析与优化决策，向下属配电变电站发送控制目标，并向配电网控制中心上报经分析后的综合数据，为主动配电网运行控制系统提供整个配电网优化决策的基础数据。主动配电网运行控制中心，进行整个配电网的优化分析决策，并将控制决策下发给所属变电站的自动化系统。

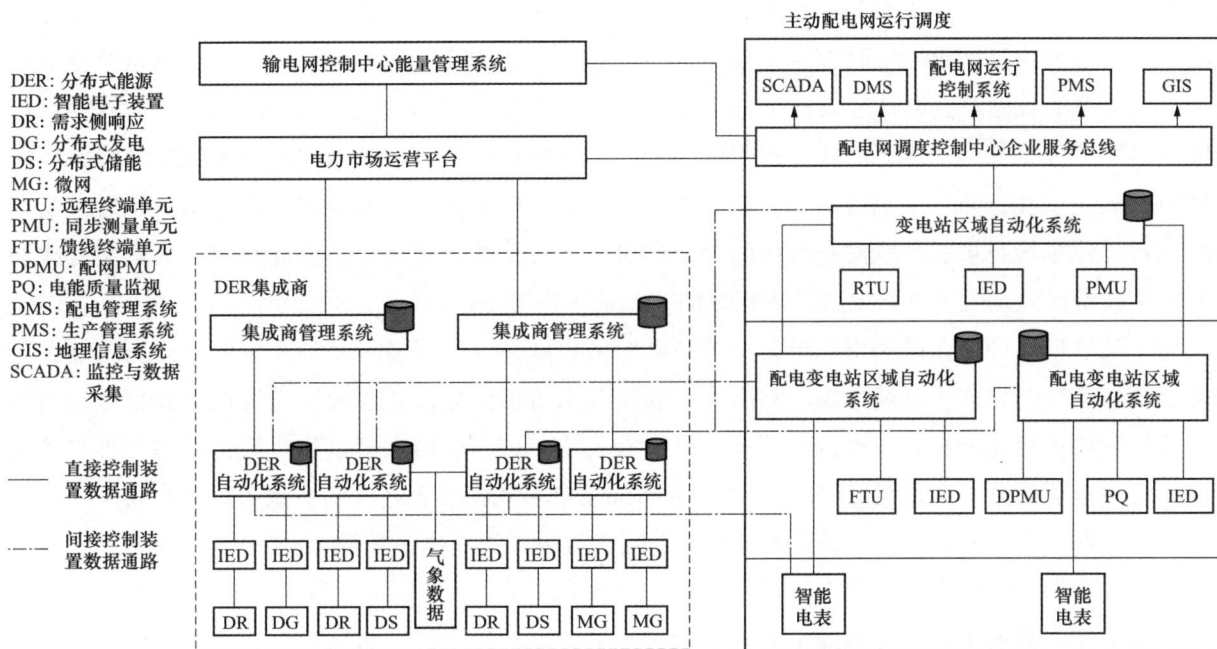

图 6-1　主动配电网运行调度管理系统的总体架构

分布式能源集成商负责向电力市场运营平台报送报价信息，参与电力市场交易；采集来自下属分布式能源智能电子装置的运行数据，进行分布式能源的优化控制。为了使得各级变电站自动化系统可以掌握分布式能源的实时运行状态，也需要向变电站自动化系统传送这些实时运行数据。同时，根据集成商与电网运行调度中心之间的数据共享协议，相关的智能电表数据也相应地送给分布式能源自动化系统。

1. 主动配电网运行控制系统

调度中心的主动配电网运行控制系统是整个配电调度自动化管理系统的"大脑"，负责整个配电网所有可控资源的协调优化控制与管理。包括数据采集数据 SCADA 和配电管理系统 DMS，还要与电表数据管理系统（meter data management system，MDMS）、客户信息系统（customer information system，CIS）和地理信息系统（geographic information system，GIS）等系统进行数据共享。为了将这些系统有机地集成起来，需要利用现代信息集成技术，典型的技术有公司服务母线（enterprise service bus，ESB）和公共信息模型（common information model，CIM）。现场实时数据通过 ESB 流向订阅数据的信息系统，例如智能电表的报警数据就直接被送往 SCADA/DMS 系统，其他数据则保存在电表数据管理系统 MDMS 中。电表数据管理系统 MDMS 进一步又与客户信息系统 CIS 集成，提供电费收集服务，同时又与地理信息系统 GIS 集成为用户提供用电行为分析与聚类服务。调度中心的运行控制系统也为变电站区域自动化系统提供必要的电网拓扑和参数信息，并更新手动控制的开关刀闸的状态信息。

2. 变电站区域自动化系统

变电站区域自动化系统是整个分层分布式协同控制系统的中心环节，起到承上启下的作用，就像整个调度自动化管理系统的"中脑"。变电站区域自动化系统的监控区域就是其供电区域，除了用来存储采集到区域内各种可控资源的实时运行数据，并独立做出优化控制决策外，还依据指定规则向调度中心信息管理系统报警和上传数据，采用这种方式，只需把所采集的实时数据的主要部分上传给调度中心的主动配电网运行控制系统，当然，如果需要的话，调度中心的运行控制系统也可以要求上传更多的数据。变电站区域自动化系统接收来自其供电区域内所有智能电子装置的实时数据。智能电子装置包括其中一部分被选定的智能电表、馈线监控终端、配电网同步向量测量装置、电能质量监控装置以及分布式发电机的切负荷装置、分布式发电机电压控制器和有载电压变压器。变电站区域自动化系统也可以从纵向和横向两个方向进行信息交换，例如交换量测数据，或者当有载调压变压器被激活时，阻止来自上层控制系统的控制请求信号等。

变电站区域自动化系统利用配电公司的基础通信设施与分布式能源管理系统中的分布式能源自动化系统（装置）建立了联结关系。利用这一联结关系可以向分布式能源发送直接控制指令。实际上，这种联结可以是分布式发电机的智能电子控制装置。这一联结也可以租赁给市场参与者来访问分布式能源自动化系统（装置）。智能电表和分布式发电自动化装置之间的联系可以用来为用户提供实时表计数据，当然前提是用户和市场参与者之间必须事先达成电表数据共享协议。

3. 分布式能源自动化系统（装置）

遍布于配电网低电压等级母线上的众多分布式能源自动化系统：微网控制系统、家庭（建筑）能量管理系统以及各类智能电子装置构成了整个配电调度自动化管理系统的"小脑""眼睛"和"手脚"，是用来具体执行优化控制指令的执行机构。通过各层级自动化系统分别管理好各自层级的分布式能源对象（分布式电源、分布式储能、主动负荷），来达到整体最佳目标。

4. 分布式能源管理机制

基于虚拟发电厂和负荷集成商概念的分布式能源管理机制是整个主动配电网运行控制系统中的第四个重要组成部分。这个系统也是一个分层分布式系统，其集中控制层的主要功能是采集和存储分布式能源的运行数据，依据分布式能源收益最大化的原则制定分布式能源的发用电计划，与市场运营平台通信获得市场报价和电网对灵活性需求的信息。第二层是分布式能源自动化系统，可以是用来监控、协调分布式能源发用电以及执行发用电计划的建筑或家庭能量管理系统。最低层由智能电子装置构成，这些智能电子装置可以是分布式能源的可编程逻辑控制器或先进的温度控制器。

分布式能源管理机制必须充分利用电力市场机制，利用虚拟发电机或者负荷集成商的管理机制，以最大化分布式能源收益为准则，实现对众多分布式发电、分布式储能和需求侧响应资源的协同优化控制。

分布式能源管理机制作为一个基于市场机制的优化决策系统，必须和具体实施配电网可控资源调度控制的主动配电网运行控制系统和变电站区域自动化系统紧密结合，两者互为补充，有效配合，才能构成主动配电网完整的运行调度管理体系。

6.3 主动配电网运行控制系统

主动配电网运行控制系统一般位于配电网的调度中心，是配电公司对主动配电网进行主动管理、主动控制、主动服务的重要工具。下面首先介绍主动配电网运行控制系统的系统结构，以及与配电公司其他信息系统之间的数据交互关系，即主动配电网的数据源，然后介绍运行控制系统的态势感知、分布式能源协同优化子系统的组成。

6.3.1　主动配电网运行控制系统的系统架构与数据源

主动配电网运行控制系统的设计应充分考虑主动配电网络规模大且结构复杂、分布式电源的接入点分散且可控性弱、终端用户的行为模式丰富但与系统的交互随机性强等特点，结合主动配电网主动控制、主动管理和主动服务的需要，支持主动配电网状态估计、负荷柔性控制、主动配电网态势感知、需求集群响应优化控制、多能源系统协同优化与风险平抑等新型功能，实现主动配电网的安全、可靠、经济、高效运行。

主动配电网运行控制系统的设计应遵循相应的国际、国家和行业标准，采用先进实用的信息技术以及电力系统分析和优化理论，结合主动配电网主动控制、主动管理和主动服务的建设理念，设计开发符合电网运行控制实际需要、符合国际标准的主动配电网运行控制系统。总体架构如图 6-2 所示。

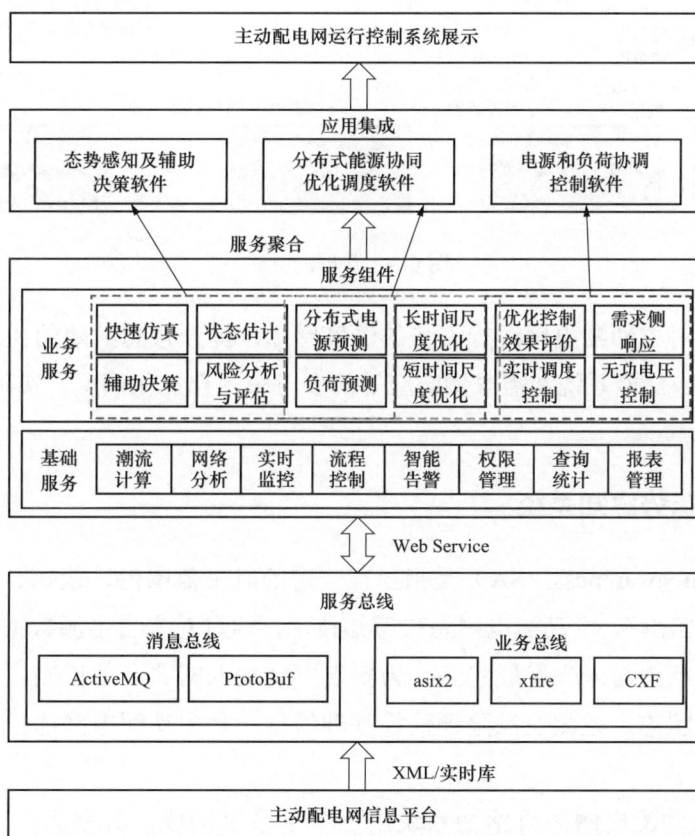

图 6-2　总体架构

与传统的配电自动化系统相比，要求主动配电网运行控制系统具有更强的可观测性，因而要求能够融入能量管理系统（energy management system，EMS）/停电管理系统（outage management system, OMS）/生产管理系统（production management system，PMS）/地理信息系统（geographic information system，GIS）的多种数据，还要获取来自需求侧管理系统的柔性负荷、来自分布式发电管理系统和微网管理中的分布式电源、来自智能电表管理系统的智能电表数据和来自配网 PMU 数据采集系统的同步测量数据等各类信息。主动配电网运行控制系统与其他系统之间的数据交互关系，数据源如图 6-3 所示。

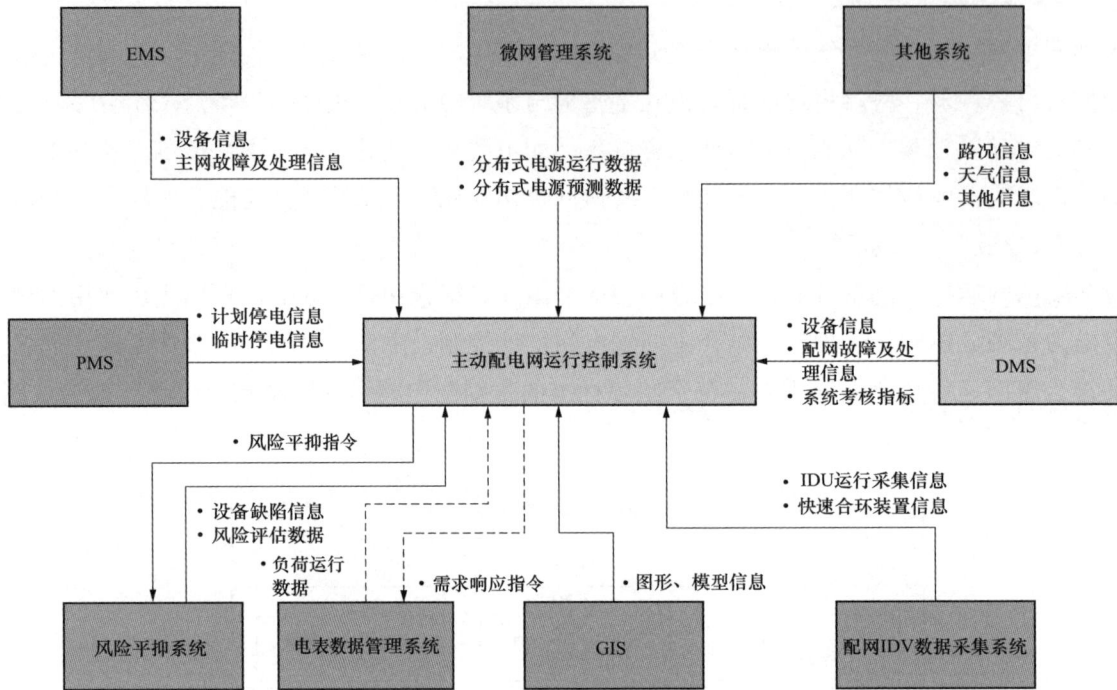

图 6-3 数据源

在此基础上，实现对主动配电网运行态势的深度感知，提升预想故障的快速仿真和风险预警能力；通过对分布式电源、储能系统和需求侧响应等的多时空综合优化调度，实现主动配电网的安全、经济、优化运行。

6.3.2 主动配电网的态势感知系统

态势感知（situation awareness，SA）是指"在一定的时空范围内，认知、理解环境因素，并且对未来的发展趋势进行预测"。主动配电网态势感知技术，通过对来自多源数据的融合分析与预测，获取配电网当前的运行状态与未来发展趋势，为实现主动配电网的主动控制、管理、服务和规划提供负荷特性、电网运行状态、预测及风险评估等基础信息，是主动配电网运行状态评估和其他高级应用的基础软件。

如图 6-4 所示，主动配电网态势感知系统由三个子系统构成，分别为：①实时状态分析子系统主要功能是基于实时量测、准实时量测和部分历史数据，分析电网的实时状态，评估系统的量测与模型质量，核心是状态估计。②运行态势仿真子系统主要功能是基于实时数据和特性信息，设置预想事故集及运行策略，快速仿真计算未来电网潮流，进行网络重构和风险预警。③未来态势感知子系统主要功能包括负荷及电源时序特性的辨识、系统运行误差边界的分析、运行风险区域辨识及最优运行方案对比，为运行调度提供主动配电网未来运行态势感知的高级性能分析与可视化工具。

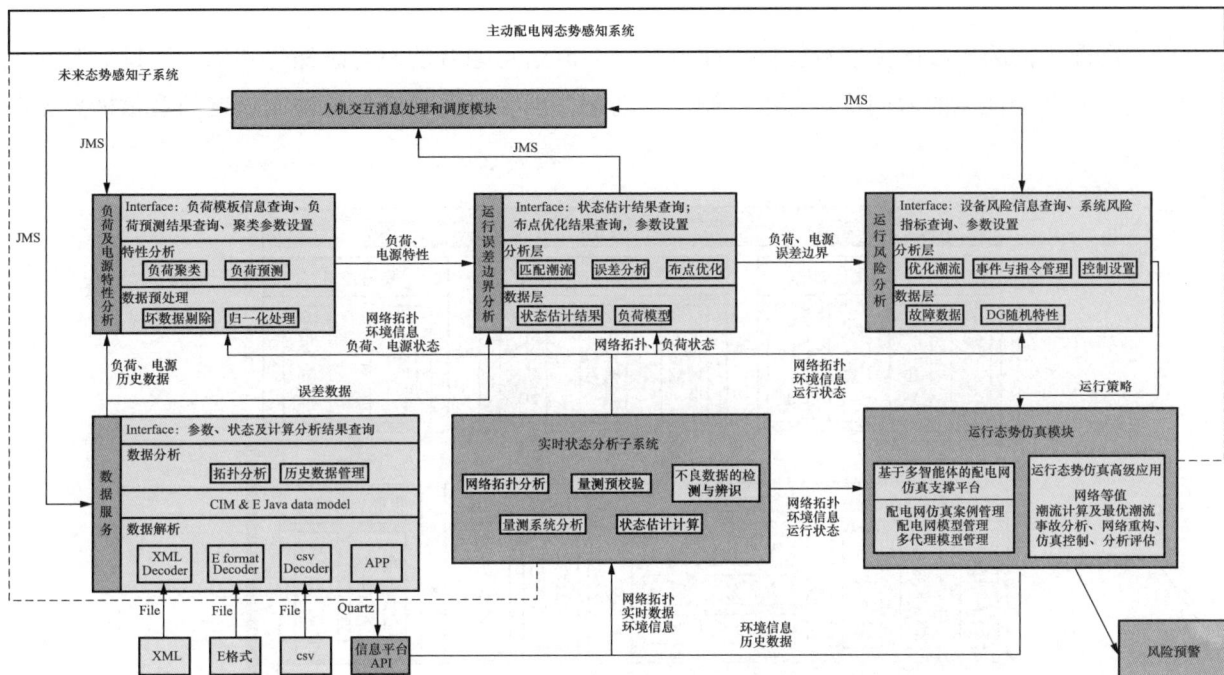

图 6-4 主动配电网态势感知系统

状态估计是态势感知系统的核心。状态估计能够为电力系统的运行与控制提供可靠的基础数据，是智能电网态势感知的基础工具。对含分布式电源的主动配电网进行状态估计，能够为应对分布式电源接入配电网后各种问题的分析和控制软件提供精确可靠的实时数据，是主动配电网态势感知的基本和必要手段。

在给出了配电网当前状态后，还需要根据当前状态和预想故障集，结合对配电网负荷特性的研究，实现配电网的快速仿真，并评估待定控制策略可能存在的安全风险。快速仿真技术是态势感知的关键技术，其目的在于能够对配电网进行实时的仿真分析，对电网故障提前做出预测和反应；为保证系统自动的、持续的优化运行，还应包含风险评估、自愈控制与优化等高级应用软件，是智能电网配电管理系统的核心模块，与分布式电源、高级配电自动化、高级量测系统以及综合能量与通信系统密切关联。它是一套专门用于配电网络运行和管理的辅助决策工具，使运行人员能够实时地对配电网进行优化管理，并基于历史和实时数据预测配电网未来一段时间内的运行状况，使计划的编制越来越接近实际运行，它能够实现比实时仿真更快速的预测分析和低成本、高安全的实时运行优化。

安全分析技术需要解决的问题是在配电网中存在大规模分布式能源和多样化的运行场景时，如何评估这些不确定因素带来的风险，并评估它们对控制策略的影响，为系统的安全运行提供指导。安全分析技术的主要关注点在于系统对分布式能源的消纳能力，即当系统中存在一定量的分布式能源时，通过优化控制，使主动配电网的线路电压、电流不发生越限。当电网运行状态在越限边缘时，由于网络中的不确定性，系统的运行安全性较差；反之，安全性较好。分布式能源的出力扰动越大，系统运行的不确定性越高，安全性也就越低。

6.3.3　主动配电网多能源协同优化调度

以主动配电网为中心的多能源协同优化调度以多源信息融合的态势感知为基础，通过多时间尺度的协同，实现多能源的协同优化调度控制，主动配电网多时间尺度优化协同调度的总体框架如图6-5所示。

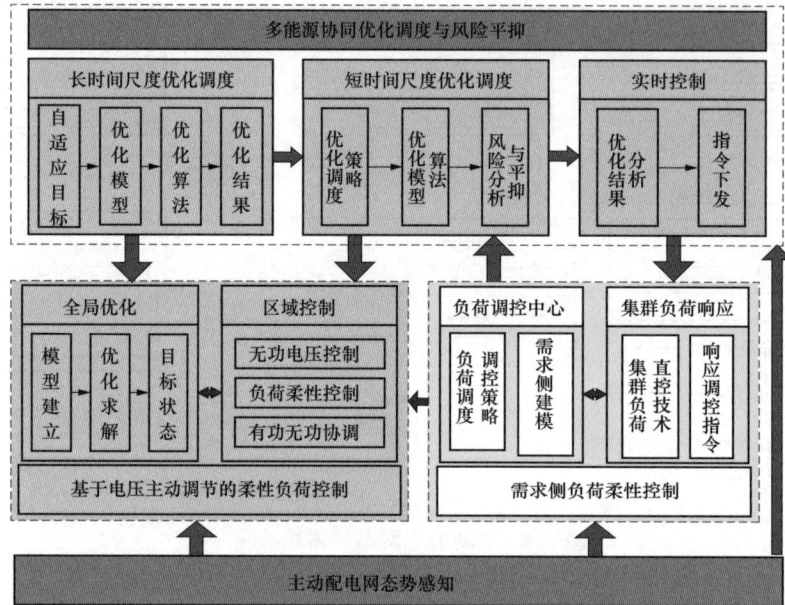

图 6-5　主动配电网多时间尺度优化协调调度的总体框架

多能源协同优化控制采用"长时间尺度—短时间尺度—实时"的多时间尺度时序递进的协同优化调度机制，设计不同时间尺度的优化目标和优化调度策略，实现多能源的协同优化以及柔性负荷控制。以主动配电网运行的经济性与安全性为目标，建立长时间尺度的优化调度模型，形成长时间尺度的优化调度目标曲线；短时间尺度优化调度根据配电网的运行状态，确定短时间尺度的优化调度策略，设计短时间尺度的优化调度模型和优化算法，形成短时间尺度的优化调度目标曲线；实时控制追踪短时间尺度优化结果，针对配电网的异常运行状态和分布式电源和负荷的波动，设计主动配电网实时控制策略，下发柔性负荷控制和需求侧响应策略进行控制。

基于电压主动调节的柔性负荷控制，构建分层分布的无功电压协调控制框架，设计短时间尺度全局无功优化控制层，和各控制区域的电压实时控制层，确定各控制层级的优化控制目标与控制方法，实现主动配电网的无功电压优化与柔性负荷控制。

集群需求响应通过对中央空调系统、电热泵设备及电热水器等典型需求侧温控设备运行状态等数据采集，下发控制信号，以响应电力系统短时间尺度调控目标。将先进的态势感知技术用于负荷需求响应的集群优化控制，将极大地增强主动配电网的全局可观可控能力，实现与主网的互动。

主动配电网多时间尺度协同优化控制以多源信息融合的态势感知为基础，通过设计长时间尺度优化调度方法、短时间尺度调度修正策略以及实时控制策略，实现各发电单元与需求侧负荷的高峰、低谷的实时平衡互补，实现多能源系统的协同优化运行，提高主动配电网的综合能源利用效率，主动配电网多时间尺度优化调度技术框图如图6-6所示。

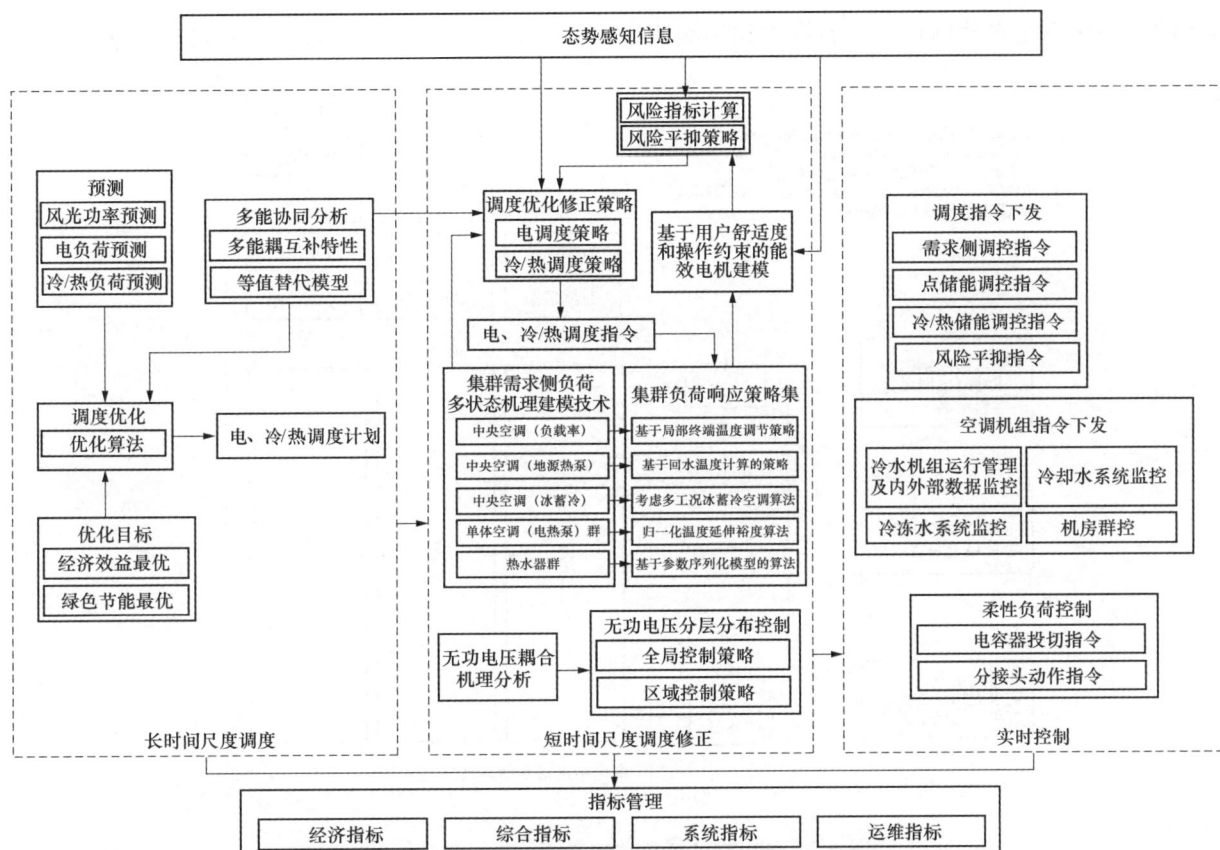

图 6-6　主动配电网多时间尺度优化调度技术框图

6.4　变电站区域自动化系统

变电站自动化系统是采用了变电站自动化技术的变电站控制和保护系统，它包括 7 个功能组：远动功能、自动控制功能、测量表计功能、继电保护功能、与继电保护相关功能、接口功能和系统功能，通常说的遥测、遥信、遥控、遥调"四遥"是其基本功能。

传统变电站自动化系统主要是针对变电站本身所建立的"四遥"功能，缺乏数据分析与优化决策能力，因而只能起到"眼睛"和"手脚"作用。变电站区域自动化系统是在传统变电站自动化系统基础上，增加了对其供电区域内各种可控资源的数据采集，数据建模以及计算分析等高级应用构成的综合性优化控制系统，构成了其供电服务区域内分布式能源管理与控制的中心，不仅扩大了监控范围，更重要的是增加了分析计算与优化决策功能，成为配电调度自动化管理系统的"中脑"。因而变电站区域自动化系统成为整个配电调度自动化管理系统的重要中枢环节，起到承上启下的核心作用。下面首先介绍变电站区域自动化系统的构成，然后分别介绍变电站区域自动化系统的数据模型和高级应用软件。

6.4.1　变电站区域自动化系统的构成

变电站区域自动化系统及其信息通信如图 6-7 所示，区别于一般的变电站综合自动化系统，变电站区域自动化系统在数据接口、数据库和高级应用软件三方面的功能有了明显的扩充与增强。

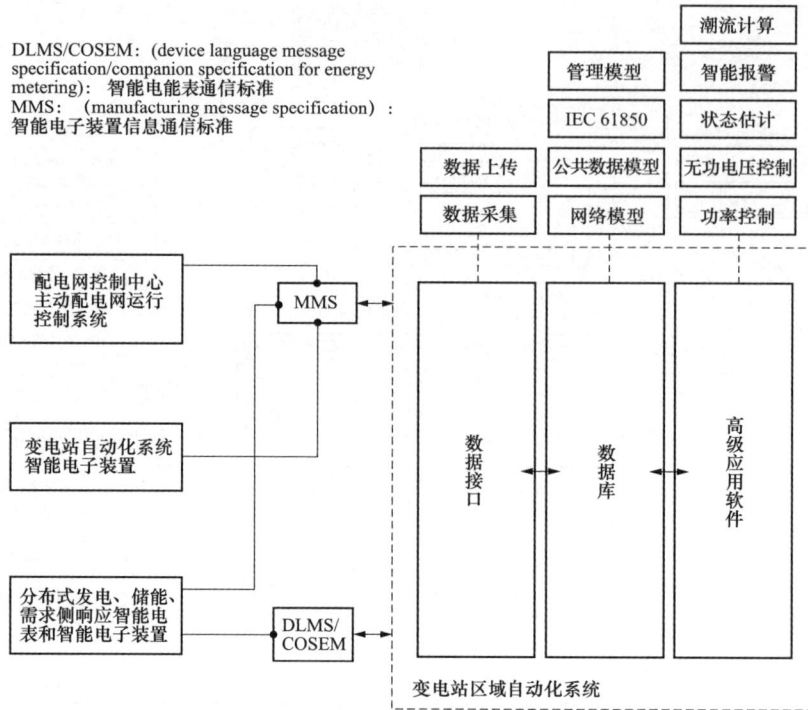

DLMS/COSEM：(device language message specification/companion specification for energy metering)：智能电能表通信标准
MMS：(manufacturing message specification)：智能电子装置信息通信标准

潮流计算
管理模型　智能报警
IEC 61850　状态估计
数据上传　公共数据模型　无功电压控制
数据采集　网络模型　功率控制

配电网控制中心
主动配电网运行
控制系统

MMS

变电站自动化系统
智能电子装置

分布式发电、储能、
需求侧响应智能电
表和智能电子装置

DLMS/
COSEM

数据接口　数据库　高级应用软件

变电站区域自动化系统

图 6-7　变电站区域自动化系统及其信息通信

数据接口包括数据采集和数据上传两部分。在数据采集方面，除了传统的变电站自身的状态数据（断路器状态、隔离开关状态、变压器分接头信号及变电站一次设备告警信号等），模拟数据（各段母线电压、线路电压、电流、功率值、频率、相位等电量和变压器油温，变电站室温等非电量）和脉冲数据（脉冲电度表的输出脉冲等）外，还要采集来自其下属低压配电变电站、分布式发电、分布式储能、各种智能电子装置等的状态信息和测量数据。在数据上传方面，与上级调度控制中心的通信包括远动"四遥"及远方修改整定保护定值、故障录波与测距信号的远传等。系统还具有通信通道的备用及切换功能，保证通信的可靠性，同时应具备同多个调度中心不同方式的通信接口，且各通信口 MODME 应相互独立。保护和故障录波信息需采用独立的通信通道与调度中心连接，通信规约应适应调度中心的要求，符合国家标准。

为了使得变电站区域自动化系统成为区域能量管理系统，必须对其供电区域内的网络进行建模，考虑到低压配电网的特点，需要建立三相不平衡模型，并要对分布式发电和分布式储能进行建模。

为了实现对供电区域内各种可控资源的优化控制，需要配置高级应用软件，使得配电站区域自动化系统具备数据分析、优化控制的能力。

6.4.2　变电站区域自动化系统中的数据库

数据库是变电站区域自动化系统中用来存储与处理实时测量、电网模型、商业模型以及高级应用软件执行有关数据的核心。同一个数据库也用来在高级应用软件，例如状态估计/负荷预报之间交换信息。

数据库中两类最重要的数据表分别是：①测量和命令；②电网模型。要分别遵守相应的国际标准：IEC61851 和 CIM（common information model）。

（1）测量和命令。以 IEC61850 标准数据模型为基础，进行扩展。模型中，通过对物理装置、逻辑装置、逻辑节点、数据对象和数据属性进行扩展，用来存储来自现场装置的实时和历史数据，以及用来描述通信接口（IP 地址、TCP 口、用户名和口令等）的一组参数。

（2）电网模型。依据公共信息模型 CIM 定义配电网的网络拓扑和参数。CIM 中的每个类都对应数据库中的一张表。

主动配电网中的节点数、变电站数量和可控资源的数量持续不断地增加，因而可扩展性就成为主动配电网调度自动化管理系统的关键特性。系统的结构一定是分布式的、模块化的，这种系统结构具有控制管理百万计测量点和海量数据的能力。系统的总体结构是分层的，变电站区域能量管理系统的引入，使得大量数据的在线分析处理可以在变电站层完成，从而可以大大减少从智能电子装置直接上传到配电网调度中心的数据量。数据的分布式存储允许在不需要利用实时通信将数据上传到控制中心的情况下，动态追踪数据的详细变化过程。利用同样的分层分布式机制，充分利用变电站能量管理系统和智能电子装置提供的局部分析决策功能，可以大大加快故障定位与恢复，以及功率控制的速度。

配电自动化系统必须遵循标准。从设计的观点来看，需要增强与简化子系统的集成过程，这也是对配电网调度自动化管理系统的基本要求。事实上，IEC 61850 已经成为配电网自动化系统方面的国际标准。变电站能量管理系统和外部设备装置之间的数据采集和接口都需要采用标准规约，例如和智能电表之间的通信采用（device language message specification/companion specification for energy metering，DLMS/COSEM）标准，与智能电子装置之间的信息通信采用 IEC 61850（manufacturing message specification，MMS）。网络拓扑和网络参数则采用公共信息模型标准。

变电站信息模型不仅包括变电站本身的一次设备模型和二次自动化系统模型，还包括其供电区域内的所有低压变电站的一次设备模型和二次自动化系统模型，部分相关智能电表模型、分布式发电、储能的测量设备模型、配电 PMU 模型和智能电子设备模型等。一次模型描述一次设备的拓扑连接关系和特性参数，量侧模型由于与拓扑和状态估计应用联系紧密，所以也纳入一次模型；二次模型描述站内监控、保护、录波等设备的功能和配置。变电站的模型应支持模型导出，导出的各个站的模型在调度中心通过拼接形成全网模型，供配电调度中心的高级应用使用，从而实现模型的源端维护。

变电站具有比调度中心更详细的一次模型。变电站采用的网络模型是三相的网络模型，具备三相量测，包括开关上的三相量测和三相分合信号，此外还包含接地刀闸、互感器、站用变压器、供电区域内低压变电站和配电线路。该模型在导出时应进行转化以满足调度中心模型的要求。而调度中心对保护设备的建模比较薄弱，所以二次模型以 IEC 61850 标准中的保护模型为基础建立。考虑到包括智能告警在内的高级应用对二次模型的要求，需要对 IEC 61850 模型进行扩展，增加对保护逻辑节点保护属性的分类描述。

6.4.3　变电站区域自动化系统高级应用软件

变电站区域自动化系统的高级应用软件包括状态估计、智能告警、分布式电压控制、分布式能源优化和变电站局域网络潮流计算等。

进行变电站供电区域状态估计的目的是利用变电站内、变电站供电区域内变电站、配电线路中的冗余量测，参与需求侧响应的用户的智能电表数据、分布式发电、储能设备的测量数据、配网 PMU 的同步量测数据、配电网中的智能电子装置数据，剔出拓扑错误和不良数据，确定供电区域中各个节点的运行状态，提升基础数据的准确性，为后续高级应用软件提供坚实的数据基础。

变电站局域智能告警要解决的问题是充分利用变电站本身以及下属供电区域在故障前后的冗余告警信息（测控、保护、PMU、录波等），进行可靠、快速的站内告警，并将诊断结果上送配电调度中心，或者下发给当地检修维护人员进行快速处置。

在传统集中式无功电压控制中，发电机无功出力、电容电抗器的投切、变压器分接头的调节等均由调度中心给出，下发给变电站侧设备执行，其风险过于集中，操作安全性和可靠性考虑不足。分布式变电站无功电压控制中，调度控制中心给出的控制策略不再具体到每个设备的动作，而是给出一个变电站整体的无功资源投切量，让变电站子站端来决定具体动作哪些设备来达到调度控制中心的要求。变电站能量管理系统根据电网当前的运行方式，形成控制单元。如果单元不可控，无功电压控制系统闭锁该控制单元的自动控制并告警。接下来依次判断母线电压是否合格、无功功率是否合理，如果存在不合格或不合理，则控制无功设备和变压器分接头进行消除。在电压合格和无功功率合格的情况下，考虑高压侧的电压优化策略。高压侧的优化电压设定值由上级调度中心依据全网无功电压优化策略给出。

分布式能源优化软件，在满足配电网安全约束条件下，对变电站供电区域内的分布式发电、分布式储能、微网、负荷集成商和需求侧响应等可控资源进行联合优化。考虑到这些分布式可控资源属于不同的所有者，因而变电站区域内的分布式能源优化必须引入市场机制，通过协同控制策略，在保证配电网安全可靠运行的条件下，使得分布式资源的运行效益最大化。

变电站区域电网作为一个低压配电网，其结构具有以下四个特征：①在正常运行情况下，配电网络一般呈辐射状结构，但是在遇到故障处理进行倒负荷操作或网络重构时，可能会出现短时间的环网运行。但是这种运行方式与输电网络的环网运行有所不同，由于环的数量较少，因而称为弱环网；②线路 R/X 较高，多数情况下大于 1，需要采用适用于配电网的特殊潮流算法；③三相负荷不平衡问题比较严重，因而需要采用三相不平衡计算模型；④网络中出现大量分布式电源，因而需要考虑分布式电源模型。因而，针对不同程度的分布式发电水平，针对不同的网络结构和参数类型，需要研究不同的配电网潮流算法。

6.5 基于集成商机制的分布式能源管理机制

分布式能源的不同类型，决定了其提供不同类型服务的能力。例如分布式发电和分布式储能可以提供电能、无功电压控制以及旋转备用服务，而需求侧响应则只能提供电能和备用服务。当然，在同时提供多种服务时，各种服务的数量之间要有所折中，例如在提供无功电压控制服务时，就要减少电能服务的数量；在承诺提供备用服务时，就要相应改变提供的电能服务的大小。

针对分布式能源数量众多、规模较小的特点，为了充分发挥不同类型分布式能源的特点与聚合规模效益，采用集成商机制进行分布式能源的优化管理是必然选择。常用的集成商机制有两种：第一种是强调发电行为的虚拟发电厂；第二种是强调负荷行为的负荷集成商。虚拟发电厂和负荷集成商都是分布式发电、分布式储能和需求侧响应负荷的组合，当发电占较大比例时，形象地称为虚拟发电厂，当需求侧响应负荷比例较大时，形象地成为负荷集成商，两者之间没有本质区别。本节首先介绍虚拟发电厂、负荷集成商的基本概念，然后介绍分布式能源集成商的功能特征和运行机制。

6.5.1　虚拟发电厂的基本概念

常见的虚拟发电厂有以下几个定义：①虚拟发电厂是将一些小型分布式发电单元聚集起来形成的一个相当于单个整体电厂的机构，其在电网中运行的特性参数是通过将各分布式发电单元的特性参数整合得到的，且电网对各分布式发电单元的影响之叠加可以等效为电网对该机构的影响；②虚拟发电厂是将一定区域内的传统发电厂、分布式电源、可控负荷和储能系统有机结合，通过一个控制中心的管理，合并为一个整体参与电网运行；③虚拟发电厂作为一种需求侧响应方式，通过在用电需求侧安装一些提高用电能效的装置、减少终端用电需求以达到与建设实际发电厂相同的效果，或利用用户用电弹性缓解高峰时段电力供应紧张状况，也称为"能效电厂"。

狭义来说，虚拟发电厂是一组电源的聚合体，这些电源可以是传统的火电机组，也可以是风电、太阳能发电等新能源机组，还可以是电力储能装置。这些机组或装置不直接受电网运行调度中心的控制，而是听命于虚拟发电厂控制中心，通过该中心以一个整体的形式参与到电网的运行和调度中。广义来说，虚拟发电厂不仅限于发电侧各发电单元的聚合，还能与用电侧的可控负荷和需求响应技术结合起来，将发电和用电两端的一些个体和单元组成一个虚拟的整体参与到电网的运行和调度中。理论上来说，虚拟发电厂中的个体分布不受地域的限制，每个个体可以通过信息网络与控制中心连接，实现控制中心对虚拟电厂中每个个体的控制。

上述虚拟发电厂的概念是伴随着包含新能源发电的智能电网技术的发展而产生的。传统电网中的电源类型主要是规模较大的火电、水电机组等，电网中电源的总数较少，而每个发电机组的输出对电网中的电压、频率等指标有较大影响。因此，传统电网的运行是由一个中央集权式的调度机构在掌握所有发电机组信息的基础上做出调度决策，对每台机组下达发电指令，以此保证整个电网的安全稳定。随着智能电网技术的发展，新能源发电接入的规模逐渐增大，由于风电、光伏发电等电源具有单机输出功率小、易于安装使用的特点，电网中的电源数量发生了爆炸式增长。由于单个新能源发电单元的输出对整个电网的影响很小，电网调度时没有必要，也不再可能对每个新能源发电单元下达指令。在此背景下，虚拟发电厂扮演着介于发电单元和电网之间承上启下的角色，采用虚拟发电厂的方式将一组发电单元聚合为一个整体参与电网的运行和调度就可能成为一种既安全又高效的方案。虚拟发电厂的一种典型结构如图 6-8 所示，图中包含着能量网和信息网两张网络。实线表示的能量网即电力传输的网络，连接着风电场、光伏发电系统、火电机组等不同形式的发电单元，以及城市、工业区等不同类型的用电负荷单元。这些发电和用电单元通过由虚线代表的信息网与虚拟发电厂控制中心连接，能实现控制中心与各单元之间的双向通信。上述虚拟发电厂结构区别于传统电厂的典型特征在于地域分布上的分散性与运行调度上的协同性。从某种意义上讲，虚拟发电厂可以看作是一种先进的区域性电能集中管理模式，该模式无需对电网进行结构改造就能有效整合区域内各种形态和特性的电源与用电负荷，对区域内的发电和用电单元实施经济高效的控制。

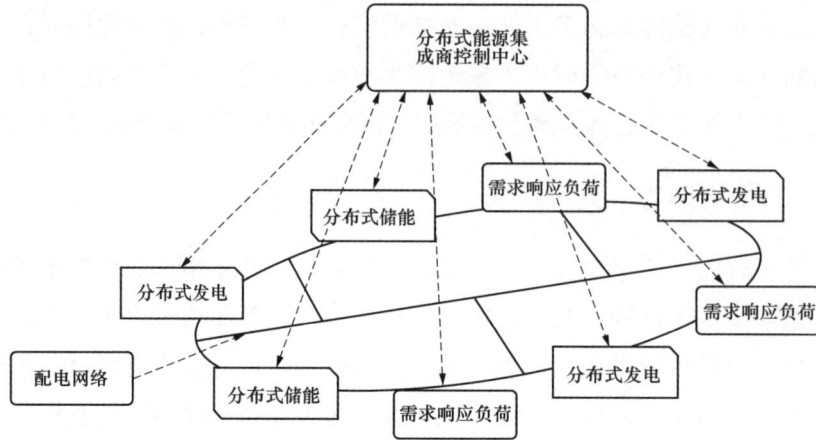

图 6-8　虚拟发电厂的一种典型结构

6.5.2　负荷集成商的基本概念

负荷集成商可以定义为一家公司，在提供需求响应资源的电力终端用户，以及想购买这些资源的电力市场参与者和运营机构之间充当中间人，使用户能够以一种有效途径接触电力市场，并提供更多具有灵活性的服务和技术。加州独立电网运行机构 CAISO 把负荷集成商定义为"市政当局或其他政府实体、能源服务提供商、调度协调者、配电公司、代表单一或许多负荷的其他实体，目的是向独立系统运营商（independent system operator，ISO）提供需求削减负荷"。负荷集成商也可以定义为通过将分散的负荷整合成可以控制的负荷组，从而响应 ISO 系统控制请求的任何实体。

负荷集成商是需求响应资源的整合者，通过专业技术评估用户的需求响应潜力，整合分散的需求响应资源来参与电力系统运营。从系统运营商的角度来看，负荷集成商被看作是一个大型的发电商（类似于虚拟发电厂 VPP），通过对负荷资源的有效调用，提供可调度的发电容量或者辅助服务。负荷集成商参与电力系统或电力市场运营，收益来源于购买电能或者辅助服务的系统运营商。

在美国，电力公司通常把一部分的需求响应项目外包给负荷集成商，并为用户提供指定集成商的名单，供用户参考。负荷集成商是电力公司和终端用户之间的第三方，提供需求响应的相关技术支持，将分散的用户负荷响应资源进行集成，构成集成需求响应，代表用户向电网调度运行机构通过竞标的形式，参与市场运行，提供电能和辅助服务，所得收益以公平的形式分配。这种模式既可以参与中长期市场、也可以参与日前市场和实时市场，既可以提供电能服务，也可以提供诸如调频、旋转和非旋转备用等辅助服务，还可以作为系统容量参与容量市场来与传统发电厂竞争。

从系统运行方的角度看，负荷集成商使得系统在获取有功调节、电压控制与平衡机制等辅助服务产品方面具有更多的选择，从而降低了系统的运营成本。负荷的增长给电力系统的运营带来了更多的挑战，通过新建电力网络来满足负荷增长需求的难度越来越大，负荷集成商提供的需求响应整合服务可以延缓电源和输配电线路的投资，降低发电成本，提高电力市场的效率。

从负荷角度来看，一方面向中小负荷提供了一个参与市场调节的机会，建立了需求响应的供应商和买家之间的联系，提高了需求响应的效益。拥有需求响应资源的中小型电力用户单独与需求响应购买者联系，将导致很多的双边交易，且用户的负荷弹性水平达不到参与需求响应的最低水平，很难找到电力交易的入口。另外，需求响应的购买者（如输电系统运营商）对中小型负荷的管理也没有太大的兴趣。所以，负荷集成商作为一个中介机构，可以整合用户需求响应资源并将它们引入市场进行交易，使得闲置的负荷资源能够发挥作用，同时也为其他电力系统参与者带来利益。另一方面，负荷集成商通过专业的技术手段充分发掘负荷的需求响应潜力。需求响应能力是重要的负荷调节资源，中小型电力用户中存在相当数量的潜在需求响应资源未被开发，他们无法实时了解批发市场上的价格波动，且部分基于价格的需求响应在引导用户响应系统控制请求方面并不十分有效。中小型电力用户没有能力挖掘自身需求响应的潜力，而在负荷集成商的帮助和指导下，可以形成科学的用电方式，提高终端用电设备的用电效率。

6.5.3　分布式能源集成商的功能特征

虚拟发电厂和负荷集成商可以统称为分布式能源集成商。由虚拟发电厂和负荷集成商的概念和结构可知，在技术层面，分布式能源集成商控制中心应具有如下功能。①网络通信及管理功能：建立控制中心与区域内各对象之间的双向信息连接，从物理层、数据链路层等各个层面保证数据通信的快捷与畅通。②发电管理功能：监视区域内各发电单元的运行及出力状况，并在线实施区域内发电单元的优化调度；③新能源发电功率预测功能：综合短期及中长期气象数据及预报信息，对区域内的风电机组、太阳能发电机组等的输出功率做出较准确的预测；④用电负荷预测及管理功能：对区域内的用电负荷进行较准确的预测，对工农业生产、社会生活、天气变化等因素对负荷需求的影响规律进行分析，并具有在一定条件下中断部分负荷供应以适应本区域和整个电网调度运行需要的能力；⑤数据管理及分析功能：采集并分析处理区域中各对象的运行数据，如发电机组的出力和运行效率、用电负荷随时间变化的规律等，并能对这些数据提供有效的检索和调用手段；⑥电力市场中的经营能力：包括建立区域内的发电费用、用电收益及安全约束模型，进行优化计算，收集市场情报、制订发电计划、签订中远期市场交易合同等。

6.5.4　分布式能源集成商的运行控制模式

分布式能源集成商的运行控制模式可以分为集中控制、集中—分散控制和完全分散控制三类。

第一类是集中控制模式，如图 6-9 所示。该模式中，控制中心掌握着所涉及的所有发电或用电单元的完整信息，并拥有对所有单元的完全控制权，对每一个单元制定发电或用电方案。在此种结构下控制中心具有最强的控制力和灵活多样的控制手段，其代价是巨大的通信流量及繁重的运算负荷，且兼容与扩展性较差。

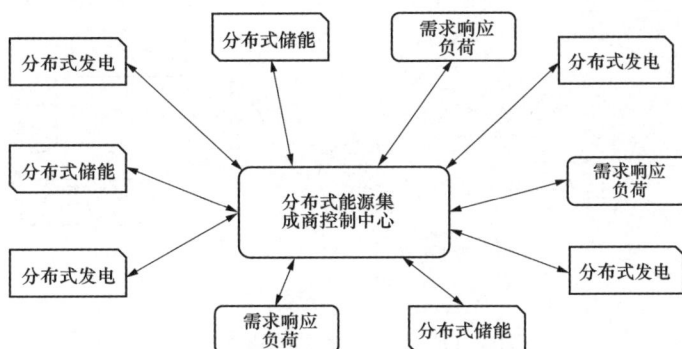

图 6-9　集中控制模式

第二类是集中—分散控制模式，如图6-10所示。该模式中，分布式能源集成商被分为两个层级，下层的本地控制中心管理辖区内有有限个发电或用电单元，再由这些本地控制中心将信息反馈给上一层的虚拟发电厂控制中心。虚拟发电厂控制中心首先将任务分解并分配到各本地控制中心，然后本地控制中心负责制定每一个单元的发电或用电具体方案。相对于集中控制结构，集中—分散控制结构中的一部分运行控制功能下移到本地控制中心，而虚拟发电厂控制中心则将工作重心转移到依据用户需求和市场规则的能量优化调度方面，有助于改善集中控制方式下的数据拥堵和扩展性差的问题。

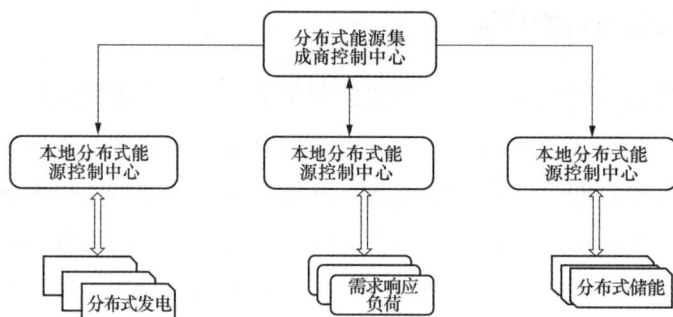

图6-10 集中—分散控制模式

第三类是完全分散控制模式，如图6-11所示。在该模式中，分布式能源集成商被划分为彼此相互通信的、自治且智能的子系统，各子系统通过其智能代理的协同合作实现原本由控制中心完成的任务，控制中心则简化为数据交换与处理中心。各智能代理通过网络通信获知其他子系统的部分信息，基于这些信息自行其对应子系统中所有单元的发电或用电方案，并更新本子系统的部分信息。由于在该模式下，各子系统之间存在相互影响，因此每个单元的发电或用电方案可能需要若干次迭代的通信和决策过程才能最终确定。相比前两种模式，完全分散控制模式具有更好的可扩展性和开放性，但是该模式对虚拟发电厂内各发电或用电单元及由其组成的子系统提出很高的要求，需要具备日常运行管理、故障诊断与响应等较复杂的功能。

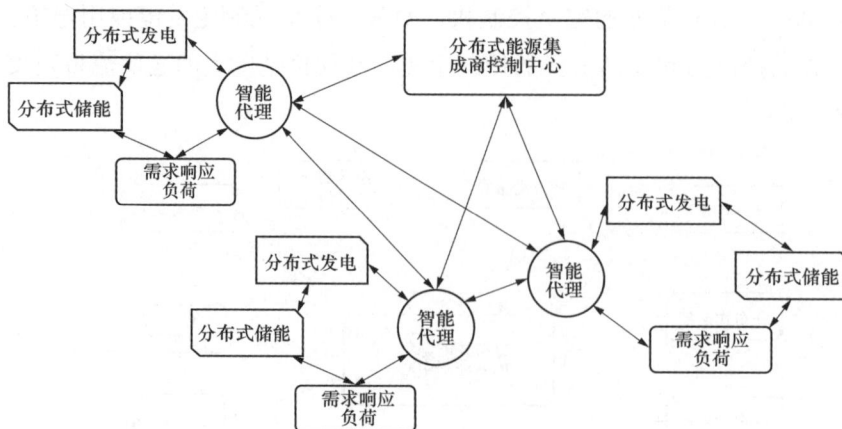

图6-11 完全分散控制模式

6.5.5　分布式能源集成商的运营机制

分布式能源集成商作为电力市场参与者和分布式发电、分布式储能、需求响应负荷等可控资源之间的中介，不仅要整合这些可控资源并提供市场入口，同时还要和电力市场参与者进行交易。为实现分布式能源集成商厂的功能特征，分布式能源集成商的运行控制主要包含两个问题：一是在调度层面，电网对分布式能源集成商整体的控制；二是分布式能源集成商本身对其所聚合的各发电和用电单元的控制。

对于第一个问题，由于分布式能源集成商一定是一个独立的发电单元，因而，分布式能源集成商作为电力市场中的一个整体参与者，参与电力市场竞标是自然的选择，分布式能源集成商不仅可以参与区域内的电能市场，还可以参与调频、备用等辅助服务市场，分布式能源集成商不仅可以参与日前市场，也可以参与实时现货市场，甚至可以参与容量市场。分布式能源集成商可以成为分布式能源管理系统中的管理控制机制。

对于第二个问题，对于分布式能源集成商本身的运行控制方式，从研究思路上主要可分为两类。第一类是将分布式能源集成商中各发电单元的发电量分配问题建模成一个数学规划模型来求解，如混合整数线性规划模型、非线性规划模型或者直接负荷控制模型等。第二类是采用多代理系统（multi-agent system，MAS）框架来描述分布式能源集成商中各发电和用电单元的分散特征，在此框架下确定分布式能源集成商的发电策略。从控制模式上来分，第一类方法所采用的是集中式或者集中—分散式控制模式，第二类方法则采用完全分散式控制结构。

分布式能源集成商的运营机制如图 6-12 所示。

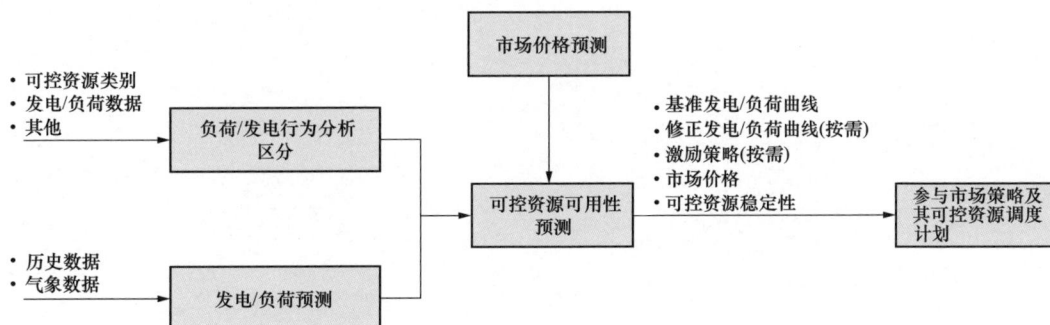

图 6-12　分布式能源集成商的运营机制

（1）首先，分布式能源集成商需要依据可控资源类别数据、发电/负荷历史数据、发电/负荷实际数据、气象预报数据以及其他相关数据，预测可控资源的基准发电/负荷数据、修正发电/负荷数据、可用的激励措施以及可控资源的稳定性。

（2）分布式能源集成商从电网运营调度机构获得用电负荷较大的关键时段信息，对市场价格进行预测。综合可控资源的发电/用电容量信息，根据电网运行调度机构提供的供电关键时段信息和预测的市场价格，制定出本集成商所属的可控资源的总发/用电量的最佳方案和上报给电网运营调度机构的市场参与策略。

（3）在获得电网运行调度机构发出的总发电/用电量计划之后，将具体的发/用电功率随时间变化的需求量进行优化分解，分配给所属可控资源执行。

6.6 本章小节

　　本章讨论了主动配电网的总体结构，介绍了主动配电网运行控制系统与其他配电网信息管理系统之间的关系以及主要功能，提出了变电站自动化系统变成区域能源管理系统的方案以及主要功能，针对主动配电网中可控资源数量大、规模小的特点，介绍了虚拟发电厂和负荷集成商的概念，讨论了分布能源集成商机制的分布式能源管理机制。

第 7 章

主动配电网状态估计技术

7.1 前言

状态估计能够为电力系统提供更可靠与精确的实时数据，是电力系统运行与控制的必备手段，在大电网中得到了成功的应用，成为大电网运行与控制不可或缺的基本手段。众所周知，传统配电网中量测配置比较匮乏，量测冗余度低甚至根本满足不了可观性，但由于传统配电网对于大电网而言是受电侧，运行特性相对简单，因此传统配电网对状态估计精度与计算速度的要求不高，状态估计对于传统配电网运行与控制的必要性不强。主动配电网不但在运行特性方面相对传统配电网变得较为复杂，甚至在主动配电网的环境下将会出现配电侧售电市场，因此主动配电网相对于传统配电网更需要网络的实时完整信息，对状态估计的准确性和快速性也提出了更高的要求，状态估计对于主动配电网的运行与控制是必要的。由于运行与控制的需要，主动配电网的量测配置在一定程度上优于传统配电网，例如 IDU 装置作为主动配电网实时运行与控制的必备手段，能够提供更为精确与实时性更强的量测。

为满足主动配电网实时运行与控制的要求，主动配电网状态估计需具备以下功能：

（1）能够支持 220kV、110kV、35kV、10kV、380V 多电压等级配电网一体化估计。

（2）能够支持较为复杂的运行方式。

（3）能够利用实时、准实时等多源量测。

（4）能够考虑分布式电源出力极限和分布式电源的特性。

（5）能够支持三相平衡与三相不平衡混合模型。

（6）计算速度满足配电网实时运行与控制的要求。

主动配电网中主要存在以下量测：

（1）配电 SCADA 量测。在配电网中，根节点、馈线主干和分支线的开关上配置有三相电流与功率量测，部分重要负荷节点存在实时功率量测。

（2）先进测量基础设施（advanced measurement infrastructure，AMI）量测。AMI 是一套先进的网络和系统，以实现对用户用电信息的测量、传输、储存、分析和应用等功能，量测量包括电量信息、节点电压幅值、节点负荷以及与其相关支路的支路功率。AMI 数据的采样周期较长，一般为 15min。

（3）集成配电单元（integrated distritution unit，IDU）量测。新型廉价高效相量测量单元（phasor measurement unit，PMU）装置的出现，为主动配电网运行与控制提供了新的手段，在未来主动配电网中的重要节点安装 PUM 装置具有很大的可行性与必要性。

由于主动配电网的特点，运动终端单元（remote terminal unit，RTU）RTU 与 PMU 总体的配置覆盖率较低，基于 RTU 与 PMU 量测无法满足主动配电网的全网状态估计，而 AMI 数据的采样周期较长，实时性较差，因此，在 RTU、PMU 以及 AMI 数据长期共存的情况下，主动配电网的状态估计仍然具有一定的难度。

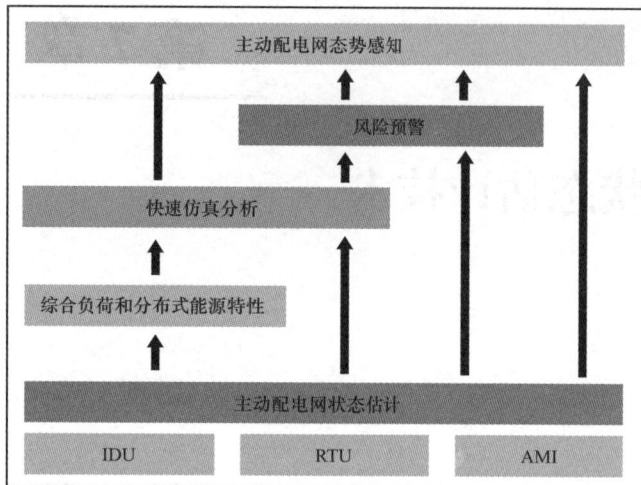

图 7-1　基于状态估计的主动配电网态势感知总体架构

主动配电网状态估计能够为主动配电网态势感知、快速仿真分析、风险预警提供准确的电网实时状态，基于状态估计的主动配电网态势感知总体架构如图 7-1 所示。

7.2　主动配电网状态估计的常用算法

7.2.1　基于多采样周期量测的主动配电网状态估计混合算法

多时空尺度混合测量环境下的主动配电网状态估计架构如图 7-2 所示。

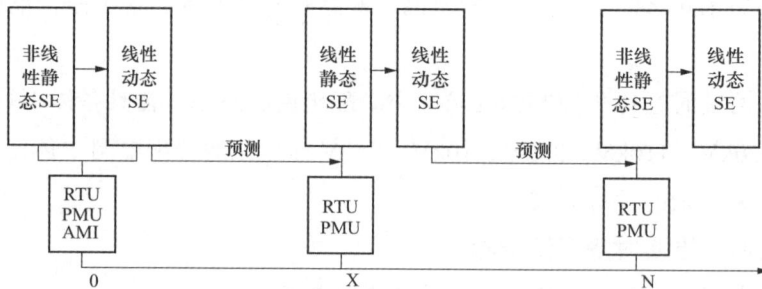

图 7-2　多时空尺度混合测量环境下的主动配电网状态估计架构图

图 7-2 中，SE（state estimation）表示状态估计，N 表示非线性静态状态估计的计算周期，X 表示非线性静态状态估计一个计算周期内的某一时刻。在 AMI 数据的采样时刻，进行两种状态估计，一是基于 PMU、RTU 与 AMI 全量测的非线性静态状态估计，另一个是基于 AMI 量测的线性动态状态估计。在非 AMI 的采样 X 时刻，基于线性动态状态估计的预测结果和 RTU、PMU 量测，进行线性静态状态估计，并将线性静态状态估计结果中对应 AMI 的部分作为非 AMI 采样时刻 AMI 的虚拟量测，进行线性动态状态估计。当到达非线性状态估计的启动周期时，将非线性动态状态估计的预测结果补充为非线性静态状态估计的虚拟量测，并根据线性动态状态估计状态预测的协方差信息设

置虚拟量测在非线性静态状态估计的权重。线性动态状态估计与线性静态状态估计的目的是利用PMU 量测与 RTU 量测，实时跟踪系统节点注入量的变化，在非线性静态状态估计的一个周期内使节点注入量尽量接近实时状态，缩短了非线性状态估计的计算周期，可以从 15min 降至 1min 甚至更低。

将非线性静态状态估计、线性静态状态估计与线性动态状态估计三种算法有机结合起来，通过线性动态状态估计与线性静态状态估计之间的相互配合，使线性动态状态估计利用 RTU、PMU 的量测能够一直跟踪电力系统的运行状态，为非线性静态状态估计提供较高精度的虚拟量测，优点是线性动态状态估计与线性静态状态估计的相互配合，使线性动态状态估计利用 RTU、PMU 的量测跟踪了电力系统的运行状态，为非线性静态状态估计提供了较高精度的虚拟量测，缩短了智能配电网非线性静态状态估计的计算周期，使 RTU、PMU 与 AMI 的量测互相校验，互为初值。因而这种混合算法具有较高精度和系统状态预测能力。

7.2.2　基于大数据技术的主动配电网模式识别型状态估计

在主动配电网中存在数量众多的馈线，每条馈线存在大量异构多源的异构数据，从而形成了主动配电网中数据的海量异构、多态的特点，数据规模和特点符合大数据的各项特征。此外，主动配电网还具有其固有特征：①数据采集多，每个采集点采集相对固定类别的数据，且分布在各个电压等级内；②不同采集点的采样尺度不同，数据断面不同；③数据不健全，数据采集存在误差和漏传；④数据分布在不同的应用系统中。

基于大数据技术的主动配电网模式识别型状态估计的计算框架如图 7-3 所示。

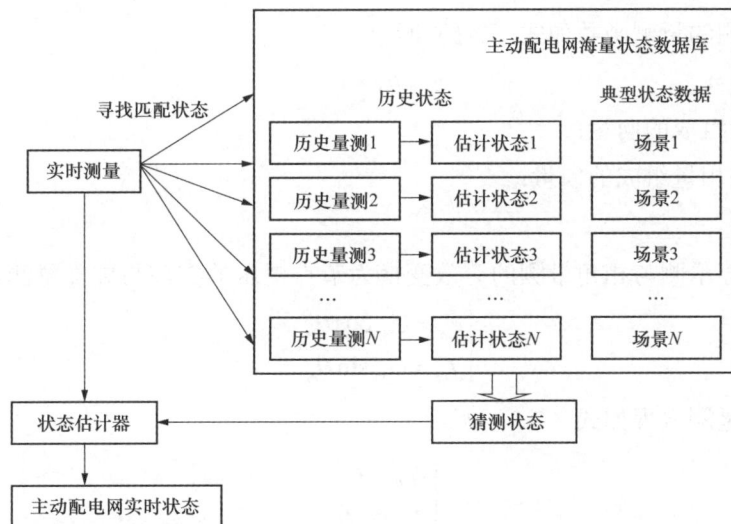

图 7-3　基于大数据技术的主动配电网模式识别型状态估计的计算框架

根据实时量测，采用最近邻居法、神经网络等模式识别算法，基于大数据技术在主动配电网的海量状态数据中寻找与当前实时量测最匹配的状态，从而得到目前状态的猜测状态。根据猜测状态与实时量测，经过状态估计器的滤波功能后得到精确的主动配电网实时状态。

基于大数据技术的主动配电网模式识别型状态估计具有以下优点：

（1）猜测状态可以作为精度很高的伪量测，大幅度提高了量测冗余度；

（2）基于一定的标准，猜测状态可以作为电网实时状态，提高状态估计的精度。

7.2.3 基于同步相量测量的主动配电网快速线性状态估计

新型廉价同步相量测量装置的出现，为主动配电网实时控制提供了基础手段，同时也为主动配电网状态估计提供了新的方式，其廉价性使得在主动配电网中广泛配置成为可能。同步相量测量能够提供主动配电网中节点电压与支路电流的正序、负序与零序分量的幅值与相角的测量，基于主动配电网的正序与负序、零序网络，结合负荷数据，就能实现快速线性状态估计，其基于同步相量测量的主动配电网快速线性状态估计总体框架如图 7-4 所示。

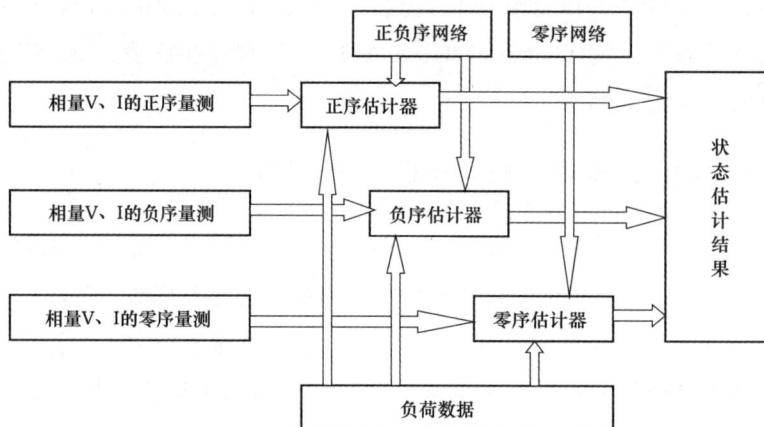

图 7-4　基于同步相量测量的主动配电网快速线性状态估计总体框架

基于同步相量量测的量测函数如式（7-1）所示

$$z = hx + v \tag{7-1}$$

式中　z——量测相量组成的向量；

　　　v——量测残差相量组成的向量；

　　　h——量测函数。

将节点的电压幅值量测与相角量测的等效变换为节点电压的实部与虚部量测，如式（7-2）所示

$$\begin{cases} e_m = U_m \cos\theta_m \\ f_m = U_m \sin\theta_m \end{cases} \tag{7-2}$$

等效电压量测的量测方程如式（7-3）所示

$$\begin{cases} e_{i,m} = e_i \\ f_{i,m} = f_i \end{cases} \tag{7-3}$$

支路电流的量测方程如式（7-4）所示

$$\begin{cases} I_{ij,r} = -g_{ij}(e_i - e_j) + b_{ij}(f_i - f_j) + (e_i g_{i0} - f_i b_{i0}) \\ I_{ij,i} = -b_{ij}(e_i - e_j) + g_{ij}(f_i - f_j) + (f_i g_{i0} - e_i b_{i0}) \end{cases} \tag{7-4}$$

从等效电压量测与支路电流量测的量测方程可以看出，量测函数均为线性函数，因此通过量测可以直接求出电压。根据加权最小二乘法，可得式（7-5）

$$\hat{x} = (H^T W H)^{-1} H^T W z \tag{7-5}$$

通过上式不用迭代就可以求出全网的状态。

7.2.4　基于预测残差的主动配电网状态估计抗差算法

（1）抗差最小二乘法。抗差估计的 M 估计可以通过等价权的方法转换为最小二乘的估计形式，即抗差最小二乘，如式（7-6）所示

$$H(x^{(k)})R^{-1}QH(x^{(k)})\Delta x = H(x^{(k)})R^{-1}Q(z - hx^{(k)}) \tag{7-6}$$

抗差最小二乘估计在保留最小二乘算式简洁、计算方便的特点上，赋予其抗差能力，由式（7-6）可见，如果 $Q=1$，那么上式就是普通的最小二乘，即最小二乘估计是抗差估计的特例。

（2）基于量测残差预测的等价权设置方法。抗差最小二乘估计的抗差实质体现在等价权 Q 的选择上，通常在兼顾量测空间和结构空间的抗差性的基础上，将等价权按照保权、降权和淘汰三个区间进行设置，将等价权设置成量测残差的非线性函数。在电力系统状态估计中，坏数据将会带来残差污染，当关键量测、强相关量测为坏数据时，将会发生残差屏蔽现象，如果仅根据量测残差设置等价权将会影响抗差最小二乘估计的计算速度和收敛性。残差预测在不良数据的逐次性估计辨识法中得到了应用，其优点是能够恢复受污染的正常量测。将残差预测的信息应用到等价权的设置中，这样既保持了抗差最小二乘估计的抗差性，又避免了设置等价权的盲目性。在删除一个量测 i 后，状态估计的方程将变化如式（7-7）所示

$$(G - h_i^T R_i h_i)\Delta x = H^T R^{-1} r^{(i)} \tag{7-7}$$

式中　h_i——雅可比矩阵中对应量测 i 的行矢量；

　　　　R——量测方差阵；

　　　　R_i——对应量测 i 的方差。

根据矩阵求逆辅助定理，求得删除量测 i 后状态量的变化量如式（7-8）所示

$$\Delta x = b1 + b2 \times \lambda \tag{7-8}$$

式中　　　　　　　　　　　$b1 = G^{-1}H^T R^{-1} r^{(i)}$；

　　　　　　　　　　　　　$b2 = G^{-1}h_i^T$；

$\lambda = (R_i + h_i \times b2)^{-1} \times h_i \times b1$。一般不用迭代式（7-8）就能收敛，从而删除一个量测，不用重新迭代，利用上一次的计算信息，就能够得到删除量测后的新的残差如式（7-9）所示

$$r = r - H\Delta x \tag{7-9}$$

等价权的具体设置方法为：将残差大于一定阈值的量测组成一个可疑量测集合，首先删除残差最大的量测，根据式（7-8）、式（7-9）观察残差的变化，如果造成很多科技量测集合内其他量测残差的下降，则认为该量测是坏数据，按照一定比例降低权重，否则对该量测的权重不做处理，对于可疑集合内残差下降的可疑量测权重不做处理。每次删除可疑集合内的一个可疑集合后，根据新的残差，对可疑集合内的量测残差重新排队。

经过上述处理后，如果可疑量测集合仍然不为空，则按式（7-10）设置等价权

$$Q_i = \begin{cases} \dfrac{W_{w,ii}}{e^{|r_i|}} & |r_i| \leqslant L \\ 0 & |r_i| > L \end{cases} \tag{7-10}$$

式中　$W_{w,ii}$——残差灵敏矩阵中对应量测 i 的对角元；

　　　　L——设定的阈值。

根据预测残差设置等价权避免了常规抗差状态估计算法通过迭代修改权重时不必要的计算，并考虑了强相关量测、杠杆量测为坏数据时造成的残差淹没现象，提高了抗差性能。

7.2.5 融合分布式电源三相稳态特性的主动配电网状态估计

（1）含分布式电源的主动配电网状态估计框架。含分布式电源的配电网状态估计总体框如图 7-5 所示。

（2）融合分布式电源三相稳态模型的方法。

1）通过同步发电机并网型。将负序、零序电抗并入到节点导纳矩阵。

2）通过异步发电机并网型。将转差率 s 作为状态变量，基于正序、负序注入电流与网络注入正序、负序电流相等的物理关系，建立约束条件如式（7-11）～

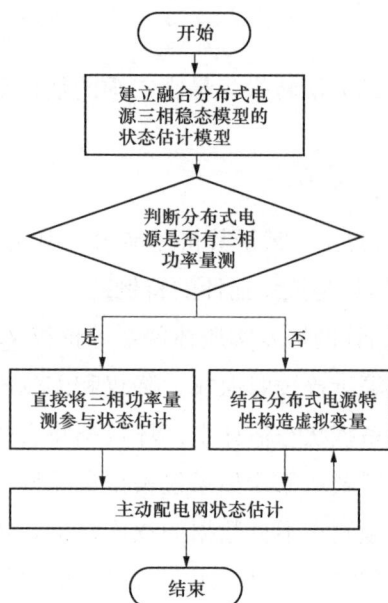

图 7-5 含分布式电源的配电网状态估计总体框图

式（7-14）所示

$$I_{grid}^{+} + jI_{grid}^{+} = \frac{U_d^{+} + jU_q^{+}}{Z_{equ}^{+}} \qquad (7-11)$$

$$Z_{equ}^{+} = R_s + jX_s + \frac{(R_r + jsX_r)jX_m}{R_r + js(X_r + X_m)} \qquad (7-12)$$

$$I_{grid}^{-} + jI_{grid}^{-} = \frac{U_d^{-} + jU_q^{-}}{Z_{equ}^{-}} \qquad (7-13)$$

$$Z_{equ}^{-} = R_s + jX_s + \frac{(R_r + j(2-s)X_r) \cdot jX_m}{R_r + j(2-s)(X_r + X_m)} \qquad (7-14)$$

将上述约束条件添加到状态估计方程中，相当于增加了一个变量，添加了四个方程，增加了状态估计的冗余度。

（3）通过换流器并网型。

换流器对不平衡分量的控制方式相对比较多，通常可以分为两种情况：

a．换流器出口负序电压控制为零。此时的处理方法为将换流器的负序电抗并入到系统导纳矩阵中。

b．换流器注入电网的负序电流为零。根据网络注入负序电流与换流器计算的负序相等的条件，建立约束条件如式（7-15）所示

$$I_{grid}^{-} + jI_{grid}^{-} = 0 \qquad (7-15)$$

（4）双馈感应发电机。异步发电机部分对负序分量常用的控制方式为两种：

a．定子负序电流为零。此时转子电流的负序分量为

$$I_{rd}^{-} + jI_{rq}^{-} = \frac{U_d^{-} + jU_q^{-}}{jX_m} \qquad (7-16)$$

网络侧换流器（GSR）注入电网的负序分量为

$$I_{cd}^- + jI_{cq}^- = I_{grid-d}^- + jI_{grid-q}^- \qquad (7\text{-}17)$$

b. 转子负序电流控制为零。

$$I_{rd}^- + jI_{rq}^- = 0 \qquad (7\text{-}18)$$

网络侧换流器（GSR）注入电网的负序分量为

$$I_{cd}^- + jI_{cq}^- = I_{grid-d}^- + jI_{grid-q}^- - \frac{U_d^- + jU_q^-}{R_s + j(X_m + X_s)} \qquad (7\text{-}19)$$

转子回路的正序电流为

$$I_{rd}^+ + jI_{rq}^+ = I_{grid}^+ + jI_{grid}^+ - (I_{cd}^+ + jI_{rq}^+) - \frac{U_d^+ + jU_q^+}{R_s + j(X_m + X_s)} \qquad (7\text{-}20)$$

转子回路的正序电压为

$$U_{rd}^+ + jU_{rq}^+ = U_d^+ + jU_q^+ - (I_{grid}^+ + jI_{grid}^+ - I_c^+ - jI_c^+)(R_s + jX_s) - (I_{rd}^+ + jI_{rq}^+)(R_r + jX_r) \qquad (7\text{-}21)$$

网络侧换流器（GSR）对输入电网无功控制目标通常为零，即

$$-3(U_d^+ I_{cq}^+ + U_q^+ I_{cd}^- - U_d^- I_{cq}^- + U_q^- I_{cd}^-) = 0 \qquad (7\text{-}22)$$

并网换流器传输的有功功率即电网侧与转子侧交换的有功功率，即

$$\begin{aligned} P_r &= 3(U_d^+ I_{cq}^+ + U_q^+ I_{cq}^+ + U_d^- I_{cq}^- + U_q^- I_{cd}^-) \\ &= 3(U_{rd}^+ I_{rd}^+ + U_{rq}^+ I_{rq}^+ + U_{rd}^- I_{rq}^- + U_{rq}^- I_{rd}^-) \end{aligned} \qquad (7\text{-}23)$$

将上述公式代入网络侧换流器的有功与无功公式，可以得到

$$\begin{cases} f_p(U,X) = U_d^+ I_{cd}^+ + U_q^+ I_{cq}^+ \\ f_q(U,X) = U_d^+ I_{cq}^+ + U_q^+ I_{cd}^+ \end{cases} \qquad (7\text{-}24)$$

上式融合了双馈感应电机的三相稳态模型，相当于在状态估计模型中增加了两个变量与约束条件，因此不影响状态估计冗余度。

基于状态估计结果，转差率的求法如下：

（1）简化求法。Kamh 等计算流经 GSC 的有功功率时，使用估算公式

$$P_s = \frac{s}{1-s} P_r \qquad (7\text{-}25)$$

（2）精确求法如式（7-26）所示

$$\begin{aligned} &U_d^+ + jU_q^+ - (I_{grid}^+ + jI_{grid}^+ - I_c^+ - jI_c^+)(R_s + jX_s) \\ &= (I_{rd}^+ + jI_{rq}^+)(\frac{R_r}{s} + jX_r) + \frac{U_{rd}^+ + jU_{rq}^+}{s} \end{aligned} \qquad (7\text{-}26)$$

（3）结合分布式电源特性的虚拟量测构造方法。

1）通过同步发电机并网型。首先设定三相有功总功率为某一值作为伪量测，然后依据式（7-27）计算三相无功功率

$$Q_{DG} = \sqrt{\left(\frac{E_{DGq} U}{X_d}\right)^2 - P_{DG}} - \frac{U^2}{X_d} \qquad (7\text{-}27)$$

式中　P_{DG}——同步机的有功输出；

Q_{DG}——同步机的无功输出；

U ——机端线电压幅值；

E_{DGq}——同步机的空载电势，当无励磁调节系统时为常数；

X_d——机端线电压幅值。

根据状态估计计算中并网点电压计算三相功率。

2）通过异步发电机并网型。根据一定的转差率，设置三相有功总功率为某一值作为伪量测，然后依据式（7-28）计算三相总无功功率

$$Q_{DG} = -\frac{U^2}{x_p} + \frac{-U + \sqrt{U^4 - 4P_{DG}^2 x^2}}{2x} \tag{7-28}$$

式中 x——定子和转子电抗的和；

x_p——激磁电抗和补偿电容并联后的电抗。

根据状态估计计算并网点电压计算三相功率。

3）通过电力电子装置并网型。设定三相有功与无功总功率为某一值，即伪量测，根据三相稳态模型与状态估计计算中的三相电压计算三相功率量测。

4）双馈感应电机虚拟量测的设置方法。设定有功、无功总功率的模型值，然后采用精确求法进行处理。

当定子负序电流为零时，如式（7-29）及式（7-30）所示方程

$$P_{sp} = 3(U_d^+ I_d^+ + U_q^+ I_q^+ + U_d^- I_d^- + U_q^- I_q^-) \tag{7-29}$$

$$Q_{sp} = 3(-U_d^+ I_q^+ + U_q^+ I_d^+ - U_d^- I_q^- + U_q^- I_d^-) \tag{7-30}$$

由于定子负序电流为零，因此正序电流可解。当转子负序电流为零时，增加一个负序电压与负序电流的关系式，则方程可解。

7.3 本章小结

本章介绍了几种常用的主动配电网状态估计技术。主动配电网状态估计主要解决多采样周期混合量测环境下多电压等级网络状态估计的计算精度与缩短计算周期问题，最终的目的是提高计算精度和计算速度，满足主动配电网实时运行与控制的要求。虽然在配电网状态估计方面做了大量研究，取得了很多成果，但是仍需要进一步深入研究。大数据技术的发展为多采样周期混合量测环境下的主动配电网状态估计提供了新的思路，现有的研究也取得了较好的效果，因此，大数据分析技术将会给主动配电网状态估计提供更好的解决途径。

第 8 章

主动配电网的自愈控制与快速仿真

8.1 引言

自愈是主动配电网的重要特征之一，也是主动配电网的核心功能。研究电网的自愈控制对智能电网的发展具有重要意义。近年来，中国进行了大规模的城市电网改造，城市配电网的信息化与自动化水平有了较大幅度的提升。但随着各种新能源发电技术的发展，配电网的运行与控制保护面临许多新挑战，如大量 DG 接入后的配电网电压越限问题。自愈控制是高级配电自动化（advanced distribution automation, ADA）的核心功能，是对传统配电自动化技术的发展与延伸，能实现更高的供电可靠性与配电资产利用率，能友好地适应未来电网的各种挑战，包括各种分布式发电设备、储能、电动汽车充放电设施的接入，需求侧响应等。智能配电网自愈控制是解决中国配电网长期以来存在的设备利用率低、供电可靠性低、线损率高等关键问题的核心技术，是解决 DG 大量接入的关键技术。智能配电网自愈控制成为目前电力系统领域的研究热点。较早的研究工作集中在建立电网自愈控制的体系架构，针对不同的运行状态分别提出不同的自愈控制目标。特别是在故障情况下，面向不同的配电自动化实施水平给出了相应的故障处理建议。更进一步地，在智能电网环境下考虑 DG 与储能对电网转供能力的影响。自愈控制理论研究包括智能配电网快速仿真与模拟，网络重构及优化方法是研究的重点。目前，在自愈控制技术的实践方面，分布式智能控制的研究受到较多关注。

多代理技术（multi-agent system，MAS）是近几年来人工智能方面的一个研究热点，特别适用于根据时间、空间或功能进行分解的问题，已在电力系统多个方面得到应用。本章将 MAS 应用到自愈电网的网络监测、保护、控制中，基于 MAS 解决复杂分布式问题上的优势，提出了一种电网分布式分层自愈控制结构，该结构具有实时、自适应、全局广域等自愈系统特点。电网自愈包括电网自我预防、自我恢复的能力。自我预防是通过系统正常运行时对电网进行实时运行评价和持续优化来完成的；自我恢复是电网经受扰动或故障时，自动进行故障检测、隔离、恢复供电来实现的。所以本章重点设计了电网自愈控制的初级阶段，通过具有不同功能代理（Agent）之间的相互合作来实现电网的分布式实时监测、电网运行状态预测及故障诊断。

8.2 主动配电网的自愈控制

8.2.1 主动配电网自愈控制的基本概念

主动配电网自愈控制的目标是在配电网运行过程中及时发现、预防和隔离各种潜在故障和隐患，优化系统运行状态并有效应对系统内外发生的各种扰动，在故障情况下维持系统连续运行、自主修复故障并快速恢复供电，通过减少配电网运行时的人为干预，降低扰动或故障对电网和用户的影响，降低停电次数，极大减少用户停电时间和停电影响用户数。

按照配电系统发生故障的时间、控制目标与控制策略不同，自愈控制可分为故障前的预防、故障中的处理和故障后的优化三种情况。按照主动配电网自治区域划分，自愈控制可分为自治区内故障自愈控制、自治区外故障自愈控制两种情况。

（1）在故障前的预防中，自愈控制通过汇总各种类型的信息判断配电网当前状态，然后通过改变网络结构、投切无功补偿装置、调整变压器分接头等手段，提高配电系统的安全可靠裕度。

（2）在自治区内发生故障时，自愈控制判断故障类型与故障位置并快速精确的切除故障，尽可能减少故障的隔离范围，通过网络重构尽快恢复非故障停电区域的供电；在自治区外发生不可逆转的严重故障时，应断开与外部电网的连接，依靠自治区内的分布式电源及储能装置，维持系统的自治运行，保证部分关键负荷的持续供电。

（3）在自治区故障区段重新接入电网前，自愈控制的目标主要是在满足系统安全稳定约束的前提下，尽可能恢复优化运行方式；在配网正常运行状态时，进行经济性优化，充分利用系统中的可再生能源，提高资产利用效率，降低损耗。

8.2.2 主动配电网自愈控制系统架构

整个主动配电网自愈控制系统由分布式自愈控制层和主站集中自愈控制层，通过网络通信组成，整个系统应按照实现主动配电网"自我感知、自我诊断、自我决策、自我恢复"的目标进行主站系统和分布式终端软件的设计，主动配电网自愈控制系统分层架构示意图如图 8-1 所示。

配电网自愈控制采用基于分布式智能终端与主站的综合控制方法以减少配网故障影响的用户数量、减少停电范围和停电时间。具体控制原则如下：

（1）10kV 配电网络主干线的开关站和配电站全部配置测控保护一体化终端，在线路发生故障时，优先采用就地控制方式对故障进行处理。通信正常时，采用基于对等式通信网络的网络式保护技术实现故障的定位、隔离和非故障区段的供电恢复；终端间通信故障时，采用电压—电流—时间型方式实现线路故障处理。

（2）10kV 配电网络支线选择关键点安装自组网的故障指示器，当支线发生故障时，可实现故障分支、故障用户的精确定位。

（3）主站集中控制方式作为就地控制方式的补充。当终端保护拒动、误动或负荷转供后造成过流时，主站提供校正或优化方案，由运行人员判断后执行。另外，对部分架空线路，采用了故障指示器进行故障精确定位，故障指示器通过无线自组网方式把采集的故障信息传送给附近的智能终端，智能终端将实时运行数据及各类信号等相关信息通过配电通信网，接入主动配电网自愈控制系统主站，以实现故障精确定位。

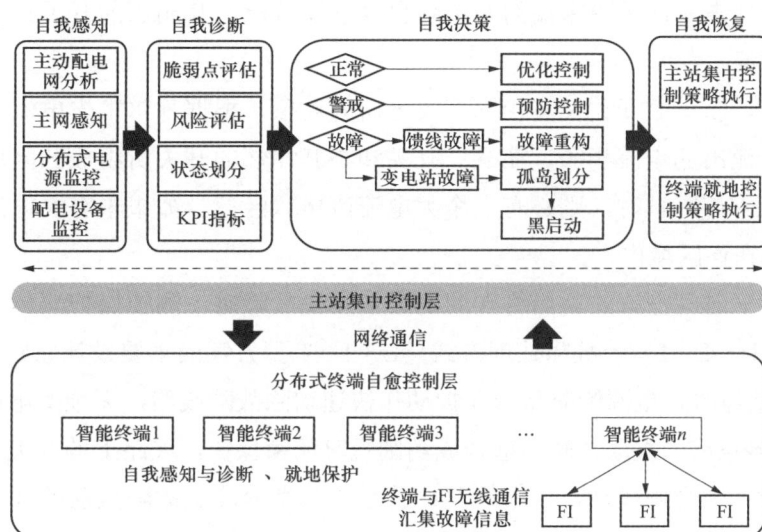

图 8-1　主动配电网自愈控制系统分层架构示意图

8.2.3　主动配电网自愈控制功能介绍

1. 故障前的预防

故障前的预防指的是为了提高示范区的安全可靠供电裕度，利用预防性评估、实时评估以及基于断面潮流脆弱点评估结果，计算得到预警指标，确定配电网当前的运行状态，判断是否进行报警、是否启动预防性控制。

预防性评估是指利用经过状态估计后的负荷预测数据进行潮流计算，将计算值与各设备的安全极限值进行评估；实时评估是指利用经过状态估计后的实时断面数据与各设备的安全极限值进行评估；基于断面潮流脆弱点评估指的是对于系统的脆弱点，利用断面潮流数据对这些点进行 $k(n-1+1)$ 评估。

利用评估结果计算出的预警指标大于设定的报警限值时，则进行报警；若预警指标大于设定的预防性控制限值时，则进行重构计算，生成重构方案（必要时切除部分负荷），并由调度员综合判断后确定是否执行。

2. 故障中的控制

（1）基于对等式网络保护的方式。当终端间通信通道正常时，测控保护一体化终端采用对等式网络保护对故障进行处理。对等式网络保护采用对等式的通信网络，线路上的开关控制器之间互相通信，收集相邻开关的故障信息，自行判断是否动作。对等式网络保护采用了一种全新的分布式保护配合思路，能尽可能地缩小故障影响的用户范围，并避免配网线路中用传统的电流和时间级差配合实现困难的问题。

根据主动配电网的运行方式，对等式网络保护算法分为对等式网络保护的开环模式和对等式网络保护的闭环模式两种。

系统开环运行时，网络拓扑为树状结构，故障电流流经的线路为从电源到故障点的一条路径。

当系统发生单一故障时，故障区段必定位于从电源到末梢方向的最后一个经历了故障电流的开关和第一个未经历故障电流的开关之间。对于对等式网络保护的开环模式，主要的判据来源是开关本身及其相邻开关的故障状态，即故障末端的开关除自身感受过流，其相邻的开关只有一个开关（上游开关）会经历故障电流。

系统合环运行时，以一个开关及其相邻开关为研究对象，根据基尔霍夫电流定律，在一个节点（或区域），其流入和流出的电流相等。在某一开关和与其相邻的开关所组成的区域中，当有一个大电流从某一个开关流入该区域时，则必有一个大电流流出该区域，如果未有大电流从另一个开关流出，则必定有故障点在该区域内。

（2）电压—电流—时间型方式。当终端间的通信发生故障时，测控保护一体化智能终端转为电压—电流—时间型（U—I—T）的故障处理方式。U—I—T 型方案的主要设计原则如下：

1）当线路发生故障时，电源侧断路器保护动作快速切除故障线路，无须变电站出口跳闸。

2）电源侧断路器整定一次重合闸，重合成功则短时闭锁保护，线路上的开关通电后依次试合。

若是瞬时性故障，则合闸成功，供电恢复；若是永久性故障，故障点前的开关合闸到故障上，该开关加速跳闸（其他开关重合成功后不再跳闸），故障点后的开关检测到残压脉冲自动分闸闭锁，从而将故障点准确隔离。变电站出口开关的速断保护要增加一级延时，以保证线路上的开关先于出口开关跳闸。

联络开关单侧失压延时合闸，完成自动转移供电。

位于分支线上的断路器则整定继电保护功能，检测到分支线发生故障时优先跳闸隔离故障，不影响主干线路供电。

该方案与传统的电压—时间型、电流—时间型处理方式相比，有以下三个优点：

利用了电压和电流两个信号作为故障段的判据，充分考虑了故障后线路失压和过流次序和规律，制订全面的网络重构方案。该方案的参数配置不受线路分段数目和联络开关位置的影响。

当利用断路器组网时，能够发挥断路器的开断和重合能力，迅速切断并隔离故障，恢复非故障线路供电。

采用"残压检测"功能使故障点负荷侧的开关提前分闸闭锁，避免另一侧电源向故障线路转供电时受到短路冲击和不必要的停电。

（3）基于自组网故障指示器的故障定位方式。故障指示器安装在各线路分支线上，监测线路电流等变化特征，用于分支线故障点的精确定位。当检测到满足短路故障特征后，故障线路上从电源点到故障点方向的指示器立即触发就地翻牌和闪光，而非故障分支和故障点后的指示器不动作，自组网故障指示器定位示意如图 8-2 所示，指示故障所在的出线、分支和区段。

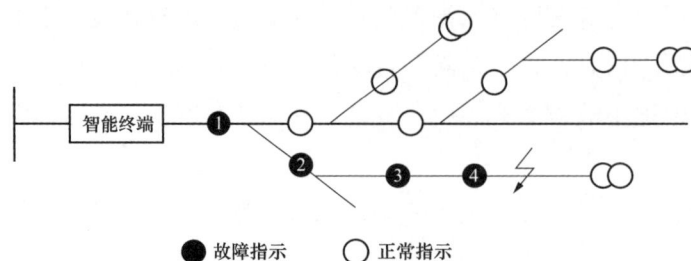

● 故障指示   ○ 正常指示

图 8-2　自组网故障指示器定位示意图

在架空线路中，指示器通过无线通信系统把故障信息上传中继器，中继器通过组建的小型无线网络将网络内故障指示器的报警信息转发给智能终端，在智能终端内实现故障的定位，定位结果再通过智能终端进行远程传输上传给主站，从而实现了故障的远程精确定位指示。

在电缆线路中，指示器将故障信息传给通信终端，通信终端再将故障指示器的报警信息上传至主站，然后由主站完成分支线路故障区段的精确定位。

（4）主站集中控制方式。配网线路发生故障后，故障信息和开关变位信息上传至主站。主站可以根据终端上报的故障信息和开关变位信息判断终端层隔离和转供是否完整、准确，并根据故障后网络重构功能给出可能的后续操作方案，由运行人员进行处理。

主站根据终端上报的故障信息和开关变位信息，依据主站端的拓扑模型进行故障定位，并分析其是否与终端隔离、转供操作的情况一致，如不一致就把差异分析出来提醒运行人员；在终端隔离与主站端故障定位一致，但转供恢复不彻底的情况下，主站端也可以启动故障后网络重构功能实现最优转供；若终端上传的处理结果与主站端分析的最优隔离和恢复方案一致，主站端不需要进一步的操作，只是对故障区段进行挂牌提示，等待现场故障清除后，由运行人员摘牌后，启动网络重构恢复最优运行方式。主站与终端配合进行故障处理流程如图 8-3 所示。

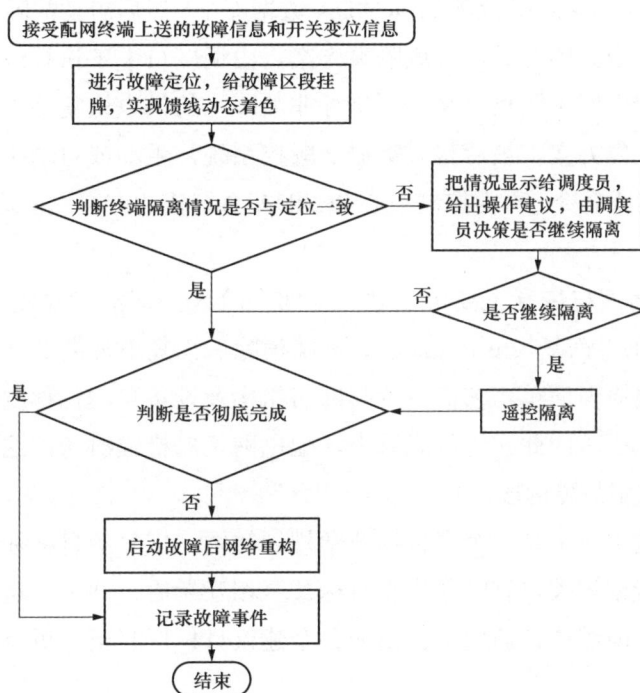

图 8-3　主站与终端配合进行故障处理流程示意图

8.3　主动配电网的快速仿真

8.3.1　功能介绍

主动配电网的快速仿真总体包括拓扑分析、故障检测隔离和恢复以及快速仿真工具三大内容，具体如下：

（1）拓扑分析（topological analysis）。根据电网物理模型中各设备的连接关系，利用开关的开合状态进行设备连接关系搜索，把电网的物理模型转换为电网分析应用软件使用的计算模型，这一过程称为网络拓扑分析。

（2）故障检测、隔离和恢复（Fault Detection Isolation and Restoration，FDIR）。是指对配电网络发生的故障进行检测、定位、故障隔离和非故障失电区域恢复供电的功能简称，是配网自动化功能的核心。

（3）快速仿真工具（fast simulation and modeling，FSM）是一套专门用于电网运行、规划和管理的软件工具集，它能够对电力系统进行实时的仿真分析，对电网故障提前做出预测和反应；为保证系统自动的、持续的优化运行，向操作员提出预防控制措施，达到改善电网稳定性、安全性、可靠性和提高运行效率的目的。输电环节的 FSM 简称为输电快速仿真与模拟（TFSM），配电环节的 FSM 简称配电快速仿真与模拟（DFSM）。

8.3.2　技术描述

配电网故障检测、隔离与恢复是配电管理系统（DMS）的一项重要功能。其一般过程是通过安装在馈线上的配电终端（feeder terminal unit，FTU）检测并记录故障信息，再将此故障信息由配电网的通信系统传送到配网控制中心，并反映到 SCADA 数据库中。然后启动故障定位、隔离与恢复程序，确定故障区段分析出需要拉开的开关，形成隔离方案，由调度员手工执行或通过顺控命令下发给各个终端，将故障区段从配电网中隔离出来。再执行非故障区的供电恢复功能，系统根据一定的原则分析出优选或者可行的恢复方案，最后将方案提交顺控系统，手动或自动执行。其本质是通过软件在控制中心形成操作方案或命令，再由控制中心 SCADA 系统依此方案发出遥控命令，实现配电网故障的自动处理。

配电网故障检测、隔离与恢复主要可以划分为四个阶段，即故障检测（detection）、故障隔离（isolation）、非故障区段供电恢复（restoration）、故障消除后恢复正常供电方式。

其中检测与隔离实现原理简单，它们主要与网络结构及设备自动化程度紧密相关。由于配电网一般情况闭环设计开环运行，因此在电气联系上，配电网呈严格辐射状，这样，依照简单的逻辑关系及故障信息，就可以确定故障区段。

配电网故障恢复问题本质上是一个多目标数学规划问题。恢复的目标往往与各供电企业的实际情况和配电网运行方式紧密相关，有时各恢复目标甚至相互矛盾、冲突。这就对应用软件提出了更高的要求，要求应用软件能够协调调度员提出的各个建议目标，甚至分析调度员提出的恢复建议，拒绝不合理的建议。

使用配电仿真工具可以模拟任意馈线段、任意配电网母线段发生的短路故障/接地故障、瞬时性故障和永久性故障，能够模拟故障发生后终端检测并上送到主站平台的故障信号以及电网运行方式。主站系统需要配备馈线自动化（FA）服务程序，通过 FA 程序模拟配电网发生故障后主站平台接收到的相关故障信息以及主站进行事故处理的情况。收到故障信息后，FA 弹出相应的故障处理界面，界面包括故障信息、隔离方案、恢复方案等几部分。

8.3.3　故障处理流程

故障处理流程如图 8-4 所示。

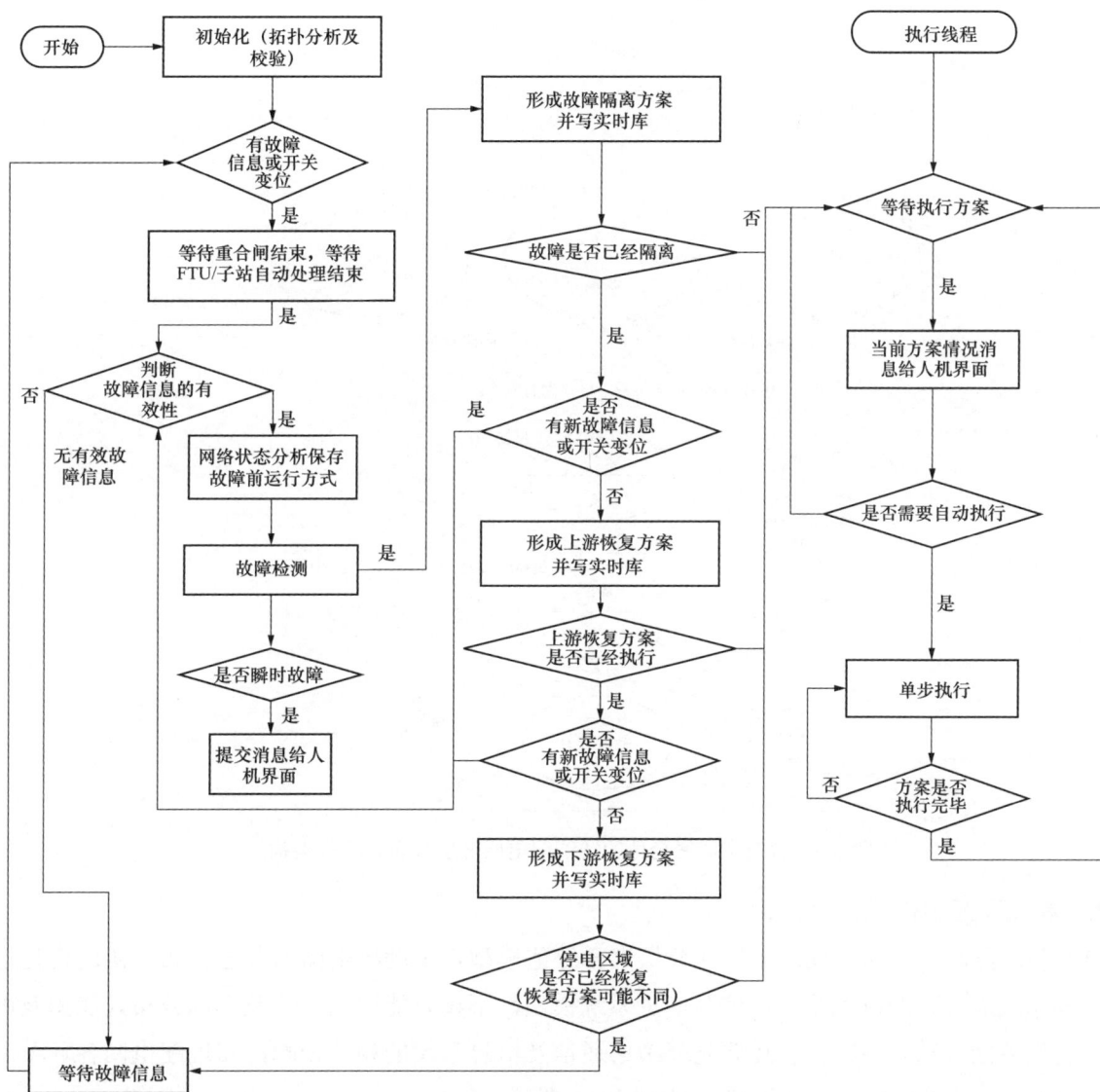

图 8-4　故障处理流程

8.3.4　基于多代理的配电网仿真支撑平台

1. 主动配电网的分层聚合等值模型

主动配电网中含有许多不同层次的自治运行系统和种类数量众多的装置设备,对装置设备和自治运行系统进行考虑不同时间尺度和精细化程度的聚合等值建模是实现分层分布式协同运行控制的基础,含有多层聚合体的智能配电网分层分布式运行架构如图 8-5 所示。在各类分布式电源、分布式储能、用户用电设备、新型电力电子装置等设备精细化模型的基础上,结合虚拟电厂和能效电厂的概念和方法,自下而上地建立分布式电源集群、分布式储能集群、具有互动响应能力的用户侧负荷集群、微电网及微电网集群等各层次自治运行系统的聚合模型。在建立聚合模型的过程中,除了对直接参与能源生产、转换、储存和消耗的一次设备进行建模,还应包含各种传感测量、信息通信和控制系统的模型。

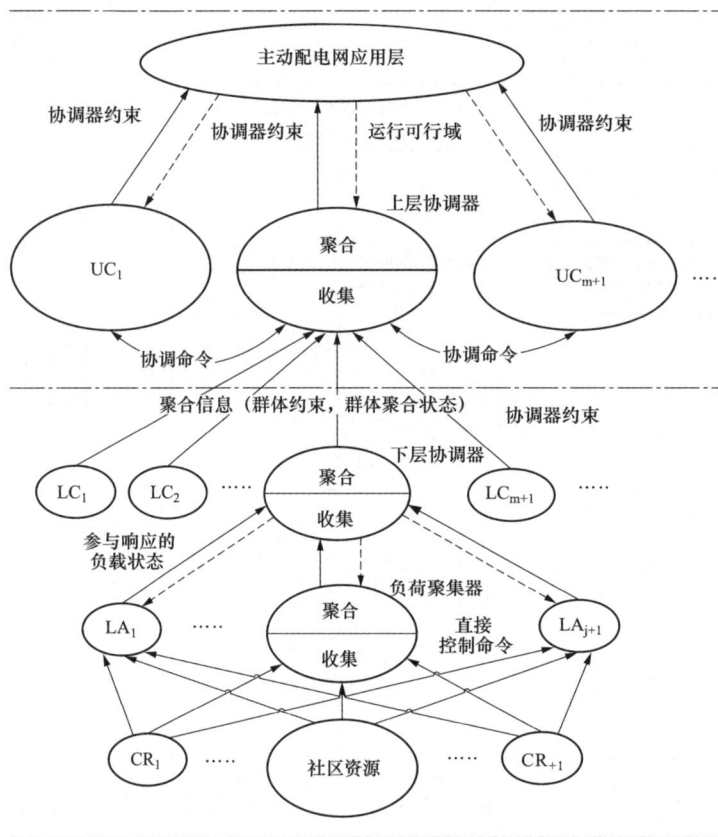

图 8-5　含有多层聚合体的智能配电网分层分布式运行架构

2. 多代理互动模拟计算结构

（1）基本结构。参考主动配电网的分层聚合等值模型，主动配电网的分层分布式协同优化运行依赖于分布式能源、控制系统、通信及信息系统模型，不仅要能够充分计及不同分布式能源及电力电子控制设备的互动响应特性、还要充分考虑通信及信息系统的相关影响，实现配电网各环节的综合协同运行。分层分区控制总体框架模型如图 8-6 所示。

以上模型总体分为区域内部低压级、区域间中压级和区域间的中高压等多层级构架。为实现以上目标，这里构建了仿真的核心管理机制和基本运行环境（如图 8-4 所示），负责所有仿真对象的管理，通过中央代理进行多区域间的仿真协调和同步。重点包括以下几部分：

1）中央代理。运行于仿真主计算节点，负责协调管理多个区域之间的仿真进程，中央代理以及各区域的主导代理和控制对象代理的自治运行和协调行为的核心策略用于总体控制仿真流程。

对于单级单区域的简单 ADN 仿真网络，中央代理用于统筹所辖的对象代理，在仿真网络内部的能量协调有序流动过程。所有对象代理都要与中央代理进行信息和数据交互。对于规模较大的 ADN 网络，通过按电压等级和供电区域划分子网的方式，采用"中央代理" + "区域的主导代理"的分级管理形式，每个层级的区域主导代理除了要负责自身内部网络间的协调外，还需要与上下级网络之间的其他区域主导代理进行交互，共同进行多级跨区协调。这里对代理采用"状态监视""仿真分析""统筹规划""任务执行"的仿真控制环进行管理，对中央代理完整的功能定义如图 8-7 所示，对于区域主导代理采用类似的结构，但不包含全局仿真决策的部分。

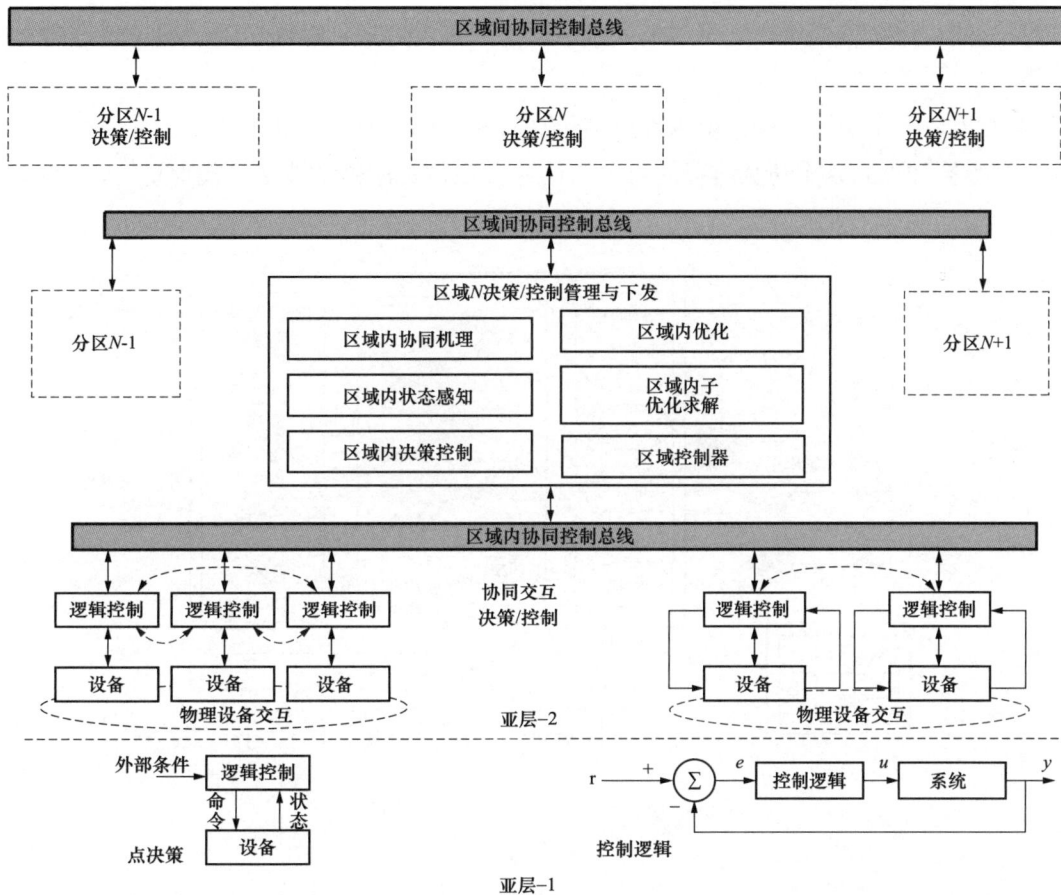

图 8-6 分层分区总体框架

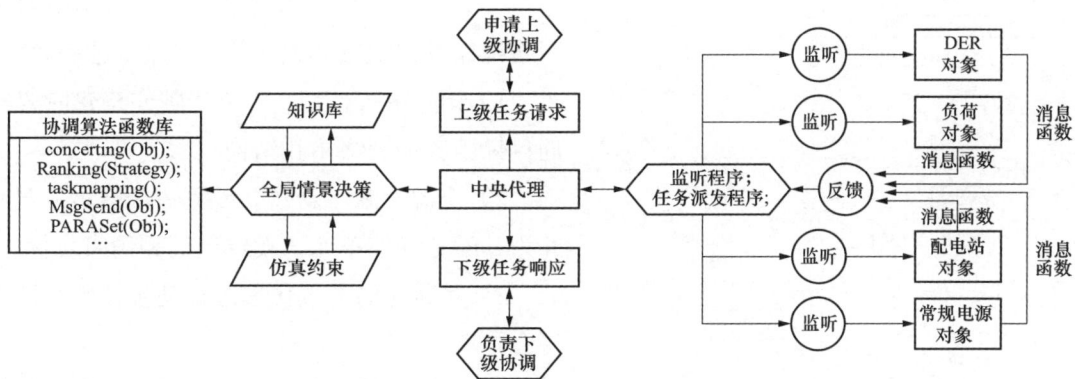

图 8-7 中央代理完整的功能定义

中央代理根据时间戳不断更新当前网络状态，并将结果向自身网络广播，通过端口监听来获取对所属对象代理的状态信息。此外，中央代理需要全局协调策略支持，在当前的约束条件下计算适用的协调策略。在计算协调策略结果不收敛时，表明本网络内部已无法自协调，可向上级申请。同理，中央代理应对下级网络发送的请求进行响应。

2）仿真进程。分布在多个计算节点中运行，仿真进程是整个仿真任务的并行化体现。在分布式协同控制运行仿真中，区域内部还至少存在一个本区域内部的主导代理，负责本区内部的仿真任务协调，当本区无法协调的情况下，通过中央代理进行跨区域的协调任务。

3）仿真流程。仿真进程用于一系列基于时间序列的配电网运行过程模拟，通过事件触发的方式对运行状态进行连续时间断面推演。

4）仿真对象。每个仿真流程中都包含多个仿真对象实例，通过代理来实现，其必须依存于某个仿真进程，只有被加入到某个仿真进程的对象实例才会在仿真流程中被主导代理访问，ADN 中的自治仿真基本构架如图 8-8 所示。

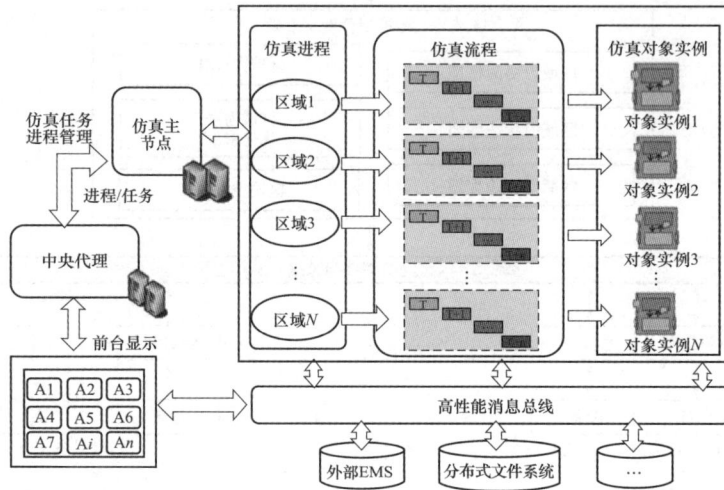

图 8-8　ADN 中的自治仿真基本构架

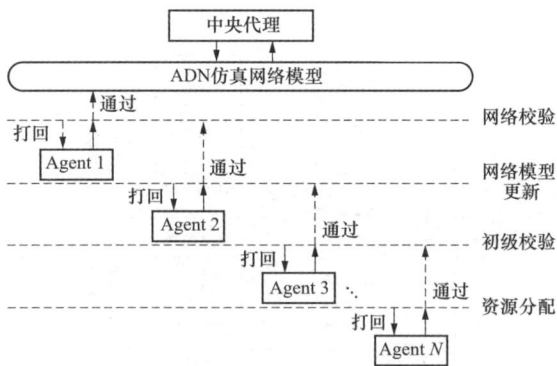

图 8-9　一个典型的多代理网络构建过程

（2）代理网络的构建过程。一个典型的多代理网络构建过程如图 8-9 所示，其建立过程如下：

1）构建中央代理。中央代理在构建时要给定全局目标函数和网络拓扑结构。

2）资源分配。新建并配置一个区域主导代理，并为其配置受控单元，设定运行和约束目标。

3）对新建的节点代理进行初步校验，检查是否符合预期。

4）主导代理按照网络拓扑将校验通过的节点代理加入到网络中，更新网络拓扑矩阵，更新各层代理的上下文关系。

5）进行全网模型校验。

6）若网络未构建完成，则回到步骤 2）。

此外，还包括与外部数据库和分布式文件系统的交互，通过 EMS 外部数据库来实现对象的初始化数据（包括各类对象的状态参数、计划曲线、成本曲线、实时量测值等）以便生成初始仿真场景。分布式文件系统则提供电网模型文件。

（3）仿真的全局约束。仿真全局控制约束在每次仿真进程开始时即行确定。这些约束在整个仿真流程中全程遵守，在算法制定优化策略时是首先要服从这些约束条件，仿真全局控制约束如表 8-1 所示。

表 8-1　　　　　　　　　　　　　　　　仿真全局控制约束

类型	参数名称	参数内容	说　　明
DPS	*DPS_adjustable*	{1,0}	是否允许 DPS 参与有功/无功调节
DPS	*DPS_forcast_wave*	{1,0} (μ, σ)	是否考虑 DPS 随机波动；考虑时，定义置信区间；不考虑时，预测值可信
DPS	*DPS_Schedule*	*DES_listtype*	DPS 松弛等级
DPS	*DPS_MAX*	%	DPS 最大接入比
LOAD	*Load_feature*	(*I,C,R*)	地区负荷特性
LOAD	*Load_forcast_wave*	{1,0}；(μ, σ)；	负荷预测置信度（是否考虑负荷临时波动）
DPS	*DS_available*	{1,0,or 1+0}；	储能参与调节平衡系统短时功率差额/优化充放电效率/兼顾考虑
GEN	*Gen_cost_schedule*	*Gen_cost_listtype*	常规电源成本排序（购电成本曲线）
DSR	*DSR_available*	{1,0}；	是否允许用户参与负荷调节
OTHER	*Is_multi_subgrid*	{1,0}；	是否允许进行多级协调
OTHER	*Failureshandle_types*	{*T,C,T+C,C+T*}；	优化目标：时间/成本/其他

表 8-1 中所列的约束主要分为两类：①分布式电源（distributed power source，DPS）类规定了对分布式电源的全局参数，如是否允许分布式储能（distributed energy storge，DES）参与有功/无功优化调节，即 DES 是静态的对象还是动态的对象、是否考虑 DES 的随机波动、当需要松弛 DES 时 DES 的松弛等级列表、DES 的最大接入比、储能是否参与短时功率平衡等。②Load 类规定了地区负荷特性（工业、商业、居民），此外，由于智能配电仿真的负荷对象模型需要使用负荷预测数据作为输入，故要指定是否考虑负荷波动（即负荷预测真实置信度）。此外还包括是否考虑需求响应（参数 DSR_available）以及其他的系统类参数（如是否考虑多级联合协调）等。

（4）代理对象模型。

1）负荷单元代理。从负荷的灵活可控特性出发，可将负荷可分为刚性负荷和柔性负荷

$$P_{\text{L}} = P_{\text{Ld}t} + P_{\text{Lf}}(C, \lambda) \tag{8-1}$$

式中　$P_{\text{Ld}t}$——刚性负荷，负荷量变化不受电网电价波动影响，在 *t* 时刻可表示为不随外界变化的常数；

　　　P_{Lf}——柔性负荷，其用电行为具有较大的灵活性，受电网电价 *C* 以及其他影响负荷用电行为的参数因子 λ（例如气温、日照强度等）的影响。相同参数因子 λ 下，电价 *C* 越高，柔性负荷越少；电价 *C* 越低，柔性负荷越高。

为引导用户将柔性负荷从电价高时转移至电价低时，实现削峰填谷和系统经济运行，引入用户柔性负荷期望电价 $C_{\text{Lf}}(t)$，如式（8-2）所示

$$C_{\text{Lf}}(t) = \rho_1 - \rho_2 P_{\text{Lf}}(t) \tag{8-2}$$

式中　ρ_1、ρ_2——柔性负荷期望电价系数。

当 *t* 时刻用户柔性负荷用电需求越多时，柔性负荷的期望电价越小；相反，柔性负荷用电需求越少时，其期望电价越大。以此可以实现当电网电价高于柔性负荷的期望电价，减少柔性负荷；当电网电价低于负荷期望电价时，增加柔性负荷，实现柔性负荷削峰填谷双重调峰效益。

一般的负荷对象包括商业用电、工业用电和居民用电负荷等，此外在智能配电网中还存在处于冲电态的储能 DES 和电动汽车可作为特殊的负荷对象参与负荷调节，负荷对象主要用于保证系统重要负荷的正常供电，全系统以及主导代理的协调目标都是在各运行约束条件下最大化满足负荷需求。

为介绍原理而简单起见，在不设定用户参与负荷调节（需求响应）时，负荷对象原则上不受运行约束限制，但在仿真中，负荷代理包含两个重要输入参数：负荷曲线和购电价格目标（electrovalence）。后者主要用于进行负荷购电成本优化。在不考虑负荷临时性随机波动时，负荷代理会按照负荷曲线进行自身状态调节，当感受到外部电源输送不足时，发起负荷调节请求 *Load_requst*（*i*），主导代理收到请求后发起负荷调节进程 *a.Concerting*（*Load*（*i*）），负荷协调流程如图 8-10 所示。

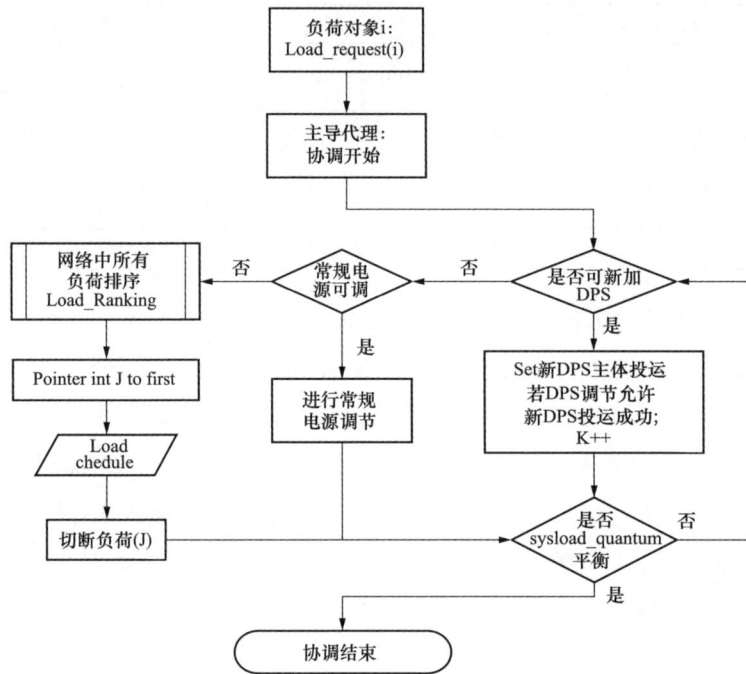

图 8-10　负荷协调流程

Step a：在协调时，出于对 DPS 的优先接入以及购电成本 electrovalence 考虑，优先考虑接入 DPS，如果存在备用 DPS 则马上进行 DPS 调节过程，若满足运行约束，DPS 正常启动且系统负荷平衡，则协调算法结束。

Step b：若 Step a 无效，则进入 GEN 调节，即通知上层主导代理进行外网供电调节，反复迭代直到系统平衡，协调算法结束。若仍无效，则进入 Step c.进行负荷调整。

Step c：在所有电源调节无效的情况下进行，与 DPS 调节类似，主导代理调用负荷评级子进程：

——**Step c.1**：所有负荷评级排序，评级遵循 "EV→STOR（充电态）→三类负荷→二类负荷→一类负荷" 约定；

——**Step c.2**：生成一个临时地址指针 J 指向 Load Schedule 的第一位；

——**Step c.3**：主导代理首将通知 J 指向的 Load ASOM 执行 close()操作，并等待接受 Load（J）返回 close()成功的消息，然后循环判断 sysload_quantum 是否平衡，若否，则后移 J 地址并重复本步骤，若是，则协调算法结束。

2）储能单元代理。储能设备一般受最大存储容量限制，并且为了延长蓄电池的使用寿命，不允许过充过放，其基本模型及约束如式（8-3）所示。

$$SOC(t) = SOC(t-1) + \Delta TP_{ch}(t)\eta_{ch} / E_c$$
$$SOC(t) = SOC(t-1) + \Delta TP_{dis}(t)\eta_{dis} / E_c$$
$$SOC_{min} \leqslant SOC(t) \leqslant SOC_{max} \quad (8\text{-}3)$$
$$0 \leqslant P_{ch}(t) \leqslant P_{c,max}$$
$$0 \leqslant P_{dis}(t) \leqslant P_{d,max}$$

式中　　　　　E_c——蓄电池额定容量;

$SOC(t)$、$SOC(t-1)$——分别为蓄电池 t 时刻和 $t-1$ 时刻荷电状态;

$P_{ch}(t)$、$P_{dis}(t)$——分别为 t 时刻和 $t-1$ 时刻储能充电功率和放电功率;

η_{ch}、η_{dis}——充电效率和放电效率;

SOC_{min}、SOC_{max}——分别为最小/最大充电状态值,取值范围为(0,1];

$P_{d,max}$、$P_{c,max}$——分别为放/充电最大功率。

传统的优化模型中储能一般考虑其运行周期内充放电量平衡约束,进行长时间尺度运行优化,但因为可再生能源受天气影响出力波动性很大,进行长时间尺度优化准确性不高,也没有充分发挥储能设备在智能配电网中的调节作用,因此本文提出蓄电池虚拟充放电价格,即对蓄电池不同 SOC、不同充放电功率定义不同的虚拟价格以指导蓄电池进行充放电。设置的储能虚拟放电价格如式(8-4)所示。

$$C_{dis}(t) = a_1 - a_2[SOC(t) - SOC_{min}] + a_3 P_{dis}(t)$$
$$- a_4[SOC(t) - SOC_{min}]^2 \quad (8\text{-}4)$$

式中　a_i——虚拟价格系数,可根据储能优化目标设置不同的系数。

对不同 $SOC(t)$、不同放电功率 $P_{dis}(t)$ 时设置不同的虚拟放电价格进行描点,蓄电池虚拟放电价格曲线如图 8-11 所示。在取得一系列价格值后,由式(8-4)拟合即可得到 a_i。

通过蓄电池虚拟放电价格的设置,可以引导蓄电池在电网电价高且剩余电量较多时,采用大功率放电,缓解电网供电压力;在电网电价不高且剩余电量不多时,减小放电功率,使蓄电池维持一定能量能在紧急时提供功率支持,提高系统运行可靠性。

蓄电池能量也来自电网,需要设置其充电策略,为了平抑负荷峰谷,这里设置蓄电池充电策略主要跟蓄电池剩余电量有关,其虚拟充电价格如下

$$C_{ch}(t) = b_1 + b_2[SOC_{max} - SOC(t)] \quad (8\text{-}5)$$

式中　b_1、b_2——虚拟价格系数,可根据电网电价设置。

$SOC(t)$ 越小,表示蓄电池电量越少,为保持一定存储能量,需要充电,充电获得的虚拟效益就越高,虚拟充电价格应该越高。

通过蓄电池虚拟充电价格的设置,可以引导蓄电池在电网电价低且剩余电量较少时,采用大功率充电,快速提高蓄电池电量;在电网电价平时且剩余电量较少时,采用小功率进行充电。

3)常规电源代理。主动配电网中的常规电源(以下简称 GEN 代理)通常为外网

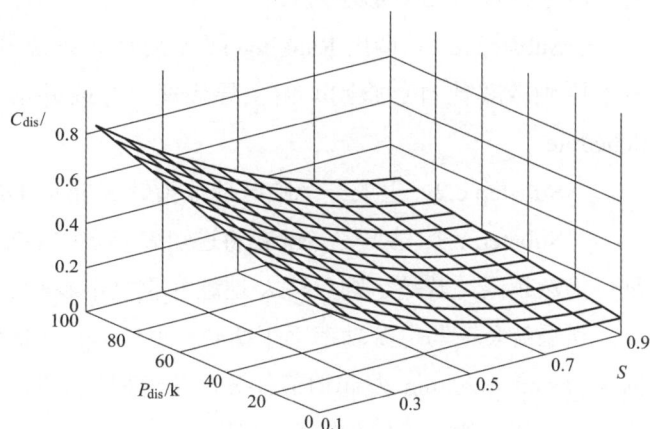

图 8-11　蓄电池虚拟放电价格曲线

或主网等值,因此 GEN 代理负责跟踪监控外网等值的参数变化。其运行约束条件由系统总负荷决定,在运行时每个负荷代理都会主动向主导代理定时报送自身负荷值,主导代理需考虑与当前系统中总负荷量(sysLoad_quantum)平衡,当系统负荷量低时,主导代理发起电源协调任务,首先保证 DPS 的接入,优先调节 GEN 对象,当无法调节时,再发起 DPS 调节(详见下小节)。当负荷量增高时,主导代理发起负荷对象调节。

4)分布式发电单元代理。发电单元分为可控型发电和不可控型发电。可控型发电包括小火电机组、燃气轮机和燃料电池等,不可控型发电主要是可再生能源发电,以风力(WT)和光伏(PV)发电为主,采用最大功率点跟踪(MPPT)控制模式,保证可再生能源最大化利用,是不可调度单元,不参与自治协调控制,这也是智能电网能够完全接纳新能源发电的突出特点体现。

分布式发电约束条件如式(8-6)

$$P_{dg,min} \leqslant P_{dg}(t) \leqslant P_{dg,max} \tag{8-6}$$

式中　$P_{dg,max}$ 和 $P_{dg,min}$ ——分别为分布式发电出力的上限和下限。

发电单元代理主要进行积极参与系统有功调节和系统稳定优化调节,WT、PV 等代理具有相似结构,在仿真中由输入的预测功率曲线来代替实际的功率进行动态状态跟踪。在不考虑分布式发电随机波动(表 1. DPS_forcast_wave=0)时,各代理定时直接报送当前自身出力值,当考虑分布式发电随机波动(表 1. DPS_forcast_wave=1)时,主导代理要根据参数进一步将各对象报送出力在给定的置信度 (μ, σ) 区间进行随机处理(可利用蒙特卡洛等随机试验),然后将该随机值当做真实出力。发电单元代理的运行约束是 DPS 的最大可接受接入比例 DPS_MAX,以及系统总负荷量 sysLoad_quantum 作为参考约束(用于负荷调节),这里重点讨论前者。当DPS接入比例小于DPS_MAX 时,DPS 可以最大化接入功率,当大于该值时,为保证系统安全,由主导代理对各 DPS 单元代理进行选择性切断:

Step a:当仿真进程中新加入一个 DPS 或者现有 DPS 状态更新,则触发一个主导代理的 DPS 协调事件,主导代理调用 DPS 协调函数;

Step b:主导代理首先判断 DPS 容纳是否越限,如果无,则允许接入,协调算法结束。若有,进入 Step c;

Step c:若 DPS 容纳越限,则继续判断是否是新加电源,若是,则将其请求否决,协调算法结束。若否,则进入 DPS 评级子进程:

—Substep c.1:调用 Ranking()函数对所有系统中的 DPS 排序,排序原则(地理就近原则、经济成本原则或其他自定原则)由主导代理自行或外部传参指定,最后生成所有 DPS 的排序表 DPS Schedule。

—Substep c.2:生成一个临时地址指针 K 指向 DPS Schedule 的第一位。

—Substep c.3:主导 Agent 首将通知 K 指定的 DPS 对象执行 close()操作,然后循环判断 DPS_MAX 是否仍然越限,若是,则后移 K 地址并重复本步骤,若否,则算法结束。

当系统负荷与电源功率不平衡时,主导 Agent 优先调节常规电源对象,若调节无法平衡,可以根据 sysLoad_quantum 发起调节任务,其过程与上述过程类似,但仍不能违反 DPS_MAX 约束。DPS 协调的伪代码执行流程如图 8-12 所示。

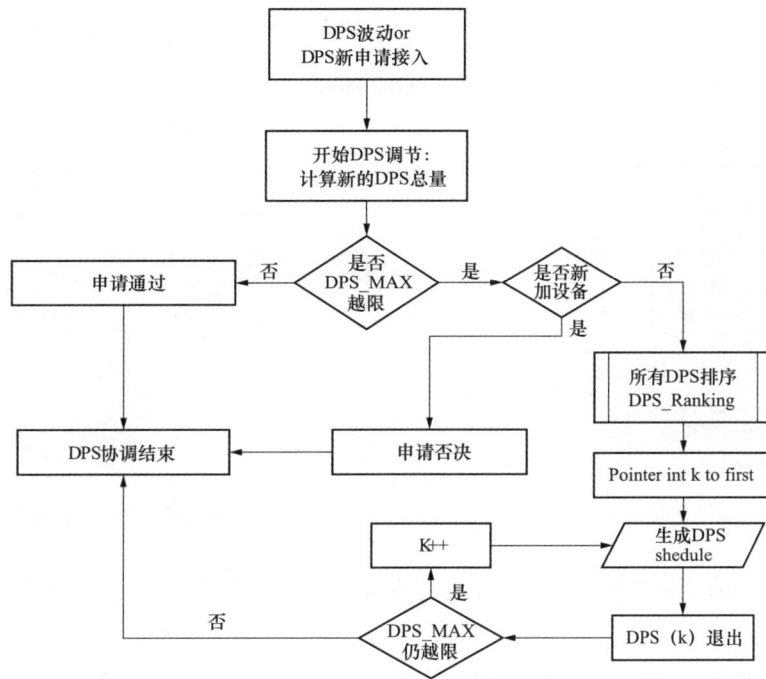

图 8-12　DPS 协调的伪代码执行流程

8.3.5　展示案例

1.　在无功电压优化中的实际应用

以某地调区域内的电压无功优化控制仿真分析模块为例，构建分析模块如图 8-13 所示，由电压无功控制代理、区域优化控制代理、中央管理代理共三层构成，各代理既可独立运行，又相互协作。

其中最底层的代理单位——电压无功控制代理以补偿节点电压合格、无功平衡为目标，控制该节点的电压和无功功率。它由知识库、推理模块、执行模块、数据采集模块等组成，结构如图 8-14 所示。

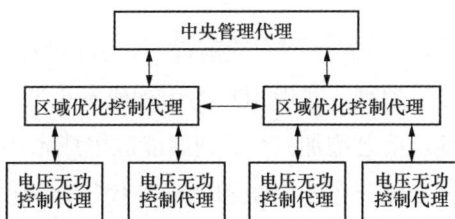

图 8-13　构建分析模块

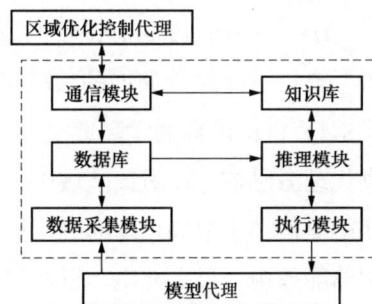

图 8-14　电压无功控制代理

第二层代理单位——区域优化控制代理管理区域电网中的所有电压无功控制代理，以全网网损最小为目标，根据辅助问题原理进行无功优化并行计算。结构如图 8-15 所示。

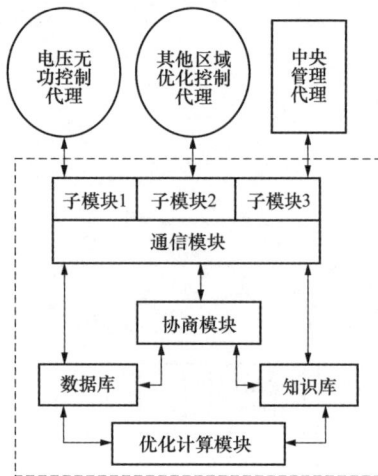

图 8-15　区域优化控制代理

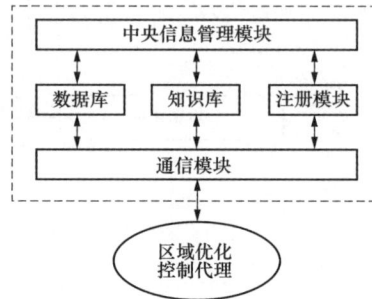

图 8-16　中央管理代理

最高层代理单位——中央管理代理起到主导代理的职能，是整个系统的管理、协调中心。结构如图 8-16 所示。

建立好各任务层仿真分析模块后，即可通过界面层的命令操作，执行电网仿真，得到电网全局情景。

2. 在多源协同优化调度中的实际应用

利用前文介绍的多代理系统构造适应于智能配电网区域自治和全局协同的分布式协调控制模拟策略，提出兼顾配电网区域局部目标和全网整体目标的考虑经济性、安全性、清洁性的优化调度模型，为分布式电源的调度运行提供有效的控制方法和措施。

（1）节点代理的优化目标。每个节点代理根据主导代理给定的自治目标构造自身的运行目标函数，目标函数所表述的策略会在进行优化决策计算后由受控单元代理的行为来实现。以区域经济运行作为目标为例（主导代理的激励信号是一条虚拟价格曲线），其目标函数为

$$F_{\min} = C_{grid}(t)P_{grid}(t) + C_L(t)P_L(t) + C_{Stor}(t)P_{Stor}(t) \tag{8-7}$$

式中　$C_{grid}(t)$ ——对于区域 i，t 时段中央代理的激励信号，这里是一条价格曲线；

$P_{grid}(t)$ ——t 时段的区域关口节点注入功率；

$C_L(t)$ ——t 时段单位柔性负荷的期望电价；

$P_L(t)$ ——t 时段区域实际负荷；

$C_{Stor}(t)$ ——t 时段储能设备的放/充电成本；

$P_{Stor}(t)$ ——t 时段储能的放/充电功率。

式（8-4）目标函数的实际意义是在确保可再生能源发电最大化利用的前提下，各区域的主导代理响应中央代理激励信号，对该区域中可控单元代理进行自治控制，实现用户的运行成本最低。当 t 时刻负荷的期望电价小于中央代理的目标价格时，减少负荷量，反之增加；t 时刻储能放电成本小于目标价格时，则储能放电，反之充电。以此实现区域自治运行时多用分布式电源和储能来代替常规供电。

（2）区域自治优化控制算法。区域自治优化控制算法是在"中央代理—区域主导代理—受控单元代理"三层架构的基础上，区域的主导代理在受中央代理的激励信号引导下，按照自身的优化目标实现区域自治。该算法中区域之间不进行协调，由中央代理进行全局约束校验：当校验结果不越限时，则完成此次优化；越限时，中央代理对越限区域的激励信号进行修正，并要求越限区域代理重新响应。中央代

理引导区域代理自治的过程和区域的主导代理对区域内受控单元进行优化的过程都基于合同网的 MAS 协作机制，区域自治优化控制算法如图 8-17 所示，因此在图 8-17 中省略部分通信流程。

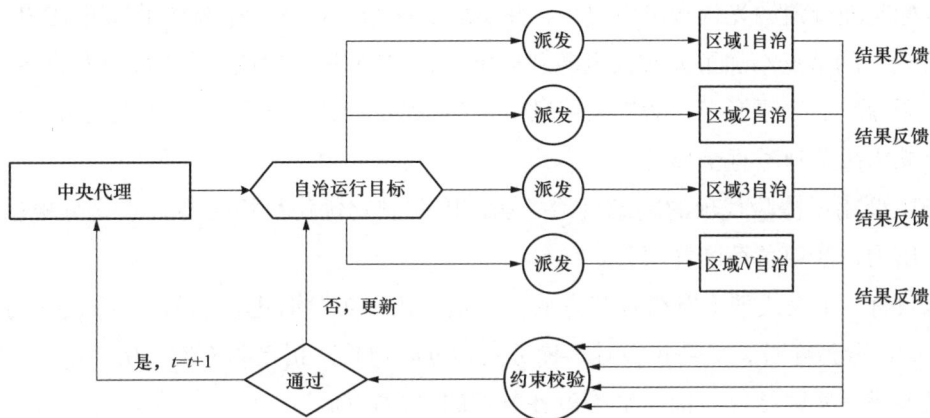

图 8-17　区域自治优化控制算法

区域自治优化控制算法的具体流程如下：

步骤 1：中央代理网络初始化，载入初始断面；

步骤 2：$t=1$，中央代理下发 t 时刻激励信号；

步骤 3：各区域主导代理接收激励信号，进行区域内部自治协调；

步骤 4：各区域主导代理向中央代理发送自治优化结果；

步骤 5：中央代理进行全网安全校验，检验各区域主导的自治优化策略是否满足全局安全约束；

步骤 6：若安全越限，则中央代理对越限区域主导代理重发激励信号，对新信号进行重新响应，回到步骤 5；若无越限，进入步骤 7；

步骤 7：$t=t+1$，读取下一断面，回到步骤 2。

以上过程中，新的节点激励信号根据校验结果来制定。以电压越限为例，若越上界，则降低该节点电价信号，此时由于"价格下降"，发电不收益，同时负荷用电经济，区域主导代理会根据优化目标的计算结果，令部分分布式电源停机、储能充电或负荷量增加来降低电压，若电压越下界，则过程同理。

（3）全局协调优化控制算法。全局协调优化控制是在各节点自治的基础上，如果某区域主导代理自治不能满足要求，通过中央代理进行区域间协同优化，为此修改区域自治控制算法的步骤 6 如下。

步骤 6：若无越限，进入步骤 7，若安全越限，则中央代理进行多区域协调，进入子流程：

子步骤 1：中央代理向各下属节点代理询问各区域的负荷调节容量和发电调节容量；

子步骤 2：各节点计算自身内部调节裕度，向中央代理通报；

子步骤 3：中央代理根据节点电压约束和上报的调节容量优化调整各节点的潮流功率；

子步骤 4：各区域主导代理按照优化的功率值调整内部可控单元代理；

子步骤 5：返回步骤 5。

区域自治优化控制和全局协调优化控制都是基于同一个智能配电网"中央代理—主导代理—受控单元代理"三层分布式仿真架构，通过改变中央代理和区域主导代理的控制算法来实现不同的控制模式，全局协调优化控制在自治的基础上考虑区域间的协调，在保证区域内的分布式电源的充分消纳基础上，进行全网协调优化。

（4）仿真算例。

1）算例1 单区域自治控制运行模拟。本算例用于检验代理的区域自治算法，本算例里中央代理的全局优化目标是充分消纳光伏和风电出力，并实现负荷削峰填谷。算例基于标准 IEEE 33 节点，对其中 4 个负荷较大的节点添加了分布式电源和储能，IEEE 配网 33 节点改造模型如图 8-18 所示，图中，DES 表示储能，L 表示负荷，WT 表示风电，PV 表示光伏，由区域主导代理来进行节点调度，在 0 节点上建立中央代理进行全局管理。

由于算例主要用于检验代理的区域自治算法，因此制定优化目标是各节点充分根据自身资源消纳光伏和风电出力，实现负荷削峰填谷。

为实现该目标，中央代理下发给各节点的激励信号为虚拟分时电价信号（24h 连续分时价格曲线如图 8-18 所示），分为峰时、平时和谷时，参考实际分时电价，指定为 0.83、0.49 和 0.17，这里仿真的目的并不是要进行实际结算，仅用来约束各节点的自治行为。

由图 8-19 可见，在光伏充足（11:00～16:00）以及负荷高峰期（19:00～22:00）设定电网高电价，以激励区域多利用光伏、储能以及柔性负荷的可调节容量对电网的支持能力来减少对常规供电的依赖；负荷低谷时（00:00～08:00）设定电网低电价，激励区域多用电，补偿在高电价期间储能的容量损失以及被转移掉的负荷需求。表 8-2 给出了 6、7、24、31 节点不同的发电/负荷特性。

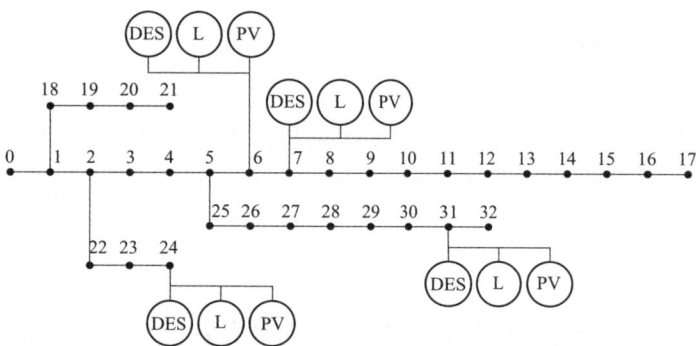

图 8-18 IEEE 配网 33 节点改造模型

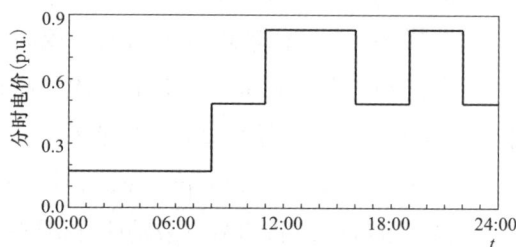

图 8-19 24h 连续分时价格曲线

表 8-2　　　　　　　　　　　　　　　节 点 分 配

节点号	负荷（kW）	发电（kW）	储能（kW）
6	200（工业）	50（PV）	40
7	200（居民+商业）	50（PV）	40
24	420（居民）	100（WT）	80
31	200（工业）	100（WT）	80

算例重点构建了节点 6、7、24 和 31 等 4 个具有可调节能力的独立自治节点。以下讨论这 4 个区域的主导代理的自治行为。

图 8-20 描述了节点 6 的仿真结果。节点 6 为凸型负荷曲线，与节点接入的光伏特性相合。而根据中央代理的激励信号（分时价格），高负荷和光伏出力较高的时段（11:00～16:00）为高电价，此时区域的主导代理将高峰期的柔性负荷进行转移，同时使用光伏和储能顶替了部分常规电源的调度出力。在电网价格较低时或低负荷时期，储能进行充电。

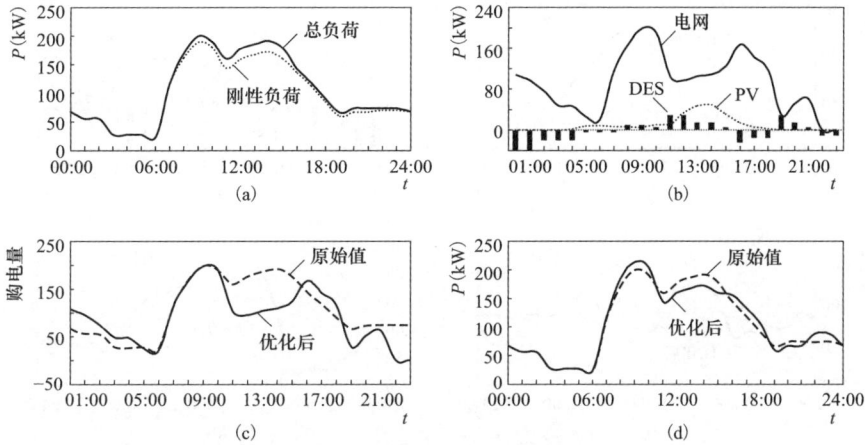

图 8-20　节点 6 的仿真结果

（a）6 节点负荷曲线；（b）调度出力；（c）优化后的电网购电量变化情况；（d）优化后的负荷变化情况

节点 7 的仿真结果如图 8-21 所示，节点 7 进行了类似的策略，但负荷为凹型曲线，同样接入光伏，在光伏出力高时负荷量较低，在高电价水平时，光伏和储能作为主要的供电手段。

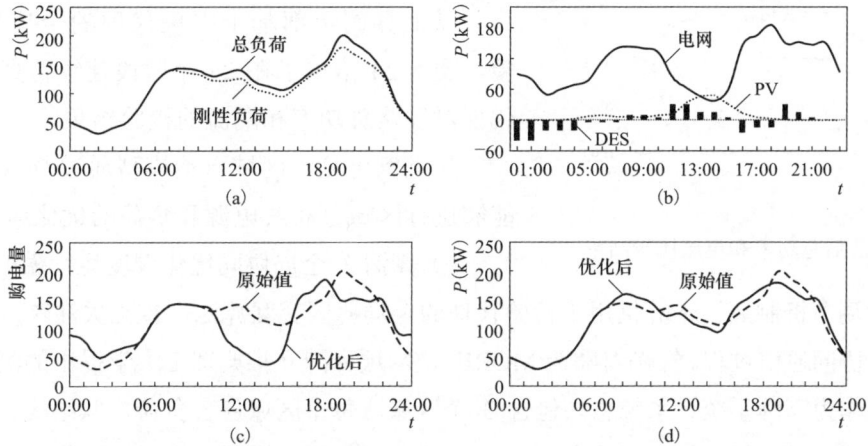

图 8-21　节点 7 的仿真结果

（a）7 节点负荷曲线；（b）调度出力；（c）优化后的电网购电量变化情况；（d）优化后的负荷变化情况

图 8-22 与图 8-23 与前 2 个节点结果类似，但接入的分布式电源不再是光伏而是风电，由图可见风电出力特性更随机。

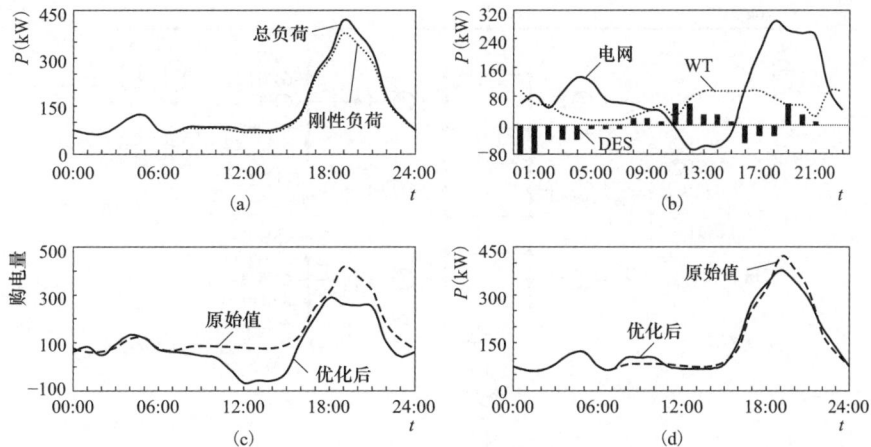

图 8-22　节点 24 的仿真结果

（a）24 节点负荷曲线；（b）调度出力；（c）优化后的电网购电量变化情况；（d）优化后的负荷变化情况

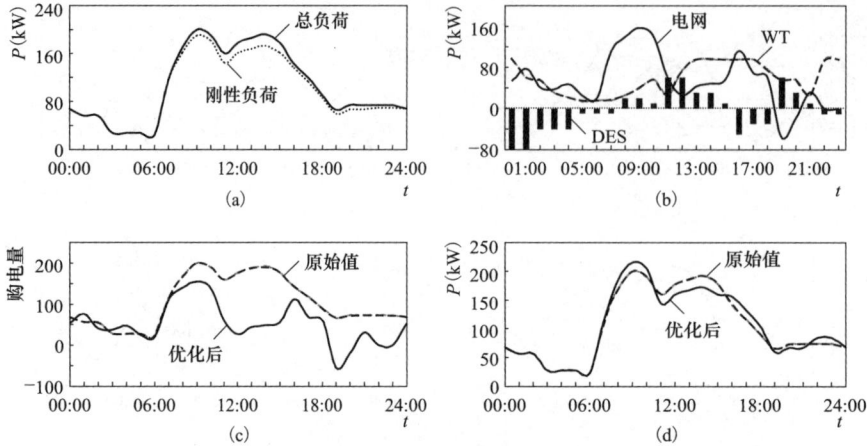

图 8-23　节点 31 的仿真结果

（a）31 节点负荷曲线；（b）调度出力；（c）优化后的电网购电量变化情况；（d）优化后的负荷变化情况

结合图 8-20～图 8-23，各节点都实现了分布式电源接入后总购电量的下降，同时基于多代理策略实现了节点控制目标。

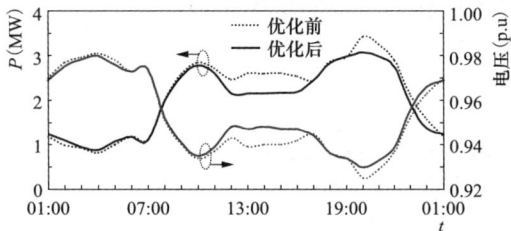

图 8-24　优化前后总功率和电压比较结果

以上算例全部基于中央代理的全局目标和安全校验，图 8-24 给出了在 24 个时段连续仿真过程中，中央代理对线路总功率和潮流的校验结果。

从上例可见，区域自治模型通过节点自治优化能力能够进行区域分布式电源和负荷的优化运行。

2）算例 2 全局协同优化调度运行模拟。在验证区域自治模型的自治调节机制后，本算例用于检验代理的全局协同交互算法，重点关注跨区能量平衡时各区域主导代理的协同通信过程。算例对欧盟 MORE 微网项目国立雅典理工大学提出的测试网络进行了一定程度的简化作为算例系统。系统总共包含 3 个区域，每个区域包含负荷、联络线、风机、光伏、蓄电池等几类受控单元代理。每个区域由 1 个主导代理对各区域进行自治协调，设定中央代理负责全局协调。为便于研究，假设每个仿真断面内功率恒定。算例系统具体结构如图 8-25 所示。

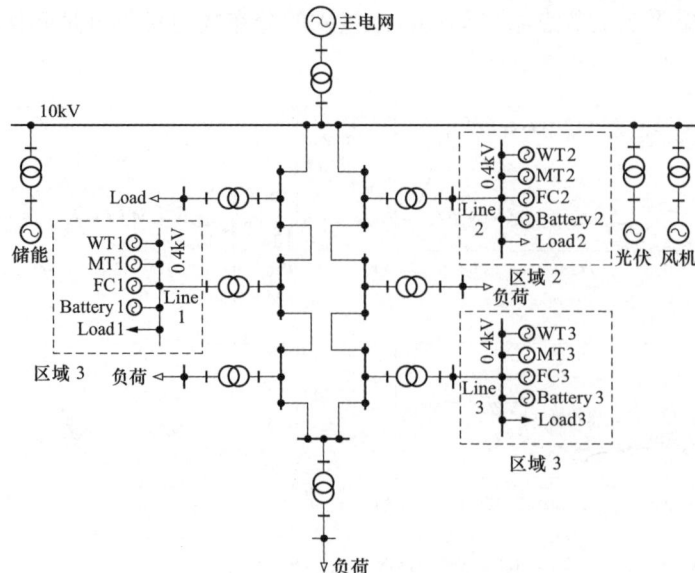

图 8-25　算例系统具体结构

图 8-26 和图 8-27 给出了中央代理与主导代理以及主导代理之间的通信流程，图中 Senior AJC 表示中央代理，AJC 为主导代理，DES 表示分布式储能系统，DER 表示分布式发电，Load 表示负荷，DF 表示 JADE 平台的通信注册表，所有代理之间的连接关系都存储在 DF 表中，当两个代理需要通信时，由 DF 表给出通信路径。

由于各节点的调节过程类似，这里只强调全局协同的过程，限于实验的数据量和篇幅，图 8-28 给出了连续仿真时段下区域 1 的仿真结果。这里以时段 4 时区域 1 为例，设定了一个电网供电传输功率阻塞，结合图 8-26 和图 8-27 所示的通信信息图，区域间协同优化过程描述如下：

a. 时段 4 中央代理下发该时段激励信号给主导代理，收到目标后主导代理对所管辖的受控单元代理进行区域自治，并向中央代理发送各区域联络线交互功率。

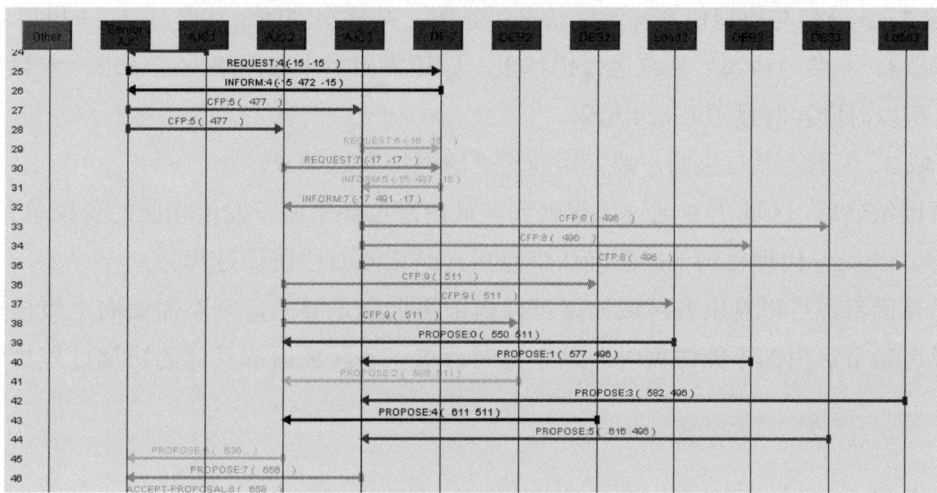

图 8-26　协同优化调度过程通信图（中央代理与主导代理）

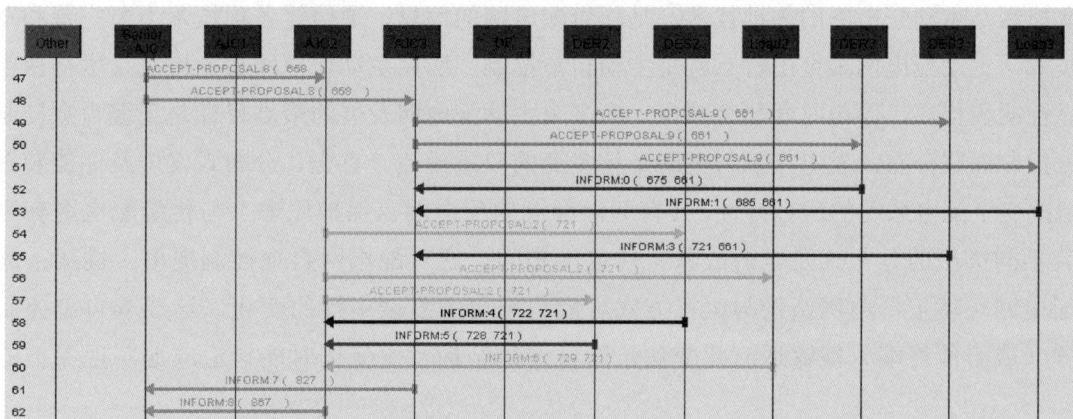

图 8-27　协同优化调度过程通信图（主导代理之间）

b. 中央代理验证系统运行状态，如果满足约束，则结束该时段协调过程。由于时段 4 区域 1 的功率阻塞，无法完成内部协调来满足自治要求，向中央代理请求跨区协调。中央代理通过地址搜索，向另外两区发送功率支持请求，询问可支持容量。如图 8-26 中 Message25～28 所示。

c. 区域 2 和区域 3 收到中央代理的请求信息后，向各自区域的受控单元发送询问。收集到反馈信息后，将可调范围发送至中央代理，如图 8-26 中 Message29～46 所示。

d. 中央代理收到区域 2、3 发来的响应信息后，计算并判断。

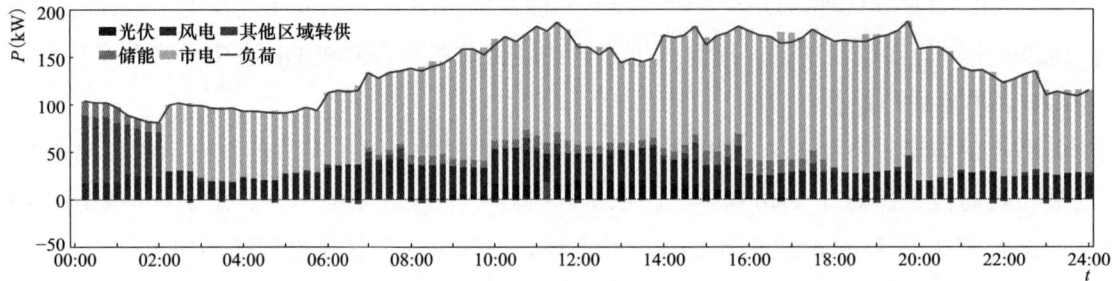

图 8-28　连续仿真时段下区域 1 的仿真结果

i. 若区域 2、3 可参与协调使系统运行状态不越限，则将得到的最终区域 2、3 出口功率下发。

ii. 若区域 2、3 参与协调后系统运行仍越限，则还需向更上级网络发送请求，本算例中由于只有两层电网，所以时段 4 时显示 Line4 越限。

iii. 若区域 2、3 不能参与协调，则直接向更上级网络发送请求。

e. 收到调度策略后，区域 2、3 通过计算得到区域内部协调策略下发给相应的受控单元进行调节。如图 8-28 所示，当主导代理收到下层的确认信息后，结束本时段协调过程。

通过上述算例流程可以看出各区域如果可以内部协调满足要求，则不需要向上级传输信息。对中央代理来说，当节点内部不能协调时会发来协同请求，各区域内部具体的协调过程相对中央代理隐藏。

8.4 本章小结

自愈控制是主动配电网的关键技术，是随着配电网的信息、通信等各项技术不断完善和发展而发展的技术。主动配电网最突出特点就是主动自愈控制，应用主动配电网自愈控制技术将使电网的供电可靠性明显提高，停电时间显著减少。而未来主动配电网发展的最高目标是无缝自愈控制。配电网自愈控制面临分布式发电接入与电网结构多变的双重挑战。首先，分布式发电及储能装置的接入极大地改变了配电系统的运行特性，具有双向潮流的配电网在保护原理上与传统配电网有很大不同，而且不同类型的分布式发电的故障特性也不相同，这对配电网自愈控制提出了挑战；此外，在主动配电网环境下，电网结构与运行方式可能出现更为复杂多样的变化，这要求自愈控制中的保护装置（或智能终端）能够适应此变化，即在网络结构发生变化时能自适应地实现保护的整定与协调。

本章主要介绍了主动配电网自愈控制系统架构及其控制功能，并在此基础上提出基于多代理主动配电网快速仿真系统，通过各代理的信息交互实现主动配电网快速自愈，并对控制过程进行可视化展示，为未来主动配电网实现实现无缝自愈控制提供技术支撑。

第 9 章

主动配电网的潮流计算

9.1 引言

传统配电网具有单馈线供电、潮流单相流动的辐射状网络结构的特点，潮流计算和运行控制相对简单。前推回代法由于编程简单和运算速度快，广泛应用于传统配电网的潮流计算。但是，随着电力需求的持续增长、电力市场的逐步开放和分布式电源（DG）的大规模渗透，传统配电网的运行方式将不能满足要求。主动配电网通过使用灵活的网络拓扑结构来管理潮流，以便对局部的 DG 进行主动控制和主动管理，因此，主动配电网具有多馈线供电、含各种 DG、网络结构灵活多变的特点，传统前推回代法的传统辐射状配电网潮流算法在主动配电网中将不再适用，特别是大规模分布式发电的接入，对配电网的网络结构、功率损耗、电压分布和潮流计算产生了巨大的影响，而且主动配电网技术对三相潮流计算的结果提出了更高的要求。因此，研究适合主动配电网发展要求的主动配电网三相潮流计算方法是非常必要的。

9.2 主动配电网的分布式电源和负荷模型

配电系统中接入的可再生能源和其他非传统发电机通常被称作分布式电源。充分利用可再生能源和其他低碳发电技术是主动配电网的一个重要目标。未来分布式电源包含了热电联供系统、燃料电池、光伏发电、风力发电以及小规模的水利发电机等。分布式电源的选择在很大程度上依赖当地的气候和地理条件以及具有的能源类型。此外，生物燃料和各种储能技术，包括飞轮储能、电池和超级电容等，也可以与分布式电源结合使用，支持可再生能源的大规模应用。本节主要介绍如下几种分布式电源技术在主动配电网中的应用。

9.2.1 热电联供系统

热电联供系统被认为是主动配电网中最具前景的分布式电源应用，其主要优点是可以利用废热来提高能效。与燃烧化石燃料的发电厂不同，热电联供利用发电产生的热水加热周围的房屋。中等温度（100～180℃）的热能也可驱动吸收式制冷机组，同时产生电能和冷热能。通过获取废热，热电联供系统的能效相比传统发电厂的 35% 提高很多，可以达到 80% 以上。热能就地使用的效率最高，避免了长距离传输使用绝缘管道的投资和能效下降。相比热能，电能的长距离传输带来的损耗更小，因此，热电联供系统通常安装在热负荷附近，与电负荷的距离是次要考虑因素。

在主动配电网的控制中，一些小型热电联供系统也会选择最优的位置安装或者与燃料电池结合使用，以最大限度地利用余热。对于分散安装在住宅和商业楼宇中的小型热电联供系统，单个热电联供机组的能量较小，提供了灵活控制各个小型热电联供系统的热能和电能产出的可能性，因此需要在主动配电网的控制中考虑多个热电联供系统的协同控制方法，实现整体能效最大化。

9.2.2　风力发电

风电机组的输出功率是由风速、涡轮机的规模和结构等因素决定的。可通过式（9-1）得

$$\frac{P(v)}{P_0} = \frac{1}{2}C_p dv^3 A \tag{9-1}$$

式中　P——功率，W；

C_p——功率系数；

d——空气密度，kg/m^3；

v——风速，m/s；

A——风力涡轮机叶片扫过的面积，m^2。

功率系数会随扇叶的设计和尖端速率（TSR）的不同而变化。TSR 表示叶尖速比，实际最高可达到 0.4 左右。风速的变化引起输出转矩波动以及风机电压的波动。对于恒速风机，功率和电压波动会给风力发电系统带来问题。然而变速风机可以提供更平稳的输出功率和母线电压。

风电机组的运行方式分为恒速和变速两种。恒速风电机组的转速基本由电机的设计和变速箱的比率确定。控制方法是通过控制转子转矩获取最大的能量，或者通过调节桨距角使在高风速情况下输出功率最大。恒速风电机组的优点包括：①结构简单，更坚固；②系统组件少，可靠性高；③无频率变换，不产生电流谐波；④相比变速风电机组，造价低。但恒速风电机组的主要缺点是在设定风速之外的其他风速条件下无法有效利用风能，并且易于产生机械噪声，噪声大。

变速风电机组的结构如图 9-1 所示，主要通过控制转速和倾斜角实现最优运行。当风速小于额定

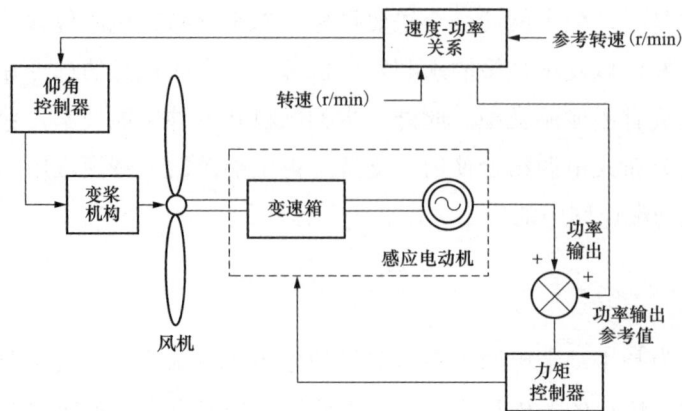

图 9-1　变速风电机组结构

值时，通过保持恒定转速获取最大风能；当风速大于额定值时，则通过改变桨距角限制输出功率。变速风电机组的优点包括：①能量获取能力高，机械应力小；②无须安装机械阻尼系统；③无同步问题和电压暂降。但相比恒速风电机组，其主要缺点是电效率较低且控制策略复杂。

风力发电系统的简化模型如图 9-2 所示，由控制器和风力涡轮机组构成，采用 PI 控制方法调节有功功率输出。传统的 PI 控制器如图 9-3 所示，控制变量包括：P_{in} 为输入风力涡轮机的有功功率控制变量；P_{dem} 为实际负荷功率；P_{ref} 为预设功率；K_p 为 PI 控制器比例增益；K_i 为 PI 控制器积分增益。风力涡轮机的结构如图 9-4 所示，P_m 为机械转矩；w_r 为风机转速；L_{max} 为负载限度；D_{tur} 为涡轮阻尼；K_T 为温度控制闭环增益；U_{min} 为最小参考电压；U_{max} 为最大参考电压。

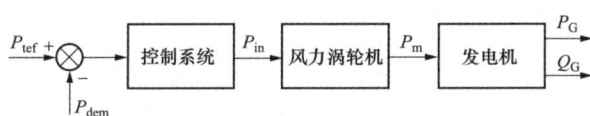

图 9-2 风力发电系统简化模型

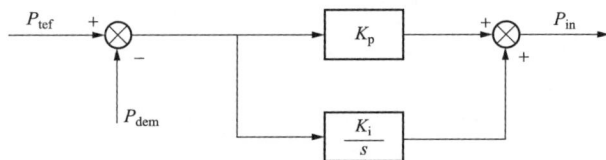

图 9-3 PI 控制器

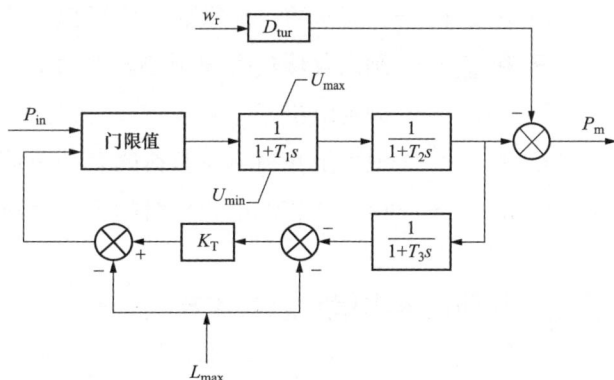

图 9-4 风力涡轮机结构

9.2.3 光伏发电

光伏发电具有使用寿命长、噪声小、清洁等优点，因此光伏发电技术获得世界各国关注，被广泛应用于配电系统的分布式电源中。大部分的光伏模块采取最大功率点跟踪（MPPT）的控制方法，根据光辐射强度改变运行点，以获得最大的输出功率。

光伏发电系统结构如图 9-5 所示，包含与内阻相串联的理想电压源，并通过 DC-AC 逆变器接入交流母线。

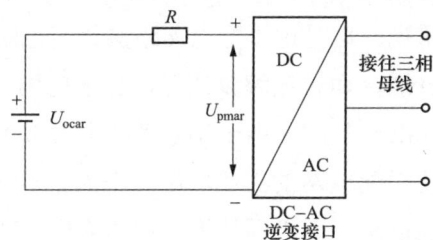

9.2.4 储能装置

分布式电源通常需要增加储能以保证不间断的电能供应，常用的储能装置包括：①储能电池；②飞轮储能系统；③超级电容。这些装置通过电力电子变换器件接入直流母线或变换成额定频率的交流电维持系统功率平衡。

图 9-5 光伏发电系统结构

在主动配电网中，随着高级量测技术的普遍使用，馈线末端的状态也可以采集和监控，配电系统自动化也可以对负荷侧进行管理，例如，通过减小馈线电压至最小允许值来削减负荷，减小配电系统的峰值负荷。传统的负荷分类方法将负荷大体分为住宅、商业和工业用户三种类型。在主动配电网中，安装在用户侧的智能电能表具有获取负荷变化和辨识负荷类型的能力，因此可以对负荷的组成进行更精确地分析。常用的负荷模型包括 ZIP 负荷模型、指数模型以及其他高阶多项式模型。

对于基于电压调节的柔性负荷控制策略，电压敏感性负荷的模型可以表示为

$$\frac{P(U)}{P_0} = C_z \left(\frac{U}{U_0} \right)^2 + C_i \left(\frac{U}{U_0} \right) \tag{9-2}$$

$$\frac{Q(U)}{Q_0} = C_z' \left(\frac{U}{U_0} \right)^2 + C_i' \left(\frac{U}{U_0} \right) \tag{9-3}$$

$$C_z + C_i = 1 \tag{9-4}$$

式中　P 和 Q——负荷的有功功率和无功功率；

$\qquad U$——线路末端电压；

$\quad C$ 和 C'——负荷系数，通常通过曲线拟合计算得到；

$\quad P_0$ 和 Q_0——额定有功功率和额定无功功率；

$\qquad U_0$——额定电压；

$\quad C_z$ 和 C_i——恒阻抗和恒电流负荷的有功负荷系数；

$\quad C_z'$ 和 C_i'——恒阻抗和恒电流负荷的无功负荷系数。

9.3　主动配电网潮流计算方法

9.3.1　主动配电网潮流计算特点

配电系统潮流计算是配电系统分析的一项重要内容，它根据给定网络的结构及运行条件来确定整个网络的电气状态，主要是各节点电压幅值和相角、网络中功率分布及功率损耗等，并进行越界检查，以了解和评价配电系统的运行状况。它是对配电系统规划设计和运行方式的合理性、可靠性及经济性进行定量分析的重要依据。

传统的潮流算法一般是针对高压输电网提出的，而配电网络具有许多不同于高压输电网的特性，因此对配电网潮流算法提出了一些特殊的要求。首先，收敛性问题在配电网潮流算法中将受到格外重视。这是由于配电支路参数的电阻和电抗的比值（R/X）较大，使原来在高压输电网中行之有效的算法，如快速解耦法等，在配电网中不再有效。所以，能否可靠收敛是评价配电网潮流算法的首要标准。其次，由于配电系统中大量不对称负荷的存在和单相、两相和三相线路混合供电模式的采用，使得配电网的三相电压、电流不再对称，因此，对配电系统不能像对待对称系统那样，只计算一相的情况，而必须计算三相的情形，即要求进行三相潮流计算。

目前配电网一般设计为辐射网，用户侧没有任何电源，分布式电源的接入使得配电网拥有多个供电节点环网，这将给配电网的运行带来困难，将严重影响配电网的潮流，增加配电网的短路电流，并使配电网的电压调节变得困难，因此还需要对分布式电源在配电网中的安装位置和安装容量进行优化，以提高配电网的运行可靠性和电能质量。这样，原先用于传统辐射配电网的潮流计算、规划优化等的方法必须进行改进，以适用于分布式电源的接入。分布式电源接入配电网后，辐射状的网络将变为一个遍布电源和用户的互联网络，潮流也不一定单向地从变电站母线流向各负荷，有可能会出现环流和复杂的电压变化，因此需要对网络的潮流分布进行重新分析。引入分布式电源会改变线路潮流的方向和大小，可能增大也可能减小系统损耗，这取决于分布式电源的位置、与负荷量的

相对大小以及网络的拓扑结构等因素。

9.3.2 主动配电网潮流算法分类

由于配电系统的三相不对称问题比较突出，因此，对配电系统不能像对待对称系统那样，只计算一相的情况，而必须计算三相的情形，即要求进行三相潮流计算。研究配电系统三相不对称潮流计算问题十分必要。

配电网三相潮流算法可以从不同的角度进行划分。根据采用的系统状态变量的不同，可以分为节点法和支路法。根据系统状态变量是采用相分量还是序分量表示，可分为相分量法、序分量法和二者结合的混合法。

节点法以节点的电流或功率注入和节点电压作为系统的状态变量，列出系统的状态方程并求解。此类方法包括隐式 Z_{bus} 高斯法、牛顿类方法（传统牛顿法、传统快速解耦法、改进牛顿法、改进快速解耦法）等。

支路法以配电网的支路流（电流或功率流）作为状态变量，列出系统的状态方程并求解。此类方法包括前推回代类方法、回路阻抗法等。

在相分量法中，系统各元件都以相参数表示，每个元件的参数为一个 3×3 子矩阵，其对角元素为各相的自阻抗或自导纳，非对角元素为各相间的互阻抗或互导纳。系统的状态变量均由一个三元素子向量表示，其中各元素即为各相的复量。

而在序分量法中，将系统中各量分解为正、负、零序分量，各元件参数也是 3×3 子矩阵，其对角元素为各序参数，非对角元素为各序间的互阻抗或互导纳。系统的状态变量均由一个三元素子向量表示，其中各元素即为各序的复量。

三相参数对称的元件，其相分量阻抗矩阵具有完全对称的性质，如式（9-5）

$$\boldsymbol{Z}^{abc} = \begin{bmatrix} Z_S & Z_m & Z_m \\ Z_m & Z_S & Z_m \\ Z_m & Z_m & Z_S \end{bmatrix} \tag{9-5}$$

若通以三相平衡电流（设正序电流），则三相电压与电流的关系如式（9-6）

$$\begin{bmatrix} U_a \\ U_b \\ U_c \end{bmatrix} = \begin{bmatrix} Z_1 & 0 & 0 \\ 0 & Z_1 & 0 \\ 0 & 0 & Z_1 \end{bmatrix} \begin{bmatrix} I_a \\ I_b \\ I_c \end{bmatrix} \tag{9-6}$$

其中，$Z_1 = Z_S - Z_m$，即正序阻抗。

而若通以三相不平衡电流，则将三相量变换为对称分量

$$U^{120} = SZ^{abc}S^{-1}I^{120} = Z^{120}I^{120} \tag{9-7}$$

$$\boldsymbol{Z}^{120} = \begin{bmatrix} Z_S - Z_m & 0 & 0 \\ 0 & Z_S - Z_m & 0 \\ 0 & 0 & Z_S - Z_m \end{bmatrix} = \begin{bmatrix} Z_1 & 0 & 0 \\ 0 & Z_2 & 0 \\ 0 & 0 & Z_0 \end{bmatrix} \tag{9-8}$$

此时三序分量之间的关系解耦。

对三相平衡系统的潮流计算，给定的线路阻抗为正序阻抗值，即 $Z_1 = Z_S - Z_m$。

对三相阻抗不相等的无耦合的三相元件，经对称分量变换后的三序分量却不解耦。

若

$$\boldsymbol{Z}^{abc} = \begin{bmatrix} Z_a & 0 & 0 \\ 0 & Z_b & 0 \\ 0 & 0 & Z_c \end{bmatrix} \tag{9-9}$$

则

$$\boldsymbol{Z}^{120} = \begin{bmatrix} Z_S & Z_m & Z_m \\ Z_m & Z_S & Z_m \\ Z_m & Z_m & Z_S \end{bmatrix} \tag{9-10}$$

式（9-10）中

$$\begin{bmatrix} Z_S \\ Z_m \\ Z_n \end{bmatrix} = \frac{1}{3} \begin{bmatrix} 1 & 1 & 1 \\ 1 & a^2 & a \\ 1 & a & a^2 \end{bmatrix} \begin{bmatrix} Z_a \\ Z_b \\ Z_c \end{bmatrix} \tag{9-11}$$

相分量法比较直观，且易处理三相不对称负荷。但当流经系统的三相电流不平衡时，系统中对称元件的三相电流、电压之间的关系不能解耦，因而不能直接利用已给的元件序参数，而需转换为相参数，使运算变得复杂。

序分量法能将系统中对称部分的等值电路的三相电流、电压之间的关系解耦，计算量也小。但处理不对称负荷困难，因为它造成了三相负荷等值电路序间的耦合，计算时需将负荷相参量变换成序参量。

结合相分量法和序分量法的混合法，将配电网络分为对称部分和不对称部分，将三相负荷不对称较严重的部分看作网络的不对称部分。对对称部分采用序分量法，对不对称部分采用相分量法。

只有当三相线路参数对称时，线路的序参数矩阵才是对角矩阵。而当配电系统的三相线路参数不对称和三相负荷不平衡问题比较突出时，采用序分量法将造成三相不对称等值电路序间的耦合，不但线路的序参数矩阵不是对角矩阵，而且由负荷相参量变换成的负荷序参量矩阵也将是满矩阵，使计算量增大。所以，当配电系统的三相线路参数不对称和三相负荷不平衡问题比较突出时，配电网三相潮流计算宜采用相分量法或相分量法与序分量法结合的混合法。

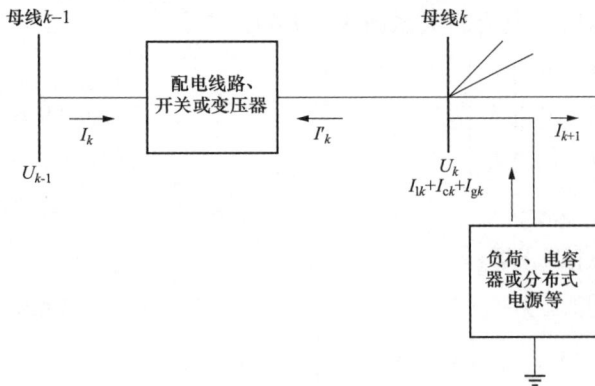

图 9-6　配电网潮流计算单元示意图

9.3.3　主动配电网基本潮流算法

1. 三相前推回代法

处理辐射状结构的配电网三相潮流计算可以采用三相前推回代法。前推回代法中以馈线段为基本的计算单元，如图 9-6 所示，其基本目标是求解出馈线段上各母线的电压和电流或功率等相应的状态变量。纯辐射状配电网由配电线路、开关或变压器、负荷、电容器和分布式电源组成。

支路 k 又称为母线 k 的进支，它可以是开关、变压器或配电线路，其三相导纳矩阵表示为

$$\boldsymbol{Y}_k^{BR} = \begin{bmatrix} Y_k^{11} & Y_k^{12} \\ Y_k^{21} & Y_k^{22} \end{bmatrix} \tag{9-12}$$

支路两端的电流和相对地电压由导纳矩阵 $Y_k{}^{BR}$ 联系起来，即

$$\begin{bmatrix} I_k \\ I'_k \end{bmatrix} = \begin{bmatrix} Y_k^{11} & Y_k^{12} \\ Y_k^{21} & Y_k^{22} \end{bmatrix} \begin{bmatrix} U_{k-1} \\ U_k \end{bmatrix} \tag{9-13}$$

设

$$\boldsymbol{w}_k = \begin{bmatrix} U_k \\ I_{k+1} \end{bmatrix} \tag{9-14}$$

其中，I_{k+1}、U_k 分别表示母线 k 流向支路的三相电流相量和母线 k 的三相电压相量。前推回代潮流算法可以用以下两个过程描述：

（1）回代过程

$$w_{k-1} = f_{1k}(w_k) \tag{9-15}$$

（2）前推过程

$$w_k = f_{2k}(w_{k-1}) \tag{9-16}$$

其中，f_{1k}、f_{2k} 为互逆的两个函数。

根据图 9-6，前推回代算法的一般步骤是：回推过程中，由母线 k 的三相电压向量 U_k 和进支的三相电流向量 I'_k，求出母线 $k-1$ 的三相电压向量 U_{k-1} 和出支的三相电流向量 I_k；前推过程中，由母线 $k-1$ 的三相电压向量 U_{k-1} 和进支的三相电流向量 I_k，求出母线 k 的三相电压向量 U_k 和出支的三相电流向量 I'_k。反复重复以上过程，直到各条母线的三相电压向量各分量的幅值和相角相对于上一次的数值偏差满足约束条件为止。

对于前推回代算法可以归纳为以下表达式：

回代过程

$$\begin{cases} I_n{}^k = I_n{}^l + YU_n{}^k + f(U_n{}^k) \\ I_b{}^k = A^{\mathrm{T}} I_n{}^k \end{cases} \tag{9-17}$$

前推过程

$$\begin{cases} U_b{}^{k+1} = ZI_b{}^k \\ U_n{}^{k+1} = U_n{}^0 - AU_b{}^{k+1} \end{cases} \tag{9-18}$$

式中　　$I_n{}^k$——第 k 次迭代时节点电流的注入向量；

$\quad\quad I_n{}^l$——由电流恒定的负荷产生的节点电流的注入向量；

$\quad\quad \boldsymbol{Y}$——母线对地导纳的块对角矩阵；

$\quad\quad U_n{}^k$——第 k 次迭代的节点电压；

$\quad\quad f(U)$——由功率恒定的负荷产生的节点电流的注入向量，是电压向量的函数；

$\quad\quad I_b{}^k$——第 k 次迭代时支路电流向量；

$\quad\quad U_b{}^{kH}$——第 $k+1$ 次迭代的支路电压降，与支路电流 $I_b{}^k$ 和支路阻抗 Z 相关；

$\quad\quad \boldsymbol{Z}$——支路阻抗矩阵；

$\quad\quad U_n{}^{k+1}$——第 $k+1$ 次迭代的节点电压；

A ——所有 $\{(i,j)\mid j\in P(i)\}$ 中的 (i,j)，块行 i 和块列 j 为单位块的矩阵；

$P(i)$ ——母线 i 和源母线之间支路的集合。

2. 三相牛顿算法

处理弱环结构的配电网三相潮流计算多采用牛顿潮流算法，牛顿潮流算法采用电流表达形式，在迭代中只需要改变主对角线和 PV 节点的元素，就可以提高传统牛顿法的运算速度。

设一个 $m+n+1$ 节点电力网络有 m 个 PQ 节点，n 个 PV 节点，1 个平衡节点，则潮流方程可以写为

$$\begin{bmatrix} Y_{PQPQ} & Y_{PQPV} & Y_{PQVV} & 0 & 0 \\ Y_{PVPQ} & Y_{PVPV+G1} & Y_{PVVV} & Y_{PVG1} & 0 \\ Y_{VVPQ} & Y_{VVPV} & Y_{VVVV+G2} & 0 & Y_{VVG2} \\ 0 & Y_{G1PV} & 0 & Y_{G1G1} & 0 \\ 0 & 0 & Y_{G2VV} & 0 & Y_{G2G2} \end{bmatrix} \begin{bmatrix} U_{PQ} \\ U_{PV} \\ U_{VV} \\ U_{G1A} \\ U_{G2A} \end{bmatrix} = \begin{bmatrix} [S_{PQ}/U_{PQ}] \\ [S_{PV}/U_{PV}] \\ [S_{VV}/U_{VV}] \\ [\sum S_{G1}/U_{G1A}] \\ [\sum S_{G2}/U_{G2A}] \end{bmatrix}$$ (9-19)

其中

$$Y_{PQPQ} = \begin{bmatrix} Y_{11} & \cdots & Y_{1m} \\ \vdots & \ddots & \vdots \\ Y_{m1} & \cdots & Y_{mm} \end{bmatrix}$$

$$Y_{PQPV} = \begin{bmatrix} Y_{1(m+1)} & \cdots & Y_{1(m+n)} \\ \vdots & \ddots & \vdots \\ Y_{m(m+1)} & \cdots & Y_{m(m+n)} \end{bmatrix}$$

$$Y_{PVPQ} = \begin{bmatrix} Y_{(m+1)1} & \cdots & Y_{(m+1)m} \\ \vdots & \ddots & \vdots \\ Y_{(m+n)1} & \cdots & Y_{(m+n)m} \end{bmatrix}$$

Y_{PQVV}、Y_{VVPQ}、Y_{PVVV} 和 Y_{VVPV} 表达式依此类推。

$$Y_{PVPV+G1} = \begin{bmatrix} Y_{(m+1)(m+1)} + Y_{g(m+1)(m+1)} & & \\ & \ddots & \\ & & Y_{(m+n)(m+n)} + Y_{g(m+n)(m+n)} \end{bmatrix}$$

$$Y_{PVG1} = \begin{bmatrix} -Y_{g(m+1)(m+1)}[\alpha']^T & & \\ & \ddots & \\ & & -Y_{g(m+n)(m+n)}[\alpha']^T \end{bmatrix}$$

$$Y_{G1PV} = \begin{bmatrix} -[\alpha]Y_{g(m+1)(m+1)} & & \\ & \ddots & \\ & & -[\alpha]Y_{g(m+n)(m+n)} \end{bmatrix}$$

$$Y_{G1G1} = \begin{bmatrix} [\alpha]Y_{g(m+1)(m+1)}[\alpha']^T & & \\ & \ddots & \\ & & [\alpha]Y_{g(m+n)(m+n)}[\alpha']^T \end{bmatrix}$$

$$Y_{\text{VVVV+G2}} = Y_{(m+n+1)(m+n+1)} + Y_{\text{g}(m+n+1)(m+n+1)}$$

$$Y_{\text{G2G2}} = [\boldsymbol{\alpha}] Y_{\text{g}(m+n+1)(m+n+1)} [\boldsymbol{\alpha'}]^{\text{T}}$$

$$Y_{\text{VVG2}} = -Y_{\text{g}(m+n+1)(m+n+1)} [\boldsymbol{\alpha'}]^{\text{T}}$$

$$Y_{\text{G2VV}} = -[\boldsymbol{\alpha}] Y_{\text{g}(m+n+1)(m+n+1)}$$

$$U_{\text{PQ}} = \begin{bmatrix} U_1 \cdots U_{\text{m}} \end{bmatrix}^{\text{T}} \qquad U_{\text{PV}} = \begin{bmatrix} U_{m+1} \cdots U_{m+n} \end{bmatrix}^{\text{T}} \qquad U_{\text{VV}} = U_{n+m+1}$$

$$U_{\text{G1}} = \begin{bmatrix} U_{\text{g}(m+1)\text{A}} \cdots U_{\text{g}(m+n)\text{A}} \end{bmatrix}^{\text{T}} \qquad U_{\text{G2}} = U_{\text{g}(m+n+1)\text{A}}$$

对以上方程进行泰勒展开，PQ 节点以及转变成 PQ 节点的 PV 节点和平衡节点，可写成电流注入迭代形式

$$\boldsymbol{Y} \cdot \Delta \boldsymbol{U} = \Delta \boldsymbol{I} \tag{9-20}$$

对于最后单相的 PV 发电机虚拟节点，按照传统牛顿法展开，列入方程，而平衡节点处增加的虚拟节点，电压为已知。另外，式（9-17）中的每一个复数元素均可拆分为 $Y = G + \text{j}B$，对应的 G、B 分别取实部和虚部。通过式（9-18）的迭代方程完成整个算法的迭代。

3. 回路阻抗法

在一般发、输电网络中，各节点和大地间有发电机、负荷、线路电容等对地支路，节点和节点间也有输电线和变压器支路，使得系统的节点方程式数少于回路方程式数。因而，一般电力系统的分析计算以采用节点电压方程为宜。但对于配电网络，若不计配电线路对地充电电容的影响，并忽略变压器的对地导纳，则网络中树支数将总大于链支数，因而适合采用回路电流方程进行分析。

将各节点的负荷用恒定阻抗表示，从馈线根节点到每一个负荷节点形成一条回路，以回路电流为变量，根据基尔霍夫电压定律，可以列出回路电流方程组

$$\begin{cases} U_{\text{s}} = Z_{11}I_1 + Z_{12}I_2 + \cdots + Z_{1n_{\text{L}}}I_{n_{\text{L}}} \\ U_{\text{s}} = Z_{21}I_1 + Z_{22}I_2 + \cdots + Z_{2n_{\text{L}}}I_{n_{\text{L}}} \\ \qquad \cdots\cdots \\ U_{\text{s}} = Z_{i1}I_1 + Z_{i2}I_2 + \cdots + Z_{in_{\text{L}}}I_{n_{\text{L}}} \\ \qquad \cdots\cdots \\ U_{\text{s}} = Z_{n_{\text{L}}1}I_1 + Z_{n_{\text{L}}2}I_2 + \cdots + Z_{n_{\text{L}}n_{\text{L}}}I_{n_{\text{L}}} \end{cases} \tag{9-21}$$

式中　U_{s}——根节点电压；

　　　I_i——第 i 条回路上的回路电流；

　　　Z_{ii}——第 i 条回路的自阻抗；

　　　Z_{ij}——第 i 条回路和第 j 条回路的互阻抗。

设负荷节点数为 L，则回路阻抗矩阵 $\boldsymbol{Z}$ 是一个 $L \times L$ 维的不含零元素的方阵。方程的个数等于负荷节点数。对三相不平衡网络，假定已知线路阻抗和建立在相基准上的每相负荷，并忽略线路充电电容。由于用多相表示，每个负荷根据其为单相、两相还是三相负荷将在其所在节点分出 1 条、2 条或 3 条环路。以第 n 个负荷节点接有三相不对称负荷为例，第 3 $(n-1)$ +1、3 $(n-1)$ +2 和 3 $(n-1)$ +3 条环路将分别对应负荷 a、b、c 三相。$\boldsymbol{Z}$ 矩阵的形成与单相情况类似。由于用三相表示，网络在第 i 和 $i+1$ 节点之间的相同元素将出现在 $\boldsymbol{Z}$ 矩阵的第 3 $(i-1)$ +1 和 3 $(i+1-1)$ +1 行。然而，$\boldsymbol{Z}$ 矩阵的部分相邻元素等值的特性在相应的 $\boldsymbol{U}$ 矩阵上将被保留，节省了大量存储空间和计算量。下面为了

使公式表达直观和简便，只列出了假定负荷三相平衡且用单相表达的形式，而由之推导出多相表达的形式是直接和方便的。

采用三角分解法对回路电流方程组求解，可求出回路电流，也就得到各个负荷节点的负荷电流。然后可求出各条支路上的电压降，进而可求得各节点的电压和负荷节点的功率，反复迭代，直到求得的负荷节点功率与给定的负荷功率的差值满足一定的精度要求为止。

在回路阻抗法潮流中，为了借用"稀疏存储"技术，减少占用计算机的存储容量和提高计算速度，通常采用两种编号方案：广度优先搜索编号和深度优先搜索编号。

回路方程组的求解方法中三角分解法是线性代数方程组求解的一种有效方法。它通过将方程组的系数矩阵进行三角分解，即把系数矩阵分解成下三角矩阵和上三角矩阵乘积的形式，从而把求解一个方程组的问题等价化成了求解两个三角方程组的问题。

对 n 阶线性方程组

$$Ax = b \tag{9-22}$$

如果将系数矩阵 A 分解为下三角矩阵 L 和上三角矩阵 U 乘积的形式

$$A = LU \tag{9-23}$$

则称式（9-23）为 A 的三角分解。特别地，当 L 是单位下三角矩阵时，称式（9-23）为 A 的 Dllittle 分解。

将式（9-23）代入式（9-22）得

$$LUx = b \tag{9-24}$$

则求解式（9-24）便等价于求解两个三角方程组

$$Ly = b \tag{9-25}$$

$$Ux = y \tag{9-26}$$

从式（9-25）求出 y，再代入式（9-26）中求解，即可得式（9-22）的解 x。

上述解法称为 LU 分解算法，它对一般形式的系数矩阵 A 都是适用的。

在利用 LU 分解算法求解式（9-21）时，U 矩阵第 (i, k) 个元素为

$$u_{ik} = Z_{ik} - \sum_{j=1}^{i-1} \frac{u_{jk} u_{ji}}{u_{jj}} \tag{9-27}$$

Z_{ik} 为回路阻抗矩阵 Z 的第 (i, k) 个元素。因而

$$
\begin{aligned}
u_{i+1,k} &= Z_{i+1,k} - \sum_{j=1}^{i} \frac{u_{jk} u_{j,i+1}}{u_{jj}} \\
&= Z_{i+1,k} - \sum_{j=1}^{i-1} \frac{u_{jk} u_{j,i+1}}{u_{jj}} - \frac{u_{ik} u_{i,i+1}}{u_{ii}} \\
&= u_{ik} - \left(Z_{ik} - \sum_{j=1}^{i-1} \frac{u_{jk} u_{ji}}{u_{jj}} \right) + Z_{i+1,k} - \sum_{j=1}^{i-1} \frac{u_{jk} u_{j,i+1}}{u_{jj}} - \frac{u_{ik} u_{i,i+1}}{u_{ii}} \\
&= u_{ik} - \frac{u_{ik} u_{i,i+1}}{u_{ii}} + (Z_{i+1,k} - Z_{ik}) + \sum_{j=1}^{i-1} \frac{u_{jk}(u_{ji} - u_{j,i+1})}{u_{jj}}
\end{aligned} \tag{9-28}
$$

求解 U 矩阵元素采用以下技巧：

（1）在同一行上，相同的 Z 矩阵元素，对应相同的 U 矩阵元素，因而只需计算和存储一个 U 矩阵元素。

（2）在同一列上，如果 Z_{ij} 等于 $Z_{i+1,j}$，那么 $u_{i+1,j}$ 可用式（9-29）计算

$$u_{i+1,j} = u_{ij}\left[1 - \frac{u_{i,i+1}}{u_{ii}}\right] \tag{9-29}$$

但若 $Z_{i-k,i}$ 不等于 $Z_{i-k,i+1}$，其中 $k=1$，$\cdots$，$i-1$，则须利用式（9-29）对 $u_{i+1,j}$ 进行修正

$$u_{i+1,j} = u_{i+1,j} + \frac{u_{i-1,i} - u_{i-1,i+1}}{u_{i-1,i-1}}u_{i-1,j} \tag{9-30}$$

（3）针对 U 矩阵的各个对角元素 $u_{i+1,i-1}$（$i=1$，$\cdots$，$n-1$）和每一行第一个非对角元素 $u_{i+1,i+2}$（$i=1$，$\cdots$，$n-1$）的求解技巧：在同一列上，如果 Z_{ij} 不等于 $Z_{i+1,j}$，那么 $u_{i+1,j}$（其中 $j=i+1$，$i+2$）可用式（9-31）计算

$$u_{i+1,j} = u_{ij}\left[1 - \frac{u_{i,i+1}}{u_{ii}}\right] + Z_{i+1,j} - Z_{ij} \tag{9-31}$$

但若 Z_{ki} 不等于 $Z_{k,i+1}$（$k=1$，$\cdots$，$i-1$），则须对利用式（9-31）得到的 $u_{i+1,j}$ 进行修正

$$u_{i+1,j} = u_{i+1,j} + \frac{u_{ki} - u_{k,i+1}}{u_{kk}}u_{kj} \tag{9-32}$$

这一技巧特别是在求解 U 矩阵各个对角元素和每一行第一个非对角元素时，可减少算术运算的次数，从而显著提高了求解速度。

回路阻抗法处理网孔的能力较强，它对增加一条环路后的处理方法比较简单。

假定连接节点 i_1 和 i_2（$i_1 < i_2$）形成一条环路，则回路阻抗矩阵中将只有下面有限几个元素发生改变：

1）i_1 节点的自阻抗和 i_2 节点的自阻抗；

2）i_1 和 i_2 节点的互阻抗。

因此只需对回路阻抗矩阵中的这几个元素进行修改即可。只是由于 $Z_{i1,i2}$ 的改变，将可能在 U 矩阵第 i_2 列的第 i_1 到 i_2-1 行产生 i_2-i_1 个"注入元素"，使系统的存储容量稍有增加。

回路阻抗法中对已有环路的处理方法是，将环路在环路节点 i（设 i 节点的负荷为 S_i，电压为 U_i）处解开为节点 i_1 和 i_2，使节点 i_1 和 i_2 各连有值为 U_i^2/S_i 的负荷阻抗，这样便形成了一个等值辐射网。求得这一辐射网的回路阻抗矩阵，并对矩阵元素进行修正，只修正元素 $Z_{i1,i2}$ 和 $Z_{i2,i1}$ 即可，设其修正值分别为 $Z'_{i1,i2}$ 和 $Z'_{i2,i1}$，则

$$Z'_{i1,i2} = Z'_{i2,i1} = Z_{i1,i2} + U_i^2/S_i \tag{9-33}$$

由此可见，回路阻抗法中对环路处理非常简单，处理弱环网的能力较强，这恰好弥补了前推回代法的不足，因而具有特别的应用价值。

4．隐式 Z_{bus} 高斯法

一般系统方程为

$$I = YU \tag{9-34}$$

式中 $\boldsymbol{I}$——节点电流注入向量；

$\boldsymbol{U}$——节点电压向量；

$\boldsymbol{Y}$——节点导纳矩阵。

式（9-34）构成了一般潮流计算节点法的基础。

如果将配电系统的源节点和其他节点分离，则可将系统方程另写为

$$\begin{bmatrix} I_1 \\ I_2 \end{bmatrix} = \begin{bmatrix} Y_{11} & Y_{12} \\ Y_{21} & Y_{22} \end{bmatrix} \begin{bmatrix} U_1 \\ U_2 \end{bmatrix} \tag{9-35}$$

式中 I_1、U_1——源节点的电流、电压向量；

I_2、U_2——除了源节点外其他节点的电流、电压向量。

对配电系统，一般给定源节点的电压 U_1，如果系统不包含恒定功率成分，则 I_2 为可知的恒定注入电流，因而系统中除源节点外其他节点的电压可由式（9-36）得到

$$U_2 = Y_{22}^{-1}\left(I_2 - Y_{21}U_1\right) \tag{9-36}$$

利用节点法对式（9-36）表示的线性电路求解。

若系统包含恒定功率成分，则可通过线性化用估计电压下的等值电流注入来代替，节点电流注入量 I_2 成为节点电压向量 U_2 的函数，因而有

$$U_2 = Y_{22}^{-1}[I_2\left(U_2\right) - Y_{21}U_1] \tag{9-37}$$

采用高斯迭代法求解上述方程，在第 k 次迭代时，利用了第 $k-1$ 次迭代产生的 U_2 的新值 $U_2^{(k-1)}$，即

$$U_2^{(k)} = Y_{22}^{-1}[I_2\left(U_2^{(k-1)}\right) - Y_{21}U_1] \tag{9-38}$$

当两次迭代间的变化值小于精度要求时，算法终止。

由上述迭代过程可以看出，该算法等价于不断左乘阻抗矩阵 Y_{22}^{-1}，因此称为 Z_{bus} 方法，而在算法的具体实现中，由于阻抗矩阵 Y_{22}^{-1} 并不需要显式形成，实际程序中存储和利用的是 Y_{22} 的因子化表。因此，该算法被称为是"隐式"的。

可见，隐式 Z_{bus} 高斯法的实现过程包括两部分，计算 I_2（U_2）和利用 Y_{22} 的因子化表对式（9-38）进行前推和回代运算。

算法具体步骤如下：

1）输入原始数据，并初始化各节点电压；

2）形成和存储节点导纳矩阵 $\boldsymbol{Y}$，并将并联电容器和恒定阻抗负荷一起加入 $\boldsymbol{Y}$；

3）分离配电系统的源节点和其他节点，得到 Y_{22}；

4）对 Y_{22} 进行因子分解；

5）利用上一次迭代得到的节点电压（若为第 1 次迭代则利用初始化节点电压值）计算除源节点外其他节点的电流注入向量 I_2。对任意节点 i，$i=2$，3，…，n。

如果仅负荷的恒定电流部分不为 0，即为恒定电流负荷 $S_{i,\text{curr}}$，则

$$I_{2i} = \left(\frac{-S_{i,\text{curr}}}{U_i}\right)^* \tag{9-39}$$

如果仅负荷的恒定功率部分不为 0，即为恒定功率负荷 $S_{i,\mathrm{load}}$，则

$$I_{2i}\left(U\right)=\left(\frac{-S_{i,\mathrm{load}}}{U_i}\right)^*\tag{9-40}$$

如果负荷的恒定电流部分和恒定功率部分都不为 0，即为包含恒定电流负荷和恒定功率负荷的混合负荷，则

$$I_{2i}\left(U\right)=\left(\frac{-S_{i,\mathrm{curr}}}{U_i}\right)^*+\left(\frac{-S_{i,\mathrm{load}}}{U_i}\right)^*\tag{9-41}$$

从而得式（9-37）的右端项

$$RHS=-Y_{21}U_1+\left(\frac{-S_{\mathrm{curr}}}{U}\right)^*+\left(\frac{-S_{\mathrm{load}}}{U}\right)^*\tag{9-42}$$

式（9-42）中，$S_{\mathrm{curr}}=\left[S_{2,\mathrm{curr}},S_{3,\mathrm{curr}},\cdots,S_{n,\mathrm{curr}}\right]^{\mathrm{T}}$，为恒定电流负荷向量；$S_{\mathrm{load}}=\left[S_{2,\mathrm{load}},S_{3,\mathrm{load}},\cdots,S_{n,\mathrm{load}}\right]^{\mathrm{T}}$，为恒定功率负荷向量；$U_2=\left[U_2,U_3,\cdots,U_n\right]^{\mathrm{T}}$，为除了源节点外的节点电压向量。

6）利用高斯法迭代求解方程组 $Y_{22}U_2=RHS$ 得

$$U_2=Y_{22}^{-1}\cdot RHS=Y_{22}^{-1}\left(-Y_{21}U_1+I_2\right)\tag{9-43}$$

7）对各个节点计算电压差，将电压差的绝对值大小同给定的收敛精度值作比较，判断是否收敛。若不收敛，则转 5）；若收敛，则迭代结束。

9.3.4　计及分布式发电的主动配电网潮流算法

分布式电源是指在配电系统靠近用户侧引入的容量不大（一般小于 50 兆瓦）的电源。当在配电系统中引入分布式电源形成分布式发电系统后，会引起配电线路中传输的有功和无功功率的数量和方向的改变，配电系统会成为一个多电源的系统，而且不一定能维持严格的辐射状结构。

电网互联的接口一般有 3 种形式，即同步发电机、异步发电机、DC/AC 或 AC/AC 变换器。同步发电机作为接口的 DG 分为两种子类型，即励磁电压恒定型和励磁电压可调型。励磁电压恒定型 DG 不具有电压调节能力，因而在潮流计算中，采用这种接口形式的 DG 其节点不能作为 PV 节点，发出或吸收的无功与机端电压有关，潮流计算前不能确定，所以也不能看成 PQ 节点；而具有励磁电压调节能力的 DG 可以当成 PV 节点，在潮流计算中的处理方法与传统方法相同。异步发电机由于没有励磁系统，需要从系统吸收无功，吸收的无功大小与机端电压有关，因而在潮流计算中异步发电机的处理也需要特殊考虑。采用 DC/AC 或 AC/AC 变换器接口的 DG，输出的有功、无功与变换器的控制策略有关，潮流计算中需要结合变换器的控制策略对 DG 进行处理。

传统配电网中一般仅包括两种节点类型：Vθ 节点和 PQ 节点。变电站出口母线通常视为 Vθ 节点，而其他节点包括负荷节点和中间节点都视为 PQ 节点。随着各种分布式电源加入配电网络，系统中出现了新的节点类型，主要包括：①P 恒定，U 恒定的 PV 节点；②P 恒定，电流幅值 I 恒定的 PI 节点；③P 恒定，U 不定，Q 受 P、U 限定的 P-Q（V）节点。在进行潮流计算时，必须针对不同的节点类型采用不同的处理方法，其本质是在潮流计算的每一个迭代步上将各种类型的节点转换成传统方法能够处理的 PQ 节点或 PV 节点。下面是分布式电源的节点类型划分及在潮流计算中的节点类型转换处理方法。

1. PQ 节点

在潮流计算中，对分布式电源的简化处理方法是，将其视为"负的负荷"，当成 PQ 节点来处理。例如，对采用异步发电机的风力发电机节点的简化处理方法就是将其考虑成 PQ 节点，此时风力发电机的有功功率和无功功率是定值。根据风力发电机的风速—功率曲线，在给定风速情况下可以由式 (9-44) 计算出每一台风力发电机从风力发电场中获得的机械功率

$$P_m = 0.5\rho A v^3 C_p \tag{9-44}$$

式中 ρ——空气密度，kg/m^3；

  v——风速，m/s；

  A——风力发电机的扫掠面积，m^3；

  C_p——风力发电机的风能利用系数，它表明风轮机从风中获得的有用风能的比例，可由试验数据给出的风力发电机 C_p 特性曲线得到。

然后，求得整个风力发电场的有功功率。再根据给定风力发电场处的功率因数，计算出整个风力发电场消耗的无功功率。这种计算方法极其简单，但很粗糙，理论计算值与实际值的偏差可能会很大。

另外，由式 (9-44) 可以看出，风力发电机产生的理论电力大小与受风面积成正比，与风速的三次方成正比。将风力发电机组的有功功率视为风速的函数，若给出风力发电场所在地的风速，则可以近似得到风力发电场输出的有功功率。在某一时刻对配电网进行潮流计算时，可以认为风力发电机组在该时刻的输出功率为一个由该时刻风速所决定的定值。

2. PV 节点

内燃机和传统燃气机轮等分布式电源一般采用同步发电机。所有同步发电机和通过电压控制逆变器接入电网的分布式电源都可以处理成 PV 节点。

在迭代过程中，若经过修正后的节点无功越限，则将其转换成对应的 PQ 节点。如果在后续迭代中，又出现该节点电压越界，则重新将其转换成 PV 节点。

3. PI 节点

光伏发电系统、部分风力发电机组、微型燃气轮机和燃料电池等分布式电源一般通过逆变器接入电网。在使用逆变器的情况下，分布式电源可以用输出限定的逆变器来建模。逆变器可以分为电流控制逆变器和电压控制逆变器两种。电流控制逆变器可以仿真为有功输出和注入电网电流恒定的 PI 节点。相应的无功功率可以由前次迭代得到的电压、恒定的电流幅值和有功功率计算得出

$$Q_{k+1} = \sqrt{|I|^2 \left(e_k^2 + f_k^2\right) - P^2} \tag{9-45}$$

$$e_k + \mathrm{j}f_k = U_k$$

式中 Q_{k+1}——第 k+1 次迭代的分布式电源的无功功率值；

  e_k, f_k——第 k 次迭代得到的电压的实部和虚部；

  I——恒定的分布式电源的电流向量的幅值；

  P——恒定的有功功率值。

因此在进行潮流计算时，每次迭代前可以把 PI 节点的无功注入量求出，在第 k+1 迭代过程中便可将 PI 节点处理成有功和无功输出分别为 P 和 Q_{k+1} 的 PQ 节点。

4. P-Q（V）节点

作为分布式电源的风力发电机组可能采用异步发电机。异步发电机靠电网提供无功功率来建立磁场，因此它没有电压调节能力。考虑到异步发电机在输出有功功率的同时还要从系统吸收一定的无功功率，其吸收的无功功率的大小与转差率 s 和节点电压 U 的大小有密切的关系，为了减少网络损耗，一般采取无功功率就地补偿的原则。通常的做法是在风力发电机组处安装并联电容器组。通过电容器组自动分组投切，可以保证风力发电机的功率因数符合要求。而电容器组的输出无功也与节点电压幅值有关。

为了克服将异步发电机的风机节点简单处理为 PQ 节点时误差较大的缺点，应采用更为详细的计算模型。因此风力发电机组基于图 9-7 所示的异步发电机近似等效电路的 P-Q（V）模型。

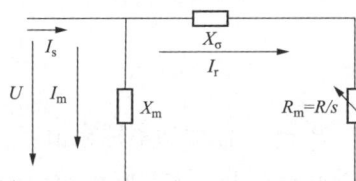

图 9-7　异步发电机的近似等效电路

s—转差率；I_s—定子电流（A）；
I_r—转子电流（A）；I_m—励磁电流（A）；
R—转子电阻（Ω）；R_m—机械负载等效电阻（Ω）；
X_m—励磁电抗（Ω）；X_σ—漏电抗（Ω）

由近似等效电路可以推出发电机输出电磁功率的计算式和功率因数角正切公式，分别为

$$P_e = \frac{sRU^2}{s^2 X_\sigma^2 + R^2} \tag{9-46}$$

$$\tan\delta = \frac{R^2 + X_\sigma(X_m + X_\sigma)s^2}{RX_m s} \tag{9-47}$$

式中　P_e——风力发电机发出的有功功率；

$\quad\quad U$——风力发电机节点电压幅值；

$\quad\quad X_\sigma$——发电机定子电抗 X_1 与转子电抗 X_2 之和；

$\quad\quad X_m$——励磁电抗；

$\quad\quad R$——转子电阻。

式（9-47）中的转差率 s 可由式（9-46）推出

$$s = \frac{R(U^2 - \sqrt{U^4 - 4X_\sigma^2 P_e^2})}{2P_e X_\sigma^2} \tag{9-48}$$

当风速给定时，根据风力发电机的有功功率输出特性可以确定有功功率，则由式（9-46）和式（9-47）知，无功功率 Q' 可由式（9-49）求出

$$Q' = P_e \tan\delta = \frac{R^2 + X_\sigma(X_m + X_\sigma)s^2}{RX_m s}P_e \tag{9-49}$$

因此宜采用 P-Q（V）模型来表示这类节点，这里 Q（V）表示 Q 受电压 U 的限定和影响。

由于风力发电机向网络吸收无功，为了减少网络损耗，一般采取无功功率就地补偿原则。通常的做法是与风力发电机组配套安装并联电容器组。通过电容器组自动分组投切，可以保证风力发电机的功率因数在允许的范围内变动。带并联电容器组的风力发电机的功率因数为

$$\cos\varphi = \frac{P}{\sqrt{P^2 + (Q_c - Q)^2}} \tag{9-50}$$

式中　Q_c——并联电容器输出的补偿无功功率；

　　　P——风力发电机输出的有功功率；

　　　Q——风力发电机吸收的无功功率。

为使发电机由原来的功率因数 $\cos\varphi_1$ 提高到 $\cos\varphi_2$，所需要的无功补偿容量为

$$Q_c = P_e^* \left[\sqrt{\frac{1}{(\cos\varphi_1)^2} - 1} - \sqrt{\frac{1}{(\cos\varphi_2)^2} - 1} \right] \tag{9-51}$$

式中　P_e^*——有功功率标幺值。

给出额定电压下并联电容器的单位容量 Q_{N-Unit}，可计算出并联电容器组的实际投入组数

$$n = \left\lceil \frac{Q_c}{Q_{N-Unit}} \right\rceil \tag{9-52}$$

式中，$\lceil\ \rceil$ 表示对分数进行取整运算，且取最邻近的比其稍大的那个整数。

电容器组在电压 U 下的无功输入 Q'' 为

$$Q'' = n^* Q_{N-Unit}^* \frac{U^2}{U_N^2} \tag{9-53}$$

式中，n^* 和 Q_{N-Unit}^* 分别表示并联电容器组的实际投入组数标幺值和单位容量标幺值。

P-Q（V）节点给定的输出有功功率 P_e 为异步发电机的输出有功功率，节点电压 U 在每次迭代后都得到修正，参与潮流迭代的节点注入无功功率 Q 计算公式如下

$$Q = Q'' - Q' \tag{9-54}$$

式中　Q'——异步发电机吸收的无功功率；

　　　Q''——电容器组实际补偿的无功功率。

在潮流程序中处理此类节点时，每次迭代后都会对电压进行修正，并根据修正后的电压幅值计算出异步发电机吸收的无功功率和功率因数，再根据对节点功率因数的要求得出投入的并联电容器组数，最后计算出并联电容器组实际补偿的无功功率。发电机吸收无功功率与补偿无功功率的差值为节点总的吸收无功功率。因此，在下一次迭代前，都可以把 P-Q（V）节点转换成传统潮流算法能处理的 PQ 节点，其中 P 为异步发电机的输出有功功率，Q 为发电机吸收无功功率与补偿无功功率的差值。

在上述对各种节点类型进行相应转换的基础上，就可以采用牛顿法或 Z_{bus} 高斯法实现计及分布式电源的配电系统三相潮流计算。在完成节点类型转换后的每一个潮流迭代步，其计算过程与常规算法相同。

9.3.5　主动配电网的主配网协同潮流计算

在传统的潮流计算中，发输电潮流和配电潮流的计算相互独立。当计算发输电潮流时，将配电系统处理成等值负荷，负荷功率数据已知并给定；当计算配电潮流时，则将发输电系统考虑成等值电源，各配电根节点（也是发输电系统中的负荷节点）的电压数据已知并给定。由于发输电潮流和配电潮流的数据来源不同，必然会在边界节点上产生功率失配和电压失配，这统称为边界失配量，

若不加以解决，则发输配全局控制决策容易顾此失彼，分析精度和控制质量将会受到严重影响。另外一方面，随着分布式电源的不断渗透，输、配电网间潮流耦合关系发生了变化，主要体现在双向流动、互为支撑、相互渗透，必须从全局的角度对输、配电网的潮流进行统一分析。

研究主配网协同的潮流计算方法有两种，即交替迭代法和统一迭代法。

交替迭代法利用了全局电力系统主从式的物理特征，构造了数学上严格的全局潮流主从分裂法。该方法自然地将规模庞大的全局潮流问题分解成为发输电潮流和一系列小规模的配电馈线潮流子问题，大大降低了解题规模。同时允许发输电潮流和配电潮流可采用不同的模型，但交替迭代法需要采取一定的假设，包括：

（1）配电根节点三相电压初值设为三相平衡；

（2）根据实际需要，将由三相配电潮流计算出的广义负荷数据三相之和作为单相模型下的发输电潮流的广义负荷功率；

（3）将由单相发输电潮流计算出的边界电压作为配电根节点电压，并设为三相平衡。

统一迭代法将主网中次输电网和配电网都统一描述成三相不平衡系统，没有假设，能够更加准确地描述电网的物理结构，便于准确分析含分布式电源的主配网潮流。统一迭代法采用三相牛顿潮流算法进行潮流计算，能够处理弱环和辐射状的复合型网络结构。

输配全局潮流计算是要求解由全局潮流方程描述的大规模的非线性代数方程组。全局电力系统节点集记为 C_{G}，节点总数为 N，若考虑负荷的电压静特性，则全局潮流方程为

$$\begin{cases} PG_i - PD_i(U_i) - \sum_{j \in C_i} P_{ij}(\dot{U}_i, \dot{U}_j) = 0 \\ QG_i - QD_i(U_i) - \sum_{j \in C_i} Q_{ij}(\dot{U}_i, \dot{U}_j) = 0 \end{cases} \quad (i \in C_{\mathrm{G}}) \qquad (9\text{-}55)$$

式中 C_i——与节点 i 直接相连的节点集；

PG_i、QG_i、PD_i 和 QD_i——节点 i 的有功功率、无功功率、有功负荷和无功负荷；

P_{ij} 和 Q_{ij}——支路 ij 在节点 i 侧的有功和无功潮流。

与完全独立的发输电或者配电系统的潮流方程相比，全局潮流方程将发输电和配电系统看成是一体化系统，由边界节点上的功率平衡方程自然地将发输电和配电系统联系在一起。

为了对输配全局潮流方程这种大规模的数学问题有效地进行求解，一种可行的思路是将一个大规模的问题降阶成多个较小规模的问题来求解。由于全局电力系统是一种典型的主从式系统，因此考虑采用主从分裂法来求解。

由于主系统与从系统之间没有直接相连的支路，而只是间接地通过边界节点发生联系。因此，输配全局潮流方程的一种自然的主从分裂形式为

$$\begin{cases} \dot{S}_{\mathrm{M}}(\dot{U}_{\mathrm{M}}) - \dot{S}_{\mathrm{MM}}(\dot{U}_{\mathrm{M}}) - \dot{S}_{\mathrm{MB}}(\dot{U}_{\mathrm{M}}, \dot{U}_{\mathrm{B}}) = 0 \\ \dot{S}_{\mathrm{B}}(\dot{U}_{\mathrm{B}}) - \dot{S}_{\mathrm{BM}}(\dot{U}_{\mathrm{M}}, \dot{U}_{\mathrm{B}}) - \dot{S}_{\mathrm{BB}}(\dot{U}_{\mathrm{B}}) = \dot{S}_{\mathrm{BS}}(\dot{U}_{\mathrm{B}}, \dot{U}_{\mathrm{S}}) \end{cases} \qquad (9\text{-}56)$$

$$\dot{S}_{\mathrm{S}}(\dot{U}_{\mathrm{S}}) - \dot{S}_{\mathrm{BS}}(\dot{U}_{\mathrm{B}}, \dot{U}_{\mathrm{S}}) - \dot{S}_{\mathrm{SS}}(\dot{U}_{\mathrm{S}}) = 0 \qquad (9\text{-}57)$$

上式中定义节点集划分：输电系统的广义负荷节点（也是配电系统根节点）组成边界系统 B，其节点集记为 C_{B}，节点数为 N_{B}；其余的发输电系统的节点组成主系统 M，其节点集记为 C_{M}，节点数为 N_{M}；其余的配电系统的节点组成从系统 S，其节点集记为 C_{S}，节点数为 N_{S}。电压矢量 $\dot{U}$ 也对应

地分解为主系统电压矢量 $\dot{U}_{\mathrm{M}}$、边界电压矢量 $\dot{U}_{\mathrm{B}}$ 和从系统电压矢量 $\dot{U}_{\mathrm{S}}$。

其中：$\dot{S}_{\mathrm{M}}$、$\dot{S}_{\mathrm{B}}$ 和 $\dot{S}_{\mathrm{S}}$ 分别是对应节点集的节点注入复功率矢量；$\dot{S}_{XY}$ 是节点集 C_X 上各节点直接流向节点集 C_Y 的支路复功率潮流所组成的矢量；$\dot{S}_{XX}$ 是节点集 C_X 上各节点直接流入节点集自身的支路复功率潮流所组成的矢量。$\dot{S}_{\mathrm{BS}}$ 是主从分裂迭代中间变量。

交替迭代法的整体计算过程如下：

（1）初始化边界系统电压 $\dot{U}_{\mathrm{B}}$。

（2）以边界系统电压 $\dot{U}_{\mathrm{B}}^{(K)}$ 为参考电压，求解配电潮流方程（9-57），得到配电系统电压矢量 $\dot{U}_{\mathrm{S}}^{(K+1)}$，并由 $\dot{U}_{\mathrm{B}}^{(K)}$ 和 $\dot{U}_{\mathrm{S}}^{(K+1)}$，计算迭代中间变量 $\dot{S}_{\mathrm{BS}}^{(K+1)}$。

（3）由迭代中间变量 $\dot{S}_{\mathrm{BS}}^{(K+1)}$ 求解输电潮流方程（9-56），得到输电系统电压矢量 $\left[\dot{U}_{\mathrm{M}}^{(K+1)} \quad \dot{U}_{\mathrm{B}}^{(K+1)}\right]^{\mathrm{T}}$。

（4）判断相邻两次迭代间边界系统电压差的模分量的最大值 $\max\limits_{i \in C_{\mathrm{B}}}\left|\Delta\dot{U}_i\right|$ 是否小于给定的收敛指标，若是，则主配协同潮流收敛；否则，转到（2）继续迭代。

统一迭代法采用三相牛顿潮流算法进行包含次输电网络和多条馈线的主配电网潮流计算，其中次输电网络是环形网络。在统一迭代法中，为了使输电网和配电网进行统一求解，将输电网的线路部分分成三个独立的部分，每部分由不同的相配置。这样处理后，次输电网络和配电网络通过边界变压器进行联结，形成三相建模的包含次输电网络和多条馈线的主配电网潮流计算模型进行统一求解。

9.4 主动配电网的连续时间序列仿真

9.4.1 多代理的主动配电网潮流仿真平台

多代理的主动配电网潮流仿真平台，为开发主动配电网潮流仿真软件，进行主配网协同交互的潮流仿真提供了基础支持。多代理的主动配电网潮流仿真平台需要以下功能需求：

（1）多代理潮流仿真平台可以给电网设计和运行人员提供有价值数据的配电网仿真及分析软件。该平台可以为利用新能源技术的公司提供服务并集成先进的模块技术和能够交付最新终端模块技术的高性能算法。

（2）多代理潮流仿真平台为用户提供了电能分配自动化模块和具有许多电力系统分析手段的软件集成工具。

（3）多代理潮流仿真平台是一个灵活的仿真环境，它可以与大量第三方数据管理和分析工具进行连接。该仿真平台的核心具有先进的算法，这种算法与过去传统的有限次差分运算相比，其优点体现在：

1）对复杂问题的处理更加准确；

2）处理的时间范围非常宽，从几秒钟到几十年；

3）与新模型或第三方软件连接非常方便。

（4）多代理潮流仿真平台所包含的软件模块有潮流模块、天气模块、居民模块等，可以进行多学科的仿真。

潮流模块是最基本的分析电力系统潮流的模块。只要给出发电机和负荷的电压，该模块就可以自动给定各节点的电压并且根据负载情况依次给出电流值。潮流模块主要由链接和节点两个对象构成。其他的对象都是由这两个对象继承而来的。节点主要由电容器、负荷、电能表组成；链接主要由熔丝、开关、继电器、架空线、地线、变压器组成。

天气模块是根据系统运行数据时会受到天气的影响，才应运而生的。天气数据主要由经度、纬度、湿度、日照、风向组成。

居民模块有 houseA 与 houseE 两种。houseA 与 houseE 非常相似，它们之间最大的不同在于算法的思想不同。houseA 是基于 CLTD 模型，其类的名称为 house。houseE 是基于 ETP 模型，其类的名称为 house_e。居民模块的主要仿真模型装置为热水器、电磁炉、冰箱等。

多代理潮流仿真平台系统中包含的模块可以支持以下仿真功能：

（1）潮流计算和控制，包括分布式发电和储电。

（2）终端技术、设备和控制。

（3）用户行为，包括每天、每个星期、每个月用户对电能需求、对价格的反应及选择。

（4）能量的营运，包括配电网自动化、低频减载系统、紧急情况处理系统。

（5）商业的营运，如零售价格、账目和以市场为基础的刺激计划。

多代理潮流仿真平台集成了大量的工具套件来建立和处理配电网，并对仿真结果进行分析，这些工具包括：

（1）以多代理为基础和以信息为基础的工具让使用者建立众多细节化的模型，这些模型包括新的终端使用技术、分布式能源、配电自动化以及零售市场的相互作用及其随时间的发展。

（2）对立并使之生效的价格制定工具，它能分析用户对价格的反应，并校验与其他技术和零售市场的相互作用及独立性。

（3）能够采集大量数据的数据采集系统，并允许大范围的分析。

主配网协同潮流仿真基于代理建模的仿真软件，该软件将分布式电源、配电网络设备和输配边界节点作为代理个体独立建模，并且配电网潮流计算作为代理个体，与其他代理协同迭代，完成配电网的潮流仿真。在该软件的仿真框架内，加入输电网络潮流计算并作为代理个体，与配电网各代理、输配边界节点代理一起实现主配网协同潮流仿真，建立多代理主配网协同潮流计算模型并求解，并使输配边界节点代理实现全局潮流的仿真。主配网协同潮流仿真方法如图 9-8 所示。

（1）输电网潮流计算代理。采用交替迭代法时，输电网潮流计算作为代理个体，根据数据来源读取输电网络模型，进行潮流模型求解，得到输电网潮流计算的结果，其中包括输配边界节点的电压，潮流结果通过输配边界节点代理实现与配电网潮流计算的数据交互。

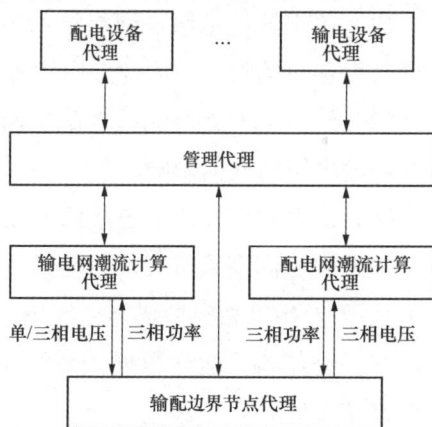

图 9-8　主配网协同潮流仿真方法示意图

采用统一迭代法时，输电网络设备作为代理个体采用三相建模，与配电网络设备代理在潮流计算代理的配合下完成主配网的协同潮流仿真。

（2）配电网潮流计算代理。采用交替迭代法时，配电网潮流计算作为代理个体，根据配电网三相潮流计算方法，得到配电网的三相潮流结果，其中包括输配边界节点的三相功率，计算结果通过输配边界节点代理实现与输电网潮流计算的数据交互。

采用统一迭代法时，配电网络设备代理与输电网络设备代理在潮流计算代理的配合下完成主配网的协同潮流仿真。

（3）输配边界节点代理。采用交替迭代法时，输配边界节点代理将配电网络的三相潮流求和后作为输电网络节点的负荷功率，并将输电网络的电压转化为三相电压后作为配电网络根节点的三相电压；通过各代理的协同迭代，当输配边界节点代理判断输配边界节点的功率在迭代中前后两次的变化满足收敛精度时，输配全局潮流全局收敛，最终形成主配网协同潮流计算结果。

采用统一迭代法时，输配边界节点代理与配电网络设备代理、输电网络设备代理在潮流计算代理的配合下完成主配网的协同潮流仿真。

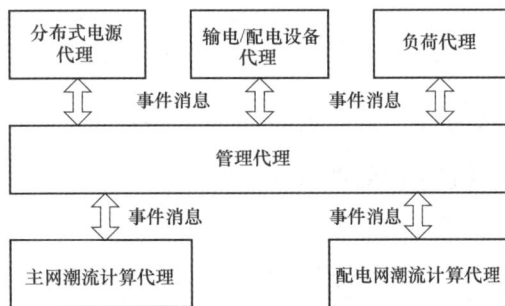

图 9-9　各代理之间通信示意图

各代理由管理代理进行集中管理，并通过事件驱动的方式进行通信，具体通信过程如图 9-9 所示。

当负荷和分布式电源波动时，负荷代理和分布式电源代理通过事件方式发消息给管理代理，管理代理接收消息并处理，通过事件方式发消息给输电/配电设备代理、分布式电源代理、负荷代理、配电网潮流计算代理、主网潮流计算代理等，从而进行新的仿真迭代过程，实现主配网协同交互的潮流仿真。

9.4.2　主配网协同的连续时间序列潮流仿真设计

主配网协同交互的潮流仿真软件设计原则为：

（1）目前对输电网潮流计算和配电网潮流计算的研究大多各自独立进行，在边界节点处进行等值处理，并且输电网和配电网数据来源不同，以上因素会造成输配电网边界节点处的功率和电压失配，需要从全局的角度考虑输配电网全局潮流计算，提高计算精度。

（2）由于输配电网在网络结构与参数、潮流大小、模型等的差异，并且输电网和配电网的潮流计算具有各自的特点，因此采用边界法或整体法实现主配网协同交互的潮流计算。

（3）随着分布式电源接入配电网，主配网协同交互的潮流仿真需要考虑分布式电源接入后对配电网和输电网造成的影响。

（4）仿真软件设计应遵从标准化和开放性的原则，并满足仿真计算时间要求。

主配网协同潮流仿真软件在描述电网模型时采用单相/三相和三相混合的数据结构，输电网三相平衡采用单相/三相模型描述；配电网三相不平衡采用三相模型描述。数据结构描述的模型包括电网的网络拓扑结构、运行数据、系统元件及其参数、计算参数等数据，以及中间计算结果和最终形成的计算结果等。

输电网潮流计算的单相/三相模型数据结构包括以下主要对象类型：

UN 该对象用来描述输电网中的机组，包括标识、有功、无功、电压等属性。

LN 该对象用来描述输电网中的线路，包括标识、电压等级、电阻、电抗、对地电容、首端有功、首端无功、末端有功、末端无功等属性。

XFMR　该对象用来描述输电网中的变压器，包括标识、高中压各侧的电压等级、高中压各侧的电阻和电抗、高中压各侧的挡位等属性。

LD　该对象用来描述输电网中的负荷，包括标识、有功、无功等属性。

CP　该对象用来描述输电网中的电容电抗器，包括标识、电压等级、额定容量等属性。

CB　该对象用来描述输电网中的开关，包括标识、电压等级、运行状态等属性。

ND　该对象用来描述输电网中的对象的连接节点，包括标识、电压等级等属性。

BS　该对象用来描述输电网中的对象的拓扑节点，包括标识、电压等级等属性。

配电网潮流计算的三相模型数据结构包括以下主要对象类型：

node　该对象用来描述配电网中基本的节点类型，包括标识、相、额定电压、三相电压、三相电流、三相功率注入等属性。

link　该对象用来描述配电网中基本的支路类型，包括标识、相、首端三相电流、首端三相功率、末端三相电流、末端三相功率等属性。

overhead_line　该对象用来描述配电网中的架空线路，包括标识、相、额定电压、首端节点、末端节点、长度、配置等属性。

underground_line　该对象用来描述配电网中的地下电缆，包括标识、相、额定电压、首端节点、末端节点、长度、配置等属性。

transformer　该对象用来描述配电网中的变压器，包括标识、相、各侧额定电压、首端节点、末端节点、配置等属性。

regulator　该对象用来描述配电网中的调压器，包括标识、相、各侧额定电压、首端节点、末端节点、配置等属性。

capacitor　该对象用来描述配电网中的电容器，包括标识、相、额定电压、三相容量、三相开关状态等属性。

load　该对象用来描述配电网中的负荷，包括标识、相、额定电压、三相恒功率负荷、三相恒电流负荷、三相恒阻抗负荷等属性。

主配网协同潮流仿真软件是基于多代理的主动配电网潮流仿真平台框架开发，可以进行连续时间序列仿真，包括日、周、月、年等长周期的仿真。通过连续时间序列仿真，考虑气象因素的影响，得出分布式电源接入后主配网潮流结果，进而为高级功能的分析提供基础条件。

9.4.3　主配网协同潮流算法智能判断分析与设计

主配网交替迭代潮流计算方法和主配网统一迭代潮流计算方法都是主配网协同交互潮流计算方法，在满足各自潮流仿真前提的情况下，相同的电网模型和电网参数在两种潮流计算下都可以得到主配网协同潮流结果。合理地采用两种不同的潮流算法既可以保证输出结果的正确性，又可以充分地利用两种方法的优点，满足各种电网结构参数下的主配网协同潮流计算要求。

首先，交替迭代潮流计算方法是利用已有的主网和配电网潮流程序分别进行主配网的潮流求解，可以很好地利用现有资源满足主配网协同计算的要求，降低了开发成本。而且这种主从分裂形式将规模庞大的全局潮流问题分解成为主网潮流和一系列小规模的配电馈线潮流子问题，大大降低了解题规模。现有的主网和配电网潮流程序已经相对成熟，可以基本满足各种电网情况下的主网和配电网潮流的分别求解，具有很好的标准性与开放性。另外，基于多代理的仿真软件可以满足主网和配电网的独自代理及配电网各馈线间的并行计算，降低潮流计算时间，满足仿真的快速性要求。因此在主配网协同潮流计算时，优先采用交替迭代潮流计算方法。

其次，由于交替迭代潮流计算是以主网单相计算、配电网三相计算的形式进行的，主配网的数据交互是以配电网接口处的三相电压平衡为前提条件的，因此在大规模分布式电源接入的情况下，配电网的三相负荷及电压容易出现三相不平衡的现象，这就限制了交替迭代潮流算法的使用，在这种情况下，采用统一迭代潮流计算方法可以满足三相电压不平衡时的主配网协同潮流计算要求。统一迭代法采用主配网统一的三相建模，因此相间的不平衡性对潮流计算没有影响，但由于其建模过程比较复杂，工作量较大，对电网模型的扩展性较差，因此在主配网协同交互潮流计算时统一迭代法作为交替迭代法的补充方案。

最后，两种主配网协同交互计算方法的配合使用可以很好地满足分布式电源大量接入情况下的主配网协同潮流计算的要求，两种算法的智能判断依据和自动切换功能的开发保证了整个系统潮流计算的连续性和准确性。

主配网交替迭代潮流计算方法是利用主网潮流程序和配电网潮流程序分别进行主配网的潮流计算，主配网的模型也是分别建模，通过数据结果实现主配网之间的数据交换，实现主配网协同交互潮流运算。主配网交替迭代潮流计算方法在建模时考虑主网是三相平衡状态，因此主网采用单相建模，配电网三相不平衡采用三相建模，在主配网潮流数据交换时，主网的电压结果要转换为三相电压赋给配电网馈线末端节点电压，这样在赋值时便假设了电压三相幅值相等，相角互差 120°。因此主配网交替迭代潮流计算方法使用的前提条件便是配电网馈线末端节点的三相电压平衡。由于主配网统一迭代潮流计算方法采用的是三相建模，因此无须考虑三相电压的平衡性。因此配电网馈线末端节点的三相电压平衡性便是采用两种潮流计算方法的主要判据。

影响节点电压三相不平衡的主要原因有分布式电源渗透率高、馈线间负荷平衡度差、相间负荷平衡度差等。在电网模型建立后，分析某一时间断面电网的分布式电源渗透率、馈线间负荷平衡度和相间负荷平衡度，当该时间断面下的馈线入口端三相电压平衡时，则可以采用主配网交替迭代潮流计算方法；若该时间断面下的馈线入口端三相电压不平衡，则采用主配网统一潮流计算方法。

配电网各馈线入口处三相电压的不平衡性将影响交替迭代法的使用限制，其直接影响表现为交替迭代算法结果的准确性和收敛性。在配电网各馈线负荷较均衡且分布式电源渗透率为零的情况下，配电网各馈线三相电压平衡性好，潮流计算迭代次数少，收敛快。在配电网出现馈线负荷不平衡的情况下，当分布式电源渗透率为零时，配电网各馈线三相电压的平衡性受到影响，潮流计算迭代次数增加，收敛速度变慢。在配电网出现相间负荷不平衡的情况下，当分布式电源渗透率为零时，馈线的三相电压受到较大影响，各馈线的迭代次数都增加，收敛速度慢。在没有分布式电源影响的情况下，配电网各馈线负荷的平衡度和馈线相间负荷的平衡度对主配网交替迭代仿真计算的迭代次数有很大影响，也就是说负荷的不平衡性影响了馈线电压的三相不平衡度，也影响了交替迭代法的计算准确性。因此一般情况下主配网协同潮流仿真交替迭代法对负荷平衡度的要求为相间负荷不平衡度小于 10%，馈线间负荷不平衡度小于 10%。

由于分布式电源多为单相并入，且分布不均匀，分布式发电对系统负荷平衡性有一定影响。而且分布式电源的内阻及逆变器的控制对电网系统都会造成影响，因此当系统的分布式电源渗透率增大，交替迭代算法的迭代次数明显增多，系统收敛性差，计算结果准确性受到影响时，为保证潮流计算的准确与快速，设置交替迭代法的渗透率限值为 30%，即系统渗透率小于 30%的情况下，可以采用交替迭代潮流算法；系统渗透率不小于 30%的情况下，采用统一迭代潮流算法。

实现主配网协同潮流算法的智能判断分析，设计潮流自动切换功能主要步骤如下：

（1）确定仿真计算的时间断面；

（2）读取主配网模型文件，分析仿真时间断面下的馈线每相负荷值、各馈线总负荷值和分布式发电量；

（3）根据模型读取的馈线每相负荷值、各馈线总负荷值和分布式发电量计算分布式电源渗透率、馈线间负荷平衡度和相间负荷平衡度；

（4）综合考虑分布式电源渗透率、馈线间负荷平衡度和相间负荷平衡度等因素，预估馈线入口节点电压的三相平衡度；

（5）当馈线入口节点电压满足三相平衡智能判据时，启动主配网交替迭代潮流仿真计算程序；

（6）当馈线入口节点电压不满足三相平衡智能判据时，启动主配网统一迭代潮流仿真计算程序；

（7）记录潮流计算结果；

（8）进入下一时间断面。

通过以上步骤实现主配网交替迭代和统一迭代潮流计算方法的智能判断和自动切换功能，并且每一个时间断面进行一次智能判断与自动切换，实现了连续时间序列的智能分析仿真要求，同时在每计算完一个时间断面的潮流结果时，便记录此时采用的潮流算法所得到的结果，在潮流仿真的连续时间段内，通过对当前时间断面电网模型的分析判断，切换调用相应的潮流计算程序，可以得到相应的连续时间序列最终潮流计算结果。潮流智能判断及切换功能流程如图 9-10所示。

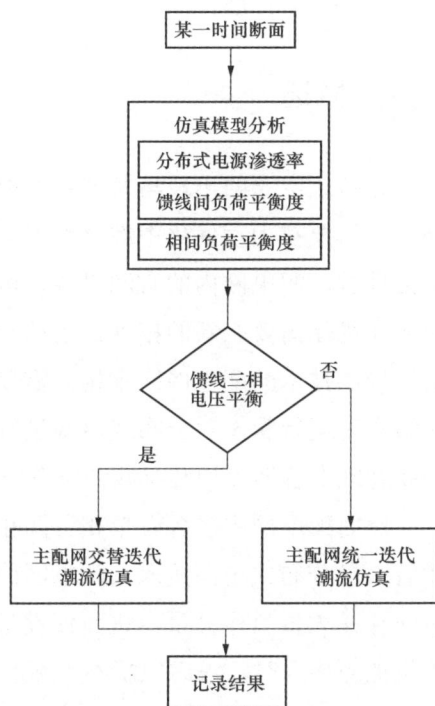

图 9-10　潮流智能判断及切换功能流程

9.5　本章小结

本章首先分析了主动配电网中各种分布式电源及负荷的功率特性，构建了用于潮流计算的数学模型。其次，分析了主动配电网潮流计算的特点，并对算法进行分类，提出基于前推回代法的主动配电网三相潮流基本算法，并在此基础上演绎出计及分布式发电的潮流算法及主配网协同潮流计算，并在代理平台上进行连续时间序列仿真。该方法计算过程清晰，编程简单，容易实现，保留了面向支路的前推回代计算速度快、收敛性稳定的优点。

第 10 章

无功电压优化与负荷柔性控制

10.1 概述

分布式电源的出现与发展对配电网无功优化提出了新的挑战。分布式电源作为无功电源的一种补充，需要在无功优化中综合考虑。随着配电自动化的建设与发展，主动配电网关键技术的研究与示范推进，配电网内的有源设备、可控器件越来越多，同时配电网的自动化水平也不断提高。配电网无功优化需要有新的拓展，主动配电网为配电网无功优化提供了新的思路与手段，如需要快速通信、控制技术的配电网络重构；需要智能终端、智能测量仪表、智能控制技术的需求侧响应；根据网络实时运行状态对分布式电源进行有功、无功实时调度等。同时主动配电网也能更实时、准确地控制并联电容器投切及有载调压变压器分接头。

然而配电网中多含有单相、两相和三相不对称负荷，并且三相线路参数不对称现象普遍存在。随着大量分布式电源接入，配电网的三相不平衡特征日益突出，同时，系统三相不平衡运行时，电压中存在大量负序分量，进而使设备的损耗增大并使设备运行于非正常状态。因此，当大量单相可再生能源接入时，考虑电压不平衡度的三相不平衡配电网无功优化问题非常值得研究。

此外，柔性负荷的出现为主动配电网无功优化带来了新的手段，在满足负荷正常用电的前提下，通过调节用电规律参与电网控制。若将满足可控条件的柔性负荷纳入主动配电网（ADN）电压协调控制，并与分布式电源的区域协调控制相结合，共同改善区域及馈线的电压分布，既能给配电馈线运行带来益处，又能够优化负荷自身经济运行，降低用电量，负荷的功能输出也具有更稳定的特性。

10.2 主动配电网电压特性

配电网负责电能的分配，与用户侧紧密相连，承担着为用电客户提供安全、可靠、优质电能的重要任务，是电力企业服务用电客户、服务经济社会发展的主要载体。传统的配电网通常是闭环设计、开环运行，呈辐射状结构，功率由高电压等级向低电压等级单向流动。由于线路阻抗的存在，功率在配电线路上的传输会引起电压偏移，其表达式为

$$\Delta U = \frac{PR + QX}{U_{\mathrm{N}}} \tag{10-1}$$

式中　ΔU——电压偏移量；

　　　P、Q——线路上传输的有功功率、无功功率；

　　　R、X——线路的电阻、电抗；

　　　U_{N}——额定电压。

可见在配电线路上，沿着功率的流向，电压分布呈现逐渐降低的状态。但在主动配电网中，随着分布式电源的大量接入，电压分布也将随之发生变化。

分布式电源在接入点处会向配电线路注入有功功率和无功功率，从而减少线路上的功率流动。由式（10-1）可知，当线路上的 P 和 Q 减小时，线路电压降落 ΔU 也将减小，从而使整条线路上的电压水平得到提升。当分布式电源的接入量达到一定程度时，甚至可能出现配电网向主网倒送功率的现象，此时线路上的末端电压降高于起始点电压，称为配电线路电压"翘尾巴"现象。总体而言，主动配电网中由于有分布式电源的接入，将提升电网的整体电压水平。

10.2.1　有功与无功的耦合关系

输电线路上由于功率流动引起的电压幅值变化如式（10-1）所示，而电压相角变化的表达式为

$$\Delta \theta = \frac{PX - QR}{U_{\mathrm{N}}} \tag{10-2}$$

对于主网的输电线路参数，线路电阻 R 通常要比线路电抗 X 小得多，即满足 $R \ll X$。此时可将式（10-1）、式（10-2）化简为

$$\Delta U = \frac{QX}{U_{\mathrm{N}}} \tag{10-3}$$

$$\Delta \theta = \frac{PX}{U_{\mathrm{N}}} \tag{10-4}$$

由式（10-3）、式（10-4）可见，主网中线路上电压幅值的变化主要受无功功率影响，电压相角的变化主要受有功功率影响。但通常情况下，主网线路两端电压的相角差较小（不超过 $10° \sim 20°$），即有功功率对电压相角的改变不大。所以一般认为主网中有功功率与无功功率可以实现解耦控制，而电压问题与无功功率强相关，可以通过无功优化控制等手段实现电压调节。

但对配电网而言，配电线路的线径比输电线路小得多，导致配电网的 R/X 值较大，无法实现有功功率与无功功率的解耦，即有功功率或无功功率的改变都会引起电压的变化。所以配电网的电压调节需要通过有功功率和无功功率的协调控制来实现。但传统的配电网是无源网络，缺乏有功功率调节手段，只能通过无功功率调节手段实现电压控制。而在主动配电网中，随着燃气轮机、内燃机等一系列可控分布式电源的接入，使得配电网变成了有源网络，具备了进行有功功率与无功功率协调的电压控制条件。

10.2.2　电压调节设备及特性

配电网中常用的电压调节设备主要有变压器、电容电抗器、静止无功补偿器、静止无功发生器等。在主动配电网中，随着分布式电源的大量接入，还可利用分布式电源的有功功率和无功功率进行电压调节。

1. 变压器

变压器是配电网中的常用设备，也是消耗无功功率的主要元件。具有可调分接头的变压器是配电网调压的重要手段，通过调整变压器分接头，可以改变变压器两侧绕组的变比，进而提高或降低电压。变压器属于离散型调压设备，其分接头挡位不能连续调节，只能在变压器本身固有的各级挡位上进行调节。另外这种调压方式只能改变配电网的无功潮流分布，而不能通过增加或减少无功功率来改变电压。

配电网中的变压器分为两类，一类是有载调压变压器，另一类是无载调压变压器。有载调压变压器能实现带负荷的电压调节，可用于接收调度中心的控制指令，自动调节变压器分接头来改变电压。而无载调压变压器只能在停电状态下调节电压，通常在停电作业后需恢复供电时，用来改变配电网的运行方式。

2. 电容电抗器

电容电抗器由于价格低廉且易于安装维护，因此得到广泛使用。其中电容器可为配电网提供无功功率，用于无功补偿，电抗器可从配电网吸收无功功率，用于解决无功过剩问题，电容电抗器提供或吸收的无功功率与其所连节点的电压的平方成正比。电容电抗器属于离散型无功设备，其无功功率不能连续可调，通常只能分组投切。

3. 静止无功补偿器

静止无功补偿器（static var compensator，SVC）始于 20 世纪 70 年代，它是由电容器和电抗器并联连接，再配合一定的自动调节器组成的。SVC 现在已是很成熟的技术，被广泛应用于电力系统的各个领域。SVC 既可以输出无功功率，又可以吸收无功功率，其配备的自动调节器能根据电压的变化快速改变无功补偿水平，从而将电压的变化控制在很小的范围内，提高配电网的电压质量。由于 SVC 没有旋转部件，响应速度快，能够双向连续、平滑调节，运行维护简单、方便，因此具有很大的优越性。但同时也存在谐波污染、价格昂贵等问题。

4. 静止无功发生器

静止无功发生器（static var generator，SVG）产生于 20 世纪 80 年代，它采用可关断电力电子器件组成自换相桥式电路，经过电抗器并联上网，通过调节桥式电路交流侧输出电压或电流，迅速吸收或发出无功功率，实现动态快速调节的目的。与 SVC 相比，SVG 响应速度更快、可调范围更宽、谐波成分更少，是一种更为先进的无功补偿设备，代表了无功电压调节设备的技术发展方向。

5. 分布式电源

在主动配电网中，分布式电源既可发出无功功率，又可吸收无功功率，调节速度快，且可连续调节。通常情况下，由于配电网中存在较多的感性负荷，分布式电源一般运行在发出无功功率状态。但当配电网中的容性无功功率较多时，分布式电源也可吸收多余的无功功率。

另外，由于配电网的 R/X 值较大，所以分布式电源的有功功率调节同样会对电压产生影响。需要说明的是，主动配电网中可控分布式有功电源主要包括内燃机、燃气轮机发电等，它们可以根据实际需要，增加或减少有功功率来调节电压。而风电、光伏等分布式电源通常运行在最大功率跟踪状态，一般情况下不会主动降低其有功功率，所以将其视为不可控的有功电源，只作为可控分布式无功电源使用。

10.2.3　电压质量

配电网的首要任务是在保证安全经济的前提下连续可靠地向电力用户提供电能，这就对供电的电压质量提出了较高的要求。在《电能质量供电电压允许偏差》（GB 12325—2008）中对允许电压偏差范围的规定是在电网正常运行时保证各节点电压在额定水平上，对日电压波动范围的规定是正常情况下不超过额定值的 3%。在《电力系统无功和电压电力技术导则》（SD 325—1989）中对用户侧的电压允许偏差做出了进一步的要求：

（1）35kV 及以上用户的电压波动幅度应不大于系统额定电压的 10%；

（2）10kV 用户的电压波动幅度为系统额定电压的–7%～7%；

（3）380V 用户的电压波动幅度为系统额定电压的–7%～7%；

（4）220V 用户的电压波动幅度为系统额定电压的–10%～5%。

电压波动不能超过限值主要是因为：①电压上限是由设备绝缘水平和变压器饱和度所确定的，电压过高会影响用户设备的使用寿命；②设置电压下限是为了满足电力用户各类设备的正常工作要求。

常见的高电压现象通常发生在配电线路空载、轻载运行时，或分布式电源渗透率较高时；而低电压现象通常发生在通过长配电线路向重负荷供电时，或分布式电源有功功率不足时。以上两种情况可利用相应的电压调节设备改变配电网的电压分布，从而提高电压质量。

10.2.4　电压调节方式

在主动配电网各种调压方式中，通常情况下应优先考虑利用分布式电源进行调压。但当仅依靠分布式电源无法满足调压目标时，应综合考虑利用其他手段进行调压。

1. 分布式电源调压

分布式电源是主动配电网中的主要功率元件，利用分布式电源的有功功率和无功功率调节电压时无须增加额外的成本。在配电网实际运行过程中，应根据分布式电源的接入位置，在满足调压目标的情况下，合理地调节分布式电源的有功功率或无功功率，尽量满足电网经济运行的要求。

2. 变压器调压

当配电网中无功功率较为充足时，可以通过调整变压器分接头挡位的方式来调节电压。通常变压器分接头挡位上升时，低压侧配电线路电压增大；变压器分接头挡位下降时，低压侧配电线路电压减小。需指出的是，这种调压方式本质上是通过改变无功潮流分布来实现的，当配电网中无功功率相对匮乏时，不宜用此方法进行调压。

3. 无功补偿设备调压

无功补偿应遵循分层分区和就地平衡的原则，避免无功功率大范围远距离传输，以及从低电压等级向高电压等级的倒送。结合负荷变化趋势，确定电网所需要的无功补偿容量，通过调节无功补偿设备来满足电网的无功需求。实际中常用的无功补偿设备主要包括电容电抗器、SVC、SVG 等。其中电容电抗器用于跟踪负荷变化趋势，通常进行离散的粗略调节；SVC、SVG 用于跟踪负荷快速波动，通常进行连续的精细调节。

4. 基本调压方式

配电网调压的根本目的是使各节点电压均能保持在允许范围内。但由于网内节点众多，难以实现对所有节点电压水平的监控，通常可以选择配电线路的末端节点进行监控，只要将末端节点的电压控制在合理范围内，其他节点的电压水平就可满足要求。实际中末端节点的调压方式主要有恒调压、顺调压和逆调压三种。

恒调压方式是指不论负荷趋势如何变化，始终保证末端节点电压水平维持在相对稳定的范围内。顺调压方式是指在重负荷时适当降低末端节点电压；在轻负荷时适当提高末端节点电压。逆调压方式是指在重负荷时适当提高末端节点电压以补偿电压损耗；在轻负荷时适当降低末端节点电压以防止电压过高。由于逆调压方式可以有效改善电压质量，所以是目前应用最为普遍的调压方式。

10.2.5　电压与有功损耗的关系

配电网中的有功损耗主要包括线路损耗和设备损耗。线路损耗可表示为

$$\Delta P = \frac{P^2 + Q^2}{U^2} R \tag{10-5}$$

变压器有功损耗是配电网中的主要设备损耗，其可表示为

$$\Delta P = \frac{P^2}{U^2} R + \frac{Q^2}{U^2} X + \delta P \tag{10-6}$$

式中　P、Q——流经线路或变压器的有功功率、无功功率；

　　　R、X——线路或变压器的电阻、电抗；

　　　　U——配电网线电压；

　　　　δP——变压器空载损耗。

可见，配电网电压水平越高、传输的有功功率和无功功率越少，配电网的有功损耗就越小。在主动配电网中，为减小网损可充分利用分布式电源的有功功率，通过降低线路或变压器上的有功功率来实现。另外，还可通过多种无功补偿和电压调节手段，降低线路或变压器上的无功功率传输、提高配电网电压水平来实现。

10.3　有功与无功协调的电压优化及校正控制

10.3.1　基于三相配电网模型的电压控制分析

1.　配电网中传统的电压控制

在配电网中，随着负荷的不断增加，线路的电压也会随之下降，当系统负荷过重时，系统的某些节点电压就有可能越限。如果网络没有安装调压器等设备，为了防止电压越限的情况发生，一般将最前端馈线的首端电压设置在电压允许范围的上限附近。为了调节馈线首端的电压，调压器一般安装在变电站处。通过调节变压器抽头的位置改变下游馈线的电压值。在极端情况下，如变电站处的调压器，电压调节到最高值时馈线末端的电压还是出现了越限的情况，那么可以考虑在变电站的下游选取适当的位置安装调压器，如图10-1所示。

主动配电网中可以利用的调压设备除了调压器还有电容器组。如果馈线的负荷过重，可以投入

电容器组，这样不仅可以提高电压，还可以减少负荷的无功需求，减少功率的传输损耗，如图 10-2 所示。

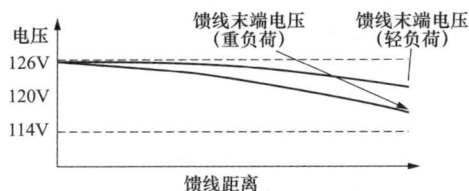

图 10-1　有调压器的电压调节方法

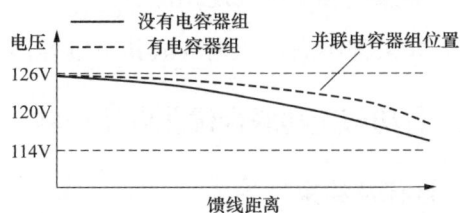

图 10-2　有电容器组的电压调节方法

在主动配电网快速发展的今天，传统的电压控制手段并不能满足我们的要求，它主要存在以下缺陷：

（1）调压器、电容器组独立控制，没有考虑二者相互协调的作用；

（2）调压器和电容器组的设定值处于静态状态，没有考虑系统的动态特性。

2. 电压—无功控制（VVC）

与传统的电压控制方法相比，VVC 通过同时协调控制多种可控设备，如调压器、电容器组等，使系统达到最优运行状态。

（1）电压优化控制策略如下：

1）确定调压器负荷侧电压（$U_{\mathrm{reg\_load}}$）和网络测量的最低电压 $U_{\min}$。

2）计算调压器和线路最低电压差：$U_{\mathrm{drop}} = U_{\mathrm{reg\_load}} - U_{\min}$。

3）修正电压设定值：$U_{\mathrm{corr\_des}} = U_{\mathrm{des}} + U_{\mathrm{drop}}$。

4）判断修正电压值是否超出系统电压允许范围：$U_{\mathrm{sys\_min}} \leqslant U_{\mathrm{corr\_des}} \leqslant U_{\mathrm{sys\_max}}$。

5）根据电压降落的情况判断调压器电压调节的死区 U_{deadband}：U_{tap} 代表在理想情况下改变一个抽头位置，电压的调节大小。当系统处于重负荷情况时，$U_{\mathrm{deadband}} = U_{\mathrm{tap}}$；当系统处于轻负荷情况时，$U_{\mathrm{deadband}} = 1.5 U_{\mathrm{tap}}$。

6）判断电压修正值 $U_{\mathrm{corr\_des}}$ 相对于当前电压设定值（$U_{\mathrm{curr\_set}}$）是否在死区电压调节范围之外：$U_{\mathrm{corr\_des}} \leqslant U_{\mathrm{curr\_set}} - U_{\mathrm{deadband}}$ 或 $U_{\mathrm{corr\_des}} \geqslant U_{\mathrm{curr\_set}} + U_{\mathrm{deadband}}$。如果在死区范围内，则不调节调压器抽头。

7）估计调压器调节之后系统节点电压是否会越限。如果越限，则不调节调压器，否则调节抽头一个挡位。重复 1）～7）。

（2）无功优化步骤如下：

1）测量功率因数测量点的功率因数值。

2）判断实际功率因数值是否低于期望值：$PF_{\mathrm{curr}} < PF_{\mathrm{des}}$。如果是，则进入 3），否则结束。

3）将电容器组按照从大到小、从近到远进行排序，计算每个电容器组投切的阈值，其由比例系数 $d_{\min}$、$d_{\max}$ 来确定

$$0.0 < d_{\min} < d_{\max} < 1.0$$

$$Q_{\mathrm{cap\_off}} = P_{\mathrm{cap}} d_{\min}$$

$$Q_{\mathrm{cap\_on}} = P_{\mathrm{cap}} d_{\max}$$

4）设定电容器组的投切动作，每个操作周期只操作一次：

（a）如果电容器组满足投入且 $Q_{\text{line}} < Q_{\text{cap\_off}}$，则退出电容器组；

（b）如果电容器组满足切除且 $Q_{\text{line}} > Q_{\text{cap\_off}}$，则退出电容器组；

（c）如果都不满足，则选取其余电容器组中容量最大的电容器组重复 4）。

10.3.2 有功与无功联合优化电压控制

1. 目标及约束

主动配电网电压优化问题的目标函数一般要从系统经济性、安全性和投资效益等几个方面进行考虑，具体包括系统有功网损最小、电压稳定裕度最大以及综合经济效益最好等，或以上几者间的组合。最常用的目标函数是系统的有功网损最小，控制变量为可控分布式有功电源（内燃机、燃气轮机发电等）、可控分布式无功电源（包括 DG、SVC 等）、电容电抗器等。状态变量为各节点的电压幅值和相角。

网损最小等价于所有节点的注入有功功率之和与所有节点的有功负荷之和的差最小，即

$$P_{\text{Loss,min}} = \sum_{i=1}^{n} P_i - \sum_{i=1}^{n} P_{i,\text{d}} \quad (i \in S_{\text{B}}) \tag{10-7}$$

式中　$P_{\text{Loss,min}}$——系统最小有功网损；

$\quad n$——系统节点数；

$\quad P_i$——系统中节点 i 的注入功率；

$\quad P_{i,\text{d}}$——系统中节点 i 的有功负荷；

$\quad S_{\text{B}}$——系统中所有节点集合。

主动配电网电压优化的约束条件包括等式约束和不等式约束。等式约束为潮流方程约束，具体为各节点有功功率和无功功率的潮流平衡方程，即

$$\begin{cases} P_i = U_i \sum_{j=1}^{n} U_j (G_{ij} \cos \delta_{ij} + B_{ij} \sin \delta_{ij}) \\ Q_i = U_i \sum_{j=1}^{n} U_j (G_{ij} \sin \delta_{ij} - B_{ij} \cos \delta_{ij}) \end{cases} \quad (i \in S_{\text{B}}) \tag{10-8}$$

式中　P_i、Q_i——系统中节点 i 的注入有功功率、无功功率；

$\quad U_i$、U_j——系统中节点 i 和节点 j 的电压幅值；

$\quad G_{ij}$、B_{ij}——节点 i 与节点 j 间的互电导和互电纳；

$\quad \delta_{ij}$——节点 i 与节点 j 间电压的相角差。

不等式约束包括各 DG 有功、无功功率的上下限，SVC 无功功率的上下限等连续控制变量约束；分组投切电容器挡位的上下限等离散控制变量约束；节点电压幅值上下限等状态变量约束。各约束的上下限分别使用该约束变量的上划线和下划线的形式表示。具体如下：

连续控制变量的不等式约束为

$$\begin{cases} \underline{P}_{i,\text{DG}} \leqslant P_{i,\text{DG}} \leqslant \overline{P}_{i,\text{DG}} & (i \in S_{\text{DG}}) \\ \underline{Q}_{i,\text{DG}} \leqslant Q_{i,\text{DG}} \leqslant \overline{Q}_{i,\text{DG}} & (i \in S_{\text{DG}}) \\ \underline{Q}_{i,\text{SVC}} \leqslant Q_{i,\text{SVC}} \leqslant \overline{Q}_{i,\text{SVC}} & (i \in S_{\text{SVC}}) \end{cases} \tag{10-9}$$

离散控制变量的不等式约束为

$$k_i \in \{0, 1, 2, \cdots, K_i\} \quad i \in S_Q \tag{10-10}$$

式中　K_i——节点 i 所连接分组投切电容器的最高挡位。

状态变量的不等式约束为

$$\underline{U}_i^2 \leqslant U_i^2 \leqslant \bar{U}_i^2 \quad i \in S_B \tag{10-11}$$

式中　U_i——节点 i 的电压幅值。

2. 数学模型及算法原理

主动配电网的无功电压优化是一个复杂的非凸非线性规划问题，其中潮流方程的等式约束是该模型的一个强非凸源，这导致该模型难以获得全局最优解。凸规划模型能够保证解的全局最优性，具有优良的数学特性。随着对凸规划研究的深入，开始尝试用凸松弛处理潮流等式方程，用可以接受的松弛误差为代价改变方程的数学形式，将非凸的潮流等式约束松弛为具有凸可行域的约束条件。其中半定规划（semi-definite programming，SDP）是公认的有效方法。

半定规划是指在满足约束对称矩阵的仿射组合半正定的条件下使线性函数极小化的问题，属于凸规划问题，能够保证解的全局最优性，且能在多项式时间（一个问题的计算时间 $m(n)$ 不大于问题大小 n 的多项式倍数）内完成求解。

半定规划原问题的标准形式可以表示为

$$\begin{cases} \min \ \boldsymbol{A}_0 \cdot \boldsymbol{X} \\ \text{s.t.} \ \boldsymbol{A}_i \cdot \boldsymbol{X} = b_i \quad (i = 1, \cdots, m) \\ \boldsymbol{X} \geqslant 0 \end{cases} \tag{10-12}$$

$$\boldsymbol{A} \cdot \boldsymbol{X} = \text{tr}(\boldsymbol{A}\boldsymbol{X}) = \sum_{i=1}^{n} \sum_{j=1}^{n} A_{ij} X_{ij}$$

式中　"·"——矩阵的迹；

　　　$\boldsymbol{X}$——决策变量；

　　　$\boldsymbol{A}_0$——决策变量 $\boldsymbol{X}$ 的成本系数向量；

　　　$\boldsymbol{A}_i$——资源约束矩阵 $\boldsymbol{A}$ 的第 i 个行向量，对应第 i 个成本约束的约束系数；

　　　$\boldsymbol{b}_i$——第 i 个约束的值。

半定规划的对偶问题可以表示为

$$\begin{cases} \max \ \boldsymbol{b}^T \boldsymbol{y} \\ \text{s.t.} \ \boldsymbol{A}^T \boldsymbol{y} + \boldsymbol{Y} = \boldsymbol{A}_0 \quad (b \in R^m) \\ \boldsymbol{Y} \geqslant 0 \end{cases} \tag{10-13}$$

$$\boldsymbol{A}^T \boldsymbol{y} = \sum_{k=1}^{m} y_k \boldsymbol{A}_k$$

式中　Y——对偶问题的决策变量。

将 SDP 应用于求解主动配电网电压优化问题，主要是因为：一方面求解非凸规划问题在理论上可能陷入局部最优，而凸规划可以保证得到全局最优解。因此，将非凸的数学模型转换成凸的 SDP 模型具有十分重要的意义。另一方面，由于 SDP 可以看作线性规划的推广，许多用于求解线性规划的成熟算法如原对偶内点法等可以扩展到求解 SDP，且理论上具有与求解线性规划问题相同的效率。故采用原对偶内点法求解主动配电网电压优化的 SDP 模型，可以充分利用原对偶内点法的稳定高效性和 SDP 模型的凸性，保证最优解的质量。

求解式（10-12）和式（10-13）所示的 SDP 模型等价于求解其原始模型的对数障碍函数模型，即

$$\begin{cases} \min \ \boldsymbol{A}_0 \bullet \boldsymbol{X} - \mu \ln \det \boldsymbol{X} \\ \text{s.t.} \ \boldsymbol{A}_i \bullet \boldsymbol{X} = \boldsymbol{b}_i \quad (i = 1, \cdots, m) \end{cases} \tag{10-14}$$

式中，$\mu > 0$，为障碍因子，它是单调递减的。

式（10-14）的拉格朗日函数为 $L(\boldsymbol{X}, \boldsymbol{y}) \equiv \boldsymbol{A}_0 \bullet \boldsymbol{X} - \mu \ln \det \boldsymbol{X} - \sum_{i=1}^{m} \boldsymbol{y}_i (\boldsymbol{b}_i - \boldsymbol{A}_i \bullet \boldsymbol{X})$。可以导出其一阶最优性条件如下

$$\begin{cases} \nabla L_X^{\mu} = \boldsymbol{A}_0 - \sum_{i=1}^{m} \boldsymbol{A}_i \boldsymbol{y}_i(\mu) - \mu \boldsymbol{X}(\mu)^{-1} = 0 \\ \nabla L_{yi}^{\mu} = \boldsymbol{b}_i - \boldsymbol{A}_i \bullet \boldsymbol{X}(\mu) = 0 \quad (i = 1, \cdots, m) \end{cases} \tag{10-15}$$

引入一个对称矩阵 $\boldsymbol{Y}$，可以得到非线性系统如下

$$\begin{cases} \boldsymbol{A}_i \bullet \boldsymbol{X}(\mu) = \boldsymbol{b}_i \quad (i = 1, \cdots, m) \\ \sum_{i=1}^{m} \boldsymbol{A}_i \boldsymbol{y}_i(\mu) + \boldsymbol{Y}(\mu) = \boldsymbol{A}_0 \\ \boldsymbol{Y}(\mu) = \mu \boldsymbol{X}(\mu)^{-1} \end{cases} \tag{10-16}$$

对于式（10-16）可以导出其修正方程为

$$\begin{cases} \boldsymbol{A}_i \bullet (\boldsymbol{X} + \Delta \boldsymbol{X}) = \boldsymbol{b}_i \quad (i = 1, \cdots, m) \\ \sum_{i=1}^{m} (\boldsymbol{y}_i + \Delta \boldsymbol{y}) \boldsymbol{A}_i + (\boldsymbol{Y} + \Delta \boldsymbol{Y}) = \boldsymbol{A}_0 \\ \boldsymbol{XY} + \Delta \boldsymbol{XY} + \boldsymbol{X} \Delta \boldsymbol{Y} + \Delta \boldsymbol{X} \Delta \boldsymbol{Y} = \mu \boldsymbol{I} \end{cases} \tag{10-17}$$

式（10-17）所表示的所有方程式都是线性的，只有最后一个方程式中的 $\Delta \boldsymbol{X}$、$\Delta \boldsymbol{Y}$ 是非线性项。忽略这一非线性项并引入一个辅助矩阵，那么求解搜索方向（$\Delta \boldsymbol{X}$，$\Delta \boldsymbol{y}$，$\Delta \boldsymbol{Y}$）的线性系统为

$$\begin{cases} \boldsymbol{B} \Delta \boldsymbol{y} = \boldsymbol{r} \\ \Delta \boldsymbol{X} = \boldsymbol{P} + \sum_{i=1}^{m} \boldsymbol{A}_i \Delta \boldsymbol{y}_i \\ \Delta \tilde{\boldsymbol{Y}} = (\boldsymbol{X})^{-1} (\boldsymbol{R} - \boldsymbol{Y} \Delta \boldsymbol{X}) \\ \Delta \boldsymbol{Y} = (\Delta \tilde{\boldsymbol{Y}} + \Delta \tilde{\boldsymbol{Y}}^{\mathrm{T}}) / 2 \end{cases} \tag{10-18}$$

$$\boldsymbol{B}_{ij} = (\boldsymbol{X}^{-1} \boldsymbol{A}_i \boldsymbol{Y}) \bullet \boldsymbol{A}_j \quad (i, j = 1, \cdots, m)$$

$$\boldsymbol{r}_i = -\boldsymbol{d}_i + \boldsymbol{A}_i \bullet [\boldsymbol{X}^{-1} (\boldsymbol{R} - \boldsymbol{PY})] \quad (i = 1, \cdots, m)$$

$$\boldsymbol{P} = \sum_{i=1}^{m} \boldsymbol{A}_i \boldsymbol{y}_i - \boldsymbol{A}_0 - \boldsymbol{X}$$

$$\boldsymbol{d}_i = \boldsymbol{b}_i - \boldsymbol{A}_i \bullet \boldsymbol{Y} \quad (i = 1, \cdots, m)$$

$$\boldsymbol{R} = \mu \boldsymbol{I} - \boldsymbol{XY}$$

式中　$\Delta \tilde{\boldsymbol{Y}}$——辅助矩阵。

将当前点修正为 $(\boldsymbol{X} + \alpha_\mathrm{p} \Delta \boldsymbol{X}, \boldsymbol{y} + \alpha_\mathrm{d} \Delta \boldsymbol{y}, \boldsymbol{Y} + \alpha_\mathrm{d} \Delta \boldsymbol{Y})$，其中 α_p 和 α_d 是步长因子，用于保证修正后的 $\boldsymbol{X} + \alpha_\mathrm{p} \Delta \boldsymbol{X}$ 和 $\boldsymbol{Y} + \alpha_\mathrm{d} \Delta \boldsymbol{Y}$ 仍处于正定锥中。对上述过程进行反复迭代，直至互补间隙 $\mu = \boldsymbol{X} \bullet \boldsymbol{Y} / n$ 满足收敛条件。

当 $\mu \to 0$ 时，$[\boldsymbol{X}(\mu), \boldsymbol{y}(\mu), \boldsymbol{Y}(\mu)]$ 将会沿着中心路径 $\gamma(\mu) \equiv \{ \boldsymbol{X}(\mu), \boldsymbol{y}(\mu), \boldsymbol{Y}(\mu) \in R^{n \times m} \times R^m \times R^{n \times m} : \mu > 0 \}$ 精确收敛到最优解 $(\boldsymbol{X}^*, \boldsymbol{y}^*, \boldsymbol{Y}^*)$。

采用原对偶内点法求解 SDP 模型的算法基本流程如下：

（1）对计算参数进行初始化。选择初始值 $(\boldsymbol{X}^0, \boldsymbol{y}^0, \boldsymbol{Y}^0)$，其中 $\boldsymbol{X}^0 \geq 0$，$\boldsymbol{Y}^0 \geq 0$。将迭代计数器置

零，即 $k=0$，迭代次数上限为 $k_{max}=50$，允许误差范围 $\varepsilon=10^{-5}$，设中心参数 $0<\sigma<1$，防黏因子 $0<\delta<1$。

（2）判断迭代次数 k 是否达到了上限值 k_{max}，如果是则求解结束，计算不收敛，否则转到步骤（3）。

（3）计算互补间隙 $\mu^k=\dfrac{X^k \cdot Y^k}{n}$。如果 $\mu^k<\varepsilon$，且 (X^k,y^k,Y^k) 接近可行，则计算结束，输出最优解，否则转到步骤（4）。

（4）利用目标点 $[X(\mu^k),y(\mu^k),Y(\mu^k)]$，根据式（10-18）求出搜索方向 $(\Delta X,\Delta y,\Delta Y)$，其中 $\mu^{k+1}=\sigma\mu^k$。

（5）计算步长因子 α_p 和 α_d。保证 $X^k+\alpha_p\Delta X$ 和 $Y^k+\alpha_d\Delta Y$ 为正定矩阵。对于 α_p，对 X^k 进行 Cholesky 分解，求出满足 $(X^k+\alpha_p\Delta X)\geqslant 0$ 中可取得的最大步长值 $\bar{\alpha}_p$。设 L 是对 X^k 进行 Cholesky 分解所得的下三角矩阵，即 $X^k=LL^T$，并设 $L^{-1}\Lambda XL^{-T}$ 的特征值分解是 $P\Lambda P^T$，Λ 中最小的对角元素值为 λ_{min}。此时可以得到 $\bar{\alpha}_p=\begin{cases} -1/\lambda_{min} & (\lambda_{min}<0) \\ +\infty & (\lambda_{min}>0) \end{cases}$。

令 $\alpha_p=\delta\{1,\bar{\alpha}_p\}_{min}$，其中 δ 的作用是预防迭代后所得解黏滞在边界上，导致收敛困难。

α_d 同样可以采用上述方法求出。

（6）更新当前点为：$X^{k+1}=X^k+\alpha_p\Delta X$，$y^{k+1}=y^k+\alpha_d\Delta y$，$Y^{k+1}=Y^k+\alpha_d\Delta Y$。

（7）$k=k+1$，转到步骤（2）。

3. 模型转换及求解

首先不考虑离散变量，即将电容器挡位固定，则式（10-10）可用一个等式约束代替，即

$$k_i=\xi_i \tag{10-19}$$

将等式约束条件式（10-8）改写为矩阵和向量相乘的形式

$$\begin{aligned} S_i &= e_i^* UI^* e_i = e_i^* UU^* Y^* e_i = \text{tr}(UU^*(Y^* e_i e_i^*)) = U^* Y_i^* U \\ &= \left[U^*\left(\frac{Y_i^*+Y_i}{2}\right)U\right] + i\left[U^*\left(\frac{Y_i^*-Y_i}{2j}\right)U\right] \quad i\in S_B \end{aligned} \tag{10-20}$$

$$Y_i=e_i e_i^* Y$$

式中　S_i ——节点 i 的注入功率；

$\quad\quad e_i$ ——第 i 个元素为 1，其他元素全为 0 的列向量；

$\quad\quad U$ ——电压列向量；

$\quad\quad I$ ——电流列向量。

令 $\Phi_i=(Y_i^*+Y)/2$，$\Psi_i=(Y_i^*-Y)/2$，将式（10-20）的实部虚部分列可得

$$\begin{cases} P_i=P_{i,DG}-P_{i,d}=U^*\Phi_i U \\ Q_i=Q_{i,DG}+Q_{i,SVC}+\xi_i q_{i,CB}-Q_{i,d}=U^*\Psi_i U \end{cases} \tag{10-21}$$

式中　$P_{i,DG}$、$P_{i,d}$ ——节点 i 上所连接的 DG 的有功功率、有功负荷；

$Q_{i,DG}$、$Q_{i,SVC}$、$Q_{i,d}$ ——节点 i 上所连接的 DG 无功功率、SVC 的无功补偿功率、无功负荷；

$\quad\quad q_{i,CB}$ ——分组投切电容器组单位挡位的无功补偿功率。

由于通常将式（10-7）中的负荷功率视为常量，将其舍去并不影响优化结果，所以可等效为如下形式

$$\sum_{i=1}^{n} P_i = \sum_{i=1}^{n} \boldsymbol{U}^* \boldsymbol{\Phi}_i \boldsymbol{U} = \boldsymbol{U}^* \left(\sum_{i=1}^{n} \frac{\boldsymbol{Y}_i^* + \boldsymbol{Y}_i}{2} \right) \boldsymbol{U}$$

$$= \boldsymbol{U}^* \left(\frac{\boldsymbol{Y}^* + \boldsymbol{Y}}{2} \right) \boldsymbol{U} = \mathrm{tr}(\boldsymbol{M} \boldsymbol{U} \boldsymbol{U}^*) \quad (i \in S_{\mathrm{B}})$$

（10-22）

$$\boldsymbol{M} = \frac{\boldsymbol{Y}^* + \boldsymbol{Y}}{2}$$

为实现模型形式上的统一，可将等式约束和不等式约束合并，即将式（10-9）、式（10-11）和式（10-19）带入式（10-21），可得

$$\begin{cases} \underline{P}_{i,\mathrm{DG}} \leqslant \boldsymbol{U}^* \boldsymbol{\Phi}_i \boldsymbol{U} \leqslant \overline{P}_{i,\mathrm{DG}} \\ \underline{Q}_{i,\mathrm{DG}} + \underline{Q}_{i,\mathrm{SVC}} + \xi_i \underline{q}_{i,\mathrm{CB}} \leqslant \boldsymbol{U}^* \boldsymbol{\Psi}_i \boldsymbol{U} \leqslant \overline{Q}_{i,\mathrm{DG}} + \overline{Q}_{i,\mathrm{SVC}} + \xi_i \overline{q}_{i,\mathrm{CB}} \\ \underline{U}_i^2 \leqslant \mathrm{tr}(\boldsymbol{e}_i \boldsymbol{e}_i^* \boldsymbol{U} \boldsymbol{U}^*) \leqslant \overline{U}_i^2 \end{cases}$$

（10-23）

综合式（10-22）和式（10-23），则原问题改写为

$$\begin{cases} \min_{\boldsymbol{U}} \quad \mathrm{tr}(\boldsymbol{M} \boldsymbol{U} \boldsymbol{U}^*) \\ \mathrm{s.t.} \quad \underline{P}_i \leqslant \mathrm{tr}[\boldsymbol{\Phi}_i \boldsymbol{U} \boldsymbol{U}^*] \leqslant \overline{P}_i \\ \qquad \underline{Q}_i \leqslant \mathrm{tr}[\boldsymbol{\Psi}_i \boldsymbol{U} \boldsymbol{U}^*] \leqslant \overline{Q}_i \qquad (i \in S_{\mathrm{B}}) \\ \qquad \underline{U}_i^2 \leqslant \mathrm{tr}(\boldsymbol{e}_i \boldsymbol{e}_i^* \boldsymbol{U} \boldsymbol{U}^*) \leqslant \overline{U}_i^2 \end{cases}$$

（10-24）

一个矩阵 $\boldsymbol{W}$ 与 $\boldsymbol{U} \boldsymbol{U}^*$ 等价的充要条件为 $\boldsymbol{W} \geqslant 0$ 且 $\mathrm{rank}(\boldsymbol{W}) = 1$，故式（10-24）等价于

$$\begin{cases} \min_{\boldsymbol{U}} \quad \mathrm{tr}(\boldsymbol{M} \boldsymbol{W}) \\ \mathrm{s.t.} \quad \underline{P}_i \leqslant \mathrm{tr}[\boldsymbol{\Phi}_i \boldsymbol{W}] \leqslant \overline{P}_i \\ \qquad \underline{Q}_i \leqslant \mathrm{tr}[\boldsymbol{\Psi}_i \boldsymbol{W}] \leqslant \overline{Q}_i \qquad (i \in S_{\mathrm{B}}) \\ \qquad \underline{U}_i^2 \leqslant \mathrm{tr}(\boldsymbol{e}_i \boldsymbol{e}_i^* \boldsymbol{W}) \leqslant \overline{U}_i^2 \\ \qquad \boldsymbol{W} \geqslant 0 \\ \qquad \mathrm{rank}(\boldsymbol{W}) = 1 \end{cases}$$

（10-25）

已有研究表明，在电力系统实际应用中可将 $\mathrm{rank}(\boldsymbol{W}) = 1$ 的约束松弛掉，则模型可表示为

$$\begin{cases} \min_{\boldsymbol{U}} \quad \mathrm{tr}(\boldsymbol{M} \boldsymbol{W}) \\ \mathrm{s.t.} \quad \underline{P}_i \leqslant \mathrm{tr}[\boldsymbol{\Phi}_i \boldsymbol{W}] \leqslant \overline{P}_i \\ \qquad \underline{Q}_i \leqslant \mathrm{tr}[\boldsymbol{\Psi}_i \boldsymbol{W}] \leqslant \overline{Q}_i \qquad (i \in S_{\mathrm{B}}) \\ \qquad \underline{U}_i^2 \leqslant \mathrm{tr}(\boldsymbol{e}_i \boldsymbol{e}_i^* \boldsymbol{W}) \leqslant \overline{U}_i^2 \\ \qquad \boldsymbol{W} \geqslant 0 \end{cases}$$

（10-26）

可见，该模型符合 SDP 模型的定义，是一个凸规划模型，利用前述的原对偶内点法求解能够保证解的全局最优性。

但需要注意的是，式（10-26）中并未考虑离散变量。若将离散变量视为可控变量，则 SDP 模型扩展为混合整数半定规划（mixed integer semi-definite programming，MISDP）模型。表示式为

$$
\begin{cases}
\min\limits_{U} & \mathrm{tr}(\boldsymbol{MW}) \\
\text{s.t.} & \underline{P}_i \leqslant \mathrm{tr}[\boldsymbol{\Phi}_i W] \leqslant \overline{P}_i \\
& \underline{Q}_i \leqslant \mathrm{tr}[\boldsymbol{\Psi}_i W] \leqslant \overline{Q}_i \\
& \underline{U}_i^2 \leqslant \mathrm{tr}(e_i e_i^* W) \leqslant \overline{U}_i^2 & (i \in S_B) \\
& W \geqslant 0 \\
& k_i \in \{0,1,2\cdots,K_i\}
\end{cases}
\tag{10-27}
$$

考虑到分支定界法是处理离散变量的有效方法,在实际工程中有较为广泛的应用。所以,可结合分支定界法实现式(10-27)中 MISDP 模型的求解。

分支定界法的思路类似于"分而治之"思想,它在求解优化问题的过程中通过一些约束条件将非最优解区域从问题的可行域中排除,因而不用考虑全部的可行解,适合于求解较大规模问题。

分支定界法的基本思想是不断地将原始问题分解为多个较小的子问题,求解可能存在最优解的子问题,一直到子问题不能再分解或得不到最优解。具体来讲,对于某个包含离散变量约束的最优化问题,将离散变量约束松弛为满足上下限要求的连续变量约束,得到原松弛问题,然后将原松弛问题的可行域不断地分割为越来越小的子可行域集,称为分支。最后通过某种规则给子问题的目标函数值定一个"界",对求目标函数最大的问题定上界,求目标函数最小的问题定下界,叫作定界。通过定界测定解的变化趋势。删除掉肯定不存在最优解的子问题分支而留下可能存在最优解的分支,称为剪支。当所有的子问题都已处理完毕,原问题的最优解便可从已得的整数可行解中找到。

综上所述,分支定界法可以由以下四个基本规则描述:分支规则(branching rule),定义如何将原问题分割为较小的子问题;定界规则(bounding rule),定义如何计算一个子问题最优解的上下界;选择规则(selection rule),定义按什么顺序选择子问题进行分支;剪支规则(elimination rule),定义如何删除掉不可能存在最优解的子问题。

对于不同的问题模型,分支定界法的计算流程是基本一致的,但是四个基本规则却要根据所需求解问题的具体模型而定。对于式(10-27)中的 MISDP 模型,首先将离散变量约束松弛为满足上下限要求的连续变量约束 $0 \leqslant k_i \leqslant K_i$,并代入节点无功功率上下限的约束条件中,可得

$$
\begin{cases}
\min\limits_{U} & \mathrm{tr}(\boldsymbol{MW}) \\
\text{s.t.} & \underline{P}_i \leqslant \mathrm{tr}[\boldsymbol{\Phi}_i W] \leqslant \overline{P}_i \\
& \underline{Q}_i^* \leqslant \mathrm{tr}[\boldsymbol{\Psi}_i W] \leqslant \overline{Q}_i^* & (i \in S_B) \\
& \underline{U}_i^2 \leqslant \mathrm{tr}(e_i e_i^* W) \leqslant \overline{U}_i^2 \\
& W \geqslant 0
\end{cases}
\tag{10-28}
$$

$$
\underline{Q}_i^* = \underline{Q}_{i,\mathrm{DG}} + \underline{Q}_{i,\mathrm{SVC}}
$$

$$
\overline{Q}_i^* = \overline{Q}_{i,\mathrm{DG}} + \overline{Q}_{i,\mathrm{SVC}} + K_i q_{i,\mathrm{CP}}
$$

(一)分支规则

采用变元二分法进行分支,对不满足离散变量约束要求的离散变量进行处理,通常是加入一对互斥的约束条件将一个问题分解为两个子问题。例如:设式(10-28)SDP 模型最优解中的某一个离散变量 k_r 不为整数值,则构造一对互斥约束

$$\begin{cases} k_r \leqslant I_r \\ k_r \geqslant I_r + 1 \end{cases} \tag{10-29}$$

式中，I_r 为 k_r 的整数部分。分别添加到式（10-28）模型中形成两个新的子问题

$$\text{Sub1}: \begin{cases} \min\limits_U & \text{tr}(\boldsymbol{MW}) \\ \text{s.t.} & \underline{P}_i \leqslant \text{tr}[\boldsymbol{\Phi}_i W] \leqslant \overline{P}_i \\ & \underline{Q}_{i1}^* \leqslant \text{tr}[\boldsymbol{\Psi}_i W] \leqslant \overline{Q}_{i1}^* \qquad (i \in S_B) \\ & \underline{U}_i^2 \leqslant \text{tr}(\boldsymbol{e}_i \boldsymbol{e}_i^* W) \leqslant \overline{U}_i^2 \\ & W \geqslant 0 \end{cases}$$

$$\text{Sub2}: \begin{cases} \min\limits_U & \text{tr}(\boldsymbol{MW}) \\ \text{s.t.} & \underline{P}_i \leqslant \text{tr}[\boldsymbol{\Phi}_i W] \leqslant \overline{P}_i \\ & \underline{Q}_{i2}^* \leqslant \text{tr}[\boldsymbol{\Psi}_i W] \leqslant \overline{Q}_{i2}^* \qquad (i \in S_B) \\ & \underline{U}_i^2 \leqslant \text{tr}(\boldsymbol{e}_i \boldsymbol{e}_i^* W) \leqslant \overline{U}_i^2 \\ & W \geqslant 0 \end{cases} \tag{10-30}$$

当 $i=r$ 时

$$\underline{Q}_{i1}^* = \underline{Q}_{i,\text{DG}} + \underline{Q}_{i,\text{SVC}}$$

$$\overline{Q}_{i1}^* = \overline{Q}_{i,\text{DG}} + \overline{Q}_{i,\text{SVC}} + I_r q_{i,\text{CB}}$$

$$\underline{Q}_{i2}^* = \underline{Q}_{i,\text{DG}} + \underline{Q}_{i,\text{SVC}} + (I_r + 1) q_{i,\text{CB}}$$

$$\overline{Q}_{i2}^* = \overline{Q}_{i,\text{DG}} + \overline{Q}_{i,\text{SVC}} + K_i q_{i,\text{CB}}$$

可以看出，采用分支规则所得的子问题模型均为 SDP 模型。

（二）定界规则

（1）假定原问题式（10-27）MISDP 模型上界 $\overline{Z}_{\text{IP}} = +\infty$，下界 $\underline{Z}_{\text{IP}} = +\infty$。

（2）求解松弛化后的式（10-28）SDP 模型，判断该模型是否有可行解。如果无可行解，则原问题无解。如果所得最优解中的离散变量为整数，则为原问题的最优解。如果所得最优解中的离散变量不是整数，则将其加入到待分支子问题队列中，并且将松弛化后的式（10-28）SDP 模型的目标函数值定为原问题的下界 $\underline{Z}_{\text{IP}}$。

（3）从待分支子问题队列中选取一个进行分支，将其从待分支子问题队列中删除，并求解分支后的子问题，修正原问题的上下界。修正的时机和原则为：

$\overline{Z}_{\text{IP}}$ 的修改时机和原则：对离散变量取得整数解的第 K 个子问题的目标函数值 Z_{IP}^K，判断 $Z_{\text{IP}}^K \leqslant \overline{Z}_{\text{IP}}$ 是否满足，如果满足则修正。选取所有计算出的离散变量取得整数解的子问题的最小值作为 $\overline{Z}_{\text{IP}}$ 的修正值。

$\underline{Z}_{\text{IP}}$ 的修改时机和原则：每次求解分支问题都应考虑修正。选取尚未被分支的子问题目标函数的最小值作为 $\underline{Z}_{\text{IP}}$ 的修正值。

（三）选择规则

节点的选择方法就是按何种顺序选择待分支队列中的节点进行分支。具体的选择方法有如下几种：

（1）深探法，即深度优先搜索法。若没有剪掉当前所考虑的节点，则下一次考虑它的子节点中的一个。如果剪掉了一个节点，就顺着该节点到根节点的路径返回查找，直到找到至少还有一个未

考虑子节点的节点为止。该方法的优点是存储量小而且易于实现，还可以快速地找到原问题的一个较好的上界和一个可行解，从而提高算法的效率。

（2）广探法，即广度优先搜索法。此方法在未考虑完某一个给定层次上的所有节点时，不会向下考虑更深层次的节点。该方法可以针对有最小/最大目标函数值的子问题一直向下分支，所以可以找到质量较高的整数解。缺点是占用存储空间大，计算时间长，不实用。

（3）预估法。采取一定的技巧来预先判断所有未求解过的子问题所能提供的最优整数解，并把预测结果最优的子问题继续向下分支。

（四）剪支规则

分支定界法的求解过程带有一定的枚举特点，其极限情况就是对整数变量的所有可能取值情况进行枚举。如果数学模型规模较大，离散变量较多，则待分支子问题队列也会较大，从而增加分支次数和子问题的数目，降低算法的求解速度。可以通过剪支删除掉肯定不存在最优解的子问题以提高分支定界法的求解效率。针对符合以下情况的子问题执行剪支处理：

（1）问题不可行；

（2）问题已找到满足离散变量约束的可行解；

（3）子问题的目标函数值大于/小于或等于当前的上界值。

10.3.3　有功与无功协调校正电压控制

1. 灵敏度分析

由于主动配电网中有功与无功间紧密耦合，使得节点电压与无功功率强相关。所以为实现主动配电网节点电压的校正控制，首先需要分析节点有功功率和无功功率与节点电压的灵敏度影响关系。

电网潮流计算的修正方程式可表示为

$$\begin{bmatrix} \Delta P/U \\ \Delta Q/U \end{bmatrix} = -\begin{bmatrix} H & N \\ M & L \end{bmatrix}\begin{bmatrix} U\Delta\theta \\ \Delta U \end{bmatrix} = -J\begin{bmatrix} U\Delta\theta \\ \Delta U \end{bmatrix} \tag{10-31}$$

式（10-31）中雅克比矩阵 J 中各元素的表达式为

$$\begin{cases} H_{ij} = B_{ij}\cos\theta_{ij} - G_{ij}\sin\theta_{ij} \\ H_{ii} = B_{ii} + Q_i/U_i^2 \end{cases} \tag{10-32}$$

$$\begin{cases} N_{ij} = -G_{ij}\cos\theta_{ij} - B_{ij}\sin\theta_{ij} \\ N_{ii} = -G_{ii} - P_i/U_i^2 \end{cases} \tag{10-33}$$

$$\begin{cases} M_{ij} = G_{ij}\cos\theta_{ij} + B_{ij}\sin\theta_{ij} \\ M_{ii} = G_{ii} - P_i/U_i^2 \end{cases} \tag{10-34}$$

$$\begin{cases} L_{ij} = B_{ij}\cos\theta_{ij} - G_{ij}\sin\theta_{ij} \\ L_{ii} = B_{ii} - Q_i/U_i^2 \end{cases} \tag{10-35}$$

将式（10-32）～式（10-35）带入式（10-31），可将雅克比矩阵 J 改写为

$$J = \begin{pmatrix} B\cos\theta & -G\cos\theta \\ G\cos\theta & B\cos\theta \end{pmatrix} + \begin{pmatrix} -G\sin\theta & -B\sin\theta \\ B\sin\theta & -G\sin\theta \end{pmatrix} + \begin{pmatrix} Q/U^2 & -P/U^2 \\ -P/U^2 & -Q/U^2 \end{pmatrix} \tag{10-36}$$

在主动配电网中，节点间的相角差较小，可近似认为式（10-36）中的 $\cos\theta=1$，$\sin\theta=0$，且节点

电压通常在标幺值 1 附近波动，则式（10-31）可表示为

$$\begin{pmatrix} \Delta P \\ \Delta Q \end{pmatrix} = \begin{pmatrix} -B-Q & G+P \\ -G+P & -B+Q \end{pmatrix} \begin{pmatrix} U\Delta\theta \\ \Delta U \end{pmatrix} \tag{10-37}$$

通过矩阵变换，可将 ΔU 表示为

$$\Delta U = \left[(B+Q)(G-P)^{-1}(B-Q) + (G+P) \right]^{-1} \Delta P$$
$$- \left[(G-P)(B+Q)^{-1}(G+P) + (B-Q) \right]^{-1} \Delta Q \tag{10-38}$$

已有学者证明主动配电网中节点的自导纳远远大于节点功率，所以可将节点有功功率和无功功率与节点电压的灵敏度关系表示为

$$\Delta U = (BG^{-1}B+G)^{-1}\Delta P - (GB^{-1}G+B)^{-1}\Delta Q \tag{10-39}$$

可见，在主动配电网中，节点电压同时受节点有功功率和无功功率的影响。所以对节点电压的校正，需要对有功功率和无功功率进行协调控制。而在输电网中，由于线路电阻远远小于线路电抗，所以式（10-39）中节点电导 G 可忽略不计，即将第一项略去，则节点电压仅与无功功率强相关，符合输电网的无功电压特性。

2. 数学模型

在主动配电网中，由于分布式电源的大量接入，节点电压普遍偏高，另外由于分布式电源的不确定性，导致电压波动特性明显，容易发生电压越限问题。

有功与无功协调的电压校正模型是在满足电网和设备安全约束，以及分布式清洁电源功率最大接纳的前提下，利用最小的有功功率和无功功率调整量，将越限节点电压控制在限值要求的范围内，同时不引起新的节点电压越限。

该模型的目标函数是有功功率和无功功率的调整量最小，如式（10-40）所示

$$\min f = \sum_{i=1}^{m} \Delta P_i^2 + \sum_{i=1}^{n} \Delta Q_i^2 \tag{10-40}$$

潮流平衡约束如式（10-8）所示。

节点电压的约束条件是在校正控制后，各节点电压均在限值范围内

$$U_{\min} \leqslant U_i + \frac{\partial U_i}{\partial P}\Delta P + \frac{\partial U_i}{\partial Q}\Delta Q \leqslant U_{\max} \tag{10-41}$$

可控分布式有功电源和无功电源的约束条件是调节后应满足各自的限值范围要求

$$P_{\min} \leqslant P_i + \Delta P \leqslant P_{\max} \tag{10-42}$$

$$Q_{\min} \leqslant Q_i + \Delta Q \leqslant Q_{\max} \tag{10-43}$$

式（10-8）、式（10-40）、式（10-43）构成了有功与无功协调的电压校正控制模型。该模型属于二次规划问题，利用原对偶内点法求解可以得到可靠的计算结果。

3. 求解算法

内点法是由 Karmarkar 于 1984 年提出用于求解线性规划问题中具有多项式时间复杂性的算法。其核心思想是要将迭代求解过程始终限制在可行域的内部。为此，要保证将初始点选取在可行域内部，并在迭代过程中在可行域边界设置"障碍"，当迭代轨迹趋于可行域边界时，迅速增大目标函数值，以防止迭代过程收敛于可行域外部，所以内点法又称障碍法。在内点法的迭代过程中，还需对

迭代步长加以控制，使寻优过程始终在可行域内部进行。随着障碍因子的减小，障碍函数的影响将逐渐减弱，迭代过程便能可靠收敛于可行域内部的极值解。

但对大规模的实际电力系统而言，在可行域内寻找初始点往往非常困难。这也引起了国内外学者的广泛关注，并致力于算法的改进。原对偶内点法是对常规内点法的一种有效改进。它首先根据对偶原理改造目标函数的表达形式，并用拉格朗日乘数法处理约束条件中的等式约束，同时引入松弛变量，将约束条件中的不等式约束转换成等式约束。用内点障碍函数法和限制步长等方法处理变量不等式约束条件，导出引入障碍函数后的 Kuhn-Tucker 最优性条件，并用 Newton-Raphson 法进行求解。将障碍因子的初始值取得足够大，用以保证解的可行性，并在求解的过程中逐渐减小障碍因子，用以保证解的最优性。

应用原对偶内点法求解时，需将数学模型表示为如下形式

$$\min f(\boldsymbol{x}) \tag{10-44}$$

$$\mathrm{st}\begin{cases} \boldsymbol{h}(\boldsymbol{x})=0 \\ \boldsymbol{g}_{\min} \leqslant \boldsymbol{g}(\boldsymbol{x}) \leqslant \boldsymbol{g}_{\max} \end{cases} \tag{10-45}$$

式（10-44）是非线性的目标函数，$\boldsymbol{x}$ 是 n 维状态向量。式（10-45）是约束条件，其中 $\boldsymbol{h}(\boldsymbol{x})$ 是 m 维等式约束条件，$\boldsymbol{g}(\boldsymbol{x})$ 为 r 维不等式约束条件。

引入松弛变量，将约束条件中的不等式约束化为等式约束

$$\begin{cases} \boldsymbol{g}(\boldsymbol{x})-\boldsymbol{l}-\boldsymbol{g}_{\min}=\boldsymbol{0} \\ \boldsymbol{g}(\boldsymbol{x})+\boldsymbol{u}-\boldsymbol{g}_{\max}=\boldsymbol{0} \\ \boldsymbol{l}>\boldsymbol{0} \\ \boldsymbol{u}>\boldsymbol{0} \end{cases} \tag{10-46}$$

式中，松弛变量 $\boldsymbol{l}$ 和 $\boldsymbol{u}$ 均为 r 维列向量。

在如式（10-44）所示的目标函数中引入障碍分量，构造新的目标函数。当在可行域边界附近时，新的目标函数值足够大，其表达式为

$$\min f(\boldsymbol{x})-\lambda \sum_{i=1}^{r} \ln l_i-\lambda \sum_{i=1}^{r} \ln u_i \tag{10-47}$$

其中 $\lambda>0$，称为障碍因子。当松弛变量接近于可行域边界时，新的目标函数会趋于无穷大；而在可行域内部时，新的目标函数与原目标函数同解。这样，原来含有不等式约束的数学模型就转化为与其等价的只含等式约束的新模型，可应用拉格朗日乘数法求解。其拉格朗日函数为

$$\begin{aligned} F={} & f(\boldsymbol{x})+\boldsymbol{y}^{\mathrm{T}}\boldsymbol{h}(\boldsymbol{x})+\boldsymbol{z}^{\mathrm{T}}[\boldsymbol{g}(\boldsymbol{x})-\boldsymbol{l}-\boldsymbol{g}_{\min}] \\ & +\boldsymbol{w}^{\mathrm{T}}[\boldsymbol{g}(\boldsymbol{x})-\boldsymbol{u}-\boldsymbol{g}_{\max}]-\lambda \sum_{i=1}^{r} \ln l_i-\lambda \sum_{i=1}^{r} \ln u_i \end{aligned} \tag{10-48}$$

式中，$\boldsymbol{y}$、$\boldsymbol{z}$、$\boldsymbol{w}$ 为拉格朗日乘子向量，也是对偶变量向量，其维数分别为 m、r、r。而 $\boldsymbol{x}$、$\boldsymbol{l}$、$\boldsymbol{u}$ 为原变量向量。

式（10-48）的极值存在需满足 Kuhn-Tucker 条件，表达式为

$$F_x=\frac{\partial F}{\partial \boldsymbol{x}}=\nabla f(\boldsymbol{x})+\nabla \boldsymbol{h}(\boldsymbol{x})\boldsymbol{y}+\nabla \boldsymbol{g}(\boldsymbol{x})(\boldsymbol{z}+\boldsymbol{w})=\boldsymbol{0} \tag{10-49}$$

$$F_y=\frac{\partial F}{\partial \boldsymbol{y}}=\boldsymbol{h}(\boldsymbol{x})=\boldsymbol{0} \tag{10-50}$$

$$F_z = \frac{\partial F}{\partial z} = g(x) - l - g_{\min} = 0 \tag{10-51}$$

$$F_w = \frac{\partial F}{\partial w} = g(x) + u - g_{\max} = 0 \tag{10-52}$$

$$F_l = L\frac{\partial F}{\partial l} = ZLe + \lambda e = 0 \tag{10-53}$$

$$F_u = U\frac{\partial F}{\partial u} = WUe - \lambda e = 0 \tag{10-54}$$

式中，L、U、Z、W 均为 r 维对角矩阵，对角元素分别为向量 l、u、z、w 中的元素；e 为 r 维列向量，其元素全为 1。

式（10-53）和式（10-54）为互补松弛条件，联立求解可得

$$\lambda = \frac{C_{\mathrm{gap}}}{2r} \tag{10-55}$$

式中，令 $C_{\mathrm{gap}} = \sum_{i=1}^{r}(U_i W_i - l_i z_i)$，代表对偶间隙。

在实际应用中，障碍因子通常按式（10-56）计算

$$\lambda = \mu \frac{C_{\mathrm{gap}}}{2r} \tag{10-56}$$

式中，$0<\mu<1$，代表向心参数；r 为不等式约束维数。通常，当 μ 在 0.1 附近取值时，迭代求解的收敛性较好。

由式（10-49）～式（10-54）构成的非线性方程组可用 Newton-Raphson 法迭代求解，其修正方程如下

$$\Delta l = \nabla g(x)\Delta x + F_z \tag{10-57}$$

$$\Delta u = -\nabla g(x)\Delta x - F_w \tag{10-58}$$

$$\Delta z = -L^{-1}Z\nabla g(x)\Delta x - L^{-1}(ZF_z + F_l) \tag{10-59}$$

$$\Delta w = U^{-1}W\nabla g(x)\Delta x + U^{-1}(WF_w - F_u) \tag{10-60}$$

$$-F_x' = H\Delta x + \nabla^{\mathrm{T}}h(x)\Delta y \tag{10-61}$$

$$-F_y = \nabla h(x)\Delta x = J\Delta x \tag{10-62}$$

式中，令

$$\begin{aligned} F_x' &= F_x + \nabla^{\mathrm{T}}g(x)[U^{-1}(WF_w - F_u) - L^{-1}(ZF_z + F_l)] \\ &= \nabla f(x) + \nabla^{\mathrm{T}}h(x)y + \nabla^{\mathrm{T}}g(x)[U^{-1}(WF_w + \lambda e) - L^{-1}(ZF_z + \lambda e)] \end{aligned} \tag{10-63}$$

$$H = \nabla^2 f(x) + y^{\mathrm{T}}\nabla^2 h(x) + (Z^{\mathrm{T}} + W^{\mathrm{T}})\nabla^2 g(x) + \nabla^{\mathrm{T}}g(x)(U^{-1}W - L^{-1}Z)\nabla g(x) \tag{10-64}$$

用矩阵形式表达如下

$$\begin{bmatrix} H & J^{\mathrm{T}} \\ J & 0 \end{bmatrix}\begin{bmatrix} \Delta x \\ \Delta y \end{bmatrix} = -\begin{bmatrix} F_x' \\ F_y \end{bmatrix} \tag{10-65}$$

式中　H——修正后的海森矩阵；

　　　J——等式约束的雅可比矩阵。

在求解过程中，选择适当的初始值，并在期间限制迭代步长来保证解的可行性。即

$$\begin{cases} \delta_P = \min\left[0.999\,5\min\left(\dfrac{-l_i}{\Delta l_i},\Delta l_i < 0;\dfrac{-u_i}{\Delta u_i},\Delta u_i < 0,\right)1\right] \\ \delta_d = \min\left[0.999\,5\min\left(\dfrac{-z_i}{\Delta z_i},\Delta z_i > 0;\dfrac{-w_i}{\Delta w_i},\Delta w_i < 0,\right)1\right] \end{cases} \quad i \in [1,r] \tag{10-66}$$

式中　δ_P——原变量向量的迭代步长；

δ_d——对偶变量向量的迭代步长。

需要注意的是，原对偶内点法只适用于处理仅含连续变量的优化模型，对于连续变量和离散变量共存的优化模型，可借助于原对偶内点法结合分支定界法求解。

10.3.4　电压优化控制模式和策略

根据《智能电网调度技术支持系统》（Q/GDW 680—2011）中的规定，电网电压优化控制周期不超过 5min，控制周期为分钟层级，属于实时控制范畴。尽管如此，由于负荷波动、分布式电源的强随机性等原因，分钟层级的电压控制仍然无法可靠地保证电压平稳持续地处于规定范围内，需要在短时间内利用尽可能小的功率调整量对越限节点电压实现快速校正。所以，按时间尺度建立了分钟层电压优化控制和秒层电压校正控制两级控制体系架构，如图 10-3 所示。

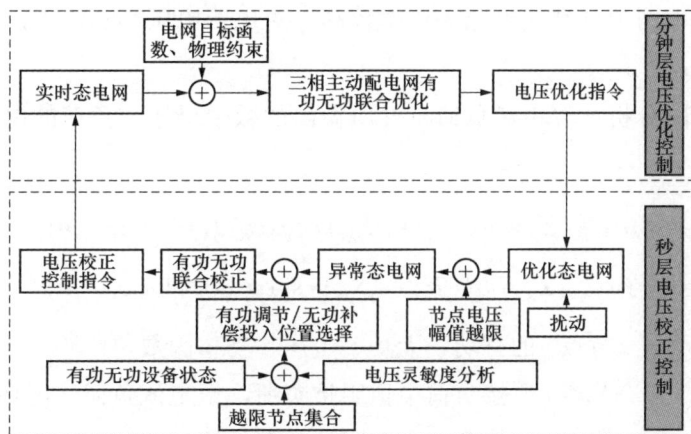

图 10-3　主动配电网电压优化控制体系架构

该协调控制体系架构的总体思路是在分钟层级进行三相主动配电网电压优化建模，周期性地进行有功无功联合优化计算。而在秒层级内周期性地监视优化后电网的运行状态，检测电压幅值越限节点，并在发现上述节点时进行有功无功协调的电压校正控制，以保证电压平稳持续地处于要求范围内，提升电压质量。两个层级的具体实现方法如下：

分钟层级：采用电网电压优化控制周期，每 5min 进行一次优化计算。针对三相主动配电网建立有功无功联合电压优化模型，进行全网电压优化计算，跟踪负荷趋势性变化，调节各有功无功源的输出功率，使电网运行于最优潮流状态。

秒层级：考虑分布式电源及负荷快速波动等情况，每 10～20s 进行一次校正计算。在电网运行于优化状态后，监视由于扰动（如分布式电源和负荷变化等）引起的电网节点电压幅值的改变。当其超过允许运行范围时，则进行电压校正控制，在实现将节点电压控制在合理运行范围内的同时，避免引起新的越限量出现。为了实现全网电压潮流的平稳过渡，在保证可再生分布式电源有功功率最大的同时，通过灵敏度分析方法选取对越限节点电压影响最大的有功/无功源功率作为控制变量，采取局部校正控制的手段，利用尽量小的功率调整量实现电压校正控制。

10.4 负荷柔性控制

10.4.1 负荷构成及特性

主动配电网中所有用电设备所消耗的电功率总和就是电网的总负荷，它是不同区域、不同性质的所有用电负荷累加的结果。

主动配电网中主要的用电设备包括电动机、电热装置、整流装置、照明设备等。根据用户的性质，用电负荷还可分为工业负荷、农业负荷、居民负荷等。随着用户性质的不同，上述用电负荷所占的比例也不同。

在主动配电网的分析计算中，通常是将电网内点多面广的各类负荷合并为若干个综合负荷。综合负荷的功率通常随电网电压和频率变化，称为负荷的电压特性和频率特性。由于输电网容量通常较大，主动配电网与输电网相连时其频率通常稳定在额定值附近，所以主动配电网负荷的频率特性不明显。但由于主动配电网中分布式电源渗透率较高，对电网电压影响较大，所以负荷的电压特性较为突出。

负荷模型是指在电网分析计算中对负荷特性所做出的数学描述。负荷的电压特性可用二次多项式表示如下

$$P_i = (a_i U_i^2 / Z_{Ni} + b_i U_i I_{Ni} + c_i S_{Ni}) \cdot \cos \varphi_i \quad (i = 1, 2, 3, \cdots, n) \tag{10-67}$$

$$Q_i = (a_i U_i^2 / Z_{Ni} + b_i U_i I_{Ni} + c_i S_{Ni}) \cdot \sin \varphi_i \quad (i = 1, 2, 3, \cdots, n) \tag{10-68}$$

式中　　P_i、Q_i、U_i、φ_i ——节点 i 的有功、无功、电压、功率因数角；

$\quad\quad Z_{Ni}$、I_{Ni}、S_{Ni} ——节点 i 所接负荷中恒阻抗负荷、恒电流负荷、恒功率负荷的参数；

$\quad\quad a_i$、b_i、c_i ——节点 i 所接负荷中恒阻抗负荷、恒电流负荷、恒功率负荷的比例系数，这些系数应满足 $a_i + b_i + c_i = 1$；

$\quad\quad n$ ——节点个数。

10.4.2 电压调节与负荷功率的关系

在主动配电网中，可以基于负荷的电压特性，利用电压调节手段柔性地改变电网负荷。通常基于电压调节的负荷柔性控制具备以下特点：

（1）电压变化前后，负荷功率因数保持不变。由式（10-67）和式（10-68）可知，只改变节点电压 U_i，节点负荷的有功功率 P_i 和无功功率 Q_i 按照等比例进行变化，即电压变化前后的负荷功率因数不变。

（2）只改变馈线根节点稳压器挡位，线路上各节点电压变化值近似相同。馈线上相邻节点电压关系如下

$$\Delta \dot{U} = \dot{U}_{i-1} - \dot{U}_i = \frac{P_i R_i + Q_i X_i}{U_i} + \mathrm{j}\frac{P_i X_i - Q_i X_i}{U_i} \approx \frac{P_i R_i + Q_i X_i}{U_i} \quad (i=1,2,3,\cdots,n) \tag{10-69}$$

式中　R_i、X_i——节点 $i-1$ 到节点 i 线路的电阻、电抗。

将式（10-67）和式（10-68）带入式（10-69）得

$$\Delta U = U_{i-1} - U_i = \left(a_i U_i / Z_{Ni} + b_i I_{Ni} + c_i \frac{S_{Ni}}{U_i} \right)(R_i \cos\varphi_i + X_i \sin\varphi_i) \quad (i=1,2,3,\cdots,n) \tag{10-70}$$

若稳压器挡位变化后节点 i 电压减小 u，由于 $u \ll U_i$，则挡位变化后的电压降落为

$$
\begin{aligned}
\Delta U' = U'_{i-1} - U'_i &= \left[a_i (U_i - u)/Z_{Ni} + b_i I_{Ni} + c_i \frac{S_{Ni}}{U_i - u} \right](R_i \cos\varphi_i + X_i \sin\varphi_i) \\
&\approx \left(a_i U_i / Z_{Ni} + b_i I_{Ni} + c_i \frac{S_{Ni}}{U_i} \right)(R_i \cos\varphi_i + X_i \sin\varphi_i) \\
&= \Delta U \quad (i=1,2,3,\cdots,n)
\end{aligned}
\tag{10-71}
$$

由此可知稳压器挡位变化前后节点 $i-1$ 到节点 i 的电压降保持不变，因此节点 $i-1$ 的电压也近似减小 u。由此可见，整条馈线各节点电压在稳压器挡位变化后均减小 u，即馈线的节点电压曲线向下平移 u。

（3）各节点负荷功率变化值与电压变化值成正比。以有功功率为例，稳压器挡位变化后的节点 i 功率变为

$$P'_i = \left[a_i (U_i - u)^2 / Z_{Ni} + b_i (U_i - u) I_{Ni} + c_i S_{Ni} \right] \cdot \cos\varphi_i \quad (i=1,2,3,\cdots,n) \tag{10-72}$$

则稳压器挡位变化前后节点 i 功率的变化值为

$$
\begin{aligned}
\Delta P_i = P_i - P'_i &= \left(2a_i U_i \cos\varphi_i / Z_{Ni} + b_i I_{Ni} \cos\varphi_i \right) \cdot u - a_i \cos\varphi_i / Z_{Ni} \cdot u^2 \\
&\approx \left(2a_i U_i \cos\varphi_i / Z_{Ni} + b_i I_{Ni} \cos\varphi_i \right) \cdot u = k_i \cdot u \quad (i=1,2,3,\cdots,n)
\end{aligned}
\tag{10-73}
$$

所以稳压器挡位变化前后各节点负荷功率变化值与电压变化值 u 成正比，推广到整条馈线的负荷有功功率变化值与电压变化值 u 关系为

$$\Delta P = \sum_{i=1}^{n} \Delta P_i = u \sum_{i=1}^{n} k_i = K \cdot u \tag{10-74}$$

所以，通过计算负荷电压特性曲线斜率 K，就可以计算出削减 ΔP 功率时所需要的电压调节量 u。另外无功功率变化量与电压变化量之间的关系也同样具有上述特性，这里不再赘述。

10.4.3　基于电压调节的负荷柔性控制策略

1. 柔性负荷

在传统的电力系统优化分析中，电力负荷总是被电网调度机构视为被动接受的、刚性的系统参数。为了考虑负荷不确定性对系统运行的影响，广大电力研究者开展了随机潮流、模糊潮流、概率潮流等方面的研究。无论怎样考虑负荷的不确定性，电力负荷总是处于被动的地位，并不主动参与电力系统的优化调度过程。但是，随着智能电网技术的不断发展，实现负荷与电网之间的双向互动，使其成为一类灵活可变的柔性系统参数具有十分显著的现实意义。通过负荷主动参与电网运行控制，可以达到增加可再生能源接入、降低资源消耗、提高电力资产利用率等目的。负荷的这种灵活可变的特性称为"负荷柔性"，相应地，具有柔性特征的负荷称为"柔性负荷"。

随着环境以及能源问题的日益严重，为了缓解对传统化石能源的依赖，以风力发电和太阳能发电为代表的新型清洁、可再生能源发电技术近年来得到快速发展。其中，风力发电因风能资源巨大、发电成本相对低廉以及具有大规模并网的潜力而受到各国政府的高度关注。但是，可再生电源发电技术的功率随机性强，波动幅度大，间歇性明显，波动频率也无规律性，大规模的分布式电源接入电网将会对电网的安全稳定运行造成严重威胁。针对这一问题，"电网友好"的概念被相关学者提出，目前开展的研究主要集中在从调度的角度评估安全的分布式发电接入容量。在这些研究中，电力负荷根据负荷预测结果被视为固定值。然而也有文献提出一种实时响应分布式发电功率波动的电力需求侧管理方法，电网中的柔性负荷根据风力发电的大小调整自身负荷功率的大小，从而减轻分布式发电波动性对电网的影响。如果电力负荷可以变得智能化，根据电网分布式发电功率的波动，灵活地调整负荷的实时功率，就可以进一步增加可再生能源发电的渗透率。

2. 负荷特性

作为电力系统的重要组成部分，负荷特性是指电力负荷从电源吸收的有功、无功功率随负荷端电压及系统频率变化的规律。配电网中的居民负荷和商业负荷含有相当大比重的静止型用电设备，可用静态负荷模型来表示，该模型描述了负荷的电压特性和频率特性，主要包括多项式模型和幂函数模型，以及这两种模型的变形或组合。通常电网频率变化可忽略不计，则多项式模型即 ZIP 模型的有功、无功消耗及其约束可表示为

$$P = \frac{U_a^2}{U_N^2} \cdot S_N \cdot Z_\% \cdot \cos(Z_\theta) + \frac{U_a}{U_n} \cdot S_N \cdot I_\% \cdot \cos(I_\theta) + S_N \cdot P_\% \cdot \cos(P_\theta) \tag{10-75}$$

$$Q = \frac{U_a^2}{U_N^2} \cdot S_N \cdot Z_\% \cdot \sin(Z_\theta) + \frac{U_a}{U_n} \cdot S_N \cdot I_\% \cdot \sin(I_\theta) + S_N \cdot P_\% \cdot \sin(P_\theta) \tag{10-76}$$

$$1 = Z\% + I\% + P\% \tag{10-77}$$

式中 P、Q ——负荷消耗的有功、无功功率；

U_a、U_N ——负荷实际电压、额定电压；

S_N ——额定视在功率；

$Z_\%$、$I_\%$、$P_\%$ ——恒阻抗、恒电流和恒功率负荷部分在负荷中所占的比例；

$\cos(Z_\theta)$、$\cos(I_\theta)$、$\cos(P_\theta)$ ——恒阻抗、恒电流和恒功率负荷的功率因数。

配电网中几种常见的不同负荷类型的电气设备见表 10-1，某些负荷可能是恒阻抗和恒功率负荷的组合，如洗碗机等。

表 10-1　　　　　　　　　　　　不同负荷类型的电气设备

类　　型	电　气　设　备
Z	白炽灯、电炉、烤箱
I	焊接设备、熔炼设备、电镀设备
P	空调、电冰箱、热泵

为辨识负荷模型的参数，将不同电压下实际负荷值与负荷模型计算值之间的偏差作为目标函数，通过求取目标函数的最小值，得到负荷模型各参数值，目标函数表达式为

$$J_{1,\min} = \sqrt{\sum_{k=1}^{n}[P(U(K)) - P_{\mathrm{m}}(U(k))]^2} \tag{10-78}$$

$$J_{2,\min} = \sqrt{\sum_{k=1}^{n}[Q(U(K)) - Q_{\mathrm{m}}(U(k))]^2} \tag{10-79}$$

式中　　　　　　$U(k)$——第 k 个测试电压值；

$P(U(K))$、$Q(U(K))$——负荷在电压 $U(k)$ 下的实际有功、无功功率；

$P_{\mathrm{m}}(U(k))$、$Q_{\mathrm{m}}(U(k))$——在电压 $U(k)$ 值下设备消耗功率的理论值；

n——测试电压的个数。

其中参数应该满足式（10-77）约束条件。为了求解目标函数，可采用最小二乘法、遗传算法和内点法等。

由式（10-75）～式（10-77）可知，恒阻抗、恒电流部分消耗的功率随电压变化，因此适当调整负荷电压，能够实现负荷变化追踪分布式发电单元的输出，减小其功率波动对电网的影响。设 ZIP 模型的额定有功为 P_{N}，某一时刻分布式单元输出功率的波动量为 ΔP_{dg}，为平抑该功率波动，令负荷电压设定值为 U_{set}，根据式（10-75）知 U_{set} 应满足

$$P_{\mathrm{N}} + \Delta P_{\mathrm{dg}} = \frac{U_{\mathrm{set}}^2}{U_{\mathrm{N}}^2} \cdot S_{\mathrm{N}} \cdot Z_{\%} \cdot \cos(Z_\theta) + \frac{U_{\mathrm{set}}}{U_{\mathrm{N}}} \cdot S_{\mathrm{N}} \cdot I_{\%} \cdot \cos(I_\theta) + S_{\mathrm{N}} \cdot P_{\%} \cdot \cos(P_\theta) \tag{10-80}$$

则 U_{set} 的值可以表示为

$$U_{\mathrm{set}} = \frac{-S_{\mathrm{N}} \cdot I_{\%} \cdot \cos(I_\theta) + \sqrt{\Delta}}{2S_{\mathrm{N}} \cdot Z_{\%} \cdot \cos(Z_\theta)} U_{\mathrm{N}} \tag{10-81}$$

其中

$$\begin{aligned}\Delta = &[S_{\mathrm{N}} \cdot I_{\%} \cdot \cos(I_\theta)]^2 - 4S_{\mathrm{N}} \cdot Z_{\%} \cdot \cos(Z_\theta) \\ &\cdot [S_{\mathrm{N}} \cdot P_{\%} \cdot \cos(P_\theta) - P_{\mathrm{N}} - P_{\mathrm{dg}}]\end{aligned} \tag{10-82}$$

由于实际系统负荷组成常未知，因此可通过上述负荷模型参数辨识方法求出模型参数值，代入式（10-81）和式（10-82）中得到负荷电压设定值，调节负荷电压至该设定值，从而改变负荷水平达到利用负荷平抑 DGs 功率波动的效果。为保证电压调节不对用户用电需求产生影响，U_{set} 值应在 $[0.95U_{\mathrm{N}}，1.05U_{\mathrm{N}}]$ 范围内，当大于 $1.05U_{\mathrm{N}}$ 或小于 $0.95U_{\mathrm{N}}$ 时，分别取值 $1.05U_{\mathrm{N}}$ 和 $0.95U_{\mathrm{N}}$。

10.4.4　电压无功协调优化控制策略和效果分析

考虑到全网优化控制周期较长，而电网中风电、光伏等不可控分布式电源的随机性强，以及负荷的动态变化特性，使得单纯依靠全网优化控制无法将电网始终维持在最优运行状态，需要在电网局部通过可调节的分布式电源（如内燃机）、无功设备、柔性负荷的协调控制，减少电网波动，跟踪全网优化目标。

1. IEEE13 节点

为验证调节电压控制负荷功率大小平抑分布式发电单元的功率波动策略的有效性，对 IEEE13 节点测试馈线系统进行仿真分析，在节点 675 处安装输出功率波动的分布式可再生能源发电装置，系统接线如图 10-4 所示，本例中 DG 为光伏。系统负荷满足，$Z_{\%}$ =0.4，$I_{\%}$ =0.2，$P_{\%}$ =0.4，系统负荷大

小随时间变化，光伏功率大小如图 10-5 所示。

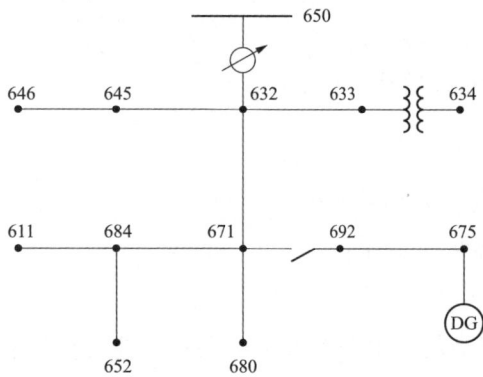

图 10-4　IEEE 13 节点测试馈线系统接线

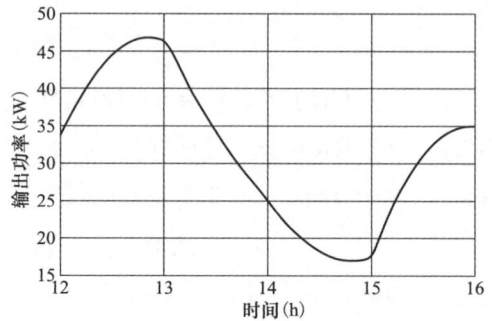

图 10-5　光伏功率大小

电压调节效果如图 10-6 和图 10-7 所示，从仿真结果可以看出，通过调节电压控制负荷功率的方法实现了负荷功率对光伏输出的追踪，有效平抑了光伏的功率波动。

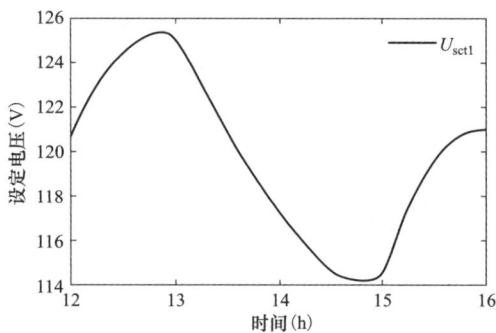

图 10-6　电压设定值

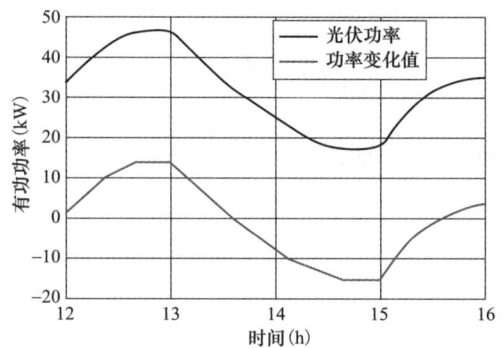

图 10-7　负荷功率变化大小

2．110kV/10kV/400V 测试配电系统

系统的拓扑结构如图 10-8 所示，在 3、6、7 号变压器处各有一个调压器，每个调压器控制的区域设为区域 1、区域 2、区域 3。运用上述的电压-无功控制策略得到的结果如图 10-9 和图 10-10 所示。

在图 10-9 和图 10-10 中，曲线 Pdg 代表调压器控制区域内分布式电源总的功率大小，电压调节之后的曲线标注为 Pdg-（Pload2-Pload1），其中 Pload2 和 Pload1 分别为调节前后负荷大小，该曲线表示分布式电源的功率大小和 VVC 调压之后负荷变化之间的差值。

10.4.5　主动配电网分层分布式控制模式和策略

随着分布式电源大量接入主动配电网，全网集中优化控制的求解难度增加、计算周期变长，而电网中风电、光伏等不可控分布式电源的随机性强，以及负荷的动态变化特性，使得单纯依靠全网优化控制无法将电网始终维持在最优运行状态。需要在电网局部通过可调节的分布式电源（如内燃机）、无功设备、柔性负荷的协调控制，校正电网波动，跟踪全网优化目标。所以，建立主动配电网全网集中优化、区域协调校正的控制模式。在空间维度上，可将主动配电网馈线上的调压器作为关口,将全网划分为若干个可控区域,每个区域内包含一定的分布式电源、电压无功设备和柔性负荷。若没有装设调压器,则可以馈线的分支处为关口,如果从分支处到馈线末端包含一定的分布式电源、储能或无功设备,也构成一个可控区域。在时间尺度上,进行长周期的主动配电网全网优化计算,确定全网有功和无功可调资源的控制目标,以及各区域关口的运行目标。而在全网优化计算时段内,各区域进行短周期的校正控制,协调区域内部的可调资源,平抑区域内间歇性电源和负荷的波动,并跟踪关口的优化运行目标。

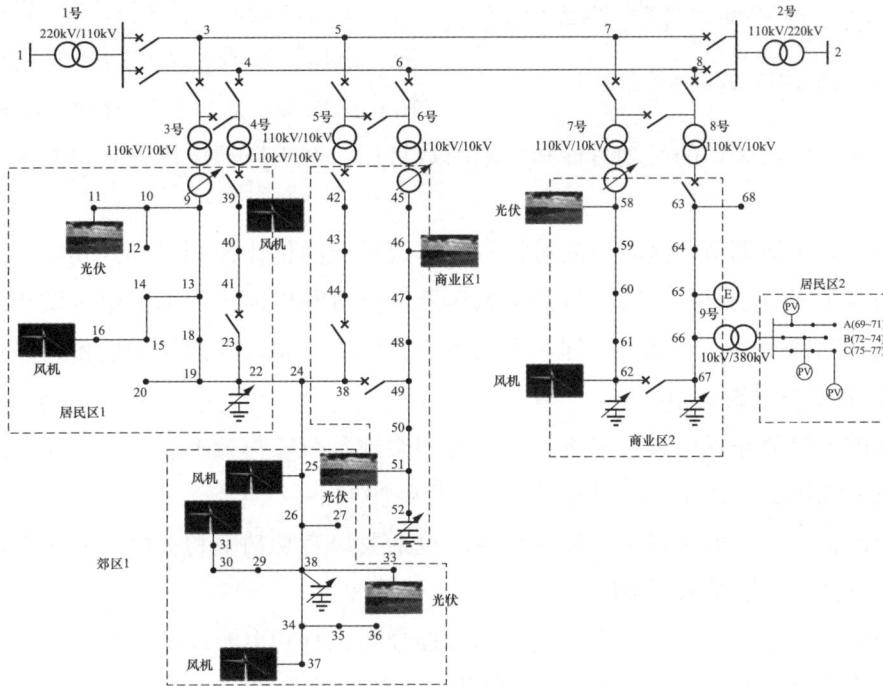

图 10-8　系统拓扑结构

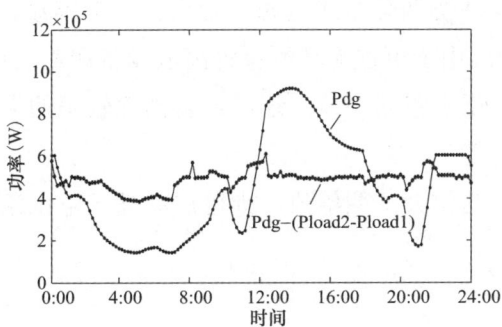

图 10-9　区域 1 分布式功率平抑结果

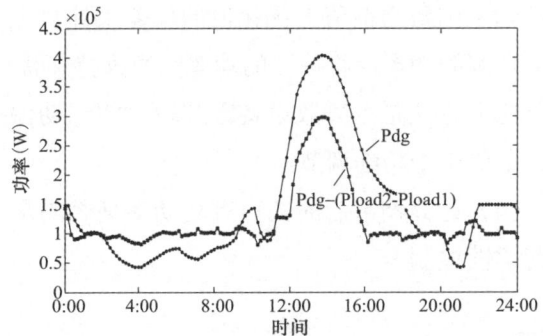

图 10-10　区域 3 分布式功率平抑结果

　　由于主动配电网中有功和无功耦合紧密,所以全网与各可控区域间的协调变量应至少同时包含有功变量和无功变量。协调变量的取值由全网优化计算确定,并下发至各区域跟踪执行。选取关口馈线有功功率作为有功协调变量。考虑到在电网动态运行过程中,关口有功功率会不断变化,所以不宜单纯以关口馈线无功功率作为无功协调变量,而应计及关口有功功率的变化,选取关口馈线功率因数作为无功协调变量。另外,若区域内有调压器,为明确对各区域电压运行水平的要求,还应考虑设置电压协调变量。由于主动配电网中各关口的调压器动作与否,是由调压器高压侧与馈线末端的电压降来决定的，因此选取关口馈线末端电压作为电压协调变量。

综上，在空间上将主动配电网划分为若干个可控区域，在时间上建立长周期和短周期两级衔接的控制模式。其中长周期进行全网有功与无功协调的优化控制，给出各区域的运行目标；短周期负责协调各区域内部的可调资源，跟踪长周期的优化目标运行。分层分布式协调控制方法如图10-11所示。

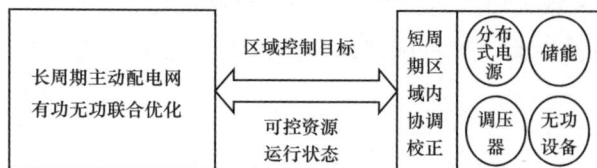

在长周期内，根据各区域分布式电源、储能、电压无功设备等可控资源运行状态及电网拓扑结构等，进行全网有功无功联合优化，给出各区域控制目标，包括关口的有功目标和功率因数目标，对于以调压器为关口的区域还要给出馈线末端电压目标。

图 10-11　分层分布式协调控制方法

在短周期内，各区域调节本区域中的可控资源，跟踪全网优化控制目标。其中可控的分布式电源和储能负责跟踪关口有功目标，若区域内有调压器，还可利用调压器调节电压敏感型负荷跟踪关口有功目标。关口功率因数（无功）目标，主要由电容器、分布式电源无功设备、静止无功补偿器（SVC）等无功设备负责跟踪调节。

利用区域内的可控分布式电源、电压无功设备和柔性负荷等作为控制手段，制定其协调校正控制策略，跟踪全网优化运行目标。控制流程及优先级顺序如下：

（1）获取全网优化给出的关口运行控制目标，包括关口有功功率和关口功率因数，若以调压器为关口，则还应包括关口馈线末端电压。

（2）若关口有功功率发生变化，则优先启动可控分布式有功电源或储能控制，在分布式电源和储能的可控能力范围内，调节关口有功功率与优化目标值间的差额。

（3）计算关口功率因数，若不满足优化目标要求，则启动无功控制。无功控制策略是通过比较关口功率因数当前值与优化值的偏差来计算无功缺额，并协调分布式电源无功设备、电容器、SVC等无功源的功率，将关口的功率因数维持在优化值附近。由于可控无功源包含离散设备和连续设备，所以协调方法是令离散设备跟踪较大的无功偏差，主要用于粗略调节；连续设备消除较小的无功偏差，主要用于精细调节。

（4）计算调节后的关口有功功率是否满足要求，若其仍大于期望值，则可启动基于电压调节的负荷柔性控制。

10.5　本章小结

本章首先介绍了主动配电网的电压特性，分析了各调控设备的电压调节特性及调节方式，在此基础上构建了主动配电网有功、无功协同优化的半正定凸优化模型，采用原对偶内点法实现全局无功优化，并采用灵敏度因子法进行有功、无功的协调校正，实现综合考虑有功与无功协调控制的主动配电网三相电压优化及校正控制。此外，分析了电压调节与柔性负荷的功率关系，定制基于电压调节的负荷柔性控制策略，进而形成主动配电网分层分布式的控制模式。

第 11 章

以主动配电网为核心的集群负荷需求响应

11.1 引言

随着经济的迅速增长和产业结构的调整，我国各省市近年电力需求持续增高，形成了电网负荷率低、系统峰谷差较大、高峰电力严重不足的局面，严重影响了电网的安全经济运行。然而，由于电力紧缺呈季节性、时段性特点，投资调峰电厂很不经济，一味通过购买调峰容量满足尖峰负荷需求不利于降低供电成本、提高资产利用率；此外，燃油、燃煤调峰机组还会造成不可再生能源消耗和碳排放问题，不利于节能减排目标的实现。利用电力需求侧管理手段，开发需求侧可调度的负荷资源，投资成本相对较少，可控负荷量大且具有多样性特征，因此成为解决上述矛盾的有效途径。

1981 年美国学者第一次提出了电力需求侧管理（DSM）的思想，即通过采取有效的激励措施，引导电力用户优化用电方式，提高终端用电效率，在完成同样用电功能的同时减少电量消耗和电力需求。需求侧管理是对用户用电模式进行调整或是对用户用电负荷进行管理的一系列活动，其实施途径包括法律法规手段、宣传手段、行政手段和经济补贴手段等。在传统的需求侧管理中，市场上的垄断发电企业一般以政策性干预的方式影响电力用户的用电时间和数量，例如改变用户的用电习惯，促使其使用高能效的电器、设备等。

需求响应是由需求侧管理发展而来的一类负荷控制技术，是在竞争型电力市场条件下需求侧管理的延伸和扩展。需求响应（demand response，DR）是指在电力市场中，用户针对市场价格信号或者激励机制做出响应，并改变正常电力消费模式的市场参与行为。换句话说，就是用户根据电网的激励或者电价信号，有策略的进行用电。在传统的电力系统中，发电量根据用电量确定，而采用需求响应技术，用户的用电量可根据发电量来决定，甚至在一个有效的电力市场中，用电方可以主动参与价格制定过程。需求响应技术需要采用多种外在控制信号来改变用户侧负荷的电能消耗，这些外部信号包括多类型的电价策略信号及系统频率、电压或者混合信号。大量需求响应理论研究表明，单边开放的电力市场是无法依靠自身的调节机制实现稳定运行的，唯有通过需求响应的调控才可保证单边市场的稳定性。因此，需求侧和供应侧得到同等对待，才可保证电力市场良性运行和电力系统高效节能运行。

需求响应是需求侧管理的一种衍生产物，两者的关系见图 11-1。对应实施方式与需求侧管理中传统负荷控制理念有一定区别，传统的负荷控制是指在适当的时间段内使用负控装置主动切断系统内某部分的电力供应，将用户部分电力需求从电网负荷高峰期削减或转移至负荷低谷期；而需求响应则更强调电力用户直接根据市场情况（价格信号）对自身负荷需求，或者用电模式对应的激励信号做出相应的主动调整，从而对市场稳定和电网可靠性起到促进和保障作用。同时，开放的电力市场、科学的电价机制，是实现需求响应的一个重要前提，反之需求响应对保障电力市场的有效、稳定和可持续发展也起到重要作用。

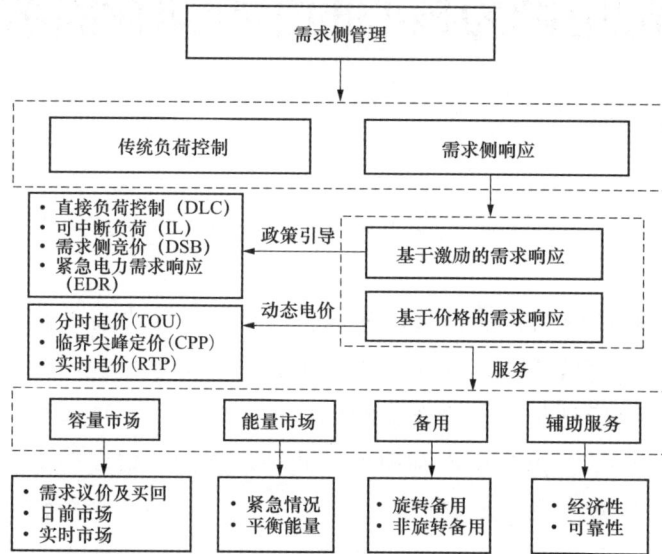

图 11-1　需求侧管理体系图

未来的配电网是对分布式发电、储能、可控负荷组成的分布式能源接入系统具备主动控制和优化运行的有机整体。主动配电网就是一种典型的未来配电系统形态，更全面地反映具备主动响应和主动控制能力的新型"源—网—荷"互动要素构成的配电系统特征。主动配电网是通过使用灵活的网络拓扑结构来管理潮流，以便对局部的分布式能源进行主动控制和主动管理的配电系统，其主要特征之一是通过高级计量系统和控制设备，对需求侧用电设备进行全面量测和监控，实现信息交互，不仅优化了资源配置，提高了用电效率，还可以改善电网的负荷曲线，提高系统可靠性。主动配电网实现功率流双向互动和供需侧资源的有效整合，良好有效的集群需求响应技术支持是实现主动配电网安全、高效、稳定运行的重要基础。主动配电网中大规模分布式新能源并网以后，往往需要电网调度部门在短时间内利用供应侧和需求侧资源对系统运行状态进行及时调整，需求响应通过用户单体控制、聚合负荷群的主动响应实现系统削峰填谷，改善日负荷运行曲线，提高电网利用率，同时集群需求响应作为系统的备用，提升了系统对新能源的消纳能力，实现了节能减排和增加了环境友好度。

基于主动配电网的上述特征，集群需求响应技术支持系统应包含实时监控、实时发布、双向信息交流及紧急处理等功能，对需求侧响应资源实现聚合控制，同时要及时协调好配电网侧资源，应对由于主动配电网中分布式新能源并网造成的系统功率潮流短时间波动或更加紧急情况的出现，保证主动配电网安全、经济、稳定运行。主动配电网与集群需求响应关系如图 11-2 所示。

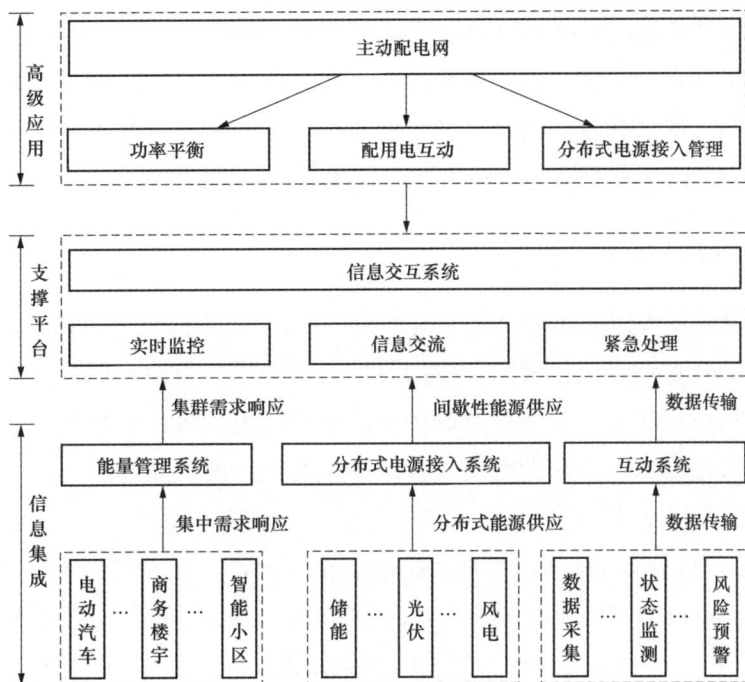

图 11-2　主动配电网与集群需求响应关系图

以主动配电网为核心的集群需求响应技术则能够有效处理"源荷关系"，使得在配电网中的分布式能源及冷热负荷等各类型资源协同优化，运行在合理区间。同时，考虑配电网内的单体负荷运行特性，实施合理的集群需求响应控制策略和方案，实现用户侧群体互动，为电网提供一定容量的辅助服务。本章主要介绍目前较为常用的需求侧可响应负荷建模方法，并基于对需求侧响应负荷模型的分析，介绍在主动配电网背景下的集群负荷需求响应优化策略体系。

11.2　集群负荷建模

作为系统理论研究的需要，需求侧可响应负荷建模方法是对负荷调度控制技术进行深入分析的基础和前提，需求侧负荷设备属于配电负荷组成单元，目前已有建模研究多采用如下两种研究思路。

11.2.1　"自上而下"建模方式

一种方法是电力系统分析领域常用的"自上而下（top-to-down）"的建模方法，即传统意义上负荷建模、等值技术，对某种家庭内部的设备所构成的居民负荷（如电热泵、电空调、电热水器等），在配电母线级别上进行负荷特性的识别，掌握人类对该类设备的使用习惯和该类设备聚合的负荷曲线随时间、外界因素（如温度）的变化的基于历史数据的基本规律，然后采用基于参数辨识或系统辨识（system identification or parameter identification）的方法，在研究系统设备或动态环节的模型或关键参数未知的情况下，假设负荷模型的阶数和结构，直接利用其输入-输出关系来近似估计其动态模型。这种模型一般辨识为 ZIP 模型、电动机模型或者综合模型，由于该方法得到的负荷模型一般不考虑设备的工作模式切换，因此也称为单状态时变模型，这种建模方法在大电网机电暂态仿真中被广泛应用，负荷辨识的参数精度对稳定分析的结论有决定性影响。

由于负荷调度技术需要对配用电系统中的负荷进行深度控制，而配用电系统均靠近用户终端侧，供能方式具有多样性的特点，上述建模方法无法真正反映所控制的需求侧设备的运行机理和外界环境的变化对模型的影响，无法体现负荷调度技术的参与形式和效果，且无法准确建立具有"可响应特征"的设备负荷模型，因此逐渐被另一种方法所代替。

11.2.2 "自下而上"建模方式

另一种方法属于目前发展比较快的交叉学科领域，采用"自下而上（bottom-to-up）"的建模方式，考虑需求侧响应设备的基本物理运行机理，例如温控设备的热力学动态属性、人类使用行为等各方面的因素综合影响，构造多状态时变综合负荷模型，这种考虑设备运行机理的建模方法是目前在配用电集成技术、智能用电技术、负荷调度控制技术中主要采用的负荷建模方法，主要描述各种需求侧设备的不同工况下的工作状态。

以温控类设备/负荷（thermostatically controlled appliances/loads，TCAs/TCLs）为例，如建筑暖通空调（HVAC）、电热泵（heat pump）、电空调、热水器、电冰箱、中央空调系统等，目前该类设备在欧美居民用电负荷中所占比例高达 40%～50%，可响应潜力巨大，该类设备主要采用等值热力学参数（equivalent thermal parameters，ETP）建模方法。下面分别以建筑暖通空调、电热水器、电冰箱、中央空调为例说明。

（1）建筑暖通空调。常用建筑暖通空调模型可由下面的二阶微分方程描述

$$\boldsymbol{A} = \begin{bmatrix} -\left(\dfrac{1}{R_{mass}C_{air}} + \dfrac{1}{R_{air}C_{air}}\right)\dfrac{1}{R_{mass}C_{air}} \\ \dfrac{1}{R_{mass}C_{mass}} \qquad -\dfrac{1}{R_{mass}C_{mass}} \end{bmatrix}$$

$$\boldsymbol{B} = \begin{bmatrix} \dfrac{1}{R_{air}C_{air}} & \dfrac{1}{C_{air}} \\ 0 & 0 \end{bmatrix} \qquad (11\text{-}1)$$

$$\boldsymbol{\theta} = \begin{bmatrix} T_{air}[t] \\ T_{mass}[t] \end{bmatrix}$$

$$\boldsymbol{U} = \begin{bmatrix} T_{out}[t] \\ Q[t] \end{bmatrix}$$

式中　C_{air}——室内空气热容，J/℃；

　　　C_{mass}——室内墙体热容，J/℃；

　　　R_{air}——待机室内空气热阻，℃/W；

　　　R_{mass}——待机室内墙体热阻，℃/W；

　　　Q——建筑暖通空调的操作热比率（或操作热功率），W；

　　　T_{out}——室外温度，℃；

　　　T_{air}——室内空气温度，℃；

　　　T_{mass}——室内墙体温度，℃。

为加快仿真速度，该模型可以进一步简化为指数模型、线性函数等进行描述。上述基于设备物理机理建立的热力学动态模型，其最重要的特点是设备调节温度和设备消耗的电功率之间具有一一对应的转移关系，如式（11-2）所示

$$Q = n \cdot Q_{\text{op}} \tag{11-2}$$

式中 Q_{op}——建筑暖通空调的额定热比率；

　　　n——设备的开关状态。

n 由以下逻辑关系确定

$$n[t + \Delta t] = \begin{cases} 1 & T_{\text{air}}[t + \Delta t] \leqslant T_- = T_{\text{s}} - \dfrac{\delta}{2} \\[2mm] 0 & T_{\text{air}}[t + \Delta t] \leqslant T_+ = T_{\text{s}} + \dfrac{\delta}{2} \\[2mm] n[t] & \text{其他情况} \end{cases} \tag{11-3}$$

式中 T_{s}——建筑暖通空调的工作设定温度值；

T_+、T_-——温度调节上、下限值；

δ——温度调节范围（或称温度突变死区）。

大部分目前常用的负荷调度控制方法主要针对式（11-1）～式（11-3）所确定的温控设备模型的某一种特定物理参数进行控制，如控制温度设定值 T_{s} 或控制占空比、直接控制 TCA 开关的状态 n 等，以达到调节聚合多个建筑暖通空调电负荷的目的。

（2）电热水器。电热水器是以电作为能源，在一定时间内使冷水温度升高变成热水的一种装置，现有文献提出了多种电热水器的建模方法。为研究不同因素对电热水器的潜在调节能力的影响，本文应用指数模型描述热水器的动态过程

$$\theta_{t+1} = \theta_{\text{en},t} - (\theta_{\text{en},t} - \theta_t)\exp(-\Delta t/(RC)) + I_{\text{TCL},t} \cdot QR[1 - \exp(-\Delta t/(RC))] \tag{11-4}$$

式中 θ_t——水箱中的热水在 t 时刻的温度；

　　　$\theta_{\text{en},t}$——t 时刻的环境温度；

　　　$I_{\text{TCL},t}$——t 时刻热水器加热器的开关状态；

Q、R、C——热水器的操作热功率、热阻、热容。

如果 t 时刻有热水消耗，则该时刻水箱中的热水温度由式（11-5）修正

$$\theta_t = [\theta_{\text{cur},t}(M - d_t) + \theta_{\text{en},t}d_t]/M \tag{11-5}$$

式中 $\theta_{\text{cur},t}$——t 时刻水箱中的热水在使用前的温度；

　　　M——水箱满载时水的总质量；

　　　d_t——t 时刻的热水使用量。

且在任意时刻，热水温度均应满足

$$\theta_{\text{low}} \leqslant \theta_t \leqslant \theta_{\text{up}} \tag{11-6}$$

式中 θ_{low}、θ_{up}——热水温度的上、下限值。

此外，热力学参数 R、C 和 Q 可以通过拟合所观察到的性能数据得到，其他的参数还包括用户用水量和水温等。由于用户数、生活习惯、家庭结构的不同，每个家庭都有不同的热水器参数。

综合式（11-3）～式（11-6）可以看出，改变热水器的温度上下限和开关状态可以改变热水器的动态过程和电能消耗情况。

（3）电冰箱。压缩式电冰箱模型的数学模型由表示其热力学特性的一阶常系数微分方程组，以

及表示压缩机控制逻辑的迟滞环节组成

$$\begin{bmatrix} T_e \\ T_c \end{bmatrix} = A \begin{bmatrix} T_e \\ T_c \end{bmatrix} + B \begin{bmatrix} CS \\ T_a \end{bmatrix} \tag{11-7}$$

$$CS(t_n) = \begin{cases} 1 & T_c > T_+ \\ 0 & T_c > T_- \\ CS(t_{n-1}) & \text{其他} \end{cases} \tag{11-8}$$

其中

$$A = \begin{bmatrix} -\dfrac{K_{ec}S_{ec}}{C_e m_e} & \dfrac{K_{ec}S_{ec}}{C_e m_e} \\ -\dfrac{K_{ec}S_{ec} + K_{ca}S_{ca}}{C_c m_c} & \dfrac{K_{ec}S_{ec}}{C_c m_c} \end{bmatrix} \tag{11-9}$$

$$B = \begin{bmatrix} -\dfrac{P}{C_e m_e} \\ \dfrac{K_{ca}S_{ca}}{C_c m_c} \end{bmatrix} \tag{11-10}$$

式中　　T_e——蒸发器温度；

　　　　T_c——冷藏室温度；

　　　　CS——压缩机状态（0 或 1）；

　　　　T_a——外界环境温度；

　T_+ 和 T_-——冰箱上、下触发温度；

　　　　K_{ec}——蒸发器与冷藏室的传热系数；

　　　　S_{ec}——蒸发器与冷藏室的接触面积；

　　　　C_e——蒸发器比热容；

　　　　m_e——蒸发器中物质质量；

　　　　K_{ca}——冷藏室与外界环境的传热系数；

　　　　S_{ca}——冷藏室与外界环境的接触面积；

　　　　C_c——冷藏室比热容；

　　　　m_c——冷藏室物质质量；

　　　　P——冰箱额定功率。

电冰箱工作原理为通过控制压缩机的启停保持冰箱冷藏室温度在允许的范围[TL，TH]内变化（TL 和 TH 分别为设定的低温度值和高温度值）。冰箱压缩机包括工作（"on"，即 $CS=1$）、关断（"off"，即 $CS=0$）两种运行状态，其运行状态的切换受冷藏室温度 T_c 控制。

（4）中央空调。根据能量守恒原理，任何时段中央空调房间内的热量变化，可以表示为两部分之差：一部分为该时段内房间的得热量和新风负荷之和，另一部分为建筑内表面的蓄热量和空调供冷量之和。由此，推导出中央空调系统的室温时变方程，分为两个工作模式，其一为低耗工作模式，此时中央空调机组有：

1）主机低载运行

$$T_{i,m}^{\text{in-off}}(t) = \frac{M_{i,m} - p \cdot Q_i^{\text{C}}}{N_i} + \left[T_{i,m}^{\text{in-off}}(t - \Delta t) - \frac{M_{i,m} - p \cdot Q_i^{\text{C}}}{N_i} \right] e^{\frac{N_i}{Y_i}t} \tag{11-11}$$

2）主机高载运行

$$T_{i,m}^{\text{in-on}}(t) = \frac{M_{i,m} - p \cdot Q_i^{\text{C}}}{N_i} + \left[T_{i,m}^{\text{in-on}}(t - \Delta t) - \frac{M_{i,m} - p \cdot Q_i^{\text{C}}}{N_i} \right] e^{3 \times \frac{N_i}{Y_i}t} \tag{11-12}$$

式中　$T_{i,m}^{\text{in-off}}(t)$ ——设备低载运行时，用户 i 在第 m 个周期 t 时刻的室内温度；

$T_{i,m}^{\text{in-off}}(t - \Delta t)$ ——设备低载运行时，用户 i 在第 m 个周期 $t - \Delta t$ 时刻的室内温度；

$T_{i,m}^{\text{in-on}}(t)$ ——设备高载运行时，用户 i 在第 m 个周期 t 时刻的室内温度；

$T_{i,m}^{\text{in-on}}(t - \Delta t)$ ——设备高载运行时，用户 i 在第 m 个周期 $t - \Delta t$ 时刻的室内温度；

Q_i^{C} ——用户 i 制冷机的额定供冷量；

p ——低耗系数，一般取[0.1,0.2]。

其二是正常工作模式，此时中央空调机组有：

1）主机低载运行

$$T_{i,m}^{\text{in-off}}(t) = \frac{M_{i,m} - Q_i^{\text{C}}}{N_i} + \left[T_{i,m}^{\text{in-off}}(t - \Delta t) - \frac{M_{i,m} - Q_i^{\text{C}}}{N_i} \right] e^{\frac{N_i}{Y_i}t} \tag{11-13}$$

2）主机高载运行

$$T_{i,m}^{\text{in-on}}(t) = \frac{M_{i,m} - Q_i^{\text{C}}}{N_i} + \left[T_{i,m}^{\text{in-on}}(t - \Delta t) - \frac{M_{i,m} - Q_i^{\text{C}}}{N_i} \right] e^{3 \times \frac{N_i}{Y_i}t} \tag{11-14}$$

参量 $M_{i,m}$、N_i、Y_i 由建筑参数和中央空调参数决定

$$\begin{cases} M_{i,m} = (a_i + 1.01 \cdot C_i^m) \cdot T_m^{\text{out}} + b_{i,m} + 38.5 \cdot C_i^m \\ N_i = a_i + 1.01 \cdot C_i^m \\ Y_i = C \cdot V_i \cdot \rho + R_i \cdot S_i^{\text{in}} \end{cases} \tag{11-15}$$

式中　C_i^m ——新风量，g/s，可按 0.1 人/m² 计；

T_m^{out} ——第 m 个控制周期的室外气温；

a_i、$b_{i,m}$ ——与建筑参量和热工参量相关的变量；

C ——空气定压重量比热，一般取 0.28J/(kg·℃)；

V_i ——用户 i 的制冷空间体积；

ρ ——空气密度，一般取 1.29kg/m³；

R_i ——用户 i 的内墙面蓄热系数，W/(m²·℃)；

S_i^{in} ——内墙面积，m²。

其中，a_i 和 $b_{i,m}$ 的展开式如下

$$\begin{cases} a_i = \sum_{j=1}^{J} S_{i,j} \cdot K_{\text{w}[i,j]} + \sum_{j=1}^{J} S_{i,j}^{\text{in}} \cdot K_{\text{c}[i,j]} \\ b_{i,m} = \sum_{j=1}^{J} K_{\text{z}[i,j]} \cdot C_{j,m}^{\text{LQ-w}} \cdot S_{i,j}^{\text{in}} \cdot D_j + C_m^{\text{LQ-}\varepsilon} \cdot N_e \cdot S_i^{\text{cool}} \\ \qquad + C_m^{\text{LQ-l}} \cdot N_1 \cdot S_i^{\text{cool}} + (q_s \cdot C_m^{\text{LQ-p}} + q_1) \cdot n_k \cdot S_i^{\text{cool}} \cdot \Phi \end{cases} \tag{11-16}$$

式中　　$S_{i,j}$ ——用户 i 第 j 面的传热面积；

　　　　$S_{i,j}^{in}$ ——外墙第 j 面的窗户面积；

　　　　S_i^{cool} ——用户 i 的制冷区面积；

　　　　$K_{w[i,j]}$ ——用户 i 第 j 面的外墙传热系数，W/（m²·℃）；

　　　　$K_{c[i,j]}$ ——用户 i 第 j 面窗户的窗玻璃传热系数，W/（m²·℃）；

　　　　$K_{z[i,j]}$ ——用户 i 第 j 面窗户的窗玻璃遮阳系数；

　　　　$C_{j,m}^{LQ-w}$ ——控制周期 m 第 j 面窗玻璃的冷负荷系数；

　　　　D_j ——第 j 面窗户的日射得热因数，W/m²；

$C_m^{LQ-\varepsilon}$、C_m^{LQ-l} ——设备和照明的冷负荷系数；

　　N_e、N_l ——设备和照明的单位面积散热量，W/m²；

　　q_s、q_1 ——人体显热和潜热热量；

　　　　C_m^{LQ-p} ——人体显热散热冷负荷系数；

　　　　n_k ——单位面积人数，可按 0.1 人/m² 计；

　　　　Φ ——群集系数。

11.3 集群负荷需求响应优化策略体系

11.3.1 需求响应支撑技术

需求侧资源的开发需要先进智能电网技术的支持。需求响应项目的开展和推广在很大程度上取决于智能电网基础设施建设的先进程度，主要涉及信息通信、智能控制、高级量测等方面。

1）信息通信技术。信息通信是指在连接的系统间，通过模拟或数字信号调制手段对各类信息实现电子传输的相关技术。需求侧管理目标的实现必须借助远方通信手段支持。当前采用的远方通信技术主要包括电力线宽带网络、电力线载波、固定无线电网络及专用公共网络等。

2）智能控制技术。智能控制技术是确保 DR 信号在用户侧得以落实执行的关键。典型的智能控制设备主要包括双向智能表计、智能电器及插座、智能用电终端、智能用电信息管理技术等。借助这些设备，系统运行者可以对负荷控制和 DR 实施集中控制，还可以对执行效果进行必要的确认。

3）高级量测技术。高级量测技术是用于测量、收集、储存、分析和运用用户用电信息的新型信息技术，一般由智能电能表、通信网络、量测数据管理系统和相关接口等部分组成。利用高级量测技术，电网公司可以对用电设备进行统一监控与管理，用户的用电信息（包括实时负荷数据、负荷控制信号及用户服务信息等）可被实时采集分析并在电力公司与用户之间获得双向通信。通过指导用户进行合理用电，可以有效实现电网与用户的互动操作。

11.3.2 需求响应控制策略

基于以上建立的温控设备模型，本节探讨集群响应优化策略体系的基本构成及应用。需求响应的控制策略方面，R. E. Mortensen 等人在 1988 年提出了混合状态离散时间模型，C Ucak 等人在 1998 年将其扩展到更为复杂的系统当中。DS Callaway 在此前基础上改进了基于 FokkerPlanck 方程的辨识控制算法。Chan 等人在 1981 年提出了基于物理的控制方法，Lu Ning 等人在 2004 年时以此为基础，提出了基于状态队列（state queueing, SQ）模型的控制策略，此后在 2012 年时，Parkinson S 等人在该模型的基础上提出了一系列考虑用户舒适度的控制策略，使得控制策略的实际效果不断优化和完善。

在集群负荷响应潜力方面，提出针对大型工商业用户参与需求响应的潜力评估方法，主要步骤包括确定研究对象和需求响应项目类型、基于用电特性的用户群聚类分析、分类需求响应项目参与率辨识、价格弹性计算和需求响应潜力评估，其中的重点是适用于细分用户群的价格弹性计算方法。从用户自主响应特性的角度，可将集群负荷分为三类：①可转移负荷，即在一个调度周期内（如 1 天内）总用电量不变，但用电特性灵活，各时段用电量可灵活调节，如电动汽车换电站、冰蓄冷、储能以及工商业用户的部分负荷等；②可平移负荷，受生产流程约束，只能将用电曲线在不同时段间平移，如工业大用户；③可削减负荷，可根据需要对用电量进行一定削减，如空调、照明等。基于用户用电特性的方法能够计及各种因素对用户响应行为的影响，方便获取响应行为的时序特征，计及消费者心理和用户满意度。

需求响应项目利用经济激励来引导用户根据系统运行要求而灵活使用电能，因此其激励规则的设计对用户响应特性具有重要的影响作用，目前国际上常采用的电价机制有固定电价（flat rate，FR），季节性电价（seasonal rate，SR），分时电价（time-of-use rate，TOU），尖峰折扣电价（peak time rebate，PTR），固定尖峰电价（fixed critical peak pricing，CPP-F），浮动尖峰电价（variable critical peak pricing，CPP-V）和实时电价（real time pricing，RTP）。

用户响应电价模型多基于电力需求价格弹性矩阵，包括自弹性和互弹性，由于算法简单、直观，得到了广泛应用，但由于价格弹性系数多采用行业统计数据来求取，反映的是用户对电价变化响应的宏观表现，这在很大程度上限制了模型的准确性。考虑到用户响应电价的不确定性，有文献利用弹性曲线上某一点的随机误差描述了响应行为的不确定性并进行了鲁棒处理。

集群负荷需求响应优化运行架构如图 11-3 所示。

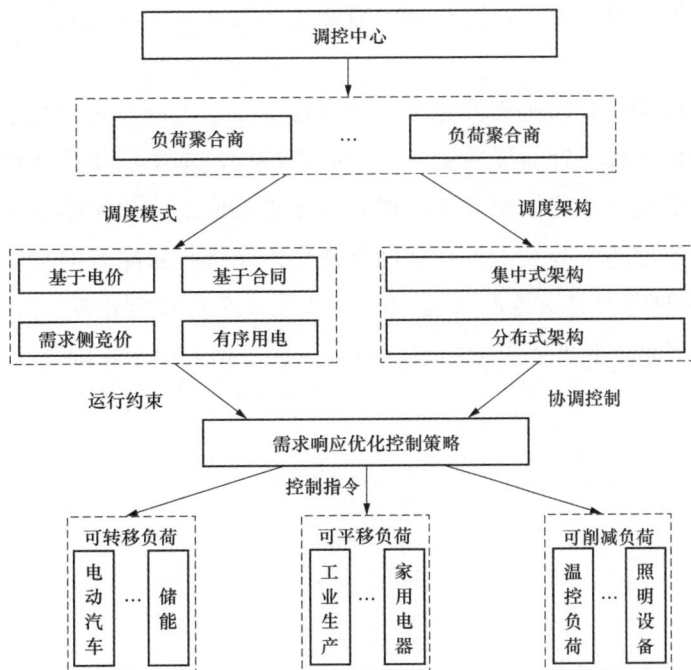

图 11-3　集群负荷需求响应优化运行架构

价格是市场机制的核心，有效的市场价格是在供需相互作用中产生的。但是在不完全竞争的市场下，电力用户无法响应市场实时的价格信号。因此，在这种背景下，通过在电力市场中引入需求响应机制，就形成了一类"负的"或"等价"发电（备用）容量资源，而且在给定的条件下这类负容量资源要比"正"发电资源的成本低，同样可实现系统的供需平衡，提高系统运行的可靠性。需求响应机理分析旨在：

1）研究在已有的需求响应项目下，电力用户如何响应其变化规律，即用户如何根据市场的价格信号或激励信息调整用电量和用电时间等用电行为，主动参与市场运行。

2）研究如何根据用户的用电行为制定合理的电价或激励机制，即如何使电能效用最大化，避免或延迟购置新的发电机组，保证系统供需平衡。需求响应的机理分析可以充分发挥需求响应在电力系统中的巨大效益，实现供需资源的协调利用。

需求响应项目包括基于电价的项目和基于激励的项目两类，一般来说，基于激励的需求响应项目以一对一合同的形式约定了用户参与项目的权利和义务；但基于电价项目的参与方式则比较灵活，消费者可以自愿选择参与某个电价项目（opt-in），则在结算阶段按照实际消费电力水平和其选择的电价方案进行计费，对于其他没有参加的用户则执行缺省电价；此外，电力公司也可强制规定所有用户缺省参加某个电价项目，按照该电价项目的规定方式进行电费结算，除非某些用户签订合同主动提出退出该方案（opt-out），则执行固定电价。

（11.4） 本章小结

随着智能电网的不断发展，需求响应技术作为智能电网中改善设备操作效率及用户服务的一项关键技术，是近几年经济合作暨发展组织会员国研究和实践的一个新型课题，是在竞争型电力市场条件下需求侧管理的延伸。目前许多国家和地区对需求响应开展了广泛的研究和实践，并得到很多有价值的经验和良好的效果。

本章针对需求侧负荷的两类常用集群建模方法进行了介绍，以常见的温控类负荷为例，进行了单体负荷建模和集群负荷建模。针对需求侧负荷的响应特性，本章从集群负荷参与需求响应的支撑技术、优化策略两个方面进行阐述，建立了集群负荷需求响应的优化策略体系。在支撑技术方面，主要介绍了开展需求侧响应的必要技术条件和硬件条件；在优化策略方面，主要从需求响应集群负荷的响应潜力和需求侧响应项目实施的关键因素以及集群负荷控制策略三个方面进行了分析和阐述，旨在为主动配电网背景下开展需求响应研究与实践提供相关理论基础。

第 12 章

多能源系统优化运行

12.1 引言

多能源系统是包含多种能源资源输入以及多种能源形式产出，以满足一定区域内多种能源需求的能源互联系统。

能源互联网从概念的提出经历了如下的发展阶段：2008 年美国国家科学基金项目"The Future Renewable Electric Energy Delivery and Management system, FREEDM system"，支持构建了以可再生能源发电和分布式储能装置为基本单元的微网，称为能源互联网。FREEDM 是从电力电子技术的角度出发，希望以分布式对等的系统控制与交互，实现能源互联网的理念。普渡大学研究人员也在 2008 年参照互联网的架构提出了能源互联网的架构，与 FREEDM 系统相比，所提能源互联网架构更注重发挥储能系统的作用。瑞士联邦理工学院的研究团队则设计了能源集线器（energy hub），并通过能源集线器架设能源互联网。能源集线器在系统中是一个广义的多端口网络节点，它与配电网连接，对配电网上的能量起到补充、缓解、转换、调节、存储的作用，具有很强的实用性。

主动配电网是一类典型的多能源联合运行系统，系统不同能源网络间的耦合联系强，不同能源形式间的互补替代可以大幅提升系统的综合能源利用效率。主动配电网的多能源系统包含多种分布式电源（如风机、光伏等）、综合能源供给设备（如燃气轮机、热泵等）及综合储能设备（如储能电池、冰蓄冷等）。主动配电网不是多种能源的简单叠加，而是要在综合优化的角度按照不同能源间的互补耦合特性，通过建立能源间等值替代模型，统筹规划各种能源供给计划和能源间转供计划，实现多种能源系统协同优化。

主动配电网的多能源系统，可以解决可再生能源功率的间歇性、波动性和随机性给电力系统带来的冲击。太阳能、风能等可再生能源随季节、时间以及气象条件变化而波动，主动配电网的多能源系统可以通过多种储能形式、多种可控分布式电源有效抑制可再生能源的波动，提高配电网供电可靠性，促进可再生能源发展应用，同时缓解化石能源紧张、减少环境污染。此外，主动配电网多能源系统还可以通过不同能源形式间的耦合及转供优化，降低系统对电网的冲击，提高综合能源供应可靠性和利用效率。能源系统建模、分析与优化是提高能源系统综合能效、确保供需平衡、资源和技术协同优化整合，实现系统科学规划与设计的有效手段。

主动配电网的多能源系统的优化运行是主动配电网研究的重点问题之一。主动配电网的多能源系统是一个具有多时间尺度、多种能源需求的复杂能源系统，其运行过程中既要考虑系统内产能、换能、蓄能、用能等各个环节之间的相互依赖关系，又要考虑冷、热、电等多种能源流间的耦合与转供，是一个高维度、非线性的复杂数学模型，求解复杂。因此，本章重点介绍主动配电网多能源系统的互补耦合原理、建模及求解。

12.2 多种能源耦合互补与梯级利用原理

主动配电网的多能源系统提升综合能源利用效率和能源供给可靠性，本质上是利用多种能源形式间的耦合互补特性，实现不同能源形式间的梯级利用。

从能源供应角度，主动配电网多能源系统将原始的太阳能、风能、地热能、生物质能、燃气、电能等多种能源形态，转化为消费主体所需的冷、热、电等能量，能量转换和供应设备不乏复合供能设备，如热电联产系统（CHP）等。以燃气轮机为例，其将燃气转换为电能和热能，为消费主体提供热和电的需求。燃气轮机的热能、电能供给量存在比例耦合关系，在制定和优化供热、供电调度计划，确定燃气轮机的热、电供给配额时，应充分考虑这两种能源供给的耦合关系。

从能源利用角度，多种能源系统在不同时间尺度上具有相关性和互补性，即在时间尺度上具有耦合互补关系。能源消费时间尺度上具有峰谷特性，可再生能源如风机、光伏等的发电具有间歇性、波动性和随机性。电力储能设备本身具有一定的移峰填谷作用，在一定程度上实现电能的梯级利用。然而，电储能设备的调控量空间有限且成本较高，对于可再生能源的充分消纳、移峰填谷作用存在局限性。主动配电网多能源系统，可以充分考虑电能与冷/热能在时间尺度上的互补性，应用蓄热、储冷等设备，通过电能与热/冷能的转供，提高主动配电系统可再生能源消纳能力和综合能效，实现不同能源形式间的梯级利用。此外，相比于电能消费的瞬时性，供冷或供热所产生的效应具有延续性和渐变性，因此可以利用冷或热的惯性，不破坏用户舒适度而对电力负荷进行调节，实现短时间尺度的移峰填谷和多能源梯级利用。

多能源系统中常见的提高主动配电网能源利用效率和能源供给可靠性的多种能源设备，包括热泵、冰蓄冷、电热联产设备、蓄热式电锅炉、太阳能空调和热水系统等。

（1）热泵。按热量的来源，把热泵系统分为空气源热泵空调系统和水源热泵空调系统。空气源热泵，就是利用室外空气的能源从低位热源向高位热源转移的制冷、制热装置，通常将以冷凝器放出的热量来供热的制冷系统或用做供热的制冷机组称为空气源热泵。水源热泵，是一种采用循环流动于共用管路中的水，从水井、湖泊或河流中抽取的水或在底下盘管中循环流动的水为冷（热）源，制取冷（热）风或冷（热）水的设备；包括使用侧换热设备、压缩机、热源侧换热设备，具有单制冷或制冷和制热功能。地源热泵是以大地或水为冷热源对建筑物进行冬季供暖和夏季供冷的空调技术，是效率较高的热泵。地源热泵在夏天，将室内的热量转移到土壤或水中，使室内得到凉爽的空气，而地下获得的能量将在冬季得到利用。

热泵的性能一般用制冷系数（COP 性能系数）来评价。制冷系数的定义为由低温物体传到高温物体的热量与所需的动力之比。通常热泵的制冷系数为 3～4，也就是说，热泵能够将自身所需能量的 3～4 倍的热能从低温物体传送到高温物体。所以热泵实质上是一种热量提升装置，工作时它本身消耗很少一部分电能，却能从环境介质（水、空气、土壤等）中提取 4～7 倍于装置的电能，提升温度进行利用，这也是热泵节能的原因。主动配电网中热泵系统的应用，可以有效提升主动配电网的能源利用效率，通过利用热的惯性，还可以起到电负荷调节的作用。

（2）蓄热式电锅炉。电锅炉是以电力为能源，并将其转化成为热能，从而经过锅炉转换，向外输出具有一定热能的蒸汽、高温水或有机热载体。电锅炉本体主要由电锅炉钢制壳体、电脑控制系统、低压电气系统、电加热管、进出水管及检测仪表等组成。电锅炉的加热方式有电磁感应加热方式和电阻（电加热管）加热方式两种。电阻加热方式即采用电阻式管状电热元件加热，电锅炉在结构上易于叠加组合，控制灵活，维修更换方便。目前电锅炉基本上都采用电阻式管状电热元件加热式电锅炉。

蓄热式电锅炉是在低俗时段用电加热，并享受优惠电价的政策，推出的一种新型高效、节能的电加热产品；在蓄热式电锅炉基础上添加相应的附属设备、蓄热水箱，就构成了蓄热式电锅炉系统。蓄热式电锅炉是利用夜间低谷时段的电能作为能源，夜间蓄热、白天供暖和热水的设备。该设备为蓄热供暖/热水系统，既提高了设备的利用率，又减少了设备的初投费用。该设备充分利用低谷电能储蓄能量，削峰填谷，节约了电能，减少了城市有害气体排放，符合节能减排的需求。

（3）冰蓄冷。水蓄冷系统是在常规空调系统中增设蓄冷水槽（或水池）作为蓄冷设备，以空调用的制冷机作为制冷设备，主要由制冷设备、蓄冷水槽和控制仪表三部分组成。该系统有四种运行模式，即蓄冷工况、制冷机供冷工况、蓄冷水槽供冷工况以及制冷机与蓄冷水槽同时供冷工况。水蓄冷系统可以采用常规空调用制冷主机，能源利用效率较高。但由于蓄冷水槽体积庞大、保温处理困难、冷损耗大等原因，使水蓄冷系统的推广应用受到一定限制。

冰蓄冷系统和水蓄冷系统工作原理类似，只是用冰作为蓄冷媒介。常用的冰蓄冷系统有三种形式，制冷机位于贮槽上游的串联系统、制冷机位于贮槽下游的串联系统和制冷机与贮槽并联的系统。相比水蓄冷系统，冰蓄冷系统的蓄冷密度大，故冰蓄系统的冷贮槽小；冷损耗小；冰蓄冷系统贮槽的供水温度稳定，供水温度接近 0℃，可以采用低温送风系统，从而带来空调运行费用的降低。不过冰蓄冷系统的设备与管路系统较复杂，不利于维护。

蓄冷系统是主动配电网多能源系统梯级利用的重要设备，利用能量转化装置，将电能转化为冷并储存起来，在时间尺度上实现分时梯级利用。尤其是在风机或光伏等可再生能源功率较大，切风切光的工况时，可以将富余的可再生能源通过储冷的形式储存起来，实现可再生能源的最大利用。

（4）太阳能热水器/空调。太阳能热水器将太阳能转化为热能，将水从低温度加热到高温度，以满足人们在生活、生产中的热水使用。太阳能热水器按结构形式分为真空管式太阳能热水器和平板式太阳能热水器，以真空管式太阳能热水器为主。将利用太阳能产生的热水和溴化锂制冷机组联合起来，利用溴化锂机组的制冷原理，即可实现太阳能空调的功能。

（5）冷热电联产设备。热电联产设备既生产电能，又利用汽轮发电机做过功的蒸汽对用户供热的生产方式，即同时生产电、热能的工艺过程，较之分别生产电、热能方式节约燃料。热电联产设备与相应的制冷设备结合可以形成冷热电三联产系统，三联产系统可以满足配电网用户冷、热和电的整体需求，供给方式可以是集中式也可以是分布式。典型冷热电三联产系统一般包括动力系统和发电机（供电）、余热回收装置（供热）、制冷系统（供冷）等。

冷热电联产技术有蒸汽轮机驱动的外燃烧式和燃气轮机驱动的内燃烧式。蒸汽轮机的主要工作原理是，锅炉加供热汽轮机由于煤燃烧形成的高温烟气不能直接做功，需要经锅炉将热量传给蒸汽，由高温高压蒸汽带动汽轮发电机组发电，做功后的低品位的汽轮机抽汽或背压排汽用于供热。锅炉加供热机热电联产系统适应于以煤为燃料的系统。燃气轮机的主要工作原理是，燃气轮机热电联产系统分为单循环和联合循环两种形式。单循环的工作原理是：空气经压气机与燃气在燃烧室燃烧后温度达 1000℃以上，进入燃气轮机推动叶轮，将燃料的热能转变为机械能，并拖动发电机发电。从燃气轮机排出的烟气温度一般为 450～600℃，通过余热锅炉将热量回收用于供热。大型的燃气轮机效率可达 30%以上，热和电两种输出的总效率一般能够保持在 80%以上。此外，现代科学技术的发展，特别是微型燃气轮机、燃气外燃机和燃料电池以及其他新能源技术的发展，也赋予了冷热电联产新的内涵。

冷热电联产是一种建立在能量梯级利用概念基础上，将供冷/暖、热水及发电过程一体化的能量供应系统。其最大的特点就是对不同品质的能量进行梯级利用，温度较高的、具有较大可用能的热能用来被发电，而温度比较低的低品位热能则被用来供热或制冷。冷热电联产系统不仅提高了主动配电网综合能源的利用效率，而且减少了碳化物和有害气体的排放，具有良好的经济效益和社会效益。

12.3 多能源协同运行系统模型

12.3.1 多能源协同优化调度模式

主动配电网多源协同优化调度是在满足提供持续可靠安全和质量符合要求的电能前提下，通过对配电网络、分布式电源、柔性负荷和储能装置进行资源优化配置，提高配电网的安全性、可靠性、优质性、经济性、友好性指标，实现配电网的高效运行。多源协同优化调度主要基于以下需求：

（1）高渗透率情况下提升分布式电源消纳能力的需要。分布式电源分布具有区域集中性特点，导致高发区域无法完全消纳，通过在空间尺度上进行分层协调使得分布式电源在本地消纳的同时，实现区域的优化配置。

（2）可调资源增加后提高配电网运行经济性的需要。储能装置和柔性负荷的接入，给配电网带来了大量可调度资源，通过不同时间尺度的协调，在配电网运行的峰、谷阶段，实现不同的柔性负荷和储能调度策略，有效降低峰谷差，同时分布式电源的本地消纳，可以减少线路网损，提高设备利用率。

（3）间歇式分布式能源接入后保证配电网运行安全的需要。风机、光伏发电具有明显间歇性、波动性特点，利用储能配合，可以消除分布式发电功率曲线的锯齿，提供平滑的接入功率，通过主动配电网态势感知，及时掌握配电网的运行态势，采取相应的优化调度策略，保证电压质量，消除越限，降低故障率。

根据主动配电网分层分区管理及多时间尺度协调优化的特点，从空间尺度、时间尺度及电网的运行状态三个维度对主动配电网进行协调优化调度。针对主动配电网的不同运行状态，在不同时间尺度和空间尺度设计优化调控目标，配电网的正常运行状态、异常运行状态、故障运行状态的调控目标分别见表 12-1～表 12-3。

表 12-1　　　　　　　　　　　　　　　　配电网正常运行状态优化调控模式

分层	长时间尺度	短时间尺度	实　　时
配电网层	（1）网络重构，优化网络运行结构； （2）生成配电网级优化调度计划； （3）制定负荷转供策略	（1）更新长时间尺度优化调度计划； （2）计及故障、临时停电等突发因素，生成调度计划	—
馈线层	（1）进行有功无功协调优化，改善电网的电压质量和稳定性； （2）协调优化无功补偿装置的安装位置及投切，保证重要节点的电压质量	（1）更新长时间尺度优化调度计划，平滑配电网馈线有功功率波动； （2）更新电容器等无功补偿装置的投切，保证馈线节点电压稳定性	（1）保证馈线能量平衡，消除功率越限； （2）保证电压稳定性及电压质量
自治区域	—	（1）实现新能源的最大化消纳； （2）实现自治区域的源-荷协调优化； （3）保证自治区域内电压质量	（1）保证自治区域能量平衡； （2）保证自治区域内部电压质量

表 12-2　　　　　　　　　　　　　　　　配电网异常运行状态优化调控模式

分层	长时间尺度	短时间尺度	实　　时
配电网层	—	根据预测数据计算功角稳定裕度、输电线路（设备）或断面裕度、主导振荡模式的阻尼、旋转备用率，对不足情况进行预警和预处理	对电网频率越上下限、联络线交换功率过量等异常情况进行告警和处理
馈线层	—	根据预测数据进行电压稳定裕度计算，对不足情况进行预警和预处理	对馈线电压越上下限、电压波动幅度过量等异常情况进行告警和处理
自治区域	—	—	对区域内部设备异常情况进行处理和上报

表 12-3　　　　　　　　　　　　　　　　配电网故障运行状态优化调控模式

分层	长时间尺度	短时间尺度	实　　时
配电网层	—	—	（1）对发生在自治区域外的故障进行判断和处理，实现故障的快速隔离； （2）利用重合器与分段开关进行顺序重合控制，实现网络重构及恢复供电
馈线层	—	—	
自治区域	—	—	自治区域内故障判断及处理，实现故障的就地清除、自动隔离和自动转供电

12.3.2　多能源协调优化模型

配电网优化调度的总目标是提高其运行的高效性，即从配电网实际情况出发，采用高可靠智能设备，智能化决策调度和控制等手段，在满足配电网安全可靠供电与电能质量要求的前提下，通过对配电网络、分布式电源和多样性负荷等配电网调度资源的协调优化调度，实现整个配电网的高效运行，即达到持续的安全、可靠、优质、经济运行。无论当前配电网运行效率如何，都需要满足一定的运行约束条件，包括网络的安全约束、设备的物理特性约束和可操作性约束，在此基础上，提供足够的电力需求和符合条件的电能质量要求。

（1）长时间尺度协调优化目标函数。为负荷提供足够的电力需求是配电网正常运行的基本要求，即在当前及一段时间内的负荷水平条件下，配电网应能为所有负荷供电，因此可用式（12-1）和式（12-2）表示，即

$$\max F_1(P_D(t_0)) = \sum_{i=1}^{N_D} x_i P_{Di}(t_0) \qquad (12\text{-}1)$$

$$\max F_2(A_{P_D}(t)) = \int_T \sum_{i=1}^{N_D} x_i P_{Di}(t) \mathrm{d}t \qquad (12\text{-}2)$$

式中　$P_{Di}(t)$、$P_{Di}(t_0)$ ——t 和 t_0 时刻节点 i 的有功负荷；

　　　　x_i ——布尔变量，表示负荷 i 的供电状态，$x_i = 1$ 表示为该负荷供电，$x_i = 0$ 表示不为该负荷供电；

　　　　N_D ——负荷数。

如果当前存在失电负荷，则需要在计及负荷重要性条件下尽量多地恢复对失电负荷的供电，因此可用式（12-3）表示

$$\max F_3(P_R(t_0)) = \sum_{i=1}^{N_{\text{Lost}}} x_i k_i P_{Ri}(t_{0\_}) \qquad (12\text{-}3)$$

式中　N_{Lost} ——失电的负荷数；

　　　$P_{Ri}(t_{0\_})$ ——$t_{0\_}$ 时刻负荷 i 的有功功率；

　　　　k_i ——负荷 i 的重要程度，k_i 越大表示该负荷越重要。

配电网运行在额定电压附近，并不超出电压上下限是供电质量的基本要求之一，综合考虑可采用式（12-4）和式（12-5）表示

$$\min F_4(u(t)) = \sum_N \int_T |u_i(t) - 1| \mathrm{d}t \qquad (12\text{-}4)$$

$$\min F_5(u(t)) = \sum_N \int_T \max[(u_i(t) - u_{i\max}), (u_{i\min} - u_i(t)), 0] \mathrm{d}t \qquad (12\text{-}5)$$

式中　$u_i(t)$ ——t 时刻节点 i 的电压值；

　　　　T ——供电时间；

$u_{i\max}$、$u_{i\min}$ ——节点 i 的电压上、下限；

　　　　N ——节点数。

正常运行时要使智能配电网的总体运行成本最小，可用式（12-6）表示

$$\min F_8(C(t)) = \int_T \left(\sum_{i=1}^{N_{PG}} F_i(P_{Gi}(t))\right) \mathrm{d}t + k \cdot \int_T \left(\sum_{i=1}^{N_{PG}} P_{Gi}(t) - \sum_{i=1}^{N_D} P_{Di}(t)\right) \mathrm{d}t + \int_T \left(\sum_{i=1}^{N_{PG}} p_i(P_{Gi}(t))\right) \mathrm{d}t \qquad (12\text{-}6)$$

式中，第一项表示发电成本；第二项为电能损耗引起的输配电成本；第三项表示分布式发电的环境成本；P_{Gi} 为 t 时刻节点 i 的发电机有功功率；k 为网损/费用折算因子；$p_i(P_{Gi})$ 为分布式发电的环境成本函数。

在对智能配电网进行控制过程中需要付出一定的操作代价，因此控制方案需要使设备动作次数最少，如式（12-7）所示

$$\min F_9(k) = w_b \sum_{N_i} \sum_T |b_i(k+1) - b_i(k)| + w_c \sum_{N_j} \sum_T nom|c_j(k+1) - c_j(k)|$$
$$+ w_t \sum_{N_l} \sum_T nom|t_l(k+1) - t_l(k)| + w_r \sum_{N_m} \sum_T nom|t_m(k+1) - t_m(k)| \qquad (12\text{-}7)$$

式中，第一项表示总的开关动作量，N_i 为总的开关数；$b_i(k)$、$b_i(k+1)$ 分别表示开关 i 在第 k 次控制前、后的状态，两者均为布尔变量，1 表示开关闭合，0 表示开关打开；N_j 为总的电容器个数，$C_j(k)$、$C_j(k+1)$ 分别表示电容器 j 在第 k 次控制前、后的状态，两者均为布尔变量，1 表示电容器工作，0 表示电容器断开；N_e 为总的断路器个数，$t_e(k+1)$、$t_e(k)$ 分别表示断路器 e 在第 k 次控制前、后的状态，

两者均为布尔变量，1 表示断路器闭合，0 表示断路器打开。

电力负荷是时变量，并且运行中智能配电网不可避免地会遭受到一定的扰动，因此，优化调度需要考虑一段时间内的供电安全裕度，可采用式（12-8）表示

$$\min F_{10}(S) = \sum_{N_b} \{S_i(k) - \min_{N_{lk_j}}[\max(S_{lk_j}(k+1), S_{lk_j}(k))]\} \tag{12-8}$$

式中　　　　　N_b ——支路数；

　　　　　$S_i(k)$ ——第 k 时刻支路 i 的可用容量；

$S_{lk_j}(k)$、$S_{lk_j}(k+1)$ ——第 i 条支路关联的第 j 个联络开关在 k、$k+1$ 时刻需拾取的负荷容量；

　　　　　N_{lk_j} ——支路 i 的相关联络开关数。

（2）短时间尺度协调优化目标函数。短时间尺度优化调度的目的是调整长时间尺度的优化调度方案，满足网络的能量平衡及平滑分布式电源的功率。需要满足分布式电源功率约束及网络的安全约束。

根据间歇性新能源及负荷的最新预测信息，对长时间尺度的优化调度方法做出修正，并尽可能的平滑分布式电源的功率，其目标函数为

$$\min f_1 = \sum_{t=1}^{t=t_n} \left[\sum_{i=1}^{DG} \alpha_i \mid P_{DGi}(t) - P_{DGi}{}^{\mathrm{ref}}(t) \mid + \sum_{m=1}^{DG} \lambda_m \Delta u_m(t) \right] \tag{12-9}$$

式中　　$P_{DGi}(t)$ ——t 时刻分布式电源的功率；

　　$P_{DGi}{}^{\mathrm{ref}}(t)$ ——长时间尺度下发的该时刻的计划功率值；

　　　　α_i ——计划调整的惩罚因子，每台分布式电源的计划调整惩罚因子不同。

配电网运行在额定电压附近，并不超出电压上下限是供电质量的基本要求之一，综合考虑可采用式（12-10）和式（12-11）表示

$$\min f_2(u(t)) = \sum_N \int_T \mid u_i(t) - 1 \mid \mathrm{d}t \tag{12-10}$$

$$\min f_3(u(t)) = \sum_N \int_T \mid \max[(u_i(t) - u_{i\max}), (u_{i\min} - u_i(t)), 0] \mathrm{d}t \tag{12-11}$$

式中　　$u_i(t)$ ——t 时刻节点 i 的电压值；

　　　　T ——供电时间；

$u_{i\max}$、$u_{i\min}$ ——节点 i 的电压上、下限；

　　　　N ——节点数。

（3）多能源协调优化约束条件。主动配电网与主网的联络线功率约束如下

$$-P_{\mathrm{L}}^{\max}(t) \leqslant P_{\mathrm{grid}}(t) \leqslant P_{\mathrm{L}}^{\max}(t) \tag{12-12}$$

式中　　$P_{\mathrm{L}}^{\max}(t)$、$P_{\mathrm{L}}^{\min}(t)$ ——联络线有功功率的上、下限值。

功率平衡约束为

$$\sum_{i=1}^{NS} P_{\mathrm{stor}i}(t) + \sum_{j=1}^{NL} \Delta P_{\mathrm{L}j}(t) + \sum_{k=1}^{wind+solar} \hat{P}_k(t) + P_{\mathrm{grid}}(t) = \hat{P}_{\mathrm{load}}(t) + P_{\mathrm{loss}}(t) \tag{12-13}$$

式中　　$P_{\mathrm{stor}i}(t)$、$\Delta P_{\mathrm{L}j}(t)$、$P_{\mathrm{grid}}(t)$ ——储能、柔性负荷及与电网联络线功率调度功率；

$\hat{P}_k(t)$、 $\hat{P}_{load}(t)$ ——光伏、风机预测功率及负荷预测值;

$P_{loss}(t)$ ——有功损耗。

网络潮流及安全约束为

$$U_{min} \leqslant U_n \leqslant U_{max}$$
$$I_b \leqslant I_{bN}$$

(12-14)

式中　U_n ——节点电压幅值;

U_{max}、 U_{min} ——节点电压幅值上、下限约束;

I_b ——支路电流;

I_{bN} ——支路额定电流。

储能电池约束:

蓄电池放电时, $P_{storj}(t) > 0$, t 时刻的剩余容量为

$$SOC_j(t) = SOC_j(t-1)(1-\sigma) - \frac{P_{storj}(t)}{\eta_D}$$

(12-15)

蓄电池充电时, $P_{storj}(t) < 0$, t 时刻的剩余容量为

$$SOC_j(t) = SOC_j(t-1)(1-\sigma) - P_{storj}(t)\eta_C$$

(12-16)

蓄电池充放电功率约束为

$$P_{storj}^{min} \leqslant P_{storj}(t) \leqslant P_{storj}^{max}$$

(12-17)

蓄电池容量约束为

$$SOC_j^{min} \leqslant SOC_j(t) \leqslant SOC_j^{max}$$

(12-18)

式中　　　σ ——储能的自放电率;

η_C、 η_D ——储能的充放电效率;

$SOC_j(t-1)$ ——上一时刻储能的剩余容量;

$SOC_j(t)$ ——该时刻储能的剩余容量;

SOC_j^{max}、 SOC_j^{min} ——储能剩余容量上、下限;

P_{storj}^{max}、 P_{storj}^{min} ——储能充放电功率的上、下值。

柔性负荷约束为

$$\Delta P_{Limin} \leqslant \Delta P_{Li} \leqslant \Delta P_{Limax}$$

(12-19)

式中　ΔP_{Limax}、 ΔP_{Limin} ——柔性负荷功率变化的上、下限值。

12.4 多能源系统优化调度算法

主动配电网区别于传统配电网的一个显著特征表现在接入的分布式发电单元、储能单元及微网单元等对配电网运行人员来说都是可控的,分布式能源将参与网络的运行调度,并非以往简单的连接,这将赋予主动配电网调度运行更加丰富的内容,而不仅仅是传统配电网中开关状态的调整。主动配电网的优化调度是其对分布式电源实施主动管理并实现网络安全经济运行的核心技术和重要手段。主动配电网的优化调度模型与传统电网的优化调度模型相比,在控制变量、约束条件及目标函

数方面都发生了深刻变化：主动配电网优化调度的目标函数不再像传统最优潮流以某一时刻网损最小或发电成本最低为目标，而是应对整个调度周期的运行成本进行优化，这是因为传统电网的发电单元功率上下限是由其设备参数决定的，一直是恒定的，不随时间变化而变化；主动配电网优化调度的约束条件除了传统的功率平衡约束、潮流约束、节点电压约束、分布式发电功率上下限约束、辐射状拓扑约束之外，还要考虑储能系统的能量守恒及容量约束。针对所研究的主动配电网优化调度模型，本节提出基于粒子群优化算法（particle swam optimization，PSO）的多粒子群方法进行求解，并提出了相应的粒子位置表达形式以及粒子位置更新过程的改进方法。

12.4.1　粒子群优化算法简介

粒子群优化算法源于鸟群和鱼群等群体运动行为的研究，是由 Eberhart 博士和 Kennedy 博士在1995 年提出的一种基于群体搜索策略的全局优化技术。粒子群优化算法是基于"群体智能"的新型演化计算方法，它可以通过粒子间的合作与竞争，更加快速、有效地寻找到最优值。由于该算法概念简明、实现方便、收敛速度快、参数设置少，是一种高效的搜索算法，近年来受到学术界的广泛重视和关注。

在一个 D 维度的目标搜索空间中，由 n 个粒子群构成一个群体，其中第 i 个粒子（$i=1,2,\cdots,n$）可表示为 D 维的位置矢量 $Z_i = (Z_{i1}, Z_{i2}, \cdots, Z_{id}, \cdots, Z_{iD})$，$n$ 也被称为群体规模，过大的 n 会影响算法的运算速度和收敛性。根据一定标准计算 Z_i 当前的适应值，即可衡量粒子位置的优劣。在每一次迭代中粒子 i 移动的距离为粒子的飞行速度或者矢量，表示为 $U_i = (U_{i1}, U_{i2}, \cdots, U_{id}, \cdots, U_{iD})$，粒子迄今为止搜索到的最优位置可表示为 $P_i = (P_{i1}, P_{i2}, \cdots, P_{id}, \cdots, P_{iD})$，整个粒子群迄今为止搜索到的最优位置为 $P_g = (P_{g1}, P_{g2}, \cdots P_{gd}, \cdots, P_{gD})$，粒子根据式（12-20）和式（12-21）更新速度和位置

$$U_{id}^{k'+1} = wU_{id}^{k'} + c_1 r_1 (p_{id} - z_{id}^{k'}) + c_2 r_2 (p_{gd} - z_{id}^{k'}) \tag{12-20}$$

$$z_{id}^{k'+1} = z_{id}^{k'} + v_{id}^{k'+1} \tag{12-21}$$

其中，$i=1,2,\cdots,n$，k' 是迭代次数，r_1 和 r_2 为[0，1]之间的随机数构成的矢量。C_1 和 C_2 为学习因子，也为加速因子，其使粒子具有自我总结和向群体中优秀个体学习的能力，从而向自己的历史最优点以及群体内历史最优点靠近。

然而，在优化复杂函数时，发现 PSO 算法很容易陷入局部最优，并出现早熟收敛现象。为了提高算法收敛性能，随后出现了各种基于不同思想的改进算法。如 Shi 和 Eberhart 于 1998 年对 PSO 算法的速度项引入了惯性权重，并提出在进化过程中动态调整惯性权重以平衡收敛的全局性和收敛速度。后来又提出了基于模糊系统的惯性权重的动态调整，从而实现对惯性权重的非线性控制。此外，Clerc 提出带收缩因子的粒子群算法，以确保算法收敛。借鉴其他优化方法的思想，出现了各类的改进粒子群算法。Angeline 于 1999 年借鉴进化计算中的选择概念，将其引入到 PSO 算法中，从而淘汰差的粒子，将具有较高适应值的粒子进行复制以产生等数额的粒子来提高算法的收敛性。

近来性能较为显著的基于 PSO 算法的改进算法有 Thanmaya 和 Peram 等人于 2003 年提出的基于粒子群优化的适应值—距离—比例算法（fitness-distance-ratio based particle swarm optimization，FDR-PSO），在此算法中每个粒子根据一定的适应-距离-比例原则，向附近具有较好适应值的多个粒子进行不同程度的靠近，而不仅仅只向当前所发现的最好粒子靠近。此算法改善了 PSO 算法的早熟

收敛问题，在优化复杂函数方面，其性能得到了较大改善。F. Bergh 等人于 2004 年提出了协同粒子群优化算法（cooperative particle swarm optimizer，CPSO），采用多个协同工作的子粒子群对解向量的不同部分分别进行优化，达到较好的寻优结果。为防止 PSO 算法陷入局部最优，J. J. Liang 等人于 2006 年提出了综合学习粒子群优化算法（comprehensive learning particle swarm optimizer，CLPSO），使得每个粒子的速度更新基于所有其他粒子的历史最优位置，从而达到综合学习的目的。但上述算法在优化复杂高维多模函数时，容易陷入局部最优，且解与全局最优值相差较大。

（1）综合学习粒子群优化算法（CLPSO）。CLPSO 算法是由 Liang、Qin 和 Suganthan 等提出的主要针对多峰优化函数求解。CLPSO 算法一项最主要的创新点在于新型的速度更新公式

$$U_i^f = w_f U_i^f + c_1 \cdot rand_i^f (p_{ri(f)}^f - x_i^f) \tag{12-22}$$

其中，$r_i = r_i(1), r_i(2), \cdots, r_i(N)$ 代表第 i 个粒子学习的最优向量；$rand_i^f$ 为 $[0，1]$ 内均匀分布的随机数；$p_{ri(f)}^f$ 为第 i 个例子相对应的最优向量的第 f 维。CLPSO 算法主要依赖于 $p_{ri(f)}^f$ 作为更新速度的学习榜样，因此它可能导致 CLPSO 算法出现一些不足。当所有粒子的 $p_{ri(f)}^f$ 与最优位置很接近时，算法很难摆脱局部最优解。并且 $p_{ri(f)}^f$ 代表的解可能比最优位置的解差，所以对粒子速度更新的程度要小于经典的速度更新公式，这也造成了 CLPSO 算法容易出现收敛性速度较慢的缺点并出现不稳定的情况。

（2）协同粒子群优化算法（CPSO）。粒子群优化算法概念简单，收敛速度快，涉及参数少，易于实现，具有很强的全局优化能力，但同时也存在容易陷入局部最优的缺陷，为此，有关专家提出了协同粒子群优化算法，采用新型协同方法改进粒子群优化算法的惯性权重与速度矢量：对适应度值比平均适应度值差的粒子，逐步修改粒子惯性权重与速度矢量，以使这一动态种群跳出局部最优；对适应度值比平均值好或等于平均值的粒子，进一步强化粒子惯性权重与速度矢量，以逐步减小搜索范围向全局最优处收敛。CPSO 的不足之处在于每个粒子更新速度较慢。

12.4.2　智能单粒子优化算法

主动配电网的优化调度控制既包括诸如分布式发电单元及储能单元等连续型控制变量，又包括联络开关等离散型控制变量，本质上是一个混合整数非线性约束规划问题。将内点法直接应用于主动配电网优化调度策略的求解难以获得好的效果，因此需采用适用性更广、对求解条件要求更加宽松的智能优化算法。为此，提出了智能单粒子优化算法（intelligent single particle optimizer，ISPO）。多能源协同优化寻优算法研究主要基于智能单粒子群算法（ISPO）的研究。

ISPO 在传统粒子群优化算法（PSO）的基础上增加了各维度优化方向的分析能力，能得到更接近于全局最优点的优化解，且只需要从单一粒子进化，求解过程简单。通过参数控制可以较好地平衡全局搜索和局部搜索，能够非常有效地用于各种优化问题，尤其是非线性优化问题的求解。在 ISPO 算法的优化过程中，算法不是对整个速度矢量或位置矢量（即所有维的数值）同时进行更新，而是先把整个矢量分成若干子矢量，并按顺序循环更新每个子矢量。在子矢量的更新过程中，此算法通过引入一种新的学习策略，使得粒子在更新过程中能够分析之前的速度更新情况，并决定子矢量在下一次迭代中的速度，从而实现对速度的动态调整。而在传统粒子群算法中，粒子只是简单的个体，不具备分析之前速度更新情况的能力。实验结果表明，此算法在优化复杂的具有大量局部最优点的高维多模函数方面具有一定的优势，其性能显著优于粒子群改进算法的性能，且其解非常接近全局

最优点。

（1）子矢量与子矢量的更新过程。大部分随机优化算法（如粒子群算法和遗传算法等）的性能随维数增加而变差。在更新过程中，传统的 PSO 算法往往同时改变整个解矢量中各维的数值，并根据更新后的解矢量得到一个适应值，从而判断解矢量的适应程度。但是此适应值能够判断解矢量的整体质量，但不能判断部分维是否向最优方向移动。例如，在解决三维函数问题中，其全局最优为[0,0,0]，解的初始值设为[1,1,1]，给其一个随机扰动[0.2,–0.5,0.3]，可得到更新后的解为[1.2,0.5,1.3]。假设更新后的解的适应值比初始值对应的适应值有所提高，则在下一次迭代中解将会在某种程度上向[0.2, –0.5,0.3]方向移动。此时，虽然第二维的数值向全局最优靠近，但第一维和第三维的数值却远离了全局最优。因此，对于高维函数，一般 PSO 算法很难兼顾所有维的优化方向。为解决这个问题，在保证粒子能够搜索到空间中的每个区域的同时，可把搜索空间分解成若干个低维小空间进行搜索。如图 12-1 所示，在 ISPO 算法中，一个粒子代表着整个位置矢量。在更新过程中，把整个 D 维的解空间分成 m 部分，即把整个位置矢量分成 m 个位置子矢量，其中每一位置子矢量与其对应的速度子矢量分别表示为 z_j 和 v_j，$j=l, \cdots, m$。为简单起见，设 D 刚好被 m 整除，则每个子矢量包括了 l（$l=D/m$）维。

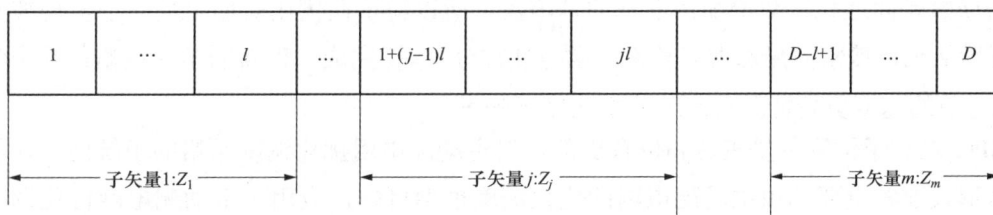

1	...	l	...	$1+(j-1)l$	...	jl	...	$D-l+1$	...	D

子矢量1:Z_1　　子矢量j:Z_j　　子矢量m:Z_m

图 12-1　位置子矢量示意图

维之间相关性较大的函数需根据函数特征来决定子矢量的个数。如图 12-2 所示，假设全局最优点为 $(0,0)$，而 (k_1, k_2) 为直线 $x=k_1$ 和 $y=k_2$ 上的最优解。把初始值设在 (k_1, k_2)，并在更新过程中轮流更新每一维。在更新其中一维的数值时需保持另一维的数值不变。由于 (k_1, k_2) 为两直线上的最优解，所以对这两维数值进行轮流更新将会导致解跳不出局部最优 (k_1, k_2)。此时，如果同时改变两维的数值，解就有可能会跳出局部最优点，并到达全局最优。因此在解决不同问题时，需根据维之间的相关性来决定每个子矢量所包含的维数。

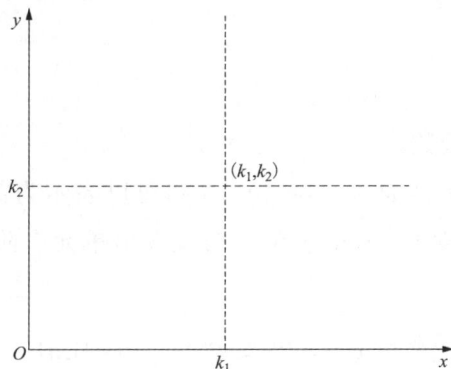

图 12-2　维相关性示意图

ISPO 的更新过程是基于子矢量，按先后顺序（从 $\tilde{z}_1$ 到 $\tilde{z}_m$）进行循环更新。在更新第 $j(1 \leqslant j \leqslant m)$ 个子矢量的过程中，将按以下的速度和位置更新公式迭代执行 N 次

$$\tilde{v}_j^k = (a \,|\, k^p) \times r + b \times L_j^{k-1} \tag{12-23}$$

$$\tilde{z}_j^k = \begin{cases} \tilde{z}_j^{k-1} + \tilde{v}_j^k & f(x_1^k) > f(x_2^k) \\ \tilde{z}_j^{k-1} & f(x_1^k) \leqslant f(x_2^k) \end{cases} \tag{12-24}$$

$$L_j^k = \begin{cases} L_j^{k-1} / s & f(x_1^k) > f(x_2^k) \\ \tilde{v}_j^k & f(x_1^k) \leqslant f(x_2^k) \end{cases} \tag{12-25}$$

其中 $x_1^k = [\tilde{z}_1, \tilde{z}_2 \cdots, \tilde{z}_1^{k-1}, \cdots, \tilde{z}_m]$，$x_2^k = [\tilde{z}_1, \tilde{z}_2, \cdots, \tilde{v}_1^{k-1}, \cdots, \tilde{z}_m]$；$k = 1, 2, \cdots, N$，参数 L 为学习变量，用于分析之前速度的更新情况，从而决定下一代迭代的速度；随机矢量 r 在[−0.5，0.5]范围内服从均匀分布；多样性因子 a、下降因子 p、收缩因子 s 和加速度因子 $b(b>1)$ 为常数，$f()$ 为评估算法性能的适应值。在子矢量更新过程中，位置子矢量由速度子矢量决定。速度子矢量由两部分组成：多样性部分 $(a \,|\, k^p) \times r$ 和学习性部分 $b \times L_j^k$。在多样性部分中，a 控制随机矢量 r 的幅度，而 p 控制幅度的下降梯度。

由于 $(a \,|\, k^p)$ 是随迭代次数增加而下降的幂函数，所以粒子在优化前期更趋向于全局搜索，并随更新过程逐渐从全局搜索向局部搜索转换。学习性部分 $b \times L_j^k$ 完成一种新的学习策略，其中学习变量 L 能够根据之前的速度更新情况动态地调整速度子矢量。

（2）ISPO 的粒子位置矢量表达和位置更新。对主动配电网优化调度策略的求解而言，粒子的位置矢量表达形式非常重要。由主动配电网的优化调度模型可知，应用于主动配电网优化调度求解的智能单粒子位置可以表达为一个 $g \times k$ 阶的矩阵，其中，$g = n + m + 1$。

$$x = \begin{bmatrix} x_{1,1} & \cdots & x_{1,k} \\ \vdots & & \vdots \\ x_{n,1} & \cdots & x_{n,k} \\ \vdots & \cdots & \vdots \\ x_{(n+1),1} & & x_{(n+1),k} \\ \vdots & & \vdots \\ x_{(n+m),1} & \cdots & x_{(n+m),k} \\ x_{(n+m+1),1} & \cdots & x_{(n+m+1),k} \end{bmatrix} \tag{12-26}$$

式中　n——分布式发电单元个数；

m——储能单元个数；

k——完整周期包含的阶段数。

矩阵前 n 行向量中任一向量 $[x_{j,1} x_{j,2}, \cdots, x_{j,p}, \cdots, x_{j,k}]$ 可以表示为第 j 个分布式发电单元完整周期的控制策略。其中第 p 个元素 $x_{j,p}$ 为第 j 个分布式发电单元在阶段 p 的有功功率并满足约束条件

$$P_j^{\min} \leqslant x_{j,p} = P_j^p \leqslant P_j^{\max} \qquad j \in [1, n] \tag{12-27}$$

矩阵第 $n+1$ 行到第 $n+m$ 行向量中任一向量 $[x_{j,1} x_{j,2}, \cdots, x_{j,p}, \cdots, x_{j,k}]$ 可以表示为第 j 个储能单元完

整调度周期的充放电策略。其中第 p 个元素 $x_{j,p}$ 为第 j 个储能单元在阶段 p 的有功功率并满足约束条件

$$E_j^{\min} \leqslant x_{j,p} = E_j^p \leqslant E_j^{\max} \qquad j \in [n+1, n+m] \qquad (12\text{-}28)$$

矩阵的最后 1 行向量 $[x_{n+m+1}, x_{n+m+1,2}, \cdots, x_{n+m+1,p}, \cdots, x_{n+m+1,k}]$ 表示的是整个调度周期的联络开关位置方案。其中第 p 个位置表示 $x_{n+m+1,p}$ 在阶段 p 的联络开关位置方案，$x_{n+m+1,p}$ 的取值以涉及的所有开关的开闭状态组合所应对的状态值表示。为了确保可以在粒子优化的过程中使用统一的速度及位置控制参数，对粒子进行归一处理，$x_{ij}^{\max}$ 和 $x_{ij}^{\min}$ 分别为原粒子位置矢量（i，j）的元素值的上限值和下限值

$$\overline{x}_{ij} = \frac{x_{ij} - x_{ij}^{\min}}{x_{ij}^{\max} - x_{ij}^{\min}} \qquad (12\text{-}29)$$

一般的粒子群算法在每次迭代时，粒子的位置更新过程基于全体种群，同时改变整个解矢量中各维的数值，虽然通过适应值的求解可以判断解的整体质量，但不能判断部分维向是否向最优方向移动，难以兼顾所有维的优化方向。采用 ISPO 对原有的高维粒子进行子矢量划分，再将每个子矢量逐一顺序循环进行更新进化，从而可以确保每个子矢量都向最优方向进化，以获取质量更好的解。

ISPO 更加出色的寻优能力依赖于对子矢量的合理划分，将目标函数对于全矢量不同维度的优化方向加以区别，分别优化。基本步骤：①将智能单粒子位置矩阵按时间分阶段进行划分，对于一个 $g \times k$ 阶的矩阵划分为 k 个子向量，每个子向量对应一个阶段的所有分布式单元及联络开关的控制策略；②在步骤①的基础上，将各个子向量按空间位置进行划分，把处于相同分段开关间隔内的所有分布式单元划分为一个子矢量，联络开关位置方案单独划分为一个子矢量。可知同一阶段处于相同分段开关间隔内的分布式发电单元和储能单元组成一个子矢量，同一阶段的联络开关位置方案为一个子矢量。然而 ISPO 的位置矢量更新过程是基于子矢量，按先后顺序进行循环更新，在更新第 i 个子矢量的过程中，将按以下的速度和位置更新公式迭代执行 N_i 次子迭代

$$v_i^{k+1} = \frac{r}{k+1} bL_i^k \qquad (12\text{-}30)$$

$$\tilde{z}_i^k = \begin{cases} z_i^k + v_i^{k+1} & f(x_1^{k+1}) > f(x_2^{k+1}) \\ z_i^k & f(x_1^{k+1}) \leqslant f(x_2^{k+1}) \end{cases} \qquad (12\text{-}31)$$

$$L_i^k = \begin{cases} v_i^{k+1} & f(x_1^{k+1}) > f(x_2^{k+1}) \\ L_i^k / s & f(x_1^{k+1}) \leqslant f(x_2^{k+1}) \end{cases} \qquad (12\text{-}32)$$

式中，前一项值代表的是多样性部分，r 是取值区间为 [−0.5, 0.5] 的随机矢量；后一项是学习性部分，b 为加速因子；s 为收缩因子，有助于搜索迭代过程中动态调整速度。

智能单粒子优化进化流程如图 12-3 所示。如果 ISPO 的收敛速度与 PSO 基本一致，但是 ISPO 寻优能力明显优于 PSO，则它可以找到更接近全局最优解的解，证明了 ISPO 的优越性。与其他两个粒子群算法比较，ISPO 优化结果的标准方差相对较低并能够达到距全局最优点较近的位置，因此 ISPO 的算法稳定性较好。

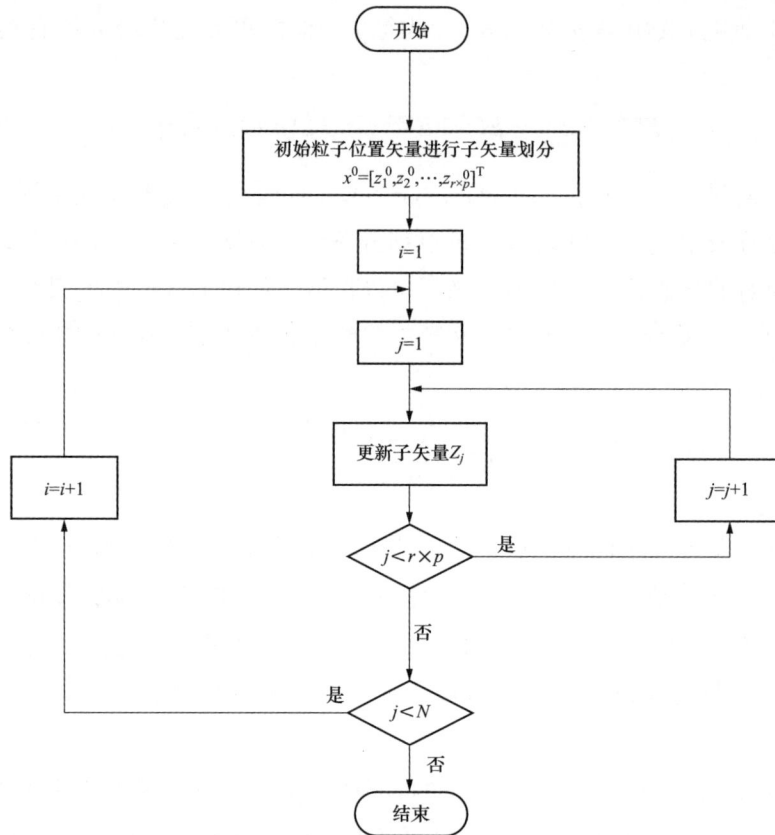

图 12-3 智能单粒子优化进化流程图

12.5 本章小结

本章重点介绍了多能源系统耦合互补与梯级利用的原理、含有多能源系统优化运行的主动配电网的建模以及其典型求解方法。多种能源系统在不同时间尺度上具有相关性和互补性，不同能源形式之间相互耦合，可以进行转供、互补和梯级利用。主动配电网的多能源系统，可以通过上述互补耦合和梯级利用，降低系统对电网冲击，提高综合能源供应可靠性和利用效率，解决可再生能源功率的间歇性、波动性和随机性给电力系统带来的冲击。主动配电网的协同运行模型具有分层分区管理及多时间尺度的特点，故而从空间尺度、时间尺度及电网的运行状态三个维度对主动配电网进行协调优化调度。针对主动配电网的不同运行状态，在不同时间尺度和空间尺度设计优化调控目标和约束，采用智能算法对高纬度、非线性模型进行求解。在满足配电网安全可靠供电与电能质量要求前提下，通过对配电网络、分布式电源和多样性负荷等配电网调度资源的协调优化调度，实现整个配电网的高效运行。

第 13 章

主动负荷及其特性辨识

13.1 电网负荷的发展和演变

1875 年，巴黎北火车站建成世界上第一座火力发电厂，用于附近的照明用电，开启了人类大规模使用电力的先河。随着三次工业革命的发生，电力已经广泛应用于各行各业的生活和生产之中，成为了人类生存的必需要素。从人类利用电力进行照明到工业使用电力驱动机器进行生产，以及电冰箱、电视机等电器进入寻常百姓家中，电网的负荷特征也一直在发生改变。

通常情况下，用电设备所需用的电功率，称为负荷。在人类利用电力的初期，用电的设备种类较少，阻抗型的照明设备是电能消耗的主要组成部分。随着电动机的发明与应用，以及电视机、收音机、留声机开始进入普通居民用户，负荷的种类开始增加，其特征也不仅仅局限于纯阻抗性，逐渐出现了电流型、功率型以及具备三种特征的负荷。自此之后，随着科技的发展，人类开始发明更多的用电设备以方便生产和生活。这些负荷都有一些共同特点，即是由人为操控的被动响应负荷。

信息技术和自动控制技术的飞速发展，也为用电设备控制方式带来了变革。安装在用电设备上的控制器已经具备了信息交互与自动调节的能力。这意味着一部分负荷已经具备了可以自主操控的主动响应能力。例如，参与需求侧响应的中央空调可以根据激励信号，自动调节温度设定器的温度，实时控制其对电能的消耗。通俗地讲，负荷从简单的以开启和关闭为特征的刚性调节，演化为了可以自动调节其大小的柔性负荷。

随着能源短缺以及环境污染问题日益严重，人们对电力这种清洁能源的需求也在与日俱增。为了寻求可持续性的生产电力的方法，人们将目光投向了大自然。风能、太阳能、生物质能、地热能等这些取之不尽用之不竭的能源被开发利用。 而由于风能及太阳能受地理因素约束较小，风机和光伏这两种分布式能源开始得到了快速的发展和应用。 光伏板和风机可以方便、自由地安装在用户侧，使得电能的获取来源已经不局限于电网。

在主动性的柔性用电设备以及分布式能源的广泛应用下，当前电网的负荷特征已经有了很大的变化。有很多负荷已经开始变得可以主动响应和主动调节。同时，由于分布式电源从用户端大量接入电网，在用户消纳分布式电源提供的电能后，其向电网需求的电能会受到分布式电源功率的影响，甚至在分布式电源功率大于用户自身用电需求时，用户反而会向电网反送电力。因此，当今电网中除了负荷具备可以主动响应的能力的同时，又具有因为分布式电源参与而产生的对稳定性的挑战。

13.2 主动负荷的定义特点及对电网的影响

传统上，用电设备一直作为电能的受体，被动地接受电网传送给其所需的电能。电网需要建设各类输变电设施，并且运用各种技术手段以达到稳定、安全地供应用电负荷的目标。由于负荷大小始终处于动态变化之中，电网需要留有足够旋转备用，以及布置各类无功补偿设备用以保证供给高质量的电能。但这同时也增加了电能生产、输送及配送的成本，造成了资源的浪费，降低了电网运行的经济性。在智能量测设备广泛应用之后，人们对电网状态的感知已经非常迅速和精确，可以通过各类设备对电网的运行实行快速、合理的控制。但是对于负荷，由于其固有的随机性，只能对其进行量测以及一定准确度的预测，而无法实现有效的控制。

主动负荷区别于传统负荷的主要特征在于：它可以主动参与到电网的运行之中，与电网进行快速准确的"交流"并且可以自动执行相应的调控策略，而不是单纯的向电网索取电能。例如，一台具备主动控制功能的空调，在消耗电能以达到设定温度目标的同时，还可以接收电网的激励信号，根据激励信号做出控制指令，改变空调用电负荷以满足电网的要求。这样的空调既具备常规负荷的特征，又具备与电网实时通信的能力和调节其功率消耗的能力。因此，主动负荷的特点可以大体归纳为以下四点：具备与电网进行双向通信的能力；具备对输入信号进行处理和响应的能力；具备生成调控策略的能力；具备对自身执行自动调控策略的能力。

（1）具备与电网进行双向通信的能力。主动负荷在向电网发送自身状态的同时，也需要有能力接收电网反馈的激励信号或者控制信号，以此改变自身的负荷形态。双向通信的通道既可以是有线形式，例如光纤或者电缆，也可以是无线形式，例如 wifi 或者蓝牙技术。

（2）具备对输入信号进行处理和响应的能力。当主动负荷接收到电网的信号时，需要快速地进行解码译码，使其成为主动负荷控制器可以识别的信号。同时，主动负荷在接收到信号后还要依据自身状态进行判别，以确定是否可以完成电网所提出的要求。判别完成后，需要向电网返回可以执行或者无法执行的反馈信号。甚至，主动负荷可以具备自我评估的能力，并向电网报告自身可响应潜力。

（3）具备生成调控策略的能力。在接收、处理电网发送的信号之后，主动负荷需要根据自身实际状态生成响应的调控策略，以达到电网的要求。而调控策略生成依据一般来源于用户与电网达成的相关协议。

（4）具备对自身执行自动调控策略的能力。主动负荷在生成调控策略之后，需要自动执行调控策略。其控制行为可以是单次也可以是多次，最终达到电网的要求。

主动负荷的出现对电网的影响非常大。其与电网"交流"的能力使得电网可以对电能整个流通链条实现监测、感知和控制的全面覆盖。这意味着电网可以合理调配资源，统筹规划，统一控制和运营，极大地提高了电网运行的安全性、稳定性和经济性。

13.3 负荷特性评价方法

在当前电网的运营模式下，售电公司依据用户消耗的有功功率，依照电价进行结算。当前，我国的电价依照负荷种类粗略地分为工业用电电价、商业用电电价、农业用电电价和居民用电电价等，并且在部分地区实行峰谷电价、分时电价等收费方式。这种定价方式在一定程度上体现了不同种类负荷对电网的价值。但在相同时间段中，对所有相同分类的负荷仍然实行统一定价的方式，并不能体现出为每个用户提供供电服务而付出的成本差异。在电网运营中，波动剧烈、用电行为习惯不稳定的负荷对电网造成的影响要远远大于波动平缓、用电行为习惯相对稳定的负荷。电网需要为前者留有足够裕度，并且购买辅助服务以维持电能质量满足用电需求。显然，电网为前者提供供电服务所付出的成本要远远高于后者。如果对两种负荷实行统一的收费标准，就忽略了负荷自身对电网的价值。这样的运营模式显然是不够公平的。

13.3.1　评价指标

对负荷的评价可以从有功、无功、电压、电流及功率因数等多方面进行评价，也可以综合各个指标进行总体评价。本书只介绍对负荷有功功率的评价指标。

（1）分辨度。负荷的有功消耗是一个实时变化的动态数据。对于同一个负荷在相同时间进行数据采集，不同数据采样间隔所呈现的负荷曲线是有可能不同的。例如，某户人家在 16:00～17:00 之间使用了洗衣机。若以 1h 为采样间隔，则所形成的负荷数据将不能表述此用电行为。所以依据不同的采样间隔的数据，对负荷的评价结果也是不同的。一般来说，采样间隔越小，表述的负荷用电行为越准确。因此，对于负荷的评价必须要考虑所采集数据的分辨度。

当前量测设备对数据的采集能力已经相当强大，新型的智能电能表数据采集能力已经达到 15.62 千次/s。在实际应用中，鉴于有限的数据传输和处理能力，电力公司接受电能表数据一般从 5min/次～1h/次不等，并且是有选择性地进行数据收集。结合实际的负荷数据采集情况，设定标准的分辨度为 1h，用 R 表示。

（2）波动性。由于负荷是实时变化的量，电网往往需要留有足够的旋转备用以应对负荷的突然攀升。波动性大的负荷会对电网的稳定性造成较大的影响。在当前电网运营模式中，电价的制定并没有考虑每一个负荷的负荷特性对电网造成的影响，而一般在相同条件下对同一种类的负荷实行统一定价。这种定价模式忽略了负荷自身对电网的价值，其公平性有待商榷。评价负荷波动性可以量化负荷对电网的影响，以此区分不同负荷对电网的价值。

设定负荷在一定时间区间 T 内的最大值为 L_{max}，最小值为 L_{min}，用户额定负荷大小为 L_N，则负荷的波动性 f_{lf} 为

$$f_{lf} = \frac{L_{max} - L_{min}}{L_N} \tag{13-1}$$

f_{lf} 越大，负荷的波动性就越大。

用户额定负荷是指用户所有用电设备的额定功率之和。用户使用用电设备的行为是不可控的，因此很难准确采集 L_N 的大小，故可以将该负荷一年内的最高有功功率作为额定负荷。

（3）差异性。差异性是指某个电源点（变电站、馈线、配电变压器）下所有接入负荷在一定时间区间 T 内，最大总负荷占电源点额定容量的比例。表达差异性的指标称为差异系数 f_{div}，即

$$f_{div} = \frac{L_{max}^{total}}{C} \tag{13-2}$$

式中　L_{max}^{total} ——时间区间 T 内电源点下的最大总负荷；

　　　C ——电源点的额定容量。

差异性体现了一个电源点的承载情况。差异系数越大，表明电源点下总负荷越接近额定容量，电源点的裕度越小。

（4）负荷系统波动性。负荷的系统波动性是指某个特定负荷对其所接入的电源点的波动性影响。系统波动性系数 f_{sf} 的计算方法为

$$f_{sf} = f_{div} f_{lf} \qquad (13\text{-}3)$$

负荷系统波动性系数可以评估电源点下每个负荷的波动性对系统的影响程度，从而区别不同负荷对维护系统稳定性所贡献的价值。

13.3.2　承纳能力

承纳能力的评价主体为电网的电源点，它可以体现一个电源点对所有接入负荷的承受能力。随着负荷大小的变化，电源点的承纳能力也会有所变化。对电源点承纳能力的评估和统计，可以分析电源点负荷的用电特性，为电源点的扩容改造以及对接入负荷进行评估提供支持。

在不同情况下，对承纳能力的评估方法不同。对于接入一般负荷的电源点，主要评价电源点应对负荷变化的能力。对于有参与需求侧响应的负荷接入的电源点，需要在考虑负荷自身的调控能力的同时，评估电源点的承纳能力。而对于同时接入参与需求侧响应的负荷、分布式电源以及储能的电源点，其负荷行为特征更为复杂，评估方法也有所不同。

（1）一般负荷接入。若电源点接入的负荷全部为一般负荷，则电源点的承纳能力即为电源点可以在安全情况下承受的最大负荷。在时段 T 内，电源点的承纳能力为

$$HC = \frac{L_{max}}{C} \qquad (13\text{-}4)$$

式中　HC ——电源点的承纳能力；

　　　L_{max} ——时段 T 内接入的最大负荷；

　　　C ——电源点的额定容量。

（2）主动负荷接入。有主动负荷接入的电源点，由于负荷具有一定的调控能力。因此，其承纳能力的评估可以考虑可调负荷的调节潜力。在时段 T 内，负荷的可调节能力为 L_{ad}，其中，$L_{ad}>0$ 表示负荷降低，而 $L_{ad}<0$ 表示负荷升高。计算式为

$$HC = \frac{L_{max} - L_{ad}}{C} \qquad (13\text{-}5)$$

（3）负荷和储能接入。对于负荷和储能都有接入的电源点，由于储能能够提供一定时间的电能供给，因此电源点的承纳能力也有所变化。在计算承纳能力时，应考虑储能的工作状态是否是放电状态或者充电状态。在时段 T 内，储能可供电时间为 T_s，其输出功率为 P_s。

若接入的负荷为一般负荷，则 $\dfrac{T_s}{T}>1$ 时

$$HC = \frac{L_{max}}{C + P_s} \qquad (13\text{-}6)$$

$\dfrac{T_s}{T}<1$ 时

$$HC = \frac{L_{\max}}{C + \dfrac{T_s}{T} \cdot P_s} \tag{13-7}$$

若接入的负荷中有主动负荷，则 $\dfrac{T_s}{T} > 1$ 时

$$HC = \frac{L_{\max} - L_{ad}}{C + P_s} \tag{13-8}$$

$\dfrac{T_s}{T} < 1$ 时

$$HC = \frac{L_{\max} - L_{ad}}{C + \dfrac{T_s}{T} \cdot P_s} \tag{13-9}$$

（4）负荷和分布式电源的接入。分布式电源的大规模应用给电网带来了前所未有的挑战。由于分布式电源功率具有波动性以及不可控性，会对电网的稳定性和安全性造成影响。在一个电源点下接入分布式电源后，其承纳能力会随着分布式电源功率的波动而有所变化。

若分布式电源的额定发电能力为 G_{DG}，在 T 时间内的最大功率为 $G_{\max}$，最小功率为 $G_{\min}$。则分布式电源的功率波动系数 f_{DGf} 为

$$f_{DGf} = \frac{G_{\max} - G_{\min}}{G_{DG}} \tag{13-10}$$

一个电源点下有 N 个分布式电源接入。则分布式电源的系统波动性系数为

$$f_{sf} = \frac{G_{smax}}{\displaystyle\sum_{i=1}^{N} G_{DG-i}} \cdot f_{DGf} \tag{13-11}$$

其中，$\displaystyle\sum_{i=1}^{N} G_{DG-i}$ 为电源点下所有接入的分布式电源的额定发电能力，G_{smax} 为电源点下所有分布式电源的最大功率。

则电源点接入分布式电源、一般负荷时的承纳能力为

$$HC = \frac{L_{\max} - G_{smax} f_{sf}}{C} \tag{13-12}$$

电源点接入分布式电源、主动负荷时的承纳能力为

$$HC = \frac{L_{\max} - L_{ad} - G_{smax} f_{sf}}{C} \tag{13-13}$$

（5）负荷、储能和分布式电源接入。综合考虑电源点下负荷、储能以及分布式电源的接入，则时段 T 内的承纳能力为：

一般负荷接入下，当 $\dfrac{T_s}{T} > 1$ 时

$$HC = \frac{L_{\max} - f_{sf} G_{smax}}{C + P_s} \tag{13-14}$$

当 $\dfrac{T_s}{T} < 1$ 时

$$HC = \frac{L_{\max} - f_{sf} G_{smax}}{C + \dfrac{T_s}{T} \cdot P_s} \tag{13-15}$$

主动负荷接入下，当 $\dfrac{T_s}{T} > 1$ 时

$$HC = \frac{L_{max} - L_{ad} - f_{sf}G_{smax}}{C + P_s} \tag{13-16}$$

当 $\dfrac{T_s}{T} < 1$ 时

$$HC = \frac{L_{max} - L_{ad} - f_{sf}G_{smax}}{C + \dfrac{T_s}{T} \cdot P_s} \tag{13-17}$$

13.4 负荷特性分割聚类方法研究

现代社会中，随着居民生活水平的不断提高，以及家用电器种类的不断丰富，居民的日常生活已经与电器的使用密切相关。在我国，空调作为调节室内温度的主要工具已经得到了普及。据测算，北京夏季高温天气时，空调负荷比例占总负荷的30%左右。同时，由于环境污染问题，空气净化器、净水机、软水机等一系列新型家用电器已经逐渐在居民中普及应用。这些新型电器与电热水器、电视机、电脑、电冰箱等传统电器一起构成了居民总用电负荷源。因此，当前社会的居民负荷特征已经与过去有所改变。同时，由于个体生活水平、生活习惯的差异性，不同居民的用电负荷特性也不相同。

夏季高温时期往往对电网造成极大考验。为了应对相对于全年很短时间的用电高峰，电厂和电网公司不得不花费巨资扩充发电能力及输送容量，造成资源的巨大浪费。风能、太阳能等分布式新能源的飞速发展为节能环保提供了新的选择，但由于新能源的波动性，导致它们无法保证提供稳定的电力输出。在为电网输送清洁能源的同时，也对电网稳定性造成了不利影响。

随着通信技术和自动化技术的不断发展，对需求侧负荷的控制已经不再是简单的拉闸限电，而是精细化地控制负荷参数设置，从而改变负荷形态。据测算，在北京全范围内，空调耗电每变化 1kWh，总负荷会有 20 万～30 万 kW 的波动。因此，如果能够有效、及时地调整负荷设置参数，改变负荷形态，不仅可以避免为应对用电高峰而造成的投资浪费，还能为分布式新能源电源的大量接入提供一定的备用支持，维持电网的稳定。

需求侧响应作为一种快速调整负荷的方式已经受到了广泛的研究，并进行了应用。直接负荷控制（direct load control）也逐渐成为一种重要的负荷调控手段。在先进的通信及控制技术的支持下，越来越多的控制方法和控制策略被应用在需求侧响应和直接负荷控制中。但是由于居民用户数量庞大并且情况各异，无法有针对性地对负荷类型进行甄别从而制定响应调控策略。因此，针对负荷的调控的研究及实施大多应用于大型商业设施以及办公场所的中央空调或热水器上。为了有效地开发利用数量庞大的居民负荷调控潜力，亟需一种对居民负荷的调控潜力进行有效挖掘，并且实施针对性策略的负荷辨识技术。

负荷特性分割聚类方法（load segmentation and clustering method）是一种可以从多种维度对负荷曲线数据进行分类的方法。其核心算法基于 K-mean 算法开发，可以对大规模配电网居民负荷数据进行多维度、快速地分类，从而有效辨识居民负荷特性，为制定合理、友好的负荷管理策略，挖掘潜

在可控负荷提供数据支撑。

随着智能电能表在居民用户中的普及，以及高级量测装置在电网，尤其是配电网中的广泛配置，实时获取用户用电信息已经成为现实。现阶段，智能电能表可以将 15min 采集的用电信息实时发送至数据中心。解析实时用电信息不仅可以帮助电力公司实时掌握电网动态，同时可以了解用户用电行为。而智能电能表的功能也不应仅局限于计量，也可以成为对能量实施高效管理的重要工具。国家新出台的电改方案明确表示，要有序放开输配以外的竞争性环节，有序向社会资本放开配售电业务。这意味着未来在售电领域的竞争将越发激烈，能否及时把握市场动向，调整销售策略，对售电公司尤为重要。快速、清晰地辨识用户负荷特性，可以分析用户的消费行为和习惯，帮助电力公司针对不同用户制定、调整不同的售电策略，挖掘潜在的可以参与需求侧响应或者直接负荷控制的用户，预测并且应对可能出现的用电高峰并制定应对措施。

用户的负荷特性由多种因素决定，包括用户种类、天气情况、地理位置等。不同的因素最终导致不同的用户负荷特征。尤其是居民用户，除了天气条件和地理位置的不同外，住房大小、电气设备数量和种类及生活习惯等也会影响最终的负荷形态。如何从庞大的用户用电负荷信息中挖掘有效信息至关重要。负荷特性分割聚类方法利用分割聚类算法，建立用户负荷形态特征库，然后通过快速的比较归类，最终从不同维度对负荷进行分类。例如，对比工作日和休息日的用电特征、对比季节性用电特征、对比用电一致性特征等。通过对比用电一致性，可以找出一类用户在某些时刻持续地使用较高的电能，从而考虑为这些用户指定相应的需求侧响应策略。

13.5　用电行为分析的算法

负荷分割聚类流程如图 13-1 所示。

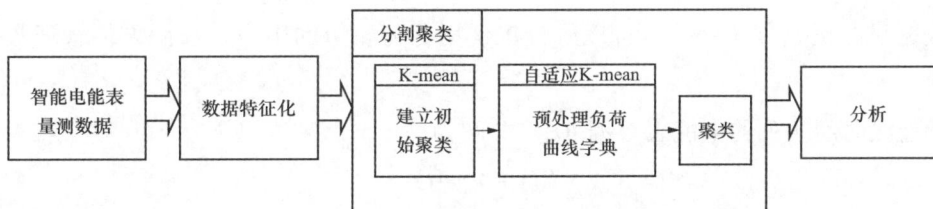

图 13-1　负荷分割聚类流程图

图 13-1 中，首先对收集的智能电能表数据进行特征化，然后通过 K-mean 算法建立初始聚类，再通过自适应 K-mean 建立负荷曲线字典库，之后处理所有负荷曲线，在此过程中不断更新负荷曲线字典直至处理完成所有负荷曲线，完成最后聚类。最后通过不同的分析方法对聚类结果进行分析。

13.5.1　数据特征化

部署在居民用户端的电能表可以每 15min 采集用户的用电信息并发送至数据中心。依此可以计算出每小时或每天的耗能数据，依次得到不同颗粒度的负荷曲线。每 15min 采集一次形成的负荷曲线共有 96 个点，如式（13-18）

$$X = [x_1, \cdots, x_{96}] \tag{13-18}$$

其中， x_i 是在第 i 个 15min 用户消耗能量，kWh。

则一天内以每小时为颗粒度的耗能信息可表示为如式（13-19）所示

$$[\sum_{i=1}^{4} x_i, \cdots, \sum_{i=93}^{4} x_i] \tag{13-19}$$

则每天的总耗能如式（13-20）所示

$$E = \sum_{i=1}^{96} x_i \tag{13-20}$$

采样颗粒度越大，信息失真就越多。

通过不同的数据分析方法，分析不通颗粒度的数据可以得到不同的消费行为信息。例如，根据颗粒度最大的每日耗能［式（13-20）］，可以将用户粗略分为高耗能用户、一般用户及低耗能用户。这有助于电力公司结合其他信息判断用户类型，并制定针对性的售电策略。依托不同颗粒度的数据，进行多维度分割聚类，通过合适的分析工具进行综合分析，可以对用户的信息进行推测和印证。例如用户的收入水平、家中的人数、面积、喜爱的室内温度等。依托于不同的策略制定目标，可以应用不同的分割聚类方法对用户进行区分。对于需求侧响应项目，可以以 15min 颗粒度数据为基础，寻找在特定时间段有较大电能消耗的潜在用户，进行市场拓展。再进行细化分析，可以在所有参加需求侧响应项目的用户中，根据用户背景特点对其进行更加友好的售电策略制定或者节能项目推荐。

为了更加方便地分析用电数据，可以先将采集到的数据分解为两个部分：一个部分为式（13-20）所示的每日总耗能；另一个部分为标准正态分布的每日耗能曲线。如式（13-21）所示

$$X = E \cdot \hat{X} \tag{13-21}$$

其中

$$\hat{X} = [\hat{x}_1, \cdots, \hat{x}_{96}] = \frac{[x_1, \cdots, x_{96}]}{E} \tag{13-22}$$

通过对负荷数据进行正态分布处理，可以区分出使用行为相似的用户，从而方便管理数据量庞大的负荷数据。

针对任意连续时间序列的电能表数据 $l(t)$，分解为

$$l(t) = a \cdot s(t) \tag{13-23}$$

其中

$$a = \sum_{t=1}^{24} l(t) \tag{13-24}$$

$$s(t) = \frac{l(t)}{a} \tag{13-25}$$

式中　　a——每日用电总耗能；

　　　　$s(t)$——正态分布后的负荷曲线。

对于每日总耗能 a 的特征化，除了其本身大小的特征外，还可以对其在一定范围内进行概率分布计算。针对两个不同类型天气区域的用户，其每日总耗能统计的分布如图 13-2 所示。

由于用户的耗能在不同时间段有较大差异性，本章采用可以对任意形状的密度分布有较好平滑效果的混合对数正态分布的方法对每日总耗能 a 进行特征化。对于 M 种高斯分布的数据，其混合密度方程为

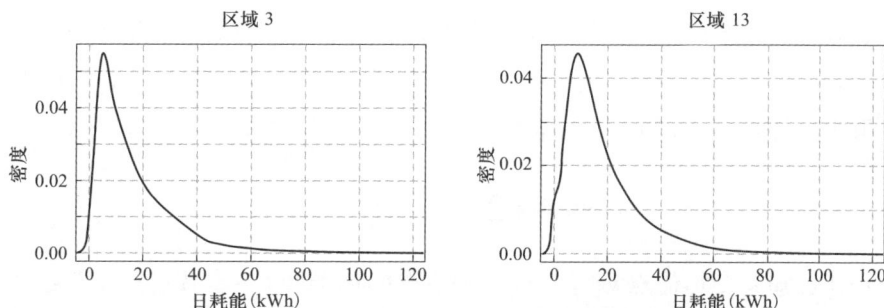

图 13-2　第 3 区域和第 13 区域的日耗能分布

$$f(a) = \sum_{i=1}^{M} \lambda_i g_i(a) \tag{13-26}$$

其中

$$g_i(a) = \frac{1}{\sqrt{2\pi\sigma_i^2}} e^{\frac{-[\log(1+a)-\mu_i]^2}{2\sigma_i^2}} \tag{13-27}$$

式中　μ_i、σ_i——第 i 组数据的平均值、标准差；

　　　　λ_i——第 i 种高斯分布的数据在总数据中所占的比例。

13.5.2　分割聚类

即使以每小时为颗粒度分析用户用电数据，产生的负荷曲线数据量也相当巨大，这给数据的分析带来了挑战。为了快速地解析数据，需要建立预处理负荷曲线字典库。这个字典库包含 K 种代表性的负荷曲线 $C_i(t)$。因此，每次处理的负荷曲线都会自动寻找最相近的代表性负荷曲线。对于已经正态分布处理的任意负荷曲线 $s(t)$，会被分配到一个中心 $i^*(s)$，这个中心必然是与负荷曲线平方误差最小的，如式（13-28）

$$E(s,i) = \sum_{t=1}^{24} [C_i(t) - s(t)]^2$$
$$i^*(s) = \arg\min_i E(s,i) \tag{13-28}$$

系统同时会记录每个负荷曲线匹配时的最小平方误差 $E(s,i^*(s))$。对于任意 k 居民用户在某一 n 天所产生的负荷曲线 $s_n^k(t)$，可以得到一系列其每小时与字典库比较后归类所属的 $C_{i^*(s_n^k)}$、每日总耗能 a_n^k，以及每次比较产生的平均误差 $E(s_n^k, i^*(s_n^k))$。

由此看出，负荷曲线字典库对负荷的分割起着决定性的作用。一个好的字典库通常含有种类全面的代表性负荷曲线，使得所有被处理的负荷曲线都在很小的误差范围内找到匹配的类型。同时，一个好的字典库也需要具有一致性，即在处理一个大量数据集分割出的不同分数据集时产生的代表性负荷曲线不能相差太多。

13.5.3　建立预处理负荷曲线字典

（1）K—mean 方法。在大量的负荷曲线中寻找代表性负荷曲线可以看作是一个典型的聚类问题。K—mean 算法是一种传统的聚类算法。从文本文字到基因序列，都可以应用它进行聚类算法。K—mean

的目的是把 n 个点划分到 k 个聚类中，使得每个点都属于离他最近的均值（此即聚类中心）对应的聚类，以之作为聚类的标准。其算法的基本原理为：已知一个数据集 $(x_1,\cdots,x_{n-1},x_n)$，将其划入到 $k(k \leqslant n)$ 个集合中，使得组内平方和最小，如式（13-29）所示

$$\arg\min_s \sum_{i=1}^{k} \sum_{x \in s_i} \|x - \mu_i\|^2 \tag{13-29}$$

标准的算法是在已知 k 个均值点 $m_1^{(t)},\cdots,m_k^{(t)}$ 的情况下，通过以下步骤进行聚类：

1）分配。将每个数据分配到聚类中，使其组内平方和最小

$$s_i^{(t)} = \{x_p : \|x_p - m_i^{(t)}\|^2 \leqslant \|x_p - m_j^{(t)}\|^2 \ \forall j, 1 \leqslant j \leqslant k\} \tag{13-30}$$

式中，t 指事件，表示 t 时间点的负荷量。

每个 x_p 都被分配到一个确定的聚类 $s_i^{(t)}$ 中，也存在可能被同时分到更多的聚类中。

2）更新中心点。随着聚类中的数据越来越多，计算式（13-30）得到的聚类中每一聚类观测值的图心，作为新的均值点，如式（13-31）所示

$$m_i^{(t+1)} = \frac{1}{|s_i^{(t)}|} \sum_{x_j \in S_i^{(t)}} x_j \tag{13-31}$$

这一算法将在对观测的分配不再变化时收敛。由于交替进行的两个步骤都会减小目标函数组内平方和的值，并且分配方案只有有限种，所以算法一定会收敛于某一最优解，但是使用这一算法无法保证得到全局最优解。

传统的 K—mean 算法需要在运算前指定均值中心的个数。但在实际情况中，不可能直接估计出当前需要被分割聚类的负荷曲线数据集有多少个代表性的负荷曲线。自适应 K—mean 算法可以在不需要提前规定初始聚类中心的情况下对数据进行分类。它可以在新元素输入后重排聚类组，同时合并相近的组并产生新的组。

（2）自适应 K—mean 方法。自适应 K—mean 首先要随机选择 K 个元素作为每个聚类组的中心，这 K 个元素的性质也构成了初始聚类组的性质。算法将会计算每个元素与这 K 个聚类组中心的距离。所有的元素在被聚类之前都要被标准化，以避免该元素的某一个或几个数据在计算距离时被无法忽略的性质主导。假设在一个 n 维数据中，有两个元素

$$E_1 = [E_{11}, E_{12}, \cdots, E_{1n}] \tag{13-32}$$

$$E_2 = [E_{21}, E_{22}, \cdots, E_{2n}] \tag{13-33}$$

则两个元素之间的距离为

$$d = \sqrt{(E_{11} - E_{21})^2 + (E_{12} - E_{22})^2 + \cdots + (E_{1n} - E_{2n})^2} \tag{13-34}$$

在确定若干初始聚类后，以此方程为基础，计算每个聚类之间的距离并计入一个二维数组。同时记录任意两个聚类 C_{m1} 和 C_{m2} 之间的最小距离 d_{min} 和它们的标志。对于任意一个未被聚类的元素 E_i，通过以下原则进行分割聚类：

1）如果此元素与当前比较的聚类的距离为 0，则分入此聚类。

2）如果此元素与当前比较的聚类的距离小于 d_{min}，则将此元素分于与之距离最近的聚类。同时，这个聚类的中心需要进行重新计算。计算方法为在当前元素加入后的总聚类内元素的均值。在此

聚类中心改变后，同时也要重新计算此聚类与其他聚类之间的距离，以及任意两个聚类之间的最小距离。

3）当两组聚类之间的最小距离 $d_{\min}$ 小于其中一组聚类元素到其聚类中心的距离时，两组聚类需要合并。以聚类组 C_{m1} 和 C_{m2} 为例，合并后 C_{m2} 被清空，同时将所有元素并入 C_{m1}。新的元素加入后被加进 C_{m2}，然后对所有聚类组之间的距离进行重新计算。

重复以上三个步骤直至所有的元素被聚类。对于由单独元素组成的聚类组，由于这些元素与其他元素距离过远，则可以被视作特例，或者忽略。

如果需要自定义每个聚类的范围，则可以设定阈值。对于设定阈值的算法，其具体计算步骤如下：

1）首先从数据中选取一个元素，作为一个聚类的中心。

2）计算每一个新元素与已存在聚类的中心的距离，如果距离小于设定的阈值，则分入此聚类。然后计算这个聚类中所有元素的均值，设为这个聚类的新的中心。如果距离大于阈值，则将这个元素设定为新的聚类的中心。

3）如果两个聚类之间的距离小于阈值，则合并两个聚类并重新计算聚类之间的距离。

4）当所有的元素都被分到一个聚类中后，计算停止。

如果阈值设置得太小，则会导致所有的元素单独形成一个聚类。如果设置得太大，则会导致所有元素形成一个聚类。因此聚类的效果取决于阈值的设定。

13.5.4　负荷曲线的分割聚类

在对负荷曲线进行分割聚类时，首先采用标准的 K-mean 算法，设定有初始的聚类 $K=k_0$。然后，利用自适应 K-mean 算法，在任意负荷曲线 $s(t)$ 所对应的最小平方误差大于规定阈值时，增加新的聚类。

$$E(s,i^*(s)) = \sum_{t=1}^{24}(s(t) - C_{i^*(s)}(t))^2 \leqslant \theta \sum_{t=1}^{24}(C_{i^*(s)}(t))^2 \qquad (13\text{-}35)$$

θ 是一个系数，用于灵活调整阈值的大小，以应对不同分类需求和不同类型的负荷曲线。由于每条负荷曲线在数据特征化的过程中被标准化，因此以聚类中所有负荷曲线为基础取均值的聚类中心负荷曲线也是标准化曲线。通常将 θ 设置为 $0 \leqslant \theta \leqslant 2$。通过 θ 值的调整，可以动态调整不符合条件的负荷曲线聚类结果，以此建立鲁棒性更好的负荷曲线字典。基于阈值的自适应 K-mean 负荷曲线分割算法见表 13-1。

表 13-1　　　　　　　　　基于阈值的自适应 K-mean 负荷曲线分割算法

算法：基于阈值的自适应 K-mean 负荷曲线分割算法
要求：对于所有用户组的日负荷曲线组 $\{s_n(t)\}$，有最大聚类组数 $k_{\max}$ 和最小聚类组数 $k_{\min}$ 设 $K=k$ 如果规定初始聚类中心，执行 K-means 算法 通过公式，检查所有 $s_n(t)$ 与聚类中心的距离是否符合阈值，并且记录超出阈值的聚类个数 N 如果 $N=0$ 返回聚类结果和 K 如果 $K+N>k$ 返回信息：收敛失败。 如果

算法：基于阈值的自适应 K-mean 负荷曲线分割算法
$K=N+K$ 对所有超出阈值的聚类 执行 K-mean 算法，且 $K=2$ 更新所有聚类中心值 结束

分层聚类，应用自适应 K-man 算法可以在设定阈值的情况下完成对负荷曲线的聚类，但是最终的聚类组数并不能提前设定，而是需要通过阈值进行调整。通过分层聚类方法，可以设定想要的聚类组数，算法再对距离相对较近的聚类进行合并。提前设定聚类组数的思路类似于标准的 K-mean 方法，但是却有质的区别。标准 K-mean 方法不能保证所有的负荷曲线都被聚类在相同的、一定的聚类范围内。但是通过自适应 K-mean 可以找到符合阈值设定的聚类组数。在负荷分类中，不能忽视出现情况较少的负荷曲线类型，否则会导致分析失真。通过多层聚类，可以在保证一定数量的聚类组数情况下，保证小聚类组存在于负荷曲线字典中，避免分析失真。多层聚类方法见表 13-2。

表 13-2 多 层 聚 类 方 法

算法：多层聚类方法
要求：自适应 K-mean 算法结果 所有的聚类中心 $C_i,i=1,\cdots,K$，第 i 个聚类组的大小 n_i 设定目标聚类组数 T，$T<K$ 当 $K>T$ 寻找最近的两组聚类中心，C_i 和 C_j 设置 $C_i=(n_iC_i+n_jC_j)/(n_i+n_j)$，删除 C_j $K=K-1$ 结束

13.6 数据特征分析

对负荷曲线分割聚类完成后，可以从多个角度对其进行分析。

13.6.1 熵值分析

针对居民负荷曲线的分析，除了对其日均耗能的分析，更重要的是对其每日负荷曲线变化的分析。这对于电力公司对能量的管理和需求侧响应客户的挖掘都很重要。例如，相对于向每日用电特征变化剧烈的客户，向用电特征稳定的用户推荐需求侧响应项目更能保证需求侧响应的效果。

对于任意居民用户 n，其日均负荷曲线聚类中心 C_i 匹配其任意日均负荷曲线的频率为 $p_n(C_i)$，则该用户的熵值为

$$S_n = -\sum_{i=1}^{K} p_n(C_i)\log p(C_i) \tag{13-36}$$

如果所有聚类中心匹配概率相等，则其熵值最高[$p_n(C_i)=1/K$]。若所有负荷曲线都被归入一个聚类，则熵值最低。

选取一定数量的用户，分析每户在一周内负荷曲线的熵值，其结果如图 13-3 所示。

平均熵值:5.46

平均熵值:4.43

平均熵值:4.32

平均熵值:4.28

平均熵值:4.28

平均熵值:4.31

平均熵值:4.35

平均熵值:4.42

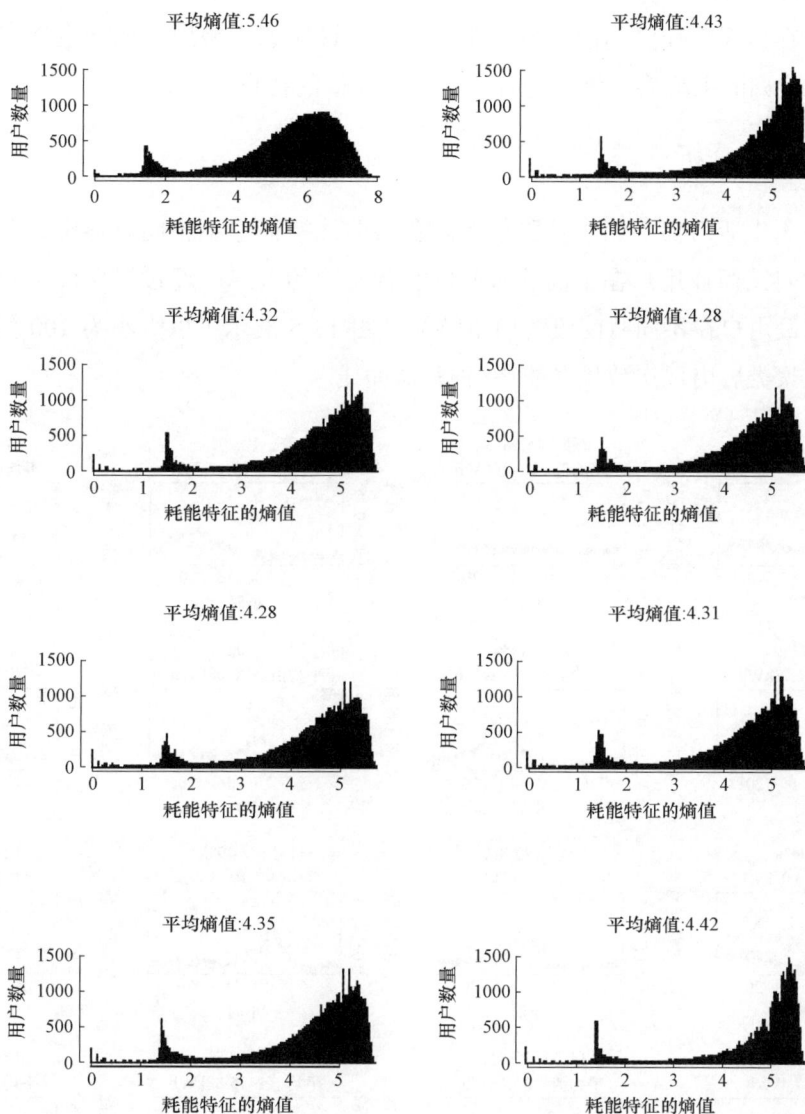

图 13-3　若干用户一周内负荷曲线的熵值

由图 13-3 可以看出，周六日负荷曲线的熵值与工作日的熵值并没太大区别。其中，周六日负荷曲线的熵值要略高于工作日，这是因为人们在休息日的用电行为呈现更多的差异化，但是在工作日，由于生活比较规律，因此熵值相对较低。通过对熵值的划分，可以定义出负荷曲线易变的用户以及负荷曲线稳定的用户。针对熵值非常低的用户（S_n=1.3～2），有四类负荷曲线囊括了 88%的居民负荷曲线，如图 13-4 所示。

869号:31.15%

742号:28.16%

644号:22.51%

737号:6.11%

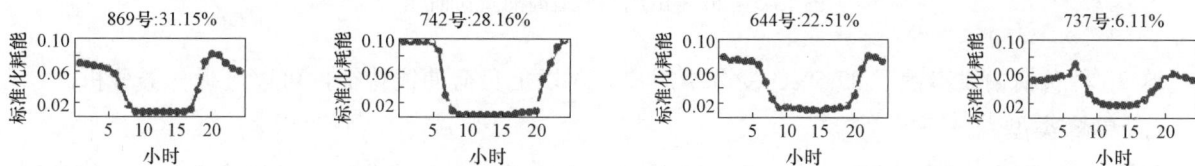

图 13-4　熵值在 1.3～2 之间最多的四种负荷曲线类型

经统计，这些用户的日均耗能为 8.13kWh，远低于所有用户的平均耗能 19kWh。由图 13-4 可以看出，这类型用户在白天工作时间的负荷有明显降低。说明这类型用户属于生活规律非常稳定的一类用户，例如早出晚归的上班族。这也符合它们熵值很低的特点。

13.6.2 负荷曲线特征分析

不同的用户由于生活习惯不同，其所形成的负荷曲线特征也不相同。各电力公司将每天分为峰平谷尖四个时段，对工商业用户在不同的时间段实行不同的费率。通过对居民用户负荷曲线特征的分析，可以发现居民用户在不同时间段的用电特征。图 13-5 展示了以大小为 100 的负荷字典对若干用户负荷曲线完成聚类后出现次数最多的 20 种负荷曲线。

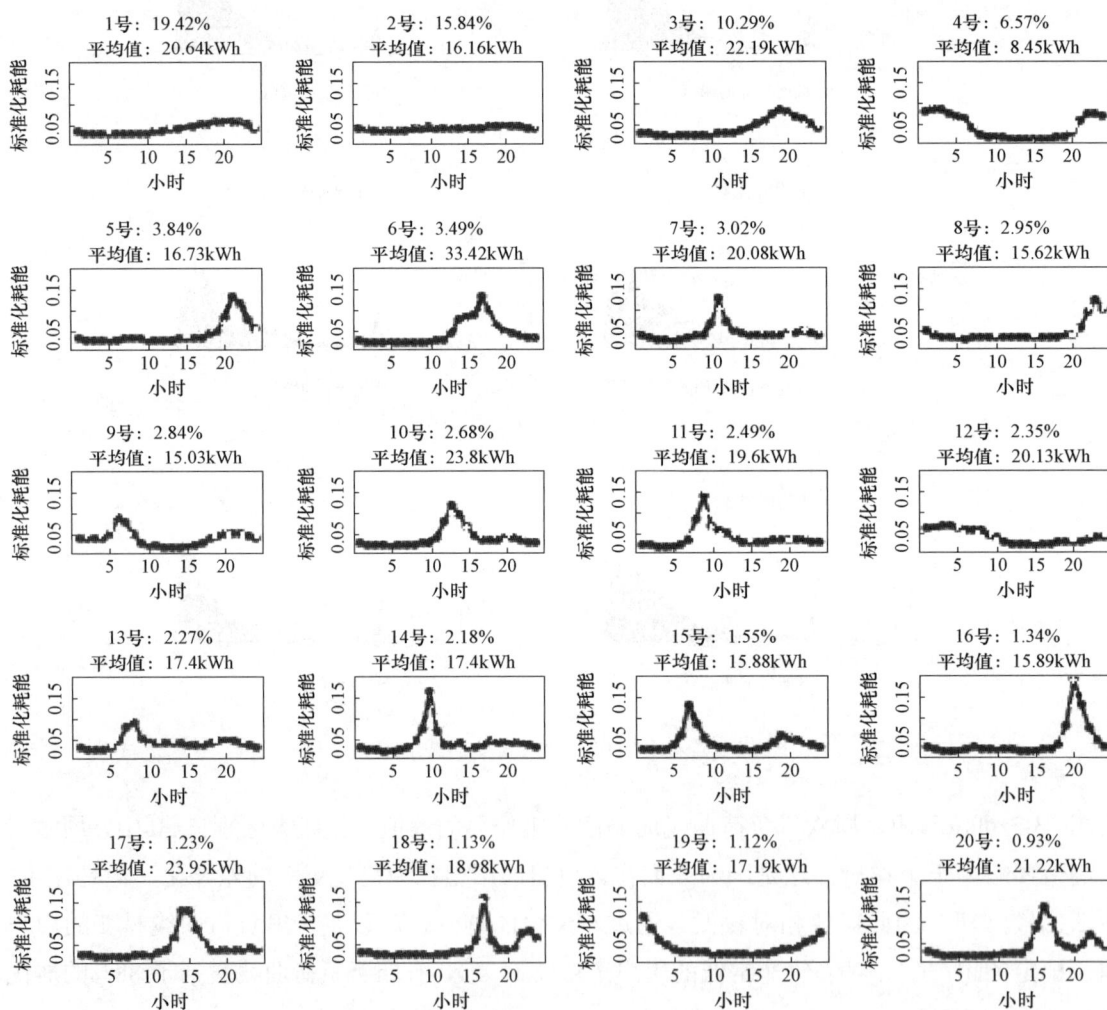

图 13-5　20 种出现频率最高的负荷曲线

这 20 种负荷曲线覆盖了 87.5%的受分析用户。对以上负荷曲线特征，可以进行分类分析。

1. 单峰类型

晨峰-M（4:00～10:00）：9、11、13、14 号曲线图属于此类负荷曲线。呈晨峰类负荷曲线的用户一般对负荷的需求都是刚性的，且日均耗能并不是很高，大部分低于总的日均耗能 18.68kWh。这类型用户缺乏调控负荷的潜力。

日峰-D（10:00～16:00）：7、10、17 号曲线图属于此类负荷曲线。这类负荷的日均耗能相比晨峰类负荷有显著提高。这类型负荷的日均耗能都高于 20kWh。 在夏季，这类型负荷可以考虑成为负荷调控的目标用户。

晚峰-E（16:00～22:00）：1、3、5、6、16 号负荷属于此类型负荷。它涵盖了 40% 的用户负荷。其中 6 号负荷类型的用户日均耗能达到 33.42kWh，其尖峰出现在 16:00～18:00。此类用户由于耗能量大，可以被分作参与负荷管理的潜在用户。

夜峰-N（0:00～4:00,22:00～24:00）：4、8、12、10 号负荷属于此类型负荷。这类型负荷的日均耗能都比较低。尤其是 4 号负荷类型，其日均负荷低于 10kWh，远低于平均水平。此类型用户的负荷控制潜力很低。

2. 双峰类型

组合三种单峰类型负荷，可以产生三种常见双峰类型负荷。

晨夜峰-M&E：2、15 号负荷属于此类型负荷。这类型负荷适用于早出晚归的上班族。 由于白天负荷使用量较低，其白天的负荷控制潜力较小。

晚夜峰-E&N：18 号负荷属于此类型负荷。这类型负荷的居民，在 16:00～18:00 有明显的负荷高峰，可能是由于大量使用家用电器做饭产生的。在短暂负荷降低后又产生小高峰，可能是由于使用电脑、电视、音响或其他娱乐电器造成的。这类型负荷是由用户的习惯行为导致的，负荷调控的潜力不是很大。

日晚峰-D&E：20 号负荷属于此类型负荷。此类型负荷与晚夜峰非常相似，只是第一个高峰提前到来。这类型用户与晚夜峰用户拥有相似的生活习惯，但是其日均耗能要稍高于晚夜峰用户。因此有一定潜力进行负荷调控，使其转化为晚夜峰类型的用户。但这取决于有没有必要实行负荷调控政策进行转化。

日均负荷与负荷类型的统计数据见图 13-6。图 13-6 展示了所有单峰负荷和双峰负荷的统计结果，其中，晨日、晨夜和日夜类型负荷的用户比例很少。图 13-7 显示了用户数量随分组数量增加所呈现的分布情况，85% 左右的用户可以被

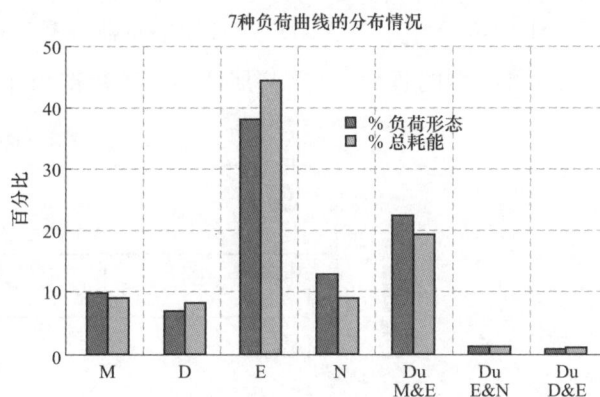

图 13-6　不同类型负荷的分布情况

分类到图 13-7 显示的聚类之中。图 13-8 展示了被分析负荷曲线的熵值分布情况，大部分负荷曲线的熵值低于 2.5，说明居民用户的负荷曲线比较稳定。

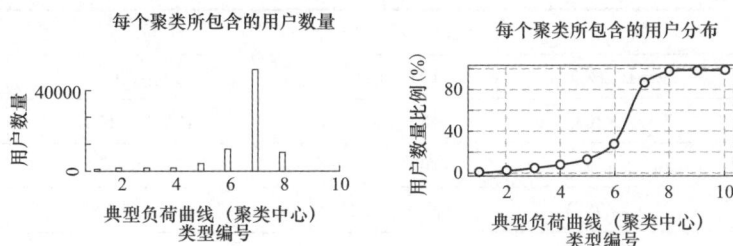

图 13-7　聚类数量与用户数量之间的关系

熵值分布

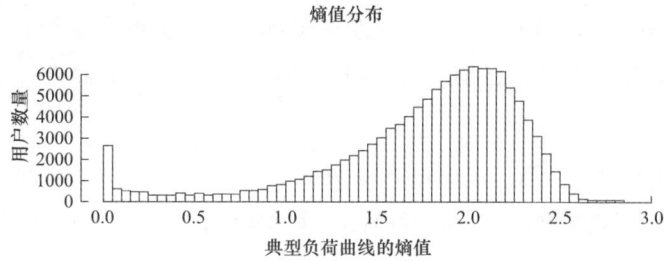

图 13-8　熵值的分布与用户数量的关系

13.6.3　多维分割

对数据的多维度分类更有益于分析用户的行为特点。13.6.2 中通过时间段对负荷曲线进行分类。除此之外，还可以通过数量级和可变性对负荷曲线进行多维度分类。在数据特征化部分，通过混合对数正态分布的方法对日总耗能进行了特征化。以此为基础，可计算日耗能的分位数。分位数，也称分位点，是指将一个随机变量的概率分布范围分为几个等份的数值点，常用的有中位数、四分位数、百分位数等。使用平均分位数，可以将用户的日耗能分为三个级别，即高能耗、中能耗和低能耗。分为三组的原因是当前所分析的数据组中，混合模型有两种高斯分布。因此，低耗能用户是来自于第一种分布，中耗能用户是指两种分布重复部分的用户，高耗能用户是指第二种分布中的用户。同时，利用熵值分析，可对负荷的可变性进行分类。规定负荷的可变性有三个级别，即稳定、中等、易变。

图 13-9 展示了若干用户在双维度负荷分类下的分布情况。由于每种维度分三种类型，一共可以分出九种类型的负荷。777 户居民的负荷数据统计见表 13-3。

稳定性和耗能量的综合评估

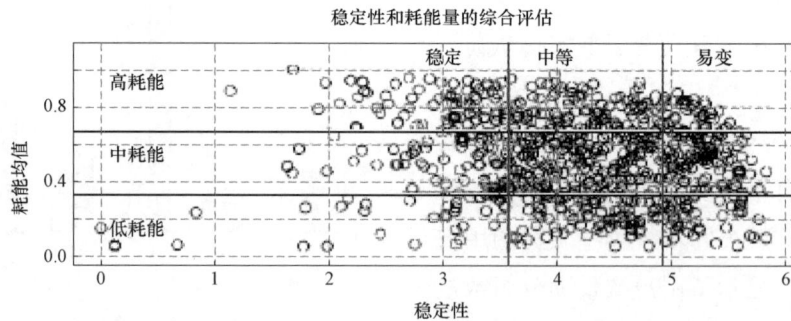

图 13-9　双维度负荷分类

表 13-3　　　　　　　　　　　　　负 荷 数 据 统 计

级　别	稳　定	中　等	易　变	总　计
高耗能	79（10.2%）	103（13.2%）	38（4.9%）	220（28.3%）
中耗能	73（9.4%）	187（24.1%）	106（13.6%）	366（47.1%）
低耗能	40（5.1%）	100（12.9%）	51（6.6%）	191（24.6%）
总计	192（24.7%）	390（50.2%）	195（25.1%）	777（100%）

对于负荷管理项目，例如需求侧响应项目，可以挖掘日耗能量大且负荷曲线稳定的用户。对这

类型用户实行负荷控制，结果明显且效果稳定。图 13-10 展现了这类型用户中出现频率最多的四类型负荷曲线。

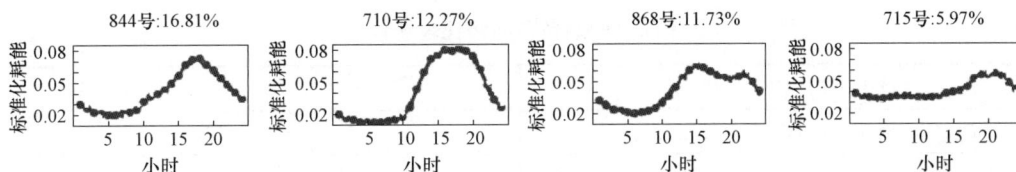

图 13-10　四种出现频率最高的负荷曲线

第一种负荷和第二种负荷有很明显的高峰时段。在这个时段实行负荷控制会得到很好的削峰效果。

针对其他类型的用户，也可以实行相应的策略。对于日耗能很高但是熵值稳定的用户，可以提供更好的能耗管理服务，或者推荐更好的价格合同。对于用量低的用户，负荷管理的效果就不会很明显。同时，在筛选用户时，应注意峰值的一致性。对于用量较高但是熵值不等的用户，如果在某一时间段内，它们都有较高的峰值，那么这类型用户都具有负荷管理的挖掘潜力。

13.6.4　空间区域性分析

用电量与区域分布是有极大关系的。在我国东部集中了大部分人口和工商业，因此东部地区用电量超过全国发电总量的一半。南方夏季高温，冬季阴冷，空调的使用率也远远高于北方。因此，对居民用电负荷的区域性分析是很有必要的。一般来说，对于居民用户，其影响最大的因素为天气因素。炎热地区的空调负荷占总负荷的比例远远大于其他地区。在对不同天气区域的负荷统计中发现，气温较为稳定的地区，其日耗电能大多呈单一高斯分布。但是在高温地区，其日耗电能往往呈至少两个高斯分布，而最高的能耗往往对应着高温天气条件下空调负荷很高的时期。

要发现不同区域的居民用户用电的不同特性，就需要对不同区域的负荷曲线进行对比。使用 t-test 方法比较不同区域的各种负荷曲线出现的频率。t-test 检验常作为检验一群来自常态分布母体的独立样本的期望值是否为某一实数，或是两群来自常态分布母体的独立样本的期望值的差是否为某一实数。

检查某个负荷曲线出现在符合条件 A 的 N_1 组和符合条件 B 的 N_2 组概率是否相同

$$P(C_i \mid 条件A) = P(C_i \mid 条件B) \tag{13-37}$$

$$\bar{X}_1 = \frac{C_{i1}}{N_1}, \bar{X}_2 = \frac{C_{i2}}{N_2}, \tag{13-38}$$

$$S_1^2 = \bar{X}_1(1-\bar{X}_1), S_2^2 = \bar{X}_2(1-\bar{X}_2) \tag{13-39}$$

$$T = \frac{\bar{X}_1 - \bar{X}_2}{\sqrt{\frac{1}{N_1} + \frac{1}{N_2}} \sqrt{\frac{(N_1-1)S_1^2 + (N_2-1)S_2^2}{N_1 + N_2 - 2}}} \tag{13-40}$$

若 $T < t_{0.025}$：$P(C_i \mid 条件A) = P(C_i \mid 条件B)$。

若 $T < t_{0.095}$：$P(C_i \mid 条件A) = P(C_i \mid 条件B)$。

否则 $P(C_i \mid 条件A) = P(C_i \mid 条件B)$。

表 13-4 为 t-test 的结果。图 13-11、图 13-12 分别为两个不同天气类型区域内出现频率最高的 6 种曲线类型。图 13-13 为两个区域内负荷曲线相同的六种类型。

表 13-4 不同区域的负荷曲线比较统计

P（C_i|区域 3）$>P$（C_i|区域 12）	272
P（C_i|区域 3）$<P$（C_i|区域 12）	532
P（C_i|区域 3）$=P$（C_i|区域 12）	196
总　　计	1000

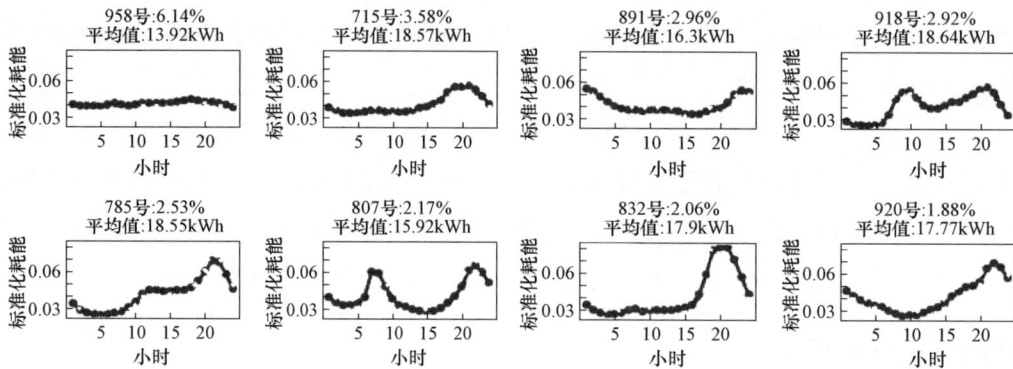

图 13-11 区域 3 内 6 种最常见的负荷曲线

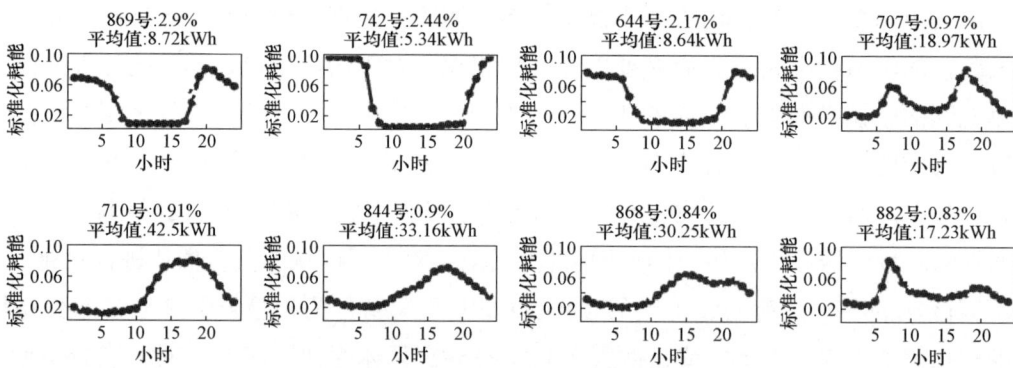

图 13-12 区域 12 内六种最常见的负荷曲线

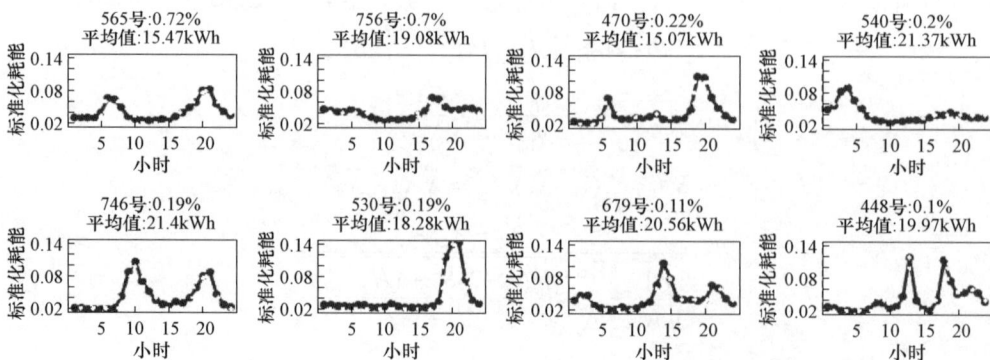

图 13-13 两个区域内相同的负荷曲线

区域 3 内的负荷曲线很多有晚峰或者夜峰的特征。其日均耗电量处于中等水平。而区域 12 内的负荷曲线很多有明显的双峰特征。且对于日耗电能相对较高的负荷，其峰值往往出现在下午、傍晚至夜晚时期。由于区域 12 有很明显的高耗能时期，可以推测此地区的用户对空调的使用比较频繁。由图 13-13 中可以看出，两个不同天气区域内，拥有相同负荷曲线的用户数量非常少，其总和低于 0.8%。

13.6.5　时间局部性分析

一般来说，对于大部分用户，由于生活比较规律，工作日的负荷曲线相对比较稳定。 在周六日或节假日，由于生活计划的不同，负荷曲线会有较大差异性。为了调查这个推测，使用 t-test 法对工作日和周六日的负荷曲线进行分析。对于 1000 个用户，其分析结果见表 13-5。

表 13-5　　　　　　　　　　　　　工作日和周六日的负荷曲线对比统计

P（C_i|工作日）> P（C_i|周六日）	322
P（C_i|工作日）<P（C_i|周六日）	496
P（C_i|工作日）=P（C_i|周六日）	182
总　　　计	1000

由表 13-5 可以看出，接近 80% 的用户工作日和周六日的负荷曲线有区别。 这符合人类生活的行为习惯。工作日，大部分人需要服从比较统一的工作时间安排。而在周六日，需要做家务或者休闲娱乐，人们的生活计划呈现较大的差异性。为了进一步说明这些现象，图 13-14 和图 13-15 展示了工作日和周六日出现最多的 8 种负荷曲线。图 13-16 为同时出现在工作日和周六日的负荷曲线。

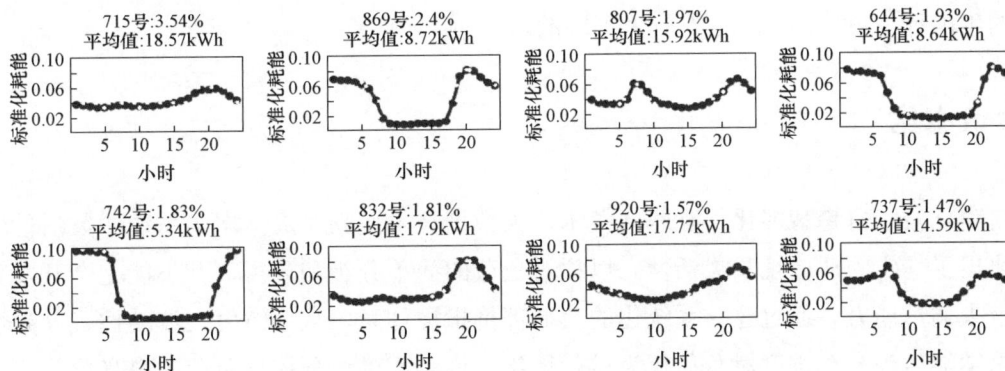

图 13-14　工作日出现最多的 8 种负荷曲线

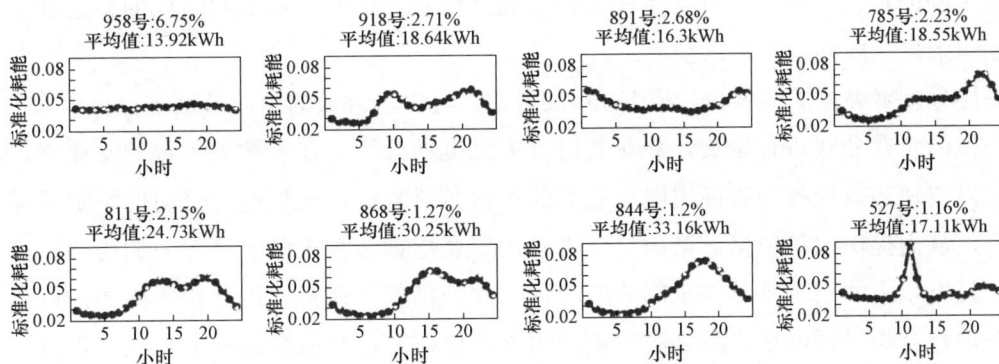

图 13-15　周六日出现最多的 8 种负荷曲线

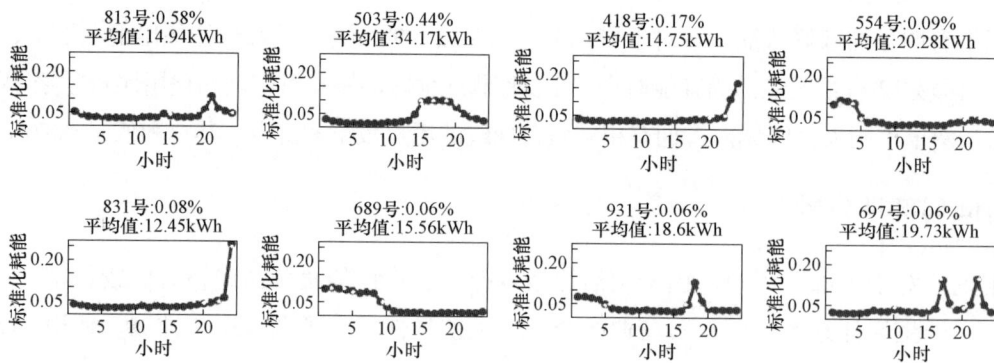

图 13-16   工作日和周六日都出现的负荷曲线

图 13-14 中，869、644 号和 742 号呈现很明显的白天用电量低的特点，这符合工作日居民的生活行为特征。807、737 号两类型负荷呈现晨晚双峰的特点，符合居民离开家前和下班回家后用电量增加的特点。同时需要注意到的是，所有的曲线都具有晚峰和夜峰的明显特点，这也符合居民在下班回家后做饭、娱乐的生活特点。图 13-15 呈现的周六日的用电负荷曲线特征比较离散，没有明显统一的特点。958 号负荷曲线基本呈水平状，这有可能是用户在周六日选择了出行旅游，因此无人在家活动。527 号负荷在上午 11 点出现了明显的负荷急剧升高，这有可能是在这个时间段用户选择洗衣或者打扫家务等，使用洗衣机、烘干机及吸尘器等大功率电器。同时需要注意的是，周六日的日均耗能要明显高于工作日，这代表周六日人们在家的活动要多于工作日，这也符合人们的行为特点。图 13-16 为在工作日和周六日都出现的负荷曲线，其总量只占所有负荷曲线的 2% 以下，这说明居民在工作日的用电行为与周六日还是有较大不同的。

13.7 本章小结

随着自动化技术日趋智能化，互联网技术、大数据技术蓬勃发展，电力系统中灵活性较差的负荷逐渐进化出了一定的适应性和灵活性。以往对负荷的简单分级和分类，并不能完全开发负荷自身所蕴藏的巨大调节能力。通过建立系统化的负荷评价指标体系，从分辨度、波动性、差异性、系统波动性及承纳能力等多个维度对负荷行为进行量化评价，可以充分挖掘负荷的自身价值，增加电力系统的调节空间。其中，承纳能力的提出为电力系统的稳定性保障、经济性提升提供了新的思路。根据电源点不同的接入情况，评价其所接负荷（包括分布式电源）对电网造成的稳定性成本，从而为电网的运营维护、规划建设提供参考。

负荷特性分割聚类方法通过自适应 K-mean 方法，可以对大量的负荷数据进行自定义的分割，将负荷特征相似的负荷曲线进行聚类，并对其进行多维度的分析。在大数据平台的支撑下，应用分割聚类方法可以快速高效地处理智能电能表收集的大量负荷数据，依据电力公司的特定目标，识别提取相应用户，从而提供决策依据。例如，电力公司想要挖掘有需求侧响应潜力的用户，可以向负荷曲线稳定、耗电量大的用户推荐需求侧响应项目，并根据其负荷特点进行相应微调，以更加友好的方式与用户进行合作。再例如夏季高温时期的用电峰值，通过负荷分割聚类方法，识别出在高温时期，特定时间段有负荷峰值且负荷量大的用户，向其推荐需求侧响应项目或者直接负荷控制项目，在可接收范围内调整空调温度设置，以降低负荷峰值。

对负荷分割聚类结果的分析不仅限于其易变性、时间段分布、空间和时间的分布和多维度的分析，还可以根据季节性变化、用户对温度的敏感程度、用户对电价的敏感程度等对负荷进行分类，为电力公司对客户负荷调控潜力的挖掘、对经济收益的优化提供更好的数据支持。

第 14 章

分布式可再生能源发电技术

14.1 分布式可再生能源发电系统

大量风机、光伏等分布式电源接入配电网后，一方面改变了配电网的潮流分布，其输出波动性导致了电网电压的频繁波动，增大了配电网电压调节难度；另一方面分布式电源通过电力电子装置接入电网，这些装置的共性是应用脉宽调制技术，加之器件的非线性，会给配电网造成谐波超标和谐振问题，严重时，导致分布式电源的脱网。因此分布式电源的上述特性导致其接入的配电网面临着巨大挑战。如何保证分布式可再生能源可靠、安全接入配电网，实现配电网安全、可靠和经济运行，是当前研究的重点。目前，针对分布式电源接入配电网技术开展了深入研究，尤其是并网逆变器的拓扑和控制策略方面，而分布式发电系统并非单单只有逆变器，其他变换环节涉及的变流器的拓扑和控制方式也各不相同。本节主要介绍用于不同场合下的分布式发电系统的拓扑方式以及控制策略等具体内容。

14.1.1 分布式电源接入电网拓扑方式

由于分布式发电类型不同，其功率输出形式也不尽相同，如光伏电池、燃料电池等输出为直流电，而风机为非工频交流电，因此分布式可再生能源必须通过电力电子装置与电网相连，通过交直变换、电压变换环节接入配电网中进行功率的输送。由分布式电源和电力电子变流装置构成的分布式发电系统是未来主动配电网中非常重要的响应单元。考虑分布式电源类型、其接入电网电压等级和用户需求等因素，分布式电源接入电网所采用的变换器拓扑、连接方式和控制策略也不完全相同。

图 14-1 为一个典型的分布式电源并网系统拓扑图，分布式电源的电能输出形式主要分为交流和直流。风力发电机由于风速的变化，其输出为非工频交流电，无法直接接入电网，因此风力发电机和输出为直流电的光伏、燃料电池等分布式电源需要通过电力变换系统将能量转变为合格电能接入电网。一般来说，电力变换系统可以分为 AC/DC、DC/DC 和 DC/AC 三个变换环节。其中 AC/DC 环节针对风力发电系统，而输出为直流电的光伏、燃料电池等发电系统则不需要该环节。下面分别以风力发电机和光伏为例，介绍它们接入电网的不同拓扑方式。

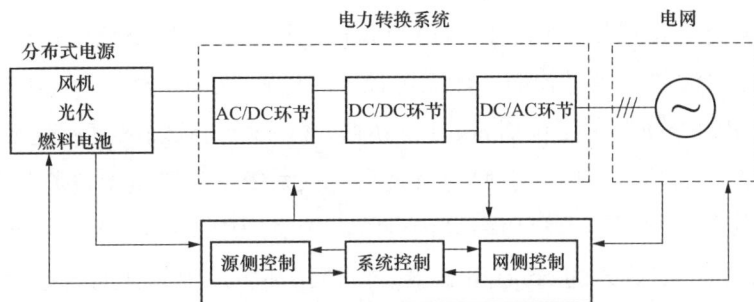

图 14-1　典型分布式电源并网系统拓扑图

1. 单台分布式电源并网系统

（1）风力发电系统。风力发电机根据转速的不同可分为定速、限速和变速风力发电机。不同类型的风力发电机拥有不同的拓扑和发电机类型，目前，变速风机由于其高风能利用效率以及柔性的传动系统成为风力发电的主力机型，主要包括双馈风力发电机（DFIG）和永磁同步风力发电机（PMSG）两种类型。双馈风力发电机采用异步发电机，其定子侧直接连接电网，转子侧通过背靠背变换器（AC/DC-DC/AC）接入电网。发电机可通过定子和转子侧的变换器输出功率到电网。其拓扑图如图 14-2 所示。

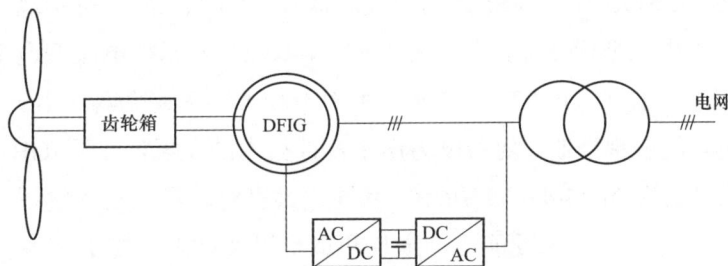

图 14-2　双馈风力发电系统拓扑图

永磁同步风力发电机的输出为非工频交流电，无法直接接入电网，常采用整流-逆变的方式。当接入电网的电压等级相对于风机电压输出端较高时，其接入电网可以通过两种拓扑方式。一种拓扑方式采用工频变压器来提升其逆变器输出电压，其拓扑图如图 14-3（a）所示。该方式的优点是电压升高的技术相对容易，缺点是工频变压器体积大、质量重，对海上风电来说，将会增加海上平台建设费用。另外一种拓扑方式是在整流和逆变环节中间加入 DC/DC 变换器实现升压，其拓扑图如图 14-3（b）所示。

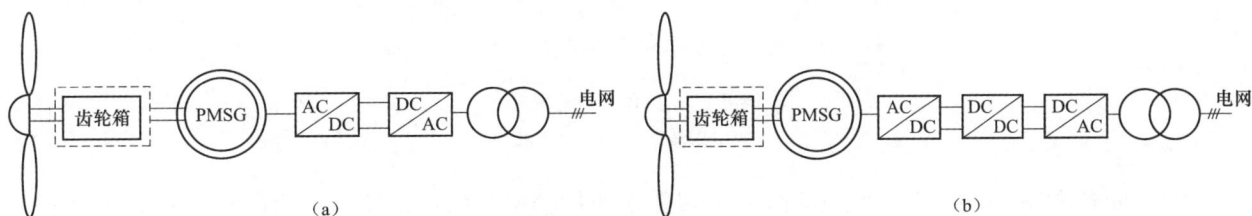

图 14-3　永磁风力发电系统拓扑图

（a）采用工频变压器；（b）加入 DC/DC 变换器

图 14-3 中的 AC/DC 环节主要分为可控和不可控整流电路，不可控整流电路的优点是拓扑简单、

费用低、损耗低，缺点是会造成发电机的谐波电流和扭矩振动。可控整流电路由于其控制系统中电流环的存在，发电机中谐波电流含量较低，然而可控整流电路的造价较高，其控制系统较为复杂。

DC/DC 环节中常用的变换器主要包括 boost 变换器、非隔离/高频隔离直流变换器等。传统的 boost 变换器由于其拓扑和控制简单，常用于小型的风机和光伏系统。然而受器件特性和输出二极管的反向恢复电流的影响，其电压抬升能力和功率等级有限，无法应用于高电压、大功率的系统。为克服上述问题，一些文献提出了级联式的 boost 变换器，但该拓扑增加了元件的数量和控制的难度。近年来非隔离/高频隔离直流变换器也引起了大量的关注。非隔离谐振变换器作为大型风机接入电网的DC/DC 环节，其通过中间环节的电容器来提升电压，可获得较高的电压增益，但其控制方式需采用变频率方式，增加了滤波器的设计难度。高频隔离直流变换器采用中间高频变压器来提升电压，具有电气隔离的功能。其根据电路形式，可分为全桥式和半桥式。对于较大功率转换场合，常采用全桥式的直流变换器。用于风电/光伏等分布式电源的全桥式直流变换器主要包括全桥（full bridge，FB）变换器，单级桥式有源（single active bridge，SAB）变换器和谐振变换器（串联谐振、并联谐振和串并联谐振）。谐振变换器虽然具有较高的转换效率，但其相对于前两者增加了电容、电感谐振器件。

DC/AC 环节中逆变器根据其直流侧采用的无功器件类型（电容或者电感），可分为电压型逆变器（VSI）和电流型逆变器（CSI）。由于 VSI 采用可关断器件（IGBT 等），可实现有功和无功的解耦，目前分布式电源大多采用电压型逆变器，其拓扑如图 14-4（a）所示。电流型逆变器可采用不可关断器件（晶闸管）或者可关断器件（IGBT）。晶闸管可用于较大功率逆变器，由于其属于半控型器件，因此无法实现有功、无功的解耦控制。随着电力电子器件技术的发展，基于 IGBT 器件的电流型逆变器受到了广泛关注，其拓扑如图 14-4（b）所示，其同样具有有功和无功的解耦控制。电压型逆变器和电流型逆变器在电路拓扑、器件承受能力、损耗和造价以及动态性能上有各自的优缺点。上述逆变器常采用两电平脉宽调制，对于高电压、大功率并网逆变器，也可采用多电平拓扑，用于提高系统的运行性能。

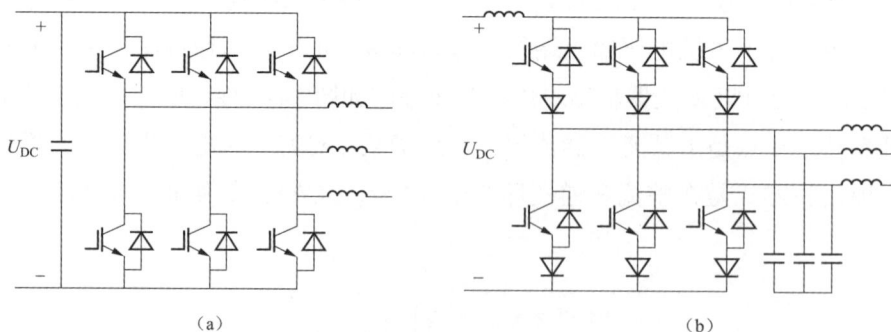

图 14-4 基于 IGBT 逆变拓扑
（a）电压源型；（b）电流源型

（2）光伏发电系统。光伏发电系统中太阳能电池板输出为低压直流电，因此其接入电网的方式通常需要通过 DC/DC 环节进行升压，进而通过 DC/AC 环节逆变。光伏发电系统中 DC/DC 环节和DC/AC 环节中变换器的类型与上述风机系统所采用的变换器类型一样，该部分不做过多的讨论。

2. 多台分布式电源发电系统

对于含多台分布式电源的发电系统，其可以通过分布式电源各自的逆变器或者共用的逆变器并入电网。当采用共用的逆变器时，不同的发电单元通过直流方式连接到逆变器的直流侧，根据直流汇集方式的不同，拓扑可以分为直流串联和并联。

（1）串联拓扑结构如图 14-5 所示，不同的发电单元在直流侧通过串联的方式连接，该拓扑通过串联的方式提高了直流侧的电压，适用于单个发电单元输出电压相对于电网电压较低的情况。然而当该拓扑中某发电单元发生故障时，系统需要一旁路电路来隔离故障，增加了系统的控制难度和费用。当系统中的发电单元维修时，其接入和移除具有一定的困难。

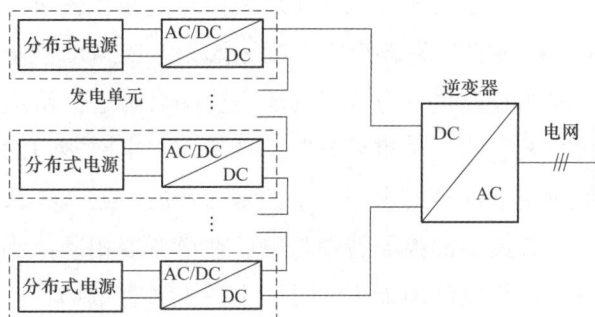

图 14-5　串联拓扑结构

（2）并联拓扑结构比较常用，根据直流侧的联结点方式，直流并联可以分为星型和串型。其拓扑结构如图 14-6 所示。图 14-6（a）中，不同发电单元通过各自的线路和开关连接到直流母线，当系统故障和维修时，发电单元较容易从系统中增加或者移除，从而提高了系统可靠性。图 14-6（b）中，各个发电单元通过相似的线路以并联串型的方式连接到直流母线。该拓扑的缺点是当某一发电单元发生故障时，位于故障点下游的发电单元则被切除。

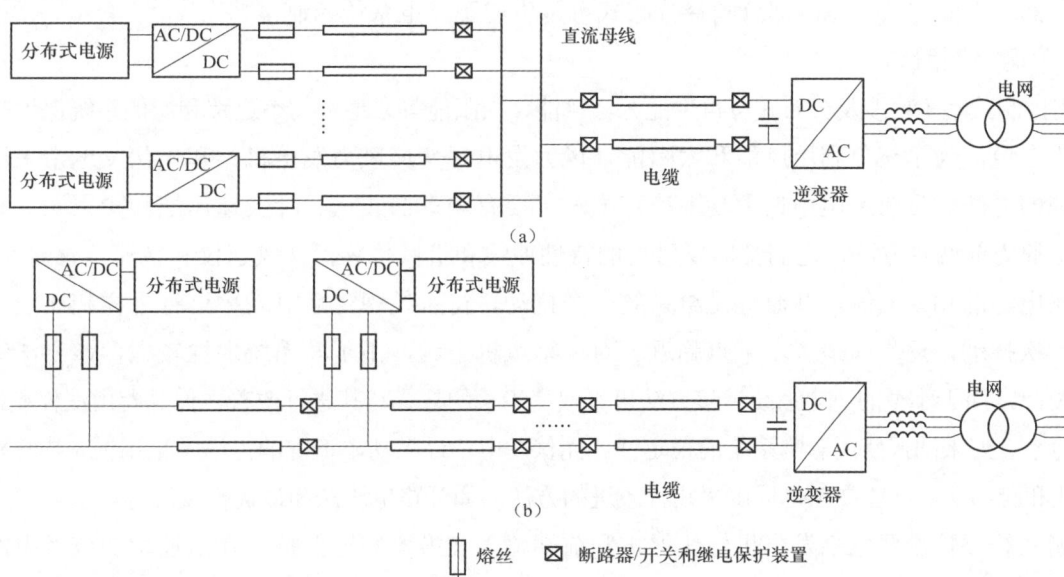

图 14-6　并联拓扑结构

（a）星型；（b）串型

在电网拓扑方面，主动配电网下的分布式发电系统需要通过基于电力电子装置的变换器，采用经济、灵活、可靠的方式接入电网。目前大部分智能电网综合示范工程中分布式电源接入主要涉及分布式电源接入系统的典型设计，包括分散接入、支线接入、专线接入方式，而分布式发电系统采用比较成熟的商业拓扑结构。由于分布式电源的输出形式不同，单纯的交流汇集方式不是最佳的选择，交直流混合汇集方式是未来发展的方向。其中直流汇集环节中，DC/DC 变换器不仅可作为直流汇集的输入端，也可实现直流汇集输出端的直流升压。分布式发电系统中 DC/DC 变换器常采用 boost 变换器，对于大功率系统，通常采用 boost 模块的并联方式。近两三年来，我国也开始了基于直流电压变换的风电集群直流分布并网关键技术研究，主要涉及直流电网以及高压大功率的 DC/DC 变换器的拓扑和控制技术，欧洲在这方面研究起步较早，但也基本上还停留在实验室样机阶段。考虑到基于 SiC 材料的开关器件技术的发展以及 DC/DC 变换器拓扑种类繁多，用于可再生能源的大功率直流变换器拓扑及接入方式研究还需要综合考虑经济成本和电气性能（效率、可靠性）等因素，这是未来研究发展的一个重要方向。再者，与电网接口的并网逆变器具有不同的类型，通常采用两电平电压型逆变器。随着电力电子技术的发展，近几年来，基于可关断器件的电流型逆变器受到了广泛的关注，其灵活的控制特性与电压型逆变器相同，不仅能为电网提供灵活的无功支持，还具有较强的抗直流侧短路故障能力。对于中高压大容量场合，多电平逆变器也是不错的选择，但是控制系统的复杂性也随之增加，并且会带来电压不平衡等问题。基于上述讨论，分布式发电系统需要综合考虑电源和接入电网特征、用户需求以及经济成本等因素，采用合适的变换器装置和经济可靠的连接方式将分布式电源接入电网。模块化、智能化、高效化是未来分布式电源发电系统的发展目标。

14.1.2　分布式电源发电系统控制策略

控制系统是分布式可再生能源发电系统的重要部分。根据控制对象的不同，系统控制可分为源侧控制和网侧控制两部分。源侧控制的对象主要针对 AC/DC 和 DC/DC 环节，网侧控制对象指的是并网逆变器。下面将从上述两部分阐释分布式可再生能源发电系统控制策略。

1.　源侧控制策略

源侧控制策略主要涉及分布式可再生能源（风能、太阳能等）最大功率追踪和源侧系统保护等。

一般来说，为了充分利用风能和太阳能，风力发电（变速风力发电机）和光伏发电常采用最大功率追踪的方法。目前风电中最大功率追踪方法主要有功率曲线法、叶尖速比法和爬山法。其中应用较广泛的为前两种方法，它们都需要风机的特性曲线和机械传感器（风速仪和转速传感器）。爬山法不依赖电源的功率曲线，其原理是给系统一个扰动，待系统稳定后对功率进行采样和比较，然后进行下一次扰动，逐步向最大功率点趋近。对大型风机来说，由于其系统惯性较大，该方法的追踪速度较慢，常用于小型的风电系统。该方法可采取变步长的方式对其进行改善，但是爬山法控制结果是在最大功率点处来回振荡，影响系统的稳定性。光伏发电中最大功率追踪的方法常采用恒定电压法、导纳增量法和爬山法。一些文献也提出了几种改进的方法，如开路电压法和最优梯度法等。

源侧系统保护主要包括发电机转速保护和前端输入变换器装置保护。在风速增加或者电网故障条件下，将直接或者间接地导致风机转速增加，为避免转速超过限值，系统常采用桨距角控制和发电机转矩控制。桨距角控制是利用液压伺服系统来改变桨叶节距角，进而控制风机的转速和功率。发电机转矩控制利用参考信号转速变量，控制转子电流来控制风机的转速。由于伺服系统时间常数较大（秒级），桨距角控制反应速度慢于转矩控制。输入变换器装置保护通常采用增加可控卸荷电路来抑制变换器的输入过电压。

2.　网侧控制策略

网侧控制策略主要涉及有功控制、无功控制和逆变器直流侧电压控制等。除此之外，为充分利用可再生能源所提供的辅助服务，控制策略中还包括电网电压、频率调节等。由于分布式电源的类型以及并网控制的目标不同，其需要采取不同的并网控制策略。目前应用较多的是双环控制方式。双环控制系统具有两个控制通道，每个控制通道包括外环控制器和内环控制器。并网控制策略的不同主要体现在逆变器的外环控制。外环控制用于产生内环的参考信号，其动态响应速度较慢。常用的外环控制方法有恒功率控制（PQ 控制）、恒压恒频控制（U/f 控制）和下垂控制（droop 控制）。其中恒压恒频控制方式主要应用于微网孤岛运行模式，其利用分布式电源为微网系统提供电压和频率支撑。内环控制主要针对电流进行调节，其控制系统带宽较大，动态响应较快，用于改善系统的运行性能。

除了上述所述的典型控制策略，国内外研究学者也对电网故障情况下分布式电源的低电压穿越（low voltage ride through，LVRT）技术进行了研究。LVRT 指在分布式电源并网点跌落时，分布式电源能够保持并网，甚至向电网提供一定的无功功率，支撑电网电压。由于不同类型分布式电源并网拓扑不同，其对电网电压扰动的抵御能力也不同。变速恒频风力发电机组的主流机型之一双馈感应发电机的拓扑如图 14-2 所示，DFIG 的定子与电网直接相连，导致机组对电网电压故障比较敏感，低电压穿越时，需采用主动式或被动式 crowbar 来抑制风机变换器的过电压和过电流。采用永磁直驱同步发电机的变速恒频风力发电机组（拓扑图见图 14-3）和光伏通过全功率变换器并入电网，由于变换器的隔离作用，其在低电压穿越方面比 DFIG 更具优势。实现基于全功率变换器的分布式电源的低电压穿越的关键在于维持逆变器直流侧电容电压稳定。当电网电压骤降时，分布式电源产生的电能无法全部送出，导致直流侧电压抬升，一般传统的控制方案通常在直流侧安装卸荷电路，如 crowbar、储能装置或者超级电容等消纳多余的能量。考虑外部硬件电路的增加以及其带来系统空间安装及散热设计等问题，基于全功率变换器的 PMSG 系统的机侧变换器可采用直流电压协调控制策略，将电压跌落过程中产生的不平衡功率转化为转子的动能，实现低电压穿越。

在控制策略方面，应依托硬件电路拓扑，开发先进智能的系统控制和协调策略，充分发挥分布式电源主动参与角色和利用分布式电源提供辅助服务。此外，由于具有固定参数的逆变器的控制设计用于不同的电网中，或者随着电网特性的变化时，其不能保证满足设计要求及可靠运行，因此需要对控制进行鲁棒性优化设计，提高分布式电源在不同电网工况条件下的自适应能力。其中，源侧控制策略和网侧控制策略并非独立运行，需要两者的协同配合。一方面，在电网正常运行工况下，保证分布式电源的最佳运行状态，最大限度地利用分布式可再生能源提供的电力。另一方面，在电网不正常运行工况下，充分利用分布式电源向配电网提供辅助服务，如谐波补偿、无功补偿、电网电压和频率调节等，结合分布式发电系统中额外的保护装置（斩波电路、储能等）的控制策略，保证分布式电源和电网的安全运行，实现分布式电源与配电网之间的相互支撑，提升主动配电网对可再生能源的接纳能力。

14.2　分布式可再生能源接入分析

随着电力市场的进一步开放以及分布式发电成本的逐年降低，分布式发电系统正从独立发电系统向大规模并网发电方向发展。以太阳能光伏发电为例，近些年来，全球光伏发电市场中，并网系统以 90% 的市场份额占主导地位，其中大多数接入配电网。少量的分布式电源接入配电网不会对电网运行构成太大的影响。然而，当电网中存在较多的分布式电源或存在大容量的分布式电源时，由于分布式发电（风能和太阳能等）功率波动、调度技术的问题，须借助储能等技术实现分布式能源在电网中安全、平稳有效使用。如果不能对并网的分布式发电系统进行有效控制，则可能给配电网带来多方面的负面影响。

14.2.1　分布式可再生能源对配电网影响分析

随着分布式可再生能源（distributed renewable energy，DRE）技术水平的提高及其生产成本的下降，大量的分布式可再生能源通过集中和分散的方式接入中低压配电网中，势必会改变配电网潮流和电压分布，同时也对网络损耗产生极大的影响。当配电网中 DRE 的渗透率增大时，可导致馈线潮流反向、电压越限以及损耗增大等情况的发生，严重影响配电网安全生产运行。

本节主要从分布式电源接入对配电网电压质量、配电网网损的影响进行定量分析。

1. 分布式电源接入对电压质量的影响

（1）对电压偏差的影响。电压偏差指供配电系统运行方式改变或负荷缓慢地变化使供配电系统各点的电压也随之变化，各点的实际电压与系统的标称电压之差。

传统配电网成放射状链式，稳定状态运行下，电压沿馈线方向逐渐降低。分布式电源的接入使传统配电网由单端辐射状供电网络变为多端供电网络，配电网潮流随之发生改变，进而影响配电网电压分布。

如图 14-7 所示，为 DG 并网简单的拓扑图，未接入 DG 时，线路电压降 $\Delta \dot{U}$ 为

$$\Delta \dot{U} = \frac{P_L R + Q_L X}{\dot{U}_2} + j\frac{P_L X - Q_L R}{\dot{U}_2} \tag{14-1}$$

式中　P_L、Q_L——负荷的有功、无功功率；

R、X——线路的电阻、电抗。

若以末端电压向量 $\dot{U}_2$ 为参考轴，$\dot{U}_2$ 与实轴相重合，则可作向量图如图 14-8 所示。

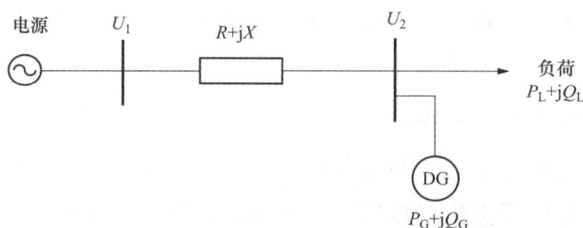

图 14-7　简单供电线路　　　　　图 14-8　电压降落向量图

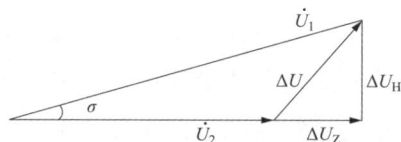

实际配电网中，线路两端电压相角差 σ 较小，一般忽略电压降落横分量对电压损失的影响，因此将电压降落纵分量近似看成电压损失，即

$$\Delta U \approx \frac{P_L R + Q_L X}{U_2} \tag{14-2}$$

当 DG 并入电网时，其输出的有功功率和无功功率将减少线路上的电压损失，因此，此时的 ΔU 可以表示为

$$\Delta U = \frac{P_L R + Q_L X}{U_2} - \frac{P_G R + Q_G X}{U_2} = \frac{(P_L - P_G)R}{U_2} + \frac{(Q_L - Q_G)X}{U_2} \tag{14-3}$$

式中　P_L、Q_L——负荷的有功、无功功率；

P_G、Q_G——分布式电源的有功、无功功率；

R、X——线路的电阻、电抗。

通过式（14-3）可知，分布式电源接入以后将对节点的电压产生明显的作用，与分布式电源输出

功率（有功功率 P_G、无功功率 Q_G）和线路阻抗（电阻 R、电抗 X）密切相关。分布式电源的接入减少了线路上传输的有功功率和无功功率，节点电压损耗将降低，电压被抬高，接入的容量越大抬高的程度越大。当接入容量继续增大时，将会出现功率倒流，此时负荷节点电压可能超过母线电压，引起继电保护装置误动作。

（2）对电压分布的影响。分布式电源接入改变了配电网的潮流分布，其向电网输出的有功功率降低了线路上的损耗，其输出的无功功率也对电网起到了支撑作用，抬高了配电网各节点的电压。本节将通过理论研究分布式电源并网以后电压的分布情况。以图 14-9 所示的传统辐射状配电网为例进行分析。

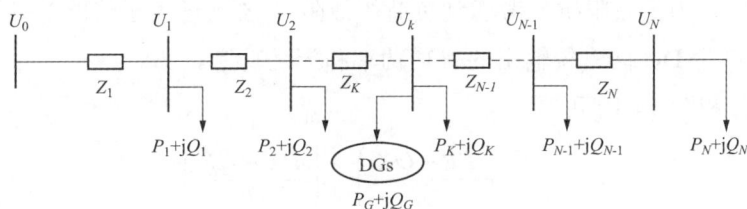

图 14-9　传统辐射状配电网

如图 14-9 所示，假定配电网主馈线上共有 N 节点，为简化计算，我们忽略下一级线路损耗对上游电压及线路损耗的影响，则由式（14-2）和图 14-9 可得

$$\Delta U_K = \frac{\left(\sum_{n=K}^{N} P_n - P_G\right) R_K + \left(\sum_{n=K}^{N} Q_n - Q_G\right) X_K}{U_K} \tag{14-4}$$

1）当 $\Delta U_K > 0$ 时，即

$$P_G < \sum_{n=K}^{N} P_n + \left(\sum_{n=K}^{N} Q_n - Q_G\right) X_K / R_K = \Delta S_K \tag{14-5}$$

潮流体现为正向电压损失，从母线节点沿着馈线逐渐递减，那么电压逐渐降低。

2）当 $\Delta U_K = \Delta U_1 < 0$ 时，即

$$P_G > \sum_{n=1}^{N} P_n + \left(\sum_{n=1}^{N} Q_n - Q_G\right) X_1 / R_1 = \Delta S_1 \tag{14-6}$$

在 K 点之前潮流体现为负向电压损失，K 点之后为正向电压损失，分析可知，并网节点 K 为电压最大点，配电网电压将从 K 节点向两边逐渐降低。

3）当 $\Delta S_K < P_G < \Delta S_1$ 时，可知在节点 1 与节点 K 之间出现了电压损失分点 M。配电网的潮流表现为从配电网母线节点沿馈线方向到 M 点为正向电压损失，潮流从节点 K 沿着两边流动，一边流入 M 为负向电压损失，另一边沿馈线方向流出为正向电压损失。那么电压从母线节点沿着配电网先降低一直到节点 M，然后上升到节点 K 电压达到最大，然后逐渐降低。

（3）对电压波动的影响。电压波动是指电压包络线有规则的变化或一系列随机的电压波动。分布式电源输出的有功功率和无功功率改变了电网的电压分布，引起了电网各节点的电压波动，分布式电源输出功率的波动是分布式电源接入引起电压波动的根本原因。

功率输出波动较大的分布式电源主要包括风机和光伏电池。风机利用风能来发电，当风速改变

时，风机输出功率也将改变。光伏发电以光照为能量来源，目前的光伏机组一般都采用最大功率追踪控制方式运行，所以当太阳光照强度改变时，其输出功率必然随之改变。

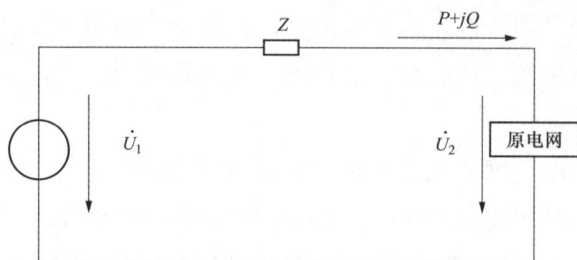

图 14-10　分布式发电并网等效示意图

下面将具体分析分布式电源输出功率的波动对节点电压波动的影响。图 14-10 为 DG 并网的等效示意图，假设各节点负载为线性负荷，那么可以利用戴维南定理，将 DG 视为供电源，将原网络等效为负荷。图中，$\dot{U}_1$ 为 DG 出口的电压相量；$\dot{U}_2$ 为原电网的电压相量，Z 为等效阻抗，考虑到负荷等效阻抗 Z_f 远远大于线路等效阻抗 Z_l，则 Z 即为线路等效阻抗，P 和 Q 为 DG 向系统输出的有功功率和无功功率。

则根据式（14-1）和图 14-10 可得

$$\dot{U}_1 = \left(\dot{U}_2 + \frac{PR + QX}{\dot{U}_2} \right) + \mathrm{j} \left(\frac{PX - QR}{U_2} \right) \tag{14-7}$$

忽略不计电压降横分量对电压损失的影响，式（14-7）可简化为

$$\dot{U}_1 = \dot{U}_2 + \frac{PR + QX}{\dot{U}_2} \tag{14-8}$$

如果分布式电源发出的有功功率和无功功率变化量分别是 ΔP、ΔQ，则 DG 并网处的电压为

$$\dot{U}_1' = \dot{U}_2 + \frac{(P + \Delta P)R + (Q + \Delta Q)X}{\dot{U}_2} \tag{14-9}$$

假设电压 $\dot{U}_2 = \dot{U}_N$，那么，DG 并网节点相对电压波动值可以表示为

$$d = \frac{\mathrm{d}U_1}{U_N} = \frac{U_1' - U_1}{U_N} = \frac{\Delta PR + \Delta QX}{U_N{}^2} \tag{14-10}$$

通过式（14-10）可知，分布式电源引起的电压波动主要由功率波动（P、Q）和线路阻抗（R、X）决定。外界条件主要由风机的风速不确定性和太阳能光照的改变决定，内因主要是线路参数决定。线路阻抗越小，电气联系越紧密，则电压波动越小，可以通过增加节点的短路容量来降低分布式电源引起的电压波动。

（4）仿真分析。分布式电源接入配电网对电压的影响受很多方面的影响，如导线电阻、负荷大小、负荷分布、电网功率因数及分布式电源功率波动情况等。本节以图 14-9 所示的传统辐射状配电网为例进行分析，主要从分布式电源接入位置和容量角度来考虑对电压分布的影响以及分布式电源接入功率波动与电压波动关系。具体电网参数见表 14-1。

表 14-1　　　　　　　　　　　　配电网不同节点的负荷值

节　点	1	2	3	4	5	6	7	8	9	10	11	12
有功（kW）	220	333	155	266	347	289	444	180	266	289	155	180
无功（kvar）	133	218	111	200	160	200	133	87.2	155	157	89	87.2

1）不同接入位置对电压分布的影响。图 14-11 为风机容量（7MW）接入不同节点时配电网电压分布情况。

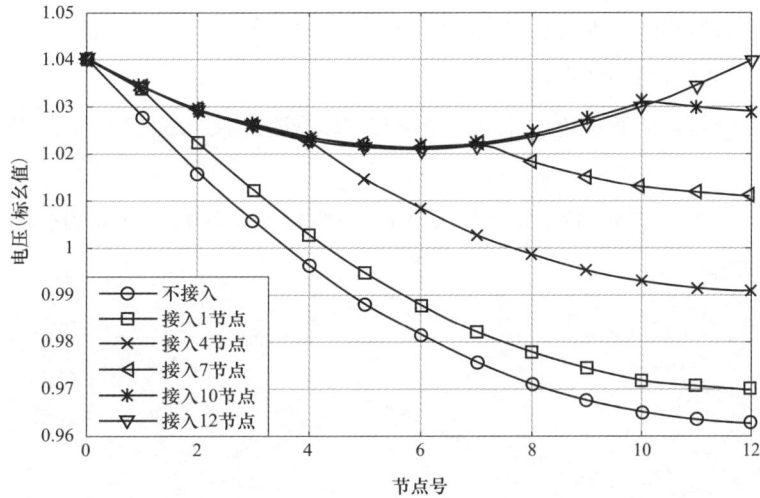

图 14-11 分布式电源接入位置变化引起电压分布变化曲线

图 14-11 中，带有圆形标识的曲线表示分布式电源接入前的各节点电压标幺值，电压沿配电网馈线逐渐降低，末节点电压将要达到电网电压下限值。其他曲线表示分布式电源接入不同位置时，配电网馈线电压分布情况。

从图 14-11 可知，相同渗透率的分布式电源接入不同位置时所形成电压分布差别较大。

a）从整体上看，分布式电源的接入提高了馈线上所有节点的电压，改善了配电网的电能质量。主要原因是同步发电机接入提供的有功和无功功率，降低了配电网系统传输的功率，减少了馈线上的电压损耗，进而导致了电压的升高。

b）从各条曲线的对比来看，分布式电源接入位置越靠后的曲线，曲线改变幅度越大，即电压分布变化越大，主要原因是分布式电源接入对接入点以后的潮流影响很小，即电压损耗改变很小，可以忽略不计，而对于接入点以前的潮流影响很大，改变了接入点前的潮流分布，减少了接入点前各段线路的电压损耗，因此接入点前的电压分布曲线变化程度较大，而接入点后的曲线改变程度很小。

图 14-12 是分布式电源（容量 7MW）接入后各节点电压变化率曲线图，从图中曲线可以看出，节点越靠近末端，分布式电源接入引起的电压变化率越大，电压改善或恶化情况越明显，当分布

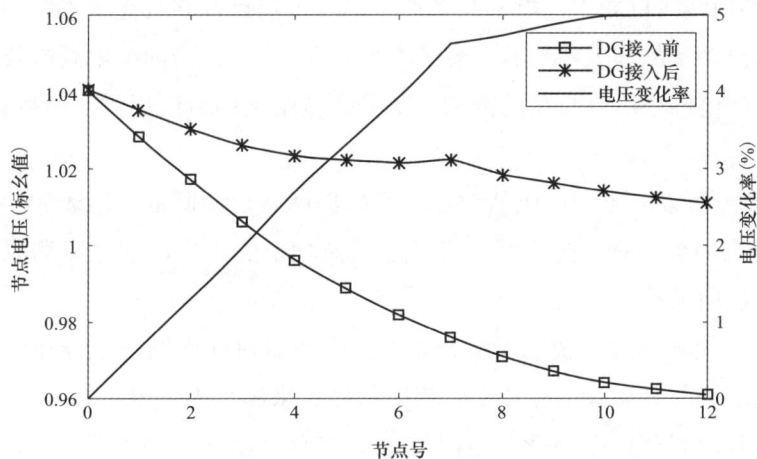

图 14-12 节点电压变化率曲线图

式电源退出运行时，大幅度的电压变化可能给电网带来较大的冲击，所以电压幅度变化大的地方应是无功补偿和电压支撑优先考虑的地方。

综合以上分析，从电压分布的角度来看，分布式电源适宜接入配电网中部及靠近配电网母线的地方。

2）同一节点注入不同功率配电网馈线电压分布。图 14-13 为不同容量的分布式电源接入 7 节点后配电网馈线电压分布情况。

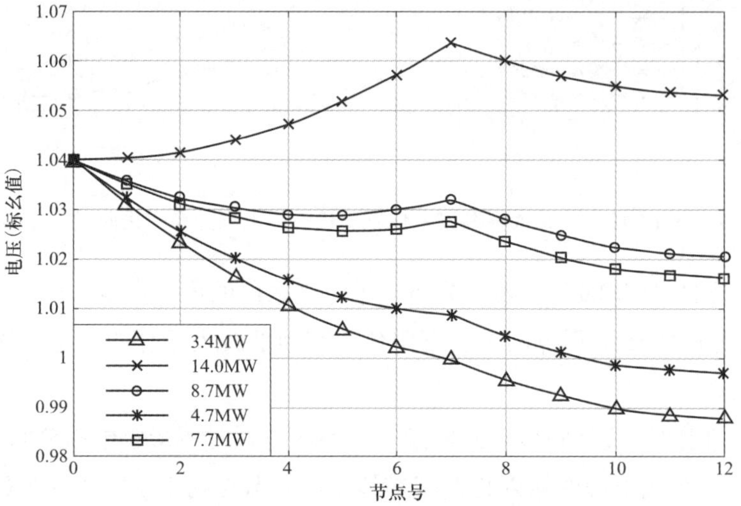

图 14-13　分布式电源功率改变引起电压分布变化曲线

图 14-13 中曲线代表不同容量的分布式电源接入节点 7 后的配电网电压分布情况，从图中可以看出，除平衡节点外，各节点电压均随着接入容量的增大而增大，但可以发现，图中曲线的变化规律不一样。

a）从图 14-13 最下面两条曲线可以看出，配电网各节点电压是逐渐降低的，主要原因是分布式电源接入容量较小，虽然改变了潮流的大小，但没有改变潮流的流向，潮流从母线一直流向线路末端节点。

b）从中间的两条曲线可以看出，电压在节点 7 出现了拐点，并且在节点 1 和节点 7 之间还有个节点，这表明随着输出功率的增大，潮流改变了方向，从节点 7 流向配电网母线方向，但由于受容量所限，并不能满足配电网中所有负荷的需求，部分需要配电网母线提供，所以在节点 1 和节点 7 之间出现了拐点。

c）从最上面的图形可以看出，电压从节点 7 开始向两边逐渐降低，这表明随着分布式容量的进一步加大，分布式发电的容量满足配电网所有节点负荷功率的需求，配电网潮流方向彻底改变了，分布式发电导致潮流反向流动。

通过以上的分析，能够比较直观地了解分布式发电容量对配电网电压分布的影响，指导我们根据电网的要求，接入适量的分布式电源并采取相应的措施来满足电网电压的要求。

3）风机输出功率波动与电压的关系。由于风机、光伏功率的波动性和间歇性，大量分布式电源的接入容易引起电压波动与闪变等电能质量问题，本节通过仿真数据具体分析了分布式电源接入功率的变化与电压波动的关系，如图 14-14 所示。

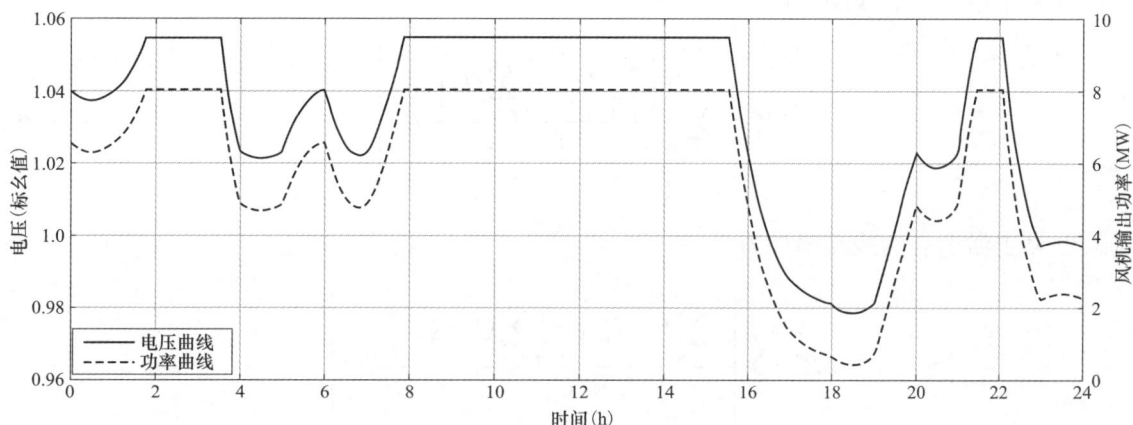

图 14-14　风机接入功率与电压波动图

图 14-14 为分布式电源接入后，某节点 24h 中风力发电输出功率与电压波动的关系曲线。从图中可以清楚地看到，分布式电源接入以后电压的波动，与风机输出功率曲线变化趋势几乎完全一致，这表明分布式电源的波动性直接引起配电网的电压变化。当分布式电源波动性较大时，可能引起配电网电压波动与闪变等问题，可以通过储能来平滑功率的波动，从而降低电压的波动，改善电压质量。

2. 分布式电源接入对网损的影响

网损是电力系统中一项重要的经济指标，是综合衡量电力企业管理水平的重要标志之一，科学合理地安排分布式电源的接入位置及接入容量有利于降低发电损耗，节约能源，有利于提高供电水平，对缓解目前供电紧张、供电能力不足的局面有重大意义。

分布式电源接入配电网后，可减少系统的有功传输，进而减少系统的网络损耗。分布式电源接入可能增大也可能减小配电网损耗，主要取决于 DG 并网的位置、容量以及网络的拓扑结构等因素。

本节仍以图 14-9 所示的传统配电网为例分析分布式电源接入对配电网网损的影响，忽略下一级线路损耗对上游电压及线路损耗的影响。分布式电源接入前，线路阻抗 Z_K 产生的线路损耗为

$$\Delta P_K = \frac{\left(\sum_{n=K}^{N} P_n\right)^2 + \left(\sum_{n=K}^{N} Q_n\right)^2}{U_K^2} R_K \tag{14-11}$$

配电网产生的网损为所有线路损耗之和，即为

$$\Delta P_{T1} = \sum_{m=1}^{N} \left[\frac{\left(\sum_{n=m}^{N} P_n\right)^2 + \left(\sum_{n=m}^{N} Q_n\right)^2}{U_m^2} R_m \right] \tag{14-12}$$

假设分布式电源从节点 K 接入系统，则由于节点 K 下游的负荷是一定的，所以流入节点的功率也是固定的，故节点 K 下游线路损耗几乎不受分布式电源接入影响；而接入点上游线路则由于分布

式电源功率的变化，潮流方向会发生改变，影响其功率损耗。通过计算可得：

接入点 K 下游所有的线路损耗为

$$\Delta P_{\mathrm{T}}' = \sum_{m=K+1}^{N} \left[\frac{\left(\sum_{n=m}^{N} P_n \right)^2 + \left(\sum_{n=m}^{N} Q_n \right)^2}{U_m^2} R_m \right] \tag{14-13}$$

接入点 K 上游所有的线路损耗为

$$\Delta P_{\mathrm{T}}'' = \sum_{m=1}^{K} \left[\frac{\left(\sum_{n=m}^{N} P_n - P_G \right)^2 + \left(\sum_{n=m}^{N} Q_n - Q_G \right)^2}{U_m^2} R_m \right] \tag{14-14}$$

则接入分布式电源以后，配电网总的损耗为

$$\Delta P_{\mathrm{T}2} = \Delta P_{\mathrm{T}}' + \Delta P_{\mathrm{T}}'' \tag{14-15}$$

若要使分布式电源接入后不增加配电网的损耗，则需满足

$$\Delta P_{\mathrm{T}2} \leqslant \Delta P_{\mathrm{T}1} \tag{14-16}$$

即

$$\sum_{m=1}^{K} \left[\frac{\left(\sum_{n=m}^{N} P_n - P_G \right)^2 + \left(\sum_{n=m}^{N} Q_n - Q_G \right)^2}{U_m^2} R_m \right] +$$

$$\sum_{m=K+1}^{N} \left[\frac{\left(\sum_{n=m}^{N} P_n \right)^2 + \left(\sum_{n=m}^{N} Q_n \right)^2}{U_m^2} R_m \right] \leqslant \sum_{m=1}^{N} \left[\frac{\left(\sum_{n=m}^{N} P_n \right)^2 + \left(\sum_{n=m}^{N} Q_n \right)^2}{U_m^2} R_m \right] \tag{14-17}$$

式（14-17）求解较为复杂，为保证分布式电源接入配电网后的安全稳定运行，配电网各节点电压允许偏差需满足国家标准要求，实际运行电压在额定电压附近，则式（14-17）经整理可简化为

$$P_G^2 + Q_G^2 - \frac{2P_G \sum_{m=1}^{k} \left[\left(\sum_{n=m}^{N} P_n \right)^2 R_m \right]}{\sum_{m=1}^{k} R_m} - \frac{2Q_G \sum_{m=1}^{k} \left[\left(\sum_{n=m}^{N} Q_n \right)^2 R_m \right]}{\sum_{m=1}^{k} R_m} \leqslant 0 \tag{14-18}$$

令 $A = \dfrac{\sum_{m=1}^{k} \left[\left(\sum_{n=m}^{N} P_n \right)^2 R_m \right]}{\sum_{m=1}^{k} R_m}$，$B = \dfrac{\sum_{m=1}^{k} \left[\left(\sum_{n=m}^{N} Q_n \right)^2 R_m \right]}{\sum_{m=1}^{k} R_m}$，当分布式电源接入位置确定了，$A$、$B$ 的值

也就确定了，则式（14-18）可简化为

$$P_G^2 + Q_G^2 - 2AP_G - 2BQ_G \leqslant 0 \tag{14-19}$$

由于分布式电源输出的有功功率 $P_G>0$，则可知

$$0 < P_G \leqslant A + \sqrt{A^2 - Q_G^2 + 2BQ_G} \tag{14-20}$$

从式（14-20）可以看出，当 $\sqrt{A^2 - Q_G^2 + 2BQ_G}$ 取得最大值，即 $Q_G=B$ 时，P_G 取得极大值 $A + \sqrt{A^2 + B^2}$，则分布式电源接入不增加配电网网损的有功功率输出范围

$$0 < P_G \leqslant A + \sqrt{A^2 + B^2} \tag{14-21}$$

同理通过式（14-19）也可以确定分布式电源不增加配电网损耗的无功功率运行范围

$$B - \sqrt{B^2 - P_G^2 + 2AP_G} \leqslant Q_G \leqslant B + \sqrt{B^2 - P_G^2 + 2AP_G} \tag{14-22}$$

根据分布式电源类型不同，以风力发电机为例，当发电机采用同步发电机时将向电网输送无功功率，此时 Q_G 取值范围为

$$0 \leqslant Q_G \leqslant B + \sqrt{B^2 - P_G^2 + 2AP_G} \tag{14-23}$$

当风力发电机采用异步发电机时将从电网吸收无功功率，此时 Q_G 取值范围为

$$B - \sqrt{B^2 - P_G^2 + 2AP_G} \leqslant Q_G \leqslant 0 \tag{14-24}$$

综合式（14-23）和式（14-24）分析可知，当 $\sqrt{B^2 - P_G^2 + 2AP_G}$ 取得最大值，即 $P_G=A$ 时，Q_G 取得无功功率最大范围

$$B - \sqrt{A^2 + B^2} \leqslant Q_G \leqslant B + \sqrt{A^2 + B^2} \tag{14-25}$$

本节将通过仿真重点研究分布式电源接入对配电网网损的影响，总结降低配电网网损的一般规律。

（1）同一位置接入不同容量对配电网网损的影响。图 14-15 为在同一位置接入不同分布式电源容量后的配电网网损变化情况。从图中可以看出，当分布式电源接入容量较小时，随着接入容量的增大，配电网网损降低，当达到某一临界值时，网损开始变大，主要原因是潮流方向改变引起的局部电流加大，导致配电网网损整体上表现加大。

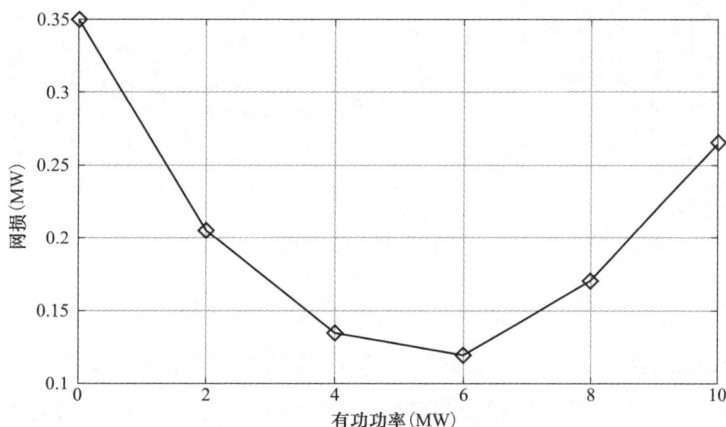

图 14-15　同一位置接入不同分布式电源容量后的网损

（2）不同接入位置对配电网网损的影响。图 14-16 为同一分布式电源容量（7MW）接入不同位置，对配电网网损的影响情况。

通过图 14-16 可知，分布式电源接入配电网以后，不论接入哪个节点，配电网网损都有所降低，因此提高了电网运行经济性，但接入位置不同，网损降低程度不同。从图中容易看出，网损随着分

布式电源接入点的后移先逐渐降低在某一点达到最低，该例中网络损耗最低点为分布式电源接入节点 8 的位置，然后网损逐渐增大。则对于此容量的分布式电源从经济性角度来说最适宜的接入点为节点 8。通过分析可知，最低网损存在最优接入点的选取问题。

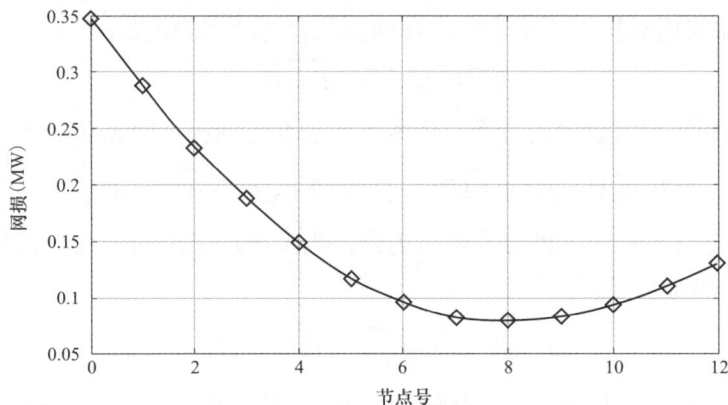

图 14-16 分布式电源接入不同位置配电网网损

（3）不同容量最优接入点选取的仿真分析。从经济性的角度来看，分布式电源接入配电网网损越低，则经济性越好，本节将通过仿真数据来分析不同容量分布式电源最优接入点问题。仿真数据整理如图 14-17 所示。

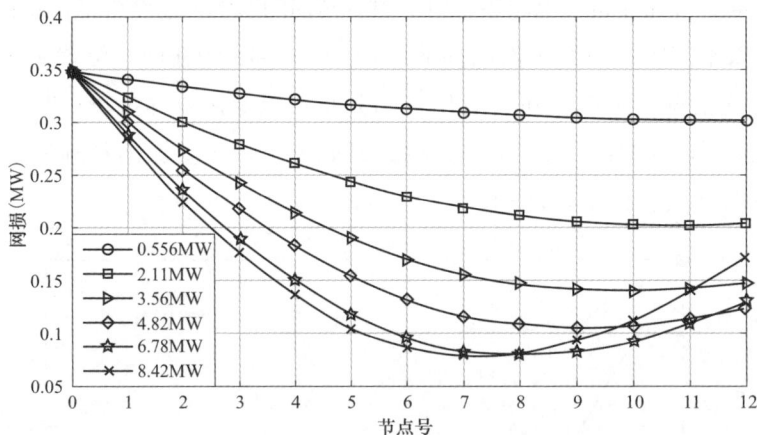

图 14-17 不同容量 DG 接入时配电网网损

图 14-17 中，每条曲线代表同一容量的分布式电源接入不同位置对配电网网损的影响情况。从图中可以看出，当分布式电源接入容量为 0.556MW 时，配电网网损降低最大的接入点是 12 节点；当接入容量为 2.11MW 时，配电网网损降低最大的接入点是 11 节点；当接入容量为 3.56MW 时，最优接入点是 10 节点；当接入容量为 4.82MW 时，最优接入位置为 9 节点；当接入容量为 6.78MW 时，最优接入位置为 8 节点；当接入容量为 8.42MW 时，最优接入位置为 7 节点。

通过数据分析可知，随着接入容量的逐渐升高，分布式电源的最优接入点不同，并且最优接入点在左移，逐渐靠近配电网母线端。因此根据分布式电源的接入容量合理地安排最优接入点，能够提高电网运行的经济性。

通过以上的分析可以发现，配电网的网损与接入容量和接入位置有较大关系。对于同一接入点，接入的容量不宜过大，否则会导致局部电流过大增大网损，不利于电网运行经济性。对于不同的容量存在最优接入点选取的问题，应根据具体情况具体分析。一般是随着分布式容量的增大，最优接入点左移。

14.2.2　分布式可再生能源接入评估分析

分布式发电以其投资省、发电灵活、与环境兼容等特点得到了快速的发展，给传统电力系统运行与控制带来了巨大的改变。作为传统电网的有益补充，它提高了配电网供电的可靠性，但因其固有的缺陷（发电功率波动较大，不可控性）也给电网带来了一些不好的影响。本文从电压质量、经济性和容纳能力三个方面考虑 DG 并网给配电网带来的影响。

1. 评价指标

（1）电压质量评价指标。分布式电源接入会对母线和负荷节点的电压有一定提升作用，同时有些分布式电源能够提供一部分无功功率，缓解了变电站无功调节裕度，从而对保障母线电压稳定起到一定作用。然而当分布式电源的容量过大可能会使电压越限，因此，在电压质量方面，为了量化分析分布式电源接入对电压产生的影响，提出负荷节点电压合格率、母线电压合格率、负荷节点电压平均偏移率和负荷节点电压最大偏移率四个指标，其含义如下：

1）负荷节点电压合格率。指安装 DG 前后系统的电压合格节点数之比，反映 DG 接入后对节点电压的影响。计算式为

$$U_{\text{qr\_n}} = \frac{N_{\text{q\_dg}}}{N} \times 100\% \qquad (14\text{-}26)$$

式中　$N_{\text{q\_dg}}$——安装 DG 后某一时刻负荷节点电压合格数；

　　　N——线路负荷节点总数。

2）母线电压合格率。指母线电压合格时间与电压检测时间之比，从时间尺度上反映 DG 接入对母线电压的影响。计算式为

$$U_{\text{qr\_b}} = \left(1 - \frac{T_{\text{dd}}}{T}\right) \times 100\% \qquad (14\text{-}27)$$

式中　T_{dd}——在电压检测的时间段内，电压越限的时间；

　　　T——电压检测时间。

3）负荷节点电压平均偏移率。反映 DG 接入对负荷节点电压的最大影响程度。计算式为

$$U_{\text{d\_avg}} = \frac{\sum_{i}^{N} |U_i - U_r|}{N \times U_r} \times 100\% \qquad (14\text{-}28)$$

式中　U_i——负荷节点 i 的实际电压；

　　　U_r——负荷节点的额定电压。

4）负荷节点电压最大偏移率。反映 DG 接入对系统所有负荷节点的影响程度。计算式为

$$U_{\text{d\_max}} = \frac{\max\limits_{i \in [1,N]} |U_i - U_r|}{U_r} \times 100\% \qquad (14\text{-}29)$$

式中　max——最大值因子。

（2）经济性评估。布式电源系统的引入，必然会改变配电网的潮流分布，也会对网络损耗产生重大影响，而不同的接入位置、负荷容量、接入方式和运行方式对配电网造成的影响也不同。同时清洁、环保也是分布式发电技术得以发展应用的原因之一，因此，量化其带来的环境利益也是衡量分布式发电经济性必不可少的条件。本文采用以下几个指标考查分布式电源并网的经济性。

1）系统损耗改善程度。从系统的观点反应 DG 接入前后网损的变化情况，值越大表明 DG 降损效果越好。计算式为

$$P_{\text{im\_sys}} = \frac{\int_0^T (P_{\text{sys}} - P_{\text{dg\_sys}})}{\int_0^T P_{\text{sys}}} \times 100\% \tag{14-30}$$

其中

$$P_{\text{sys}} = P_{\text{overhead}} + P_{\text{cable}} + P_{\text{T}} + P_{\text{triplex}} \tag{14-31}$$

式中　　P_{sys}、$P_{\text{dg\_sys}}$——未安装 DG 和安装 DG 后系统有功功率损耗；

P_{overhead}、P_{cable}、P_{triplex}——架空线、电缆和入户线线路损耗，kW。

2）DG 损耗节省率。指反映 DG 的发电对减少系统损耗的贡献，值越大，代表分布式电源发电对于系统降损贡献越大。计算式为

$$P_{\text{sr\_dg}} = \frac{\int_0^T (P_{\text{sys}} - P_{\text{dg\_sys}})}{\int_0^T P_{\text{dg}} \, \mathrm{d}t} \times 100\% \tag{14-32}$$

式中　P_{dg}——DG 输出功率，kW。

3）DG 容量因数。指 DG 实际发电量与其运行在额定容量发电量之比，其反映 DG 实际利用率。计算式为

$$C_{\text{f}} = \frac{\int_0^T P_{\text{dg}} \, \mathrm{d}t}{\int_0^T C \, \mathrm{d}t} \times 100\% \tag{14-33}$$

式中　C——DG 安装容量，kW。

4）减少二氧化碳排放量。反映的是分布式电源的接入对环境的友好程度，是衡量分布式电源接入对改善环境污染的一个重要指标。计算式为

$$p_{\text{CO}_2} = k \times (G_{\text{dg}} + \Delta P_{\text{dg}}) \tag{14-34}$$

式中　k——电量与 CO_2 排放量转换系数；

G_{dg}、ΔP_{dg}——检测时间内 DG 发电量和 DG 接入后引起的网损变换量。

（3）分布式电源容纳能力评估。由于 DG 功率的波动性和随机性对电网的安全运行产生较大的影响，如何在保证 DG 的充分利用下，又不使它超过电网的承受能力，是人们比较关心的问题。本文从以下指标研究和评估分布式电源容纳能力。

1）输出波动系数。分布式电源输出波动系数反映了分布式电源输出功率的波动性，其代表 DG 在固定时间段的最大波动值。计算式为

$$f_{\text{opf}} = \frac{P_{\text{max}} - P_{\text{min}}}{P_{\text{max}}} \times 100\% \tag{14-35}$$

式中　P_{max}、P_{min}——该段时间内分布式电源输出总功率的最大值和最小值。

2）差异系数。由分布式电源输出功率的最大值与其总装机容量的比值来表示，反映了分布式电

源实际最大输出功率与其装机容量之间的差异性。计算式为

$$f_{div} = \frac{P_{max}}{C_{total}} \times 100\% \tag{14-36}$$

式中　C_{total}——DG 的总装机容量。

3）系统波动系数。指分布式电源最大功率波动与其装机容量之比。计算式为

$$f_{sf} = f_{opf} f_{div} = \frac{P_{max} - P_{min}}{C_{total}} \times 100\% \tag{14-37}$$

4）分布式可再生能源容纳能力。反映了系统在安全运行条件下能够承受的最大分布式电源接入容量。计算式为

$$HC = \frac{KH}{f_{sf}} \tag{14-38}$$

式中　H——馈线或变电站的容量；

　　　K——允许 DG 接入的比例，为常数。

2．评估结果分析

为了评估分布式电源接入对电网的影响，本节采用 IEEE 13 节点的测试系统对 24h 的连续潮流仿真结果进行分析，采样时间为 10min。测试系统如图 14-18 所示，其中分布式电源采用风力发电机，其接入的位置为 671 节点，风力发电机的参数见表 14-2，风速和风机输出功率曲线如图 14-19 所示。房屋作为负荷连接在电网节点上的三相线路中，房屋负荷包括热水器、空调和 ZIP 负荷。

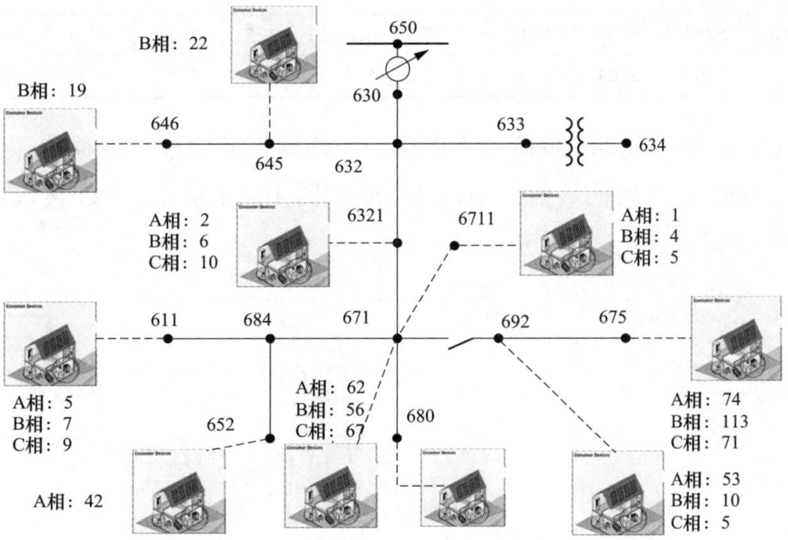

图 14-18　修改的 IEEE 13 节点测试系统

表 14-2　　　　　　　　　　　风 力 发 电 机 参 数

发电机类型	永磁同步发电机	发电机类型	永磁同步发电机
额定容量	310VA	切除风速	25m/s
额定电压	480V	叶片直径	16.4m
切入风速	3.5m/s	功率因数	0.9

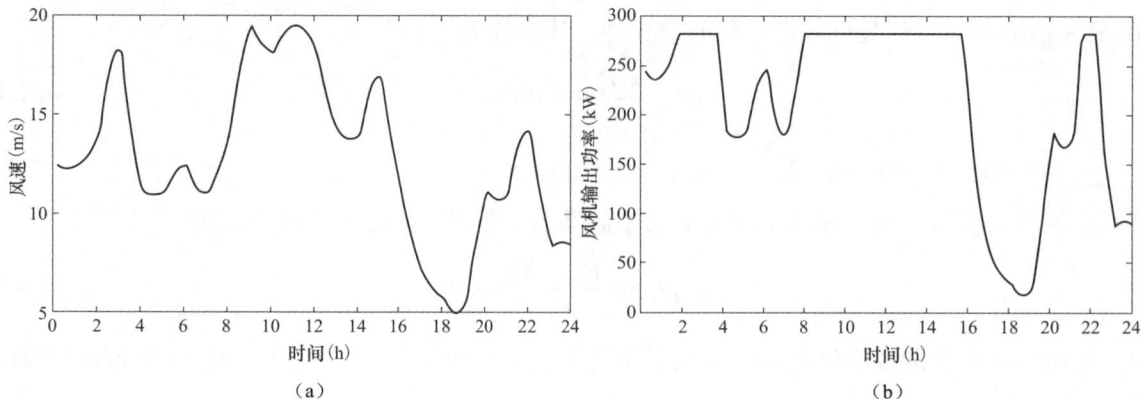

图 14-19 风速和风机输出功率

（a）风速；（b）风机输出功率

（1）电压评价结果。表 14-3 为 DG 接入前后的各个节点电压对比，接入前为 Case1，接入后为 Case2。系统额定电压为 5773V，节点电压允许偏差值为额定电压的–5%～+5%。如表 14-3 所示，DG 接入后各个节点电压都在正常范围内。一般来说，系统节点电压随着 DG 的输出功率增加而增加，该时间 12:00 为风机最大输出功率，这意味着其他时间 DG 接入后各个节点电压和母线电压也是合格的。

表 14-3 系统节点电压 单位：V

节点	650	632	645	646	633	671	684	652	611	680	630	675	6321
Case1	5773	5750	5753	5754	5744	5729	5726	5725	5723	5724	5769	5723	5742
Case2	5773	5759	5762	5764	5754	5748	5744	5743	5742	5743	5770	5742	5755

图 14-20 和图 14-21 分别为 24h 负荷节点电压的平均偏移率和最大偏移率，实线代表 DG 接入前的数值，虚线代表 DG 接入后的数值。如图 14-20 和图 14-21 所示，DG 接入后电压偏移在 24h 内大部分时间得到了改善。

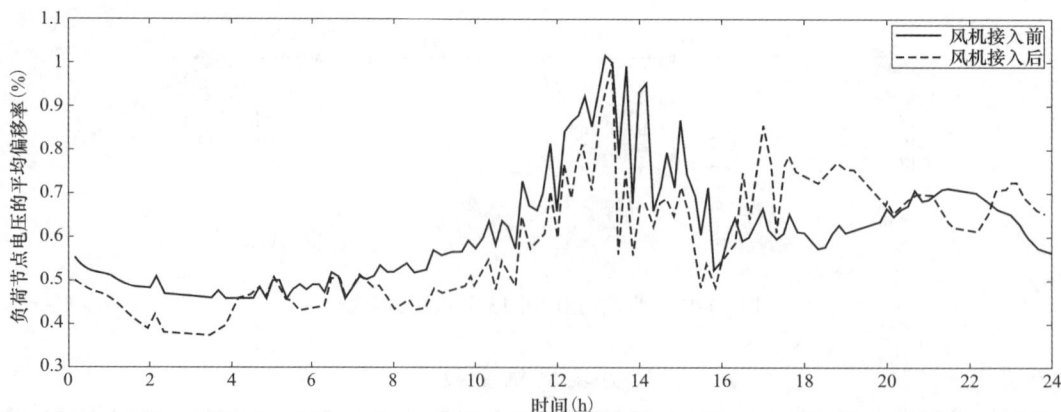

图 14-20 负荷节点电压的平均偏移率

（2）经济性评价结果。表 14-4 为不同类型线路和装置在 24h 内的有功损耗，其中包括架空线 $P_{overhead}$、地下电缆 P_{cable}、变压器 P_T 和入户线路 $P_{triplex}$，系统总损耗为四者之和。

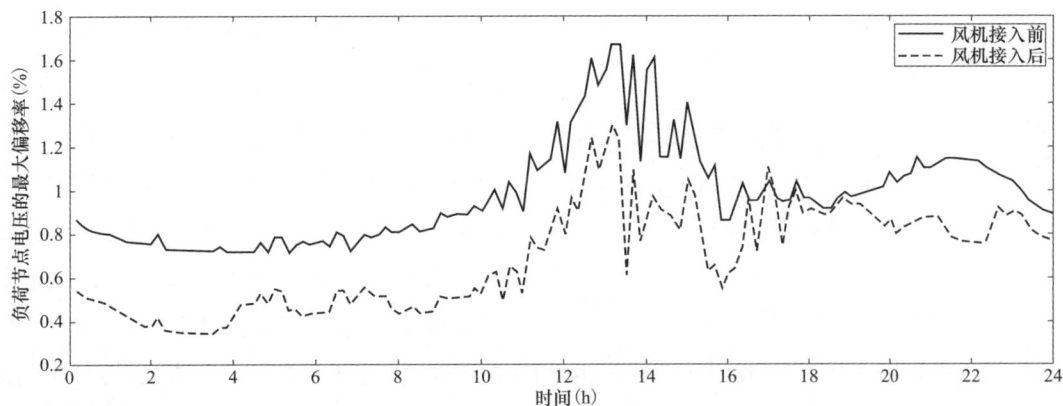

图 14-21　负荷节点电压的最大偏移率

表 14-4　　　　　　　　　　　　　　一天中不同设备的有功损耗　　　　　　　　　　　　　　kWh

损耗	$P_{overhead}$	P_{cable}	P_T	$P_{triplex}$	P_{sys}
Case1	155.606	17.078	14.600	2.499	189.783
Case2	105.270	16.946	14.444	2.487	139.147

根据式（18-30）～式（18-34），取 k=0.332kg/kWh，经济性指标评估结果见表 14-5。

表 14-5　　　　　　　　　　　　　　　经 济 性 指 标

指标	P_{im_sys}	P_{sr_dg}	C_f	p_{CO2}
数值	26.7%	29%	68.01%	1714.8kg

（3）分布式可再生能源容纳能力评估结果。根据图 14-19（b）所示，P_{max} 和 P_{min} 分别为 283kW 和 16.67kW，DG 安装容量为 310kW，假设 K=0.2，馈线容量 H=2500kW，分布式可再生能源容纳能力指标评估结果见表 14-6。

表 14-6　　　　　　　　　　　系统分布式可再生能源容纳能力指标

指标	f_{opf}	f_{div}	f_{sf}	HC
数值	0.94	0.91	0.86	581 kW

(143) 分布式可再生能源功率平滑技术

分布式可再生能源的接入给电网的运行控制带来了一系列问题，如谐波污染、电压波动与闪变、调频调峰困难等，而产生这些问题的根本原因就是分布式电源输出功率的波动，如何减小分布式发电功率波动以及最大限度利用分布式能源成为当前的一个热点。目前，利用储能来平抑分布式能源的功率波动是最常见的一种方式。

由于储能电池具备功率快速调整的能力，常采用安装电池储能系统（battery energy storage system，BESS）平滑分布式发电的功率波动。BESS 结构图如图 14-22 所示。

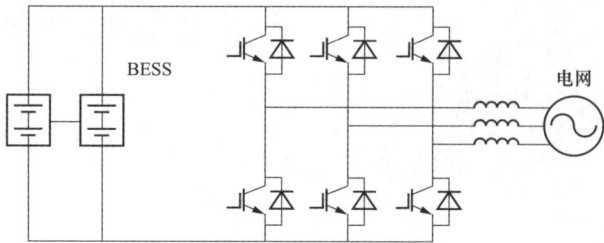

图 14-22　BESS 结构图

目前关于 BESS 的研究主要包括调峰、平滑控制和容量配置等方面。BESS 中的 PWM 变流器负责控制电池系统与电网交换有功和无功功率，其具有零惯性时间常数的特点，可以在瞬间以额定功率向系统注入和吸收一定的能量。因此，与常规调峰调频设备相比，利用 BESS 平滑风力发电具有很大优势。

设计储能系统的控制策略主要用于平抑风电功率不同时间尺度的波动，以抑制其对电力系统安全运行的不良影响，根据储能系统所起到的不同调节作用以及研究尺度的差异，可以将储能系统控制分为两类：

（1）以降低分布式发电输出功率在 0～24h 内波动范围为控制目标的平抑控制。平抑控制以短期预测技术为基础，以预测的功率平均值为数据参考，考虑配电网能够接受的功率波动范围，通过储能系统平抑控制将功率在 0～24h 以内的功率波动控制在制定的包络线以内，从而实现 BESS 对分布式发电"削峰填谷"的效果。平抑控制的目的是缩减分布式发电 0～24h 以内的功率波动幅值，属于电网系统调度计划应考虑的范畴。

（2）以降低分布式发电输出功率在 0～15min 以内波动范围为控制目标的平滑控制。

平滑控制与平抑控制相比，其目的在于降低分布式发电在短时间内的快速波动对系统电压、频率的影响，目前常用的控制策略主要有低通滤波器控制策略、傅里叶变换、饱和控制理论等。

14.3.1　分布式可再生能源功率平滑策略

电池储能系统在分布式发电中主要以平滑分布式电源的功率波动为目的，平滑程度越大，则分布式发电注入电网功率越平滑。电池储能系统与风电机组连接图如图 14-23 所示，BESS 通过控制器控制其输出功率匹配风电输出功率，使得注入电网的功率达到平滑的效果。

本文采用一阶低通滤波器原理滤除风电功率高频波动分量，低通滤波器原理如图 14-24 所示，其中 U_x 为输入信号，U_y 为输出信号，R、C 分别为滤波电阻和滤波电容，微分方程数学表达式如式（14-39）所示。

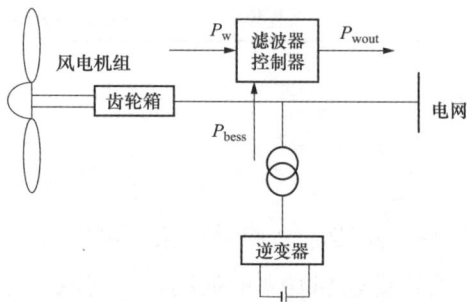

图14-23　电池储能系统与风电机组连接图

P_w—风力发电机的输出功率；P_{bess}—BESS 的输出功率，功率值为正表示储能电池放电，功率值为负表示储能电池充电；P_{wout}—平滑后风机的输出功率

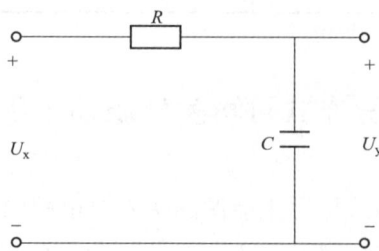

图 14-24　一阶低通滤波器原理图

$$RC \frac{\mathrm{d}U_y}{\mathrm{d}t} + U_y = U_x \tag{14-39}$$

储能系统基于低通滤波器原理对风电功率进行滤波，其滤波公式为

$$\tau \frac{\mathrm{d}P_{\mathrm{wout}}}{\mathrm{d}T} + P_{\mathrm{wout}} = P_{\mathrm{w}} \tag{14-40}$$

储能系统采用低通滤波对风机功率进行平抑的本质是风电功率经过一阶滤波环节得到平抑后的目标功率，目标功率与风电功率的差值为储能系统充放电的功率，式中，τ 是滤波时间常数，且 $\tau = RC = 1/(2\pi f_c)$，f_c 为低通滤波器的截止频率。由滤波器原理可知，截止频率越小，时间常数 τ 越大，那么输出功率曲线越平滑。

在风储联合发电系统中，对风机功率进行平抑时，对式（14-40）进行离散化，设 T 为平滑控制周期，平滑时刻 $T_k = kT$，$k=1$，2，3，$\cdots$，n，则有

$$P_{\mathrm{wout}(k)} = \frac{\tau}{(\tau + T)} P_{\mathrm{wout}(k-1)} + \frac{T}{(\tau + T)} P_{\mathrm{w}(k)} \tag{14-41}$$

$$P_{\mathrm{b}(k)} = P_{\mathrm{w}(k)} - P_{\mathrm{wout}(k)} = \frac{\tau}{(\tau + T)}(P_{\mathrm{w}(k)} - P_{\mathrm{wout}(k-1)}) \tag{14-42}$$

通过式（14-41）可知，利用 T_k 时刻的 P_{w} 值和前一时刻的 P_{wout} 值可以求出经过平滑后 T_k 时刻的 P_{wout} 值，通过改变 τ 值，可以改变风机输出功率目标值。通过式（14-42）可得到储能电池充放电功率值，其与 τ、P_{w} 和 P_{wout} 相关。

T_k 时刻平抑前的风电功率波动为

$$\Delta P_{\mathrm{w}(k)} = P_{\mathrm{w}(k)} - P_{\mathrm{wout}(k-1)} \tag{14-43}$$

T_k 时刻经过平抑后的风电功率波动为

$$\Delta P_{\mathrm{wout}(k)} = P_{\mathrm{wout}(k)} - P_{\mathrm{wout}(k-1)} \tag{14-44}$$

将式（14-41）代入式（14-44）可得

$$\Delta P_{\mathrm{wout}(k)} = \frac{T}{\tau + T}(P_{\mathrm{w}(k)} - P_{\mathrm{wout}(k-1)}) \tag{14-45}$$

由式（14-45）可知，基于低通滤波器原理的储能系统控制策略，随着滤波时间常数 τ 的增加，风电功率波动幅值将成比例缩小，为抑制较大的功率波动，需要增大滤波时间常数，然而较大的滤波时间常数可能导致储能系统对小幅度风电功率波动的过渡调控，增加储能电池的负担，因此考虑在低通滤波器原理的基础上引入滞环控制，储能系统的控制策略如图 14-25 所示。

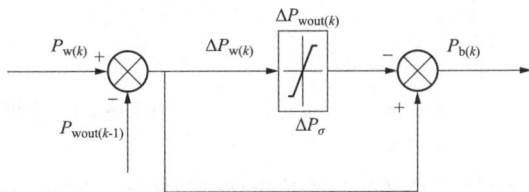

图 14-25　带滞环控制储能系统控制策略

图中滞环宽度 ΔP_σ 为

$$\Delta P_\sigma = \max \left\{ \left| \frac{T}{T + \tau} \Delta P_{\mathrm{w}(k)} \right|, \max_{\lambda = 1 \cdots k-1}(|\Delta P_{\mathrm{wout}(\lambda)}|) \right\} \tag{14-46}$$

由图 14-25 可知，当风电功率波动小于滞环宽度时，储能系统充放电功率为零，与传统低通滤波器相比，可有效地减少其充放电次数。式（14-46）中 $\left| \frac{T}{T + \tau} \Delta P_{\mathrm{w}(k)} \right|$ 表示由低通滤波器算法确定的平

抑后风电功率波动量，$\max\limits_{\lambda=1\cdots k-1}(|\Delta P_{\text{wout}(\lambda)}|)$ 表示风电功率经过平抑后历史波动量最大值，滞环宽度实时根据两者大小共同决定。此时储能系统的充放电功率计算方法如下：

当 $|P_{\text{w}(k)} - P_{\text{wout}(k-1)}| < \Delta P_{\sigma}$ 时

$$P_{\text{b}(k)} = 0 \tag{14-47}$$

当 $|P_{\text{w}(k)} - P_{\text{wout}(k-1)}| > \Delta P_{\sigma}$ 且 $P_{\text{w}(k)} - P_{\text{wout}(k-1)} > 0$ 时

$$P_{\text{b}(k)} = -(\Delta P_{\text{w}(k)} - \Delta P_{\sigma}) \tag{14-48}$$

当 $|P_{\text{w}(k)} - P_{\text{wout}(k-1)}| > \Delta P_{\sigma}$ 且 $P_{\text{w}(k)} - P_{\text{wout}(k-1)} < 0$ 时

$$P_{\text{b}(k)} = -(\Delta P_{\text{w}(k)} + \Delta P_{\sigma}) \tag{14-49}$$

通过上述分析可知，在低通滤波器算法中加入滞环控制后，能有效地将风电功率波动控制在滞环宽度之内，同时当风电功率波动幅度较小时，减少了储能系统的充放电次数。如图 14-26 为带滞环控制的储能系统充放电策略控制流程图。

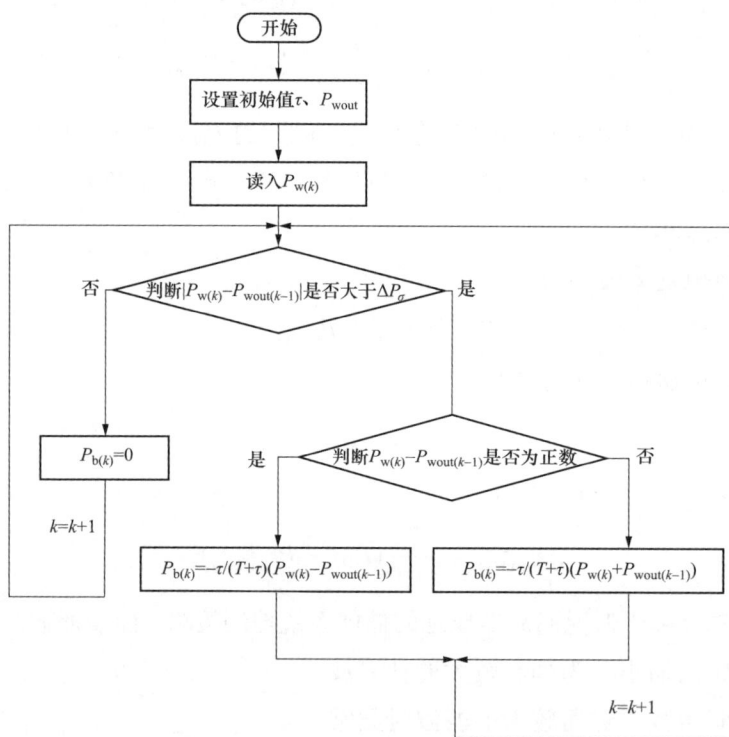

图 14-26　储能系统充放电策略控制流程图

14.3.2　分布式可再生能源功率平滑效果分析

1. 储能对风机输出功率的平滑作用

为了观察基于低通滤波器原理的储能系统加入滞环控制前后对风机的平滑效果，选取某地区一天的风电功率数据进行平滑处理，通过结果进行对比分析，当滤波时间常数 $T=200$ 时，得到如图 14-27 所示平滑效果图。

从图 14-27 中可以看出，当储能接入前，风机功率曲线很陡，在凌晨 3:00～8:00 和 15:00～24:00 两个时间段，风机功率曲线斜率很大，表明在此时间段，风机功率波动率很大，当加入储能系统以后，无论是含滞环控制还是不含滞环控制，风储联合功率曲线都变得较平滑，减小了风电功率的波动。但通过曲线可以观察到，在某些时间段比如 8:00～15:00，储能系统对较小风电功率波动的过渡调控，容易增加储能电池的负担。

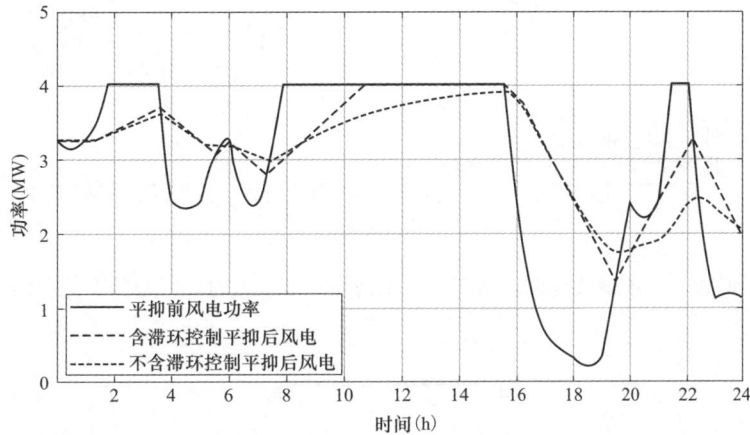

图 14-27　风电平滑效果

为了分析储能系统加入滞环控制的优势，绘制了图 14-28 所示电池储能系统充放电功率曲线图。图中两条曲线变化趋势相近，但通过对比可以看出：

（1）在 10:30～15:50 之间，不含滞环控制的储能系统一直在充放电，而加入滞环控制的储能系统电池充放电功率为零，表明在风电功率波动较小时，减少了充放电次数。

（2）在 20:00～22:00 之间，加入滞环控制后储能系统电池充放电深度明显小于加入前，减小了充放电功率和时间，增加了电池的使用寿命。

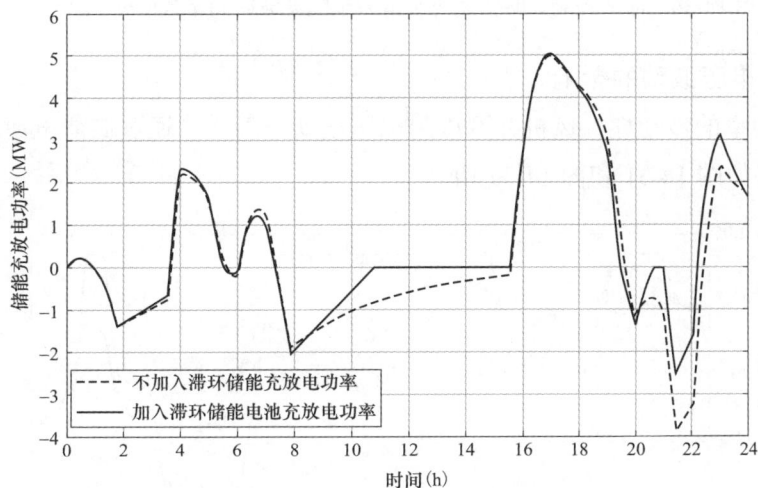

图 14-28　电池储能系统充放电功率曲线

风机输出功率的平滑效果受滤波时间常数 T 的影响，当滤波时间常数 T 不同时，风电功率的平滑效果不同，如图 14-29 和图 14-30 所示为不同平滑时间常数下的风电功率平滑效果图。

由图 14-29 和图 14-30 可知，随着平滑时间常数增大，风储联合功率曲线变得越平滑，风电功率的平滑效果越好，所以通过在分布式发电系统中安装储能电池能有效地提高风机并网处输出功率的平滑性。

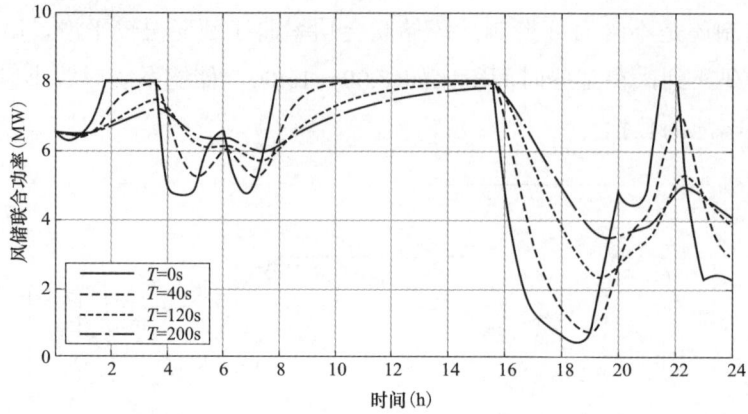

图 14-29　低通滤波控制策略下风电平滑效果随滤波时间常数的变化曲线

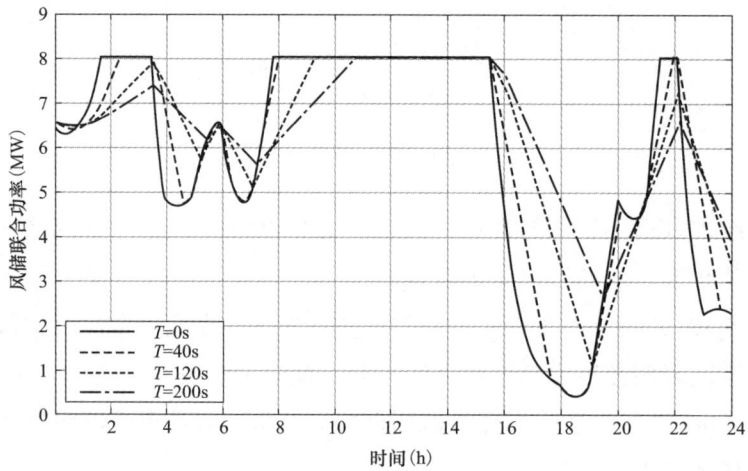

图 14-30　滞环控制策略下风电平滑效果随滤波时间常数的变化曲线

2. 储能电池对电压波动的影响

由于风机光伏功率的波动性，风机并网引起电压波动与闪变。通过储能电池能有效地改善电压质量。电压平滑效果如图 14-31 和图 14-32 所示。

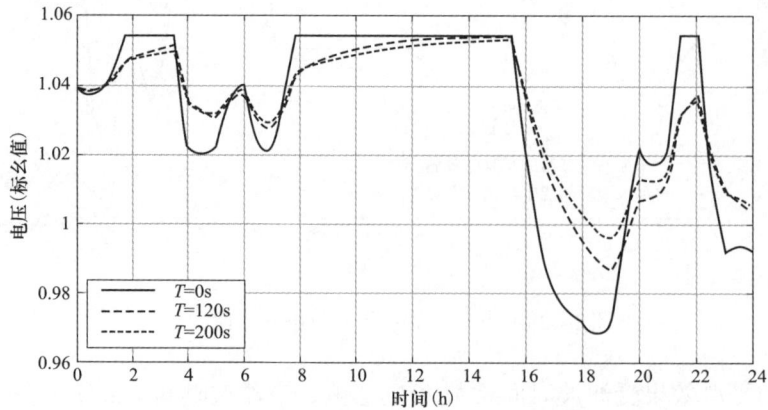

图 14-31　低通滤波控制策略下节点电压随滤波时间常数变化曲线

图 14-31 和图 14-32 分别为低通滤波器和滞环控制策略下，风电机组接入 12 节点时某一天 24h

电压波动曲线，从图中可以看出，当 $T=0$，即风机功率没有平抑时，电压曲线波动性较大，有些地方曲线斜率很大，接近 90° 直线，容易给电网带来很大的冲击，对电压质量要求严格的设备造成很大的危害，并且电压曲线波谷即将达到电网下限值。当加入储能控制系统以后，曲线变得比较平滑，电压波动率明显降低，电压最低点也明显上移，电压质量得到了明显的改善。并且随着滤波时间常数 T 的增大，效果越来越明显，电压改善情况更突出。

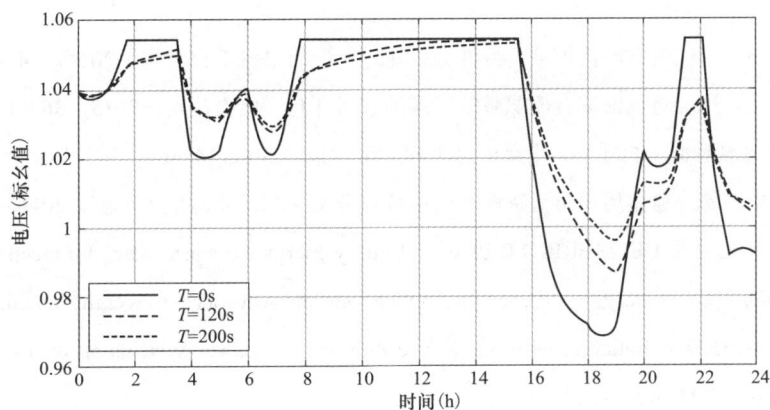

图 14-32　滞环控制策略下节点电压随滤波时间常数变化曲线

14.4 本章小结

本文从电源的角度对分布式可再生能源接入配电网相关的关键技术进行了分析和研究，其涉及分布式可再生能源发电系统、接入分析以及功率平滑技术三个方面。第一节主要分析和比较目前分布式可再生能源发电系统主要接入拓扑方式、控制策略，并结合当前分布式电源接入配电网技术研究现状的分析，针对上述两个方面，分析和探讨下一步亟待研究的问题。第二节基于理论分析和仿真计算定性分析了分布式电源接入对电能质量和网络损耗的影响，并从电压质量、经济性、和容纳能力三个角度考虑，建立了一套分布式电源接入影响的评估分析指标。第三节介绍了储能系统在分布式发电中的应用以及储能电池的并网模型，并通过优化控制算法实现对风机输出功率和接入点电压波动性的平滑效果。

参 考 文 献

［1］周孝信，陈树勇，鲁宗相. 电网和电网技术发展的回顾与展望-试论三代电网［J］. 中国电机工程学报，2013，33（22）：1-11.

［2］梅生伟，龚媛，刘锋. 三代电网演化模型及特性分析［J］. 中国电机工程学报，2014，34（7）：1003-1012.

［3］贾宏杰，穆云飞，余晓丹. 对我国综合能源系统发展的思考［J］. 电力建设，2015，36（1）：16-25.

［4］温权. 2012年空调降温负荷分析［J］. 南京信息工程大学学报，2012，4（6）：573-576.

［5］陈伟，乐丽琴，崔凯，等. 典型用户负荷特性及用电特点分析［J］. 能源技术经济，2011，23（9）：44-49.

［6］MILLER N W, ZREBIEC R S, DELMERICO R W, et al. Battery energy storage systems for electric utility, industrial and commercial applications [C]. Battery Conference on Applications and Advances, Eleventh Annual, 1996: 235-240.

［7］DIVYA K, OSTERGAARD J. Battery energy storage technology for power systems-an overview [J]. Electric Power Systems Research, 2009, 79 (4): 511-520.

［8］OUDALOV A, CHARTOUNI D, OHLER C, et al. Value analysis of battery energy storage applications in power systems [C]. Power Systems Conference and Exposition, 2006: 2206-2211.

［9］孙宏斌，姜齐荣，周荣光，等. 电力系统分析［M］. 北京：清华大学出版社，2009.

［10］余贻鑫，王成山，肖峻，等. 城网规划计算机辅助决策系统［J］. 电力系统自动化，2000，24（15）：59-62.

［11］罗凤章，王成山，肖峻，等. 上海城市配电网规划辅助决策系统［J］. 电网技术，2009，33（3）：79-83.

［12］刘广一，黄仁乐. 主动配电网的运行控制技术［J］. 供用电，2014（01）：30-32.

［13］刘广一，张凯，舒彬. 主动配电网的6个主动与技术实现［J］. 电力建设，2015，36（1）：33-37.

［14］刘广一，史迪，朱文东，等. 云雾协同优化控制和软件定义应用技术［J］. 电力信息与通信技术，2016，14（3）:89-95.

［15］GUANGYI LIU, RENLE HUANG, TIANJIAO PU,et al. Design of energy management system for Active Distribution Network [C]. Shenzhen: China International Conference on Electricity Distribution (CICED), 2014.

［16］邢海军，程浩忠，张沈习，等. 主动配电网规划研究综述［J］. 电网技术，2015，39（10）：2705-2711.

［17］KHODAYAR M E, WU H. Demand forecasting in the smart grid paradigm：features and challenges [J]. The Electricity Journal, 2015, 28 (6): 51-62.

［18］王成山，罗凤章，张天宇，等. 城市电网智能化关键技术［J］. 高电压技术，2016，42（7）：2017-2027.

［19］KHODAEI A, BAHRAMIRAD S, SHAHIDEHPOUR M. Microgrid planning under uncertainty [J]. IEEE Transactiions on Power Systems, 2014, 30 (5): 1-9.

［20］李蕴，李雪男，舒彬，等. 配电一次网架与信息系统协同规划［J］. 电力建设，2015，36（11）：30-37.

［21］LUO FENGZHANG, ZHANGTIANYU, WEIWEI, et al. A coordinative planning framework for cyber-power distribution system [C]. 2016 IEEE Power and Energy Society General Meeting (PESGM 2016), Boston, Massachusetts, USA, 2016.

［22］MENDES G , IOAKIMIDIS C, FERRAO P. On the planning and analysis of integrated community energy systems: a review and survey of available tools [J]. Renewable and Sustainable Energy Reviews, 2011, 15 (9): 4836-4854.

［23］柳璐，程浩忠，马则良，等. 考虑全寿命周期成本的输电网多目标规划［J］. 中国电机工程学报，2012，32（22）：

46-54.

［24］RAGHAVAN S, CHOWDHURY B. State diagram-based life cycle management plans for power plant components [J]. IEEE Transactions on Smart Grid, 2015, 6 (2): 965-972.

［25］曾博，刘念，张玉莹，等. 促进间歇性分布式电源高效利用的主动配电网双层场景规划方法 [J]. 电工技术学报，2013，28（9）：155-163.

［26］ZHANG X, SHAHIDEHPOUR M, ALABDULWAHAB A, et al. Optimal expansion planning of energy hub with multiple energy infrastructures [J]. IEEE Transactiions on Smart Grid, 2015, 6 (99): 2302-2311.

［27］BARATI F, SEIFI H, SADEGH SEPASIAN M, et al. Multi-period integrated framework of generation, transmission, and natural gas grid expansion planning for large-scale systems [J]. IEEE Transactions on Power Systems, 2015, 30 (5): 2527-2537.

［28］PELET X, FAVRAT D, LEYLAND G. Multi-objective optimization of integrated energy systems for remote communities considering economics and CO_2 emissions [J]. International Journal of Thermal Sciences, 2005, 44 (12): 1180-1189.

［29］MOHAMMADI M B, HOOSHMAND R A, FESHARAKI F H. A new approach for optimal placement of PMUs and their required communication infrastructure in order to minimize the cost of the WAMS [J]. IEEE Transactions on Smart Grid, 2016, 7 (1): 84-93.

［30］原媛. 电力负荷特性分析及中长期负荷预测方法研究 [D]. 上海：上海交通大学，2008.

［31］张洪财，胡泽春，宋永华，等. 考虑时空分布的电动汽车充电负荷预测方法 [J]. 电力系统自动化，2014，38（1）：13-20.

［32］肖峻，李思岑，王丹. 计及用户分级与互动的配电网最大供电能力模型 [J]. 电力系统自动化，2015（17）：19-25，41.

［33］于汀，刘广一，蒲天骄，等. 计及柔性负荷的主动配电网多源协调优化控制 [J]. 电力系统自动化，2015，39（9）：95-100.

［34］孙伟卿. 智能电网规划与运行控制的柔性评价及分析方法 [D]. 上海：上海交通大学，2013.

［35］DING Z, SARIKPRUECK P, LEE W J. Medium-term operation for an industrial customer considering demand side management and risk management [C]. Industrial & Commercial Power Systems Technical Conference, 2015: 1-1.

［36］宋若晨，徐文进，杨光，等. 基于环间联络和配电自动化的配电网高可靠性设计方案 [J]. 电网技术，2014，38（7）：1966-1972.

［37］胡江溢，祝恩国，杜新纲，等. 用电信息采集系统应用现状及发展趋势 [J]. 电力系统自动化，2014，38（2）：131-135.

［38］FALAHATI B, FU Y. A study on interdependencies of cyber-power networks in smart grid applications [C]//Innovative Smart Grid Technologies (ISGT), 2012: 1-8.

［39］ASHOK A, HAHN A, GOVINDARESU M. A cyber-physical security testbed for smart grid: System architecture and studies [C]//Proceedings of the Seventh Annual Workshop on Cyber Security and Information Intelligence Research, 2011: 20.

［40］LAWLER J S, LAI J S, MONTEEN L D, et al. Impact of automation on the reliability of the Athens Utilities Board's distribution system [J]. Power Delivery, 1989, 4 (1): 770-778.

［41］程红丽，唐开成，刘健. 配电自动化条件下配电系统供电可靠性评估［J］. 高电压技术，2007，33（7）：166-172.

［42］MENG Q, WANG T. Effects of distribution automation on distribution system reliability [C]//Transportation Electrification Asia-Pacific (ITEC Asia-Pacific), 2014: 1-4.

［43］向真，杜亚松，邢恩靖，等. 配网自动化建设对供电可靠性影响［J］. 电网与清洁能源，2012，28（10）：20-24.

［44］CHENG D, ONEN A, ZHU D, et al. Automation Effects on Reliability and Operation Costs in Storm Restoration [J]. Electric Power Components and Systems, 2015, 43 (6): 656-664.

［45］FALAHATI B, FU Y, MOUSAVI M J. Reliability Modeling and Evaluation of Power Systems With Smart Monitoring [J]. Smart Grid, 2013, 4 (2): 1087-1095.

［46］WEI D, LU Y, JAFARI M, et al. Protecting smart grid automation systems against cyberattacks [J]. Smart Grid, 2011, 2 (4): 782-795.

［47］TEN C W, LIU C C, MANIMARAN G. Vulnerability assessment of cybersecurity for SCADA systems [J]. Power Systems, 2008, 23 (4): 1836-1846.

［48］MAKINEN A, PARKKI M, JARVENTAUSTA P, et al. Power quality monitoring as integrated with distribution automation [C]//Electricity Distribution, 2001. Part 1: Contributions. CIRED. 16th International Conference and Exhibition on （IEE Conf. Publ No. 482). IET, 2001, 2:5.

［49］ANTILA S, JARVENTAUSTA P, MAKINEN A, et al. Comprehensive solution for using distribution automation equipment in voltage quality monitoring [C]//Electricity Distribution, 2005. CIRED 2005. 18th International Conference and Exhibition on. IET, 2005: 1-4.

［50］王天华，王平洋. 用 0-1 规划求解馈线自动化规划问题［J］. 中国电机工程学报，2000，20（5）：54-58.

［51］CHOI M S, LIM I H, TRIROHADI H, et al. An optimal location of automatic switches for restorable configuration in Distribution Automation Systems [C]//Advanced Power System Automation and Protection (APAP), 2011 International Conference on. IEEE, 2011, 3: 1938-1942.

［52］何清素，曾令康，欧清海，等. 配电通信网业务断面流量分析方法［J］. 电力系统自动化，2014，38（23）：91-96.

［53］范明天，张祖平. 主动配电网规划相关问题的探讨［J］. 供用电，2014（01）：22-27.

［54］D'ADAMO C, JUPE S, ABBEY C. Global survey on planning and operation of active distribution networks - Update of CIGRE C6. 11 working group activities [A]. In Electricity Distribution - Part 1, 2009. CIRED 2009. 20th International Conference and Exhibition on, 2009: 1-4.

［55］尤毅，刘东，于文鹏，等. 主动配电网技术及其进展［J］. 电力系统自动化，2012，36（18）：10-16.

［56］刘东. 主动配电网的国内技术进展［J］. 供用电，2014（01）：28-29.

［57］张建华，曾博，张玉莹，等. 主动配电网规划关键问题与研究展望［J］. 电工技术学报，2014（02）：13-23.

［58］范明天，张祖平，苏傲雪，等. 主动配电系统可行技术的研究［J］. 中国电机工程学报，2013（22）：12-18，5.

［59］FAN MINGTIAN, ZHANG ZUPING, SU AOXUE, et al. Enabling technologies for active distribution systems [J]. Proceedings of the CSEE, 2013, 33 (22): 12-18.

［60］GITIZADEH M, VAHED A A, AGHAEI J. Multistage distribution system expansion planning considering distributed generation using hybrid evolutionary algorithms [J]. Applied energy, 2013, 101(1):655-666.

［61］赵波，王财胜，周金辉，等. 主动配电网现状与未来发展［J］. 电力系统自动化，2014，38（18）：125-135.

［62］MARTINS V F, BORGES C L T. Active Distribution Network Integrated Planning Incorporating Distributed Generation and Load Response Uncertainties [J]. Power Systems, IEEE Transactions on, 2011, 26 (4): 2164-2172.

［63］BORGES C L T, MARTINS V F. Multistage expansion planning for active distribution networks under demand and distributed generation uncertainties [J]. International Journal of Electrical Power & Energy Systems, 2012, 36 (1): 107-116.

［64］ZENG BO, LIU NIAN, ZHANG YUYING, et al. Bi-level scenario programming of active distribution network for promoting intermittent distributed generation utilization [J]. Transactions of China Electrotechnical Society, 2013, 28(09): 155-163, 171.

［65］BARAN M E, WU F F. Network reconfiguration in distribution systems for loss reduction and load balancing [J]. IEEE Trans on Power Delivery, 1989, 4 (2): 1401-1407.

［66］胡骅，徐冲，吴汕，等．影响用户侧分布式发电经济性因素分析［J］．电力自动化设备，2008，28（5）：29-33．

［67］张立梅，唐巍，王少林，等．综合考虑配电公司及独立发电商利益的分布式电源规划［J］．电力系统自动化，2011，35（4）：23-28．

［68］曾鸣，田廓，李娜，等．分布式发电经济效益分析及其评估模型［J］．电网技术，2010，34（8）：129-133．

［69］GREENE N, HAMMERSCHLAG R. Small and clean is beautiful: exploring the emissions of distributed generation and pollution prevention policies [J]. Electricity Journal, 2000, 13 (5): 50-60.

［70］孙可．几种类型发电公司环境成本核算的分析研究［J］．能源工程，2004（3）：23-26．

［71］魏学好，周浩．中国火力发电行业减排污染物的环境价值标准估算［J］．环境科学研究，2003，16（1）：53-56．

［72］王忠东，黄奇峰，赵双双，等．分布式光伏发电并网计量点配置研究［J］．电力需求侧管理，2013（6）：38-41．

［73］于尔铿．电力系统状态估计［M］．北京：水利水电出版社，1985．

［74］王少芳，刘广一，黄仁乐，等．多采样周期混合量测环境下的主动配电网状态估计方法［J］．电力系统自动化，2016，40（19）：30-36．

［75］SHAOfANG WANG, GUANGYI LIU, YANSHENG LANG. Study on three-phase state estimation for distribution networks [C]. 2014 IEEE PES General Meeting, 2014.

［76］卫志农，陈胜，孙国强，等．含多类型分布式电源的主动配电网分布式三相状态估计［J］．电力系统自动化，2015，39（9）：68-74．

［77］高峰，刘广一，等．智能电网大数据的分析与应用［J］，电力建设，2015，36（10）：11-19．

［78］刘广一，朱文东，等．智能电网大数据的特点、应用场景与分析平台，南方电网技术，2016，10（5）：102-110．

［79］FRANCIS T, ILHAN K, JURI J. A unified distribution system state estimator using the concept of augmented matrices [J]. IEEE Transactions on Power Systems, 2013, 28 (3): 3390-3400.

［80］PAU M, PEGORARO P A, SULIS S. Efficient branch-current-based distribution system state estimation including synchronized measurements [J]. IEEE Transactions on Instrumentation and Measurement, 2013, 62 (9): 2419-2428.

［81］HUIYING ZHAO, GUANGYI LIU, HONGJIE JIA et al. Optimal dispatching of distributed generation based on demand response programs [C]. 2nd IET Renewable Power Generation Conference　(RPG 2013), 2013.

［82］LEITE J B, MANTOVANI J R S. Distribution system state estimation using the Hamiltonian cycle theory [J]. IEEE Transactions on Smart Grid, 2013, 28 (3): 421 - 430.

［83］ALIMARDANI A, THERRIEN F, ATANACKOVIC D, et al. Distribution system state estimation based on nonsynchronized smart meters [J]. IEEE Transactions on Smart Grid, 2015, 6 (6): 2919 - 2928.

［84］GOMEZ-EXPOSITO A, GOMEZ-QUILES C, DZAFIC I. State estimation in two time scales for smart distribution systems [J]. IEEE Transactions on Smart Grid, 2015, 6 (1): 1-10.

［85］曾鸣，韩旭，李博．促进主动配电网运行的需求侧响应保障机制［J］．电力建设，2015，36（1）：110-114.

［86］阮文骏，刘莎，李扬．美国需求响应综述［J］．电力需求侧管理，2013（2）：61-64.

［87］刘舒，张益飞，程浩忠，等．考虑负荷响应的主动配电网孤岛划分［J］．现代电力，2015，32（6）：23-29.

［88］TIAN-SHI XU, HSIAO-DONG CHIANG, GUANGYI LIU. Hierarchical K-means Method for Clustering Large-Scale Advanced Metering Infrastructure Data [J]. IEEE Transactions on Power Delivery, 2017,32(2):609-616.

［89］CHRISTOPHER S SAUNDERS, GUANGYI LIU, YANG YU,et al. Data-driven Distributed Analytics and Control Platform for Smart Grid Situational Awareness [J]. CSEE Journal of Power and Energy Systems, 2016, 2(3):51-58.

［90］YANG YU, GUANGYI LIU, WENDONG ZHU. Good Consumer or Bad Consumer: Economic Information Revealed from Demand Profiles [J]. IEEE Transactions on Smart Grid, 2017,Early Access.

［91］MORTENSEN R E, HAGGERTY K P. A stochastic computer model for heating and cooling loads [J]. IEEE Transactions on Power Systems, 1988, 3(3): 1213-1219.

［92］CALLAWAY D S. Tapping the energy storage potential in electric loads to deliver load following and regulation, with application to wind energy [J]. Energy Conversion & Management, 2009, 50(5): 1389-1400.

［93］CHAN M L, MARSH E N, YOON J Y, et al. Simulation-Based Load Synthesis Methodology for Evaluating Load-Management Programs [J]. IEEE Transactions on Power Apparatus & Systems, 1981, 100(4): 1771-1778.

［94］LU N, CHASSIN D P, WIDERGREN S E. Modeling uncertainties in aggregated thermostatically controlled loads using a State queueing model [J]. IEEE Transactions on Power Systems, 2005, 20(2): 725-733.

［95］PARKINSON S, WANG D, CRAWFORD C, et al. Comfort-Constrained Distributed Heat Pump Management [J]. Energy Procedia, 2011, 12(39): 849-855.

［96］GOLDMAN C, HOPPER N, BHARVIRKAR R, et al. Estimating Demand Response Market Potential Among Large Commercialand Industrial Customers: A Scoping Study [J]. Office of Scientific & Technical Information Technical Reports, 2007.

［97］陈浩珲，程瑜，张粒子．引入保险机制的可中断合同设计［J］．电力系统自动化，2007，31（16）：19-23.

［98］刘小聪，王蓓蓓，李扬，等．智能电网下计及用户侧互动的发电日前调度计划模型［J］．中国电机工程学报，2013，33（1）：30-38.

［99］HUANG K Y, CHIN H C, HUANG Y C. A model reference adaptive control strategy for interruptible load management [J]. IEEE Transactions on Power Systems, 2004, 19(1): 683-689.

［100］张钦，王锡凡，王建学，等．电力市场下需求响应研究综述［J］．电力系统自动化，2008，32（3）：97-106.

［101］秦祯芳，岳顺民，余贻鑫，等．零售端电力市场中的电量电价弹性矩阵［J］．电力系统自动化，2004，28（5）：16-19.

［102］WANG Q, WANG J, GUAN Y. Stochastic Unit Commitment With Uncertain Demand Response [J]. IEEE Transactions on Power Systems Pwrs, 2013, 28(1): 562-563.

［103］杨旭英，周明，李庚银．智能电网下需求响应机理分析与建模综述［J］．电网技术，2016，40（1）：220-226.

［104］王蓓蓓．面向智能电网的用户需求响应特性和能力研究综述［J］．中国电机工程学报，2014，34（22）：3654-3663.

［105］HIDALGO R, ABBEY C, JS G. A review of active distribution networks enabling technologies [C] // Proceedings of the 2010 IEEE Power and Energy Society General Meeting, Minneapolis, MN, USA,2010: 9.

［106］PILOF, PISANO G, SOMA G G. Advanced DMS to manage active distribution networks　[C] // Proceedings of the 2009 IEEE Bucharest Power Tech Conference , Bucharest, Romania，2009: 8.

［107］MICHAELJD, EUAN M D, IVANA K, et al. Distribution power flow management utilizing an online optimal power flow technique　[J]. IEEE TransonPowerSystems, 2012, 27(2): 790-799.

［108］KENNEDY J, EBERHART R C. Particle swarm optimization. In: Proceedings of IEEE International Conference on Neural Networks, Piscataway, NJ, IEEE Service Center, 1995: 1942-1948.

［109］SHI Y, EBERHART R C. A modified particle swarm optimizer [C]. In: Proceedings of the IEEE International Conference on Evolutionary Computation, Piscataway, NJ, IEEE Press, 1998: 69-73.

［110］SHI Y, EBERHART R C. Fuzzy adaptive particle swarm optimization [C]. In: Proceedings of the IEEE Congress on Evolutionary Computation, Seoul, Korea, 2001: 1011-106.

［111］CLERC M. The swarm and the queen: toward a deterministic and adaptive particle swarm optimization [C]. Proceedings of the Congress on Evolutionary Computation, 1999: 1951-1957.

［112］CORNE D, DORIGO M, GLOVER F. New ideas in optimization [M]. McGraw Hill, 1999: 379-387.

［113］ANGRLINE P J. Using selection to improve particle swarm optimization [C]. Proceedings of IEEE International Conference on Evolutionary Computation, Anchorage, Alaska, USA, 1998: 84-89.

［114］PERAM T, VEERAMACHANENI K, MOHAN C K. Fitness-distance-ratio based particle swarm optimization [C]. Proceedings Swarm Intelligence Symposium, Indianapolis, Indiana, USA, 2003: 174-181.

［115］BERGH F, ENGELBRECHT A P. A cooperative approach to particle swarm optimization [J]. IEEE Transactions on Evolutionary Computation, 2004, 8, (3): 225-239.

［116］LIANG J J, QIN A K, SUGANTHAN P N, et al. Comprehensive learning particle swarm optimizer for global optimization of multimodal functions [J]. IEEE Transactions on Evolutionary Computation, 2006, 10, (3): 281-295.

［117］余贻鑫，栾文鹏. 智能电网述评 [J]. 中国电机工程学报，2009，29（34）：1-8.

［118］廖迎晨，甘德强，陈星莺，等. 考虑分布式电源出力不确定性的城市电网模糊最优潮流分析 [J]. 电力自动化设备，2012，32（9）：35-39.

［119］王成山，王守相. 分布式发电供能系统若干问题研究 [J]. 电力系统自动化，2008，32（20）：1-4.

［120］张钦，王锡凡，付敏，等. 需求响应视角下的智能电网 [J]. 电力系统自动化，2009，33（17）：49-55.

［121］COKE G, TSAO M. Random effects mixture models for clustering electrical load series [J]. Journal of Time Series Analysis, 2010,31(6): 451-464.

［122］CROW E L, SHIMIZU K, eds. Log-normal Distributions: Theory and Application [M]. New York: Dekker, 1988.

［123］KWAC J, FLORA J, RAJAGOPAL R. Household energy consumption segmentation using hourly data [J]. IEEE Transcations on Smart Grid,2014, 5(1):420-430.

［124］BHATIA S. Adpative k-means clustering [C]. Proceedings of International Florida rtificial Intelligent Research Society Conference (FLAIRS), 2004: 695-699.

［125］曾正，赵荣祥，汤胜清，等. 可再生能源分散接入用先进并网逆变器研究综述 [J]. 中国电机工程学报，2013，33（24）：1-12.

[126] 李和明，董淑慧，王毅，等. 永磁直驱风电机组低电压穿越时的有功和无功协调控制 [J]. 电工技术学报，2013，28（5）：73-81.

[127] MOHAN N, UNDELAND TM, ROBBINS WP. Power electronics converters, applications and design. John Wiley & Sons, 1995.

[128] NISHIKATA S, TATSUTA F. A New Interconnecting Method for Wind Turbine/Generators in a Wind Farm and Basic Performances of the Integrated System [J]. IEEE Transactions on Industrial Electronics, 2010, 57(2): 468-475.

[129] SHIXIONG FAN, TIANJIAO PU, GUANGYI LIU, et al. Current output hard-switched full-bridge DC/DC converter for wind energy conversion systems [J]. IET Renewable Power Generation, 2014, 8(7): 749-756.

[130] 王志群，朱守珍，周全喜，等. 分布式发电对配电网电压分布影响 [J]. 电力系统自动化，2004，28（16）：56-60.

[131] 于建成，迟福建，徐科，等. 分布式电源接入对电网的影响分析 [J]. 电力系统及其自动化学报，2012，24（1）：138-141.

[132] IEEE PES Distribution Systems Analysis Subcommittee Radial Test Feeders [EB/OL] http: //www. ewh. ieee. org/soc/pes/ dsacom/testfeeders. html..

[133] HOKE A, BUTLER R, HAMBRICK J,et al. Steady-state analysis of maximum photovoltaic penetration levels on typical distribution feeders [J]. IEEE Trans. Sustain. Energy, 2013, 4(2): 350-357.

[134] 于芃，周玮，孙辉，等. 用于风电功率平抑的混合储能系统及其控制系统设计 [J]. 中国电机工程学报，2011，17：127-133.

[135] 吴云亮，孙元章，徐箭，等. 基于饱和控制理论的储能装置容量配置方法 [J]. 中国电机工程学报，2011，22：32-39.

[136] 靳文涛，马会萌，谢志佳. 电池储能系统平滑风电功率控制策略 [J]. 电力建设，2012，33（7）：7-11.

[137] 辛洁晴，吴亮. 商务楼中央空调周期性暂停分档控制策略 [J]. 电力系统自动化，2013，37（5）：49-54.

索　引